21世纪全国高职高专机电类规划教材

# 机械制造基础

张季中　主编

宋时兰　隗东伟　辛　莉　副主编

宇海英　金东琦　张　敏　李万江　参编

闫瑞涛　主审

## 内 容 简 介

为了适应国家教育部高职高专教育学制改革从三年逐步调整为两年的发展趋势，并以此带动高职教育人才培养模式、课程体系和教学内容等相关改革的要求，作者在吸取近几年高职高专教学实践中成功经验的基础上编写了本教材。

全书参考学时数为90学时，其主要内容有：机械制造常用的金属材料和非金属材料的种类、性能、用途及改性方法；金属毛坯和零件的铸造、锻压和焊接成形；金属切削过程中的基本规律和提高切削加工效益的途径；金属切削机床的分类、用途、典型通用机床的工作原理及运动分析，以及使用维护的基本知识；影响机械加工质量的因素和提高机械加工质量的方法；制定机械加工工艺规程的步骤与方法；特种加工和先进制造技术的基本知识。

本书可作为高等职业技术学院、高等工程专科学校，以及成人高等院校机械类、近机械类各科专业机械制造基础教材，也可供机械工程技术人员阅读。

**图书在版编目（CIP）数据**

机械制造基础/张季中主编．—北京：北京大学出版社，2005.8
（21世纪全国高职高专机电类规划教材）
ISBN 978-7-301-09105-0

I．机…　II．张…　III．机械制造—高等学校：技术学校—教材　IV．TH

中国版本图书馆CIP数据核字（2005）第069390号

**书　　名：机械制造基础**
著作责任者：张季中　主　编
责 任 编 辑：温丹丹　董　超
标 准 书 号：ISBN 978-7-301-09105-0/ TH・0014
出　版　者：北京大学出版社
地　　　址：北京市海淀区成府路205号　100871
电　　　话：邮购部62752015　发行部62750672　编辑部62765126　出版部62754962
网　　　址：http://cbs.pku.edu.cn
电 子 信 箱：xxjs@pup.pku.edu.cn
印　刷　者：北京飞达印刷有限责任公司
发　行　者：北京大学出版社
经　销　者：新华书店
787毫米×980毫米　16开本　20.75印张　450千字
2005年8月第1版　2016年7月第4次印刷
定　　　价：34.00元

未经许可，不得以任何方式复制或抄袭本书之部分或全部内容。

**版权所有，侵权必究**

举报电话：010－62752024；电子信箱：fd@pup.pku.edu.cn

# 前　言

随着高职高专教育的蓬勃发展和高职高专教学改革的不断深入，贯彻高职高专教育由"重视规模发展"转向"注重提高质量"的工作思路，编写符合高职高专教育特色要求的教材，是促进高职高专教学改革、培养以就业市场为导向的具备职业化特征的高等技术应用性专门人才的一项重要工作。为了适应国家教育部高职高专教育学制改革从三年逐步调整为两年的发展趋势，并以此带动高职教育人才培养模式、课程体系和教学内容等相关改革的要求，在吸取近几年高职高专教学实践中成功经验的基础上编写本教材。

全书参考学时数为90学时，其主要内容有：机械制造常用的金属材料和非金属材料的种类、性能、用途及改性方法；金属毛坯和零件的铸造、锻压和焊接成形；金属切削过程中的基本规律和提高切削加工效益的途径；金属切削机床的分类、用途、典型通用机床的工作原理及运动分析，以及使用维护的基本知识；影响机械加工质量的因素和提高机械加工质量的方法；制定机械加工工艺规程的步骤与方法；特种加工和先进制造技术基本知识。

本书的主要特点有以下几方面。

（1）本书把原来的"金属材料及热处理"和"机械制造基础"两门课程进行整合，形成了新的教学体系。整合后的《机械制造基础》教材，各章节既有相对独立性，又紧密联系、互相渗透、融为一体。

（2）本书在内容组织上注意逻辑性、系统性，突出实践性和实用性，注重理论与实际相结合，突出对学生的动手能力和实践技能的培养。

（3）全书每章之前设有章前介绍，章后有总结和相当数量的思考与练习题，以帮助读者更好地学习、理解和掌握相关知识的内容。

（4）在时代性上尽量反映机械制造方面的新技术、新材料、新工艺和新设备，使教师和学生的认识在一定层次上能跟上现代科技发展与职业技术教育的新要求。

（5）本书内容丰富、涉及面广、适应性强。可供高职高专院校机械类各专业教学使用，也可供相关工程技术人员阅读。

全书由张季中主编，宋时兰、隗东伟、辛莉副主编。具体参加本书编写工作的有：黑龙江农业经济职业学院张季中（绪论、第1章），哈尔滨职业技术学院隗东伟（第2、3、4章），鸡西大学宋时兰（第5、6章），黑龙江农业经济职业学院宇海英（第7章），黑龙江农业经济职业学院金东琦（第8章），哈尔滨职业技术学院张敏（第9章），黑龙江农业职业技术学院辛莉（第10章），黑龙江省齐齐哈尔农业机械化学校李万江（第11章），全书由黑龙江农业经济职业学院闫瑞涛主审。

限于编者的水平和能力，书中难免有缺点和错误，恳请使用本书的师生以及其他读者提出宝贵意见，编者将不胜感激。

编　者

2005年3月

# 目　录

# 绪 论

## 1. 本课程的性质和研究内容

“机械制造基础”是为适应高职高专教学改革需要而重新构建的一门机械类和机电类专业的主干专业基础课程。

从普遍意义上讲，机械制造是指将毛坯（或材料）和其他辅助材料作为原料，输入机械制造系统，经过存储、运输、加工、检验等环节，最后实现符合要求的零件或产品从系统输出。概括地讲，机械制造就是将原材料转变为成品的各种劳动总和。其过程大致包括以下几个阶段。

（1）技术准备阶段

某种零件或产品投产前，必须做各项技术准备工作，首先要制定工艺规程，这是指导各项技术操作的重要文件。此外，原材料供应，刀具、夹具、量具的配备，热处理设备和检测仪器的准备，都要在技术准备阶段安排就绪。

（2）毛坯制造阶段

毛坯可由不同的方法获得。常用获得毛坯的方法有：铸造、锻压、焊接和型材。具体应根据零件批量、尺寸、形状、性能要求等因素选用不同的毛坯成形方法。合理选择毛坯可提高生产率、降低成本。

（3）零件加工阶段

金属切削加工是目前各种零件的主要加工方法。通用的加工设备有：车床、铣床、钻床、刨床、镗床、磨床等；此外，还有专用机床、特种加工机床、数控机床等。采用哪种加工方法，选用哪种加工设备，要根据零件批量、精度、表面粗糙度和各种技术要求等诸多因素综合考虑，以达到既保证零件质量要求，又保证生产效率高、成本低。

（4）产品检验和装配

每个零件按其在机器中的作用的不同，都有一定的精度、表面粗糙度和相关的技术要求，而零件在加工过程中，不可避免地会产生加工误差。因此，必须设定检验工序，以对加工过程产生的尺寸、几何形状误差等进行检验。此外，对于承受重载或高温、高压条件下工作的零件还应进行内部性能检验，如缺陷检验、力学性能或金相组织检验等。只有当质量检验全面合格后零件才能使用。

装配过程中必须严格遵守技术条件的规定，如零件的清洗、装配顺序、装配方法、工具使用、结合面修磨、润滑剂施加及运转跑合、油漆色泽和包装，都不能掉以轻心，只有这样才能生产出符合要求的合格产品。

本课程研究的内容是工程材料和机械加工过程中的基础知识。考虑到后续课程安排，教材内容处理上有所区别。“工程材料”部分以剖析铁碳合金的金相组织为基础，以介绍工程材料的性质和合理选材为重点。“铸造生产”、“锻压生产”、“焊接生产”各占有一定的篇幅，因为这方面知识是必不可少的，而且本课程前后均未安排与此有关的课程。“机械零件毛坯的选择”、“金属切削加工基础知识”、“机械零件表面加工”和“机械加工工艺过程”部分，则着重在“机加工实训”的基础上，把感性知识上升到理论高度，进而归纳成系统性基础知识，为后续课程打好基础。“金属切削机床的基础知识”部分，介绍各种机床工作原理、结构特点和使用方法。而“特种加工”和“先进制造技术”部分，则着重介绍电火花、电解、激光、电子束、离子束和超声波加工方法，以及介绍数控加工技术、快速成形加工技术和柔性制造技术，着眼于拓宽知识面、提高人才培养的专业适应性。

### 2. 机械制造业在国民经济中的作用

机械制造业是所有与机械制造有关的企业机构的总体。机械制造业是国民经济的基础产业。在国民经济的各条战线上，乃至人民生活中，广泛使用的大量机器设备、仪器、工具，都是由机械制造业提供的。因此，机械制造业不仅对提高人民生活水平起着重要保障作用，而且对科学技术发展，尤其对现代高新技术的发展，起着更为积极的推动作用。如果没有机械制造业提供质量优良、技术先进的技术装备，将直接影响工业、农业、交通、科研和国防各部门的生产技术和整体水平，进而影响一个国家的综合生产实力。“经济的竞争归根到底是制造技术和制造能力的竞争”。可见，机械制造业的发展水平是衡量一个国家经济实力和科技水平的重要标志之一。

21 世纪是综合国力竞争的时代，我国要实现四个现代化全面进入“小康”社会，特别是我国正在成为世界制造中心，就必须大力发展机械制造业及机械制造技术。

### 3. 本课程的任务和要求

本课程的任务在于使学生获得机械制造过程中所必须具备的应用性基础知识和技能。学生学习本课程后，应熟悉各种工程材料性能，并具有合理选用所需材料的能力；初步掌握和选用毛坯或零件的成形方法及机械零件表面加工方法；了解工艺规程制定的原则及特种加工、先进制造技术的概念和应用场合。

本课程实践性强，涉及知识面广。学习本课程的要求主要有以下几个方面。

（1）除要重视基本概念、基本知识外，一定要注意理论与实践的结合，只有在实践中加深对课程内容的理解，才能将所学的知识转为技术应用能力。

（2）学习本课程之前应具有一定的感性知识。因此，本课程应在“热加工实训”和“机加工实训”之后进行讲授。通过实训，学生初步熟悉了毛坯和零件的成形、切削的方法，常用设备和工具的基本原理和大致结构，并对毛坯或零件加工工艺过程有一定的了解。在此基础上学习本课程才能达到预期的教学目的。

# 第1章 工程材料

教学目的：

- 认识金属的晶体结构特征，从宏观和微观两个角度研究材料的性能；
- 了解铁碳合金的化学成分、组织状态和性能之间的关系；
- 熟悉和掌握碳钢、合金钢、铸铁以及有色金属的牌号、性能与应用知识；
- 熟悉和掌握钢的常用热处理工艺过程及其在机械加工中的工艺位置；
- 学习非金属材料的种类、特点和应用；
- 综合掌握各种工程材料的性能，培养正确选用工程材料的能力。

## 1.1 金属材料的力学性能

金属材料性能包括使用性能和工艺性能。使用性能是指金属材料在使用过程中应具备的性能，它包括力学性能（强度、塑性、硬度、冲击韧性、疲劳强度等）、物理性能（密度、熔点、热膨胀性、导热性、导电性等）和化学性能（耐蚀性、抗氧化性等）。工艺性能是金属材料从冶炼到成品的生产过程中，适应各种加工工艺（如冶炼、铸造、冷热压力加工、焊接、切削加工、热处理等）应具备的性能。

### 1.1.1 强度和塑性

金属材料的强度和塑性一般可以通过拉伸试验来测定。

1. 拉伸试样

拉伸试样的形状通常有圆柱形和板状两类。图 1-1 所示为圆柱形拉伸试样。在圆柱形拉伸试样中 $d_0$ 为试样直径，$L_0$ 为试样的标距长度，根据标距长度和直径之间的关系，试样可分为长试样（$L_0 = 10d_0$）和短试样（$L_0 = 5d_0$）。

2. 拉伸曲线

试验时，将试样两端夹装在试验机的上下夹头上，随后缓慢地增加载荷，随着载荷的增加，试样逐步变形伸长，直到被拉断为止。在试验过程中，试验机自动记录了每一瞬间载荷 $F$ 和变形量 $\Delta L$，并给出了它们之间的关系曲线，称为拉伸曲线（或拉伸图）。

图 1-2 为低碳钢的拉伸曲线。在拉伸的开始阶段，试样产生弹性变形，oe 近似为一直线。当载荷超过 $F_e$ 后，试样将进一步伸长，但此时若卸除载荷，弹性变形消失后，有一部分变形不能消失，即试样不能恢复到原来的长度，称为塑性变形或永久变形。当载荷增加到 $F_s$ 时，试样开始明显地塑性变形，在拉伸曲线上出现了水平的或锯齿形的线段，这种现象称为屈服。

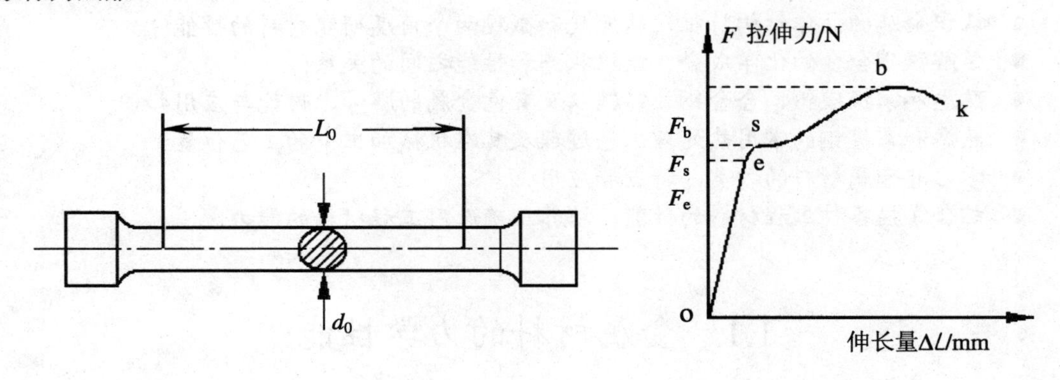


图 1-1　圆柱形拉伸试样　　　图 1-2　低碳钢拉伸曲线

当载荷继续增加到某一最大值 $F_b$ 时，变形集中发生在试样的局部，产生了颈缩现象。由于试样局部截面的逐渐减少，载荷也逐渐降低，当达到拉伸曲线上的 k 点时，试样就被拉断。

3．强度

强度是指金属材料在载荷作用下，抵抗塑性变形和断裂的能力。

（1）弹性极限

金属材料在载荷作用下产生弹性变形时所能承受的最大应力称为弹性极限，用符号 $\sigma_e$ 表示：

$$\sigma_e = \frac{F_e}{A_0}$$

式中　$F_e$——试样产生弹性变形时所承受的最大载荷，单位为 N；

$A_0$——试样原始横截面积，单位为 $mm^2$。

（2）屈服强度

金属材料开始明显塑性变形时的最低应力称为屈服强度，用符号 $\sigma_s$ 表示：

$$\sigma_s=\frac{F_s}{A_0}$$

式中　$F_S$——试样屈服时的载荷，单位为 N；

$A_0$——试样原始横截面积，单位为 $mm^2$。

在生产中使用的脆性材料，在拉伸试验中不出现明显的屈服现象，无法确定其屈服点。国标上规定，以试样塑性变形量为试样标距长度的 0.2% 时的应力值作为该材料的屈服强度，称为“条件屈服强度”，并以符号$\sigma_{0.2}$表示。

（3）抗拉强度（又称强度极限）

金属材料在断裂前所能承受的最大应力称为抗拉强度，用符号$\sigma_b$表示。

$$\sigma_b=\frac{F_b}{A_0}$$

式中　$F_b$——试样在断裂前的最大载荷，单位为 N；

$A_0$——试样原始横截面积，单位为 $mm^2$。

脆性材料没有屈服现象，则用$\sigma_{0.2}$作为设计依据。

4. 塑性

金属材料在载荷作用下，产生塑性变形而不被破坏的能力称为塑性。常用的塑性指标有伸长率和断面收缩率。

（1）伸长率

试样拉断后，标距长度的增加量与原标距长度的百分比称为伸长率，用$\delta$表示：

$$\delta=\frac{l_1-l_0}{l_0}\times100\%$$

式中　$l_0$——试样原标距长度，单位为 mm；

$l_1$——试样拉断后标距长度，单位为 mm。

（2）断面收缩率

试样拉断后，标距横截面积的缩减量与原横截面积的百分比称为断面收缩率，用$\Psi$表示：

$$\psi=\frac{S_0-S_1}{S_0}\times100\%$$

式中　$S_0$——试样原横截面积，单位为 $mm^2$；

$S_1$——试样拉断后最小横截面积，单位为 $mm^2$。

$\delta$、$\psi$是衡量材料塑性变形能力大小的指标，$\delta$、$\psi$值越大表示材料塑性好，既能保证压力加工的顺利进行，又保证零件工作时的安全可靠。塑性好的材料不仅能顺利地进行锻造、轧制等成型工艺，而且在使用时如果超载，能够产生塑性变形，可以避免突然断裂。

## 1.1.2 硬度

硬度是衡量金属材料软硬程度的指标。它是指金属表面抵抗局部塑性变形的能力，是检验毛坯或成品件、热处理件的重要性能指标。此外，硬度还与金属材料的耐磨性和某些工艺性能有关。目前生产上应用最广的硬度指标有布氏硬度、洛氏硬度和维氏硬度。

### 1. 布氏硬度

布氏硬度试验原理如图 1-3 所示。它是用一定直径的钢球或硬质合金球，以相应的试验力压入试样表面，经规定的保持时间后，卸除试验力，用读数显微镜测量试样表面的压痕直径，通过查表或计算得到硬度值。压头为淬火钢球时，布氏硬度用符号 HBS 表示，适用于布氏硬度值在 450HBS 以下的材料；压头为硬质合金球时，用 HBW 表示，适用于布氏硬度值在 650HBS 以下的材料。符号 HBS 或 HBW 之前为硬度值。

布氏硬度试验的优点是：测出的硬度值准确可靠，因压痕面积大，能消除因组织不均匀引起的测量误差。

布氏硬度试验的缺点是：用淬火钢球时，不能用来测量大于 450HBS 的材料；用硬质合金球时，亦不宜超过 650HBW；压痕大，不适宜测量成品件硬度，也不宜测量薄件硬度；测量速度慢，测得压痕直径后还需计算或查表。

### 2. 洛氏硬度

洛氏硬度的测定是在洛氏试验机上进行的。它是以顶角为 120° 的金刚石圆锥体或直径为 1.5875 mm 的淬火钢球做压头，以规定的试验力使其压入试样表面，根据压痕的深度确定被测金属的硬度值。洛氏硬度测定的原理如图 1-4 所示。

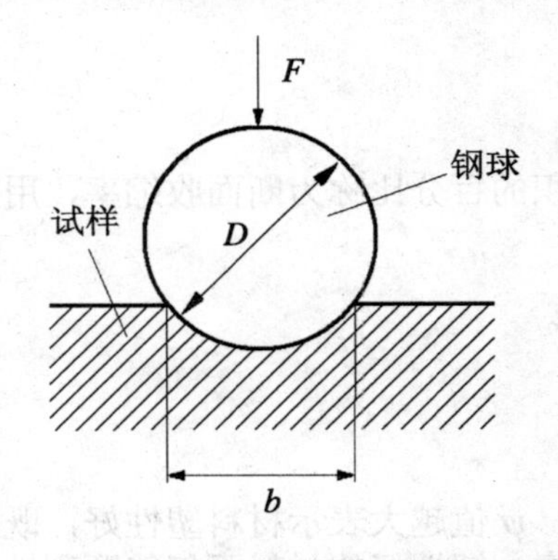


图 1-3 布氏硬度测定原理

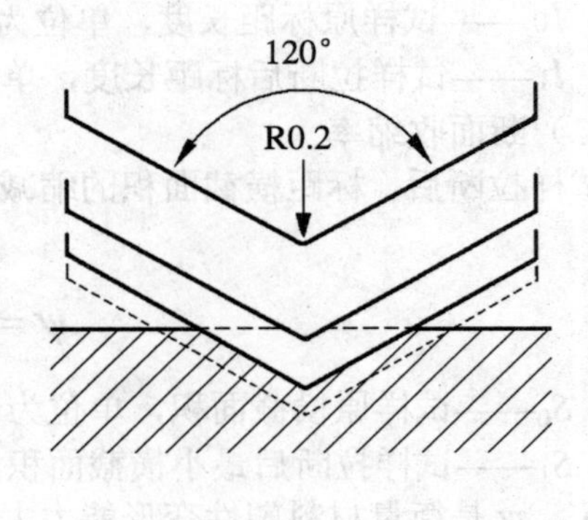


图 1-4 洛氏硬度测定原理

根据所加的载荷和压头不同，洛氏硬度值有三种标度：HRA、HRB、HRC。常用 HRC，其有效值范围是 20～67 HRC。

洛氏硬度是在洛氏硬度试验机上进行的，其硬度值可直接从表盘上读出。洛氏硬度符号 HR 前面的数字为硬度值，后面的字母表示级数。如 60HRC 表示 C 标尺测定的洛氏硬度值为 60。

洛氏硬度试验操作简便、迅速、效率高，可以测定软、硬金属的硬度；压痕小，可用于成品检验。但压痕小，测量组织不均匀的金属硬度时，重复性差，而且不同的洛氏硬度标尺测得硬度值无法比较。

3. 维氏硬度

维氏硬度试验原理与布氏硬度相同，同样是根据压痕单位面积上所受的平均载荷计量硬度值，不同的是维氏硬度的压头采用金刚石制成的锥面夹角为 136° 的正四棱锥体。

试验时，根据试样大小、厚薄，选用适当载荷压入试样表面，保持一定时间后去除载荷，用附在试验机上测微计测量压痕对角线长度 $d$，然后通过查表得到维氏硬度。

维氏硬度符号 HV 前是硬度值，符号 HV 后附以试验载荷。如 640HV30 / 20 表示在 30× 9.8 N 作用下保持 20 s 后测得的维氏硬度值为 640HBS。

维氏硬度的优点是试验时加载小，压痕深度浅，可测量零件表面淬硬层，测量对角线长度 $d$ 误差小，其缺点是生产率比洛氏硬度试验低，不宜于成批生产检验。

### 1.1.3 冲击韧度

生产中许多机器零件，都是在冲击载荷（载荷以很快的速度作用于机件）下工作。试验表明载荷速度增加，材料的塑性、韧性下降，脆性增加，易发生突然性破断。因此，使用的材料就不能用静载荷下的性能来衡量，而必须用抵抗冲击载荷的作用而不破坏的能力，即冲击韧度 $A_K$ 来衡量，$A_K$ 值越大表示材料的韧性越好。

测量冲击韧度 $A_K$ 目前应用最普遍的是摆锤冲击试验。将标准试样放在冲击试验机的两支座上，使试样缺口背向摆锤冲击方向（见图 1-5），然后把质量为 $m$ 的摆锤提升到 $h_1$ 高度，摆锤由此高度下落时将试样冲断，并升到 $h_2$ 高度。因此冲断试样所消耗的功为：

$$A_K = mg\ (h_1 - h_2)。$$

金属的冲击韧度 $A_K$（$J/cm^2$）就是冲断试样时在缺口处单位面积所消耗的功。

$A_K$ 值可从试验机的刻度盘上直接读出。$A_K$ 值的大小，代表了材料的冲击韧度高低。材料的冲击韧度值除了取决于材料本身之外，还与环境温度及缺口的状况密切相关。所以，冲击韧度除了用来表征材料的韧性大小外，还用来测量金属材料随环境温度下降由塑性状态变为脆性状态的冷脆转变温度，也用来考查材料对于缺口的敏感性。

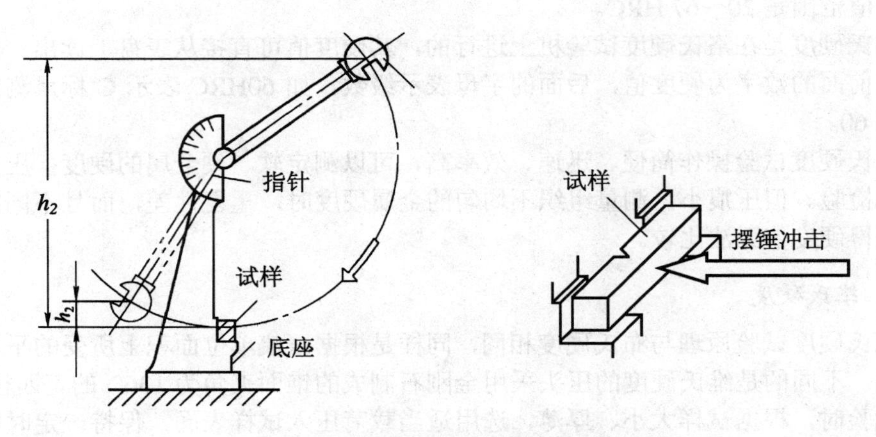


图 1-5 冲击试验原理

### 1.1.4 疲劳强度

许多机械零件是在交变应力作用下工作的，如轴类、弹簧、齿轮、滚动轴承等。虽然零件所承受的交变应力数值小于材料的屈服强度，但在长时间运转后也会发生断裂，这种现象叫疲劳断裂。它与静载荷下的断裂不同，断裂前无明显塑性变形，因此，具有更大的危险性。

材料的抗疲劳性用疲劳极限衡量，当应力低于某一值时，即使循环次数无穷多也不发生断裂，此应力值称为疲劳强度或疲劳极限。在疲劳强度的测定中，不可能把循环次数做到无穷大，而是规定一定的循环次数作为基数。常用钢材的循环基数为 $10^7$ 次，有色金属和某些超高强度钢的循环基数为 $10^8$ 次。

疲劳破断常发生在金属材料最薄弱的部位，如热处理产生的氧化、脱碳、过热、裂纹部位；钢中的非金属夹杂物、试样表面有气孔或划痕等缺陷均会产生应力集中，使疲劳强度下降。为了提高疲劳强度，加工时要降低零件的表面粗糙度值和进行表面强化处理，如表面淬火、渗碳、氮化、喷丸等处理手段都可以提高工件的疲劳强度。

## 1.2 金属的晶体结构与结晶

金属材料的力学性能与金属内部的组织结构有着密切的关系，金属材料的性能是它的内部组织结构的外在表现，要掌握金属材料的性能变化，必须了解金属的内部组织结构及形成过程。

### 1.2.1　金属的晶体结构

#### 1. 晶体结构的基本概念

晶体是指其组成微粒（原子、分子或离子）在空间作有规律排列的固态物质。固态金属一般为晶体。晶体原子结构如图 1-6（a）所示。

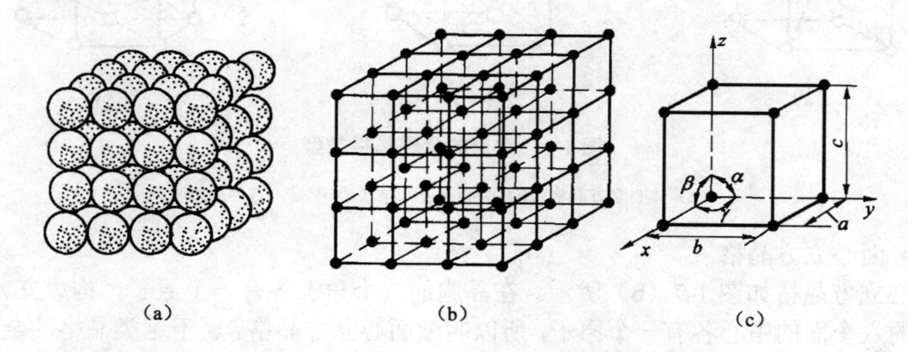


**图 1-6　金属晶体结构示意图**

（a）圆球模型　（b）晶格　（c）晶胞

为了描述原子在空间的排列规则，常用假想的线条把各原子中心连结起来，可以得到一个空间格子，称为晶格，如图 1-6（b）所示。从晶格中选取一个能够代表晶格特征的最小几何单元，称之为晶胞，如图 1-6（c）所示，是一个简单立方晶格的晶胞示意图。晶胞在空间的重复排列构成整个晶格。晶胞的特征可以反映出晶格和晶体的特征。在晶体学中，用来描述晶胞大小与形状的几何参数称为晶格常数。包括晶胞的三个棱边 $a$、$b$、$c$ 和三个棱边夹角 $\alpha$、$\beta$、$\gamma$。

#### 2. 常见金属的晶体结构

（1）体心立方晶格

体心立方晶格如图 1-7（a）所示。在晶胞的八个角上各有一个金属原子，构成立方体。在立方体的中心还有一个原子，叫做体心立方晶格。属于这类晶格的金属有铬、钒、钨、钼和铁（α–Fe）等。

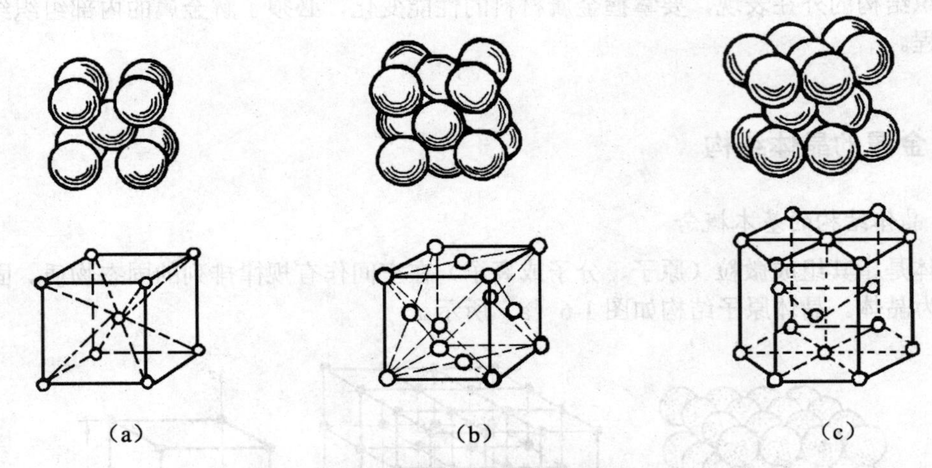


**图 1-7 常见的金属晶格类型**

(a) 体心立方晶格 (b) 面心立方晶格 (c) 密排六方体晶格

(2) 面心立方晶格

面心立方晶格如图 1-7 (b) 所示。在晶胞的八个角上各有一个原子，构成立方体。在立方体的六个面的中心各有一个原子，所以叫做面心立方晶格。属于这类晶格的金属有铝、铜、镍、铅和铁 (γ–Fe) 等。

(3) 密排六方体晶格

密排六方体晶格如图 1-7 (c) 所示。在晶胞的十二个角上各有一个原子，构成六方柱体。上下底面中心各有一个原子，晶胞内部还有三个原子。具有这种晶格的常见金属有镁、锌、铍等。

金属由于晶格类型和晶格常数不同，便呈现出不同的物理、化学和力学性能，金属晶体结构的变化会引起其性能发生变化。

## 1.2.2 金属的结晶

金属的结晶是指金属从液态转变为固态晶体的过程，了解金属的结晶过程和规律，对于改善金属材料的组织和性能具有重要的意义。下面以纯金属为例进行介绍。

### 1. 纯金属的结晶

纯金属由液态向固态的冷却过程，可用冷却过程中所测得的温度与时间的关系曲线，即冷却转变曲线来表示。这种方法称热分析法，所测得的结晶温度称为理论结晶温度 $T_0$。金属在结晶时，由于释放大量的结晶潜热，补偿了热量的散失，故结晶在一个恒定的温度下进行。

在实际生产中，液态纯金属冷却时，具有一定冷却速度。有时冷却速度很大，在这种情况下，纯金属的结晶过程是在 $T_1$温度进行的，如图 1-8 所示，$T_1$ 低于 $T_0$，这种现象称为“过冷”。理论结晶温度 $T_0$ 与实际结晶温度 $T_1$ 之差称为“过冷度”。过冷度并不是一个恒定值，液体金属的冷却速度越大，实际结晶温度 $T_1$ 就越低，即过冷度就越大。实际金属总是在过冷情况下进行结晶的，过冷是金属结晶的一个必要条件。

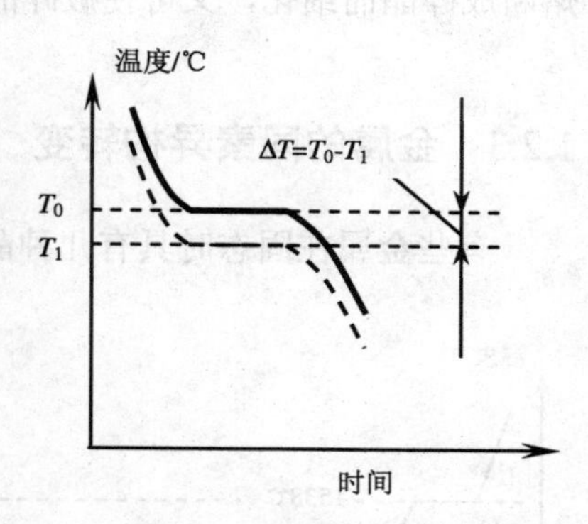


图 1-8　纯金属冷却曲线

### 2. 金属的结晶过程

液态纯金属在冷却到结晶温度时，其结晶过程是：先在液体中产生一批晶核，已形成的晶核不断长大，同时继续产生新的晶核，直到全部液体转变成固体为止。最后形成由外形不规则的许多小晶体所组成的多晶体，如图 1-9 所示。

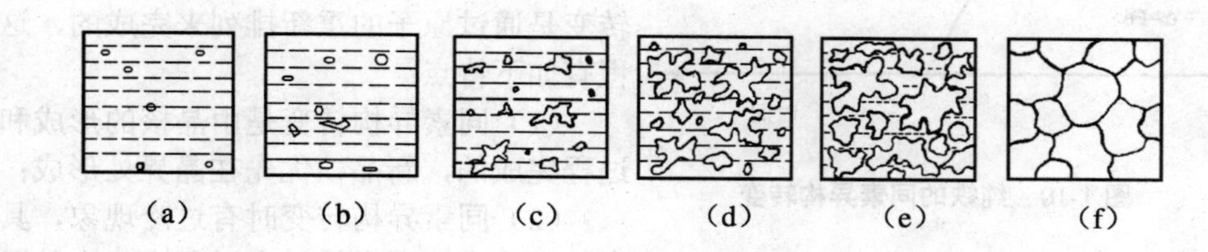


图 1-9　金属结晶过程示意图

### 3. 结晶时细化晶粒的措施

一般情况下细晶粒金属比粗晶粒金属具有较高的强度、硬度、塑性和韧性。从金属的结晶过程可知，要使晶粒细小，关键是要增加金属液体中的晶核数量，生产中常采用以下方法细化晶粒。

（1）增加过冷度

增加过冷度能使晶核形成速度大于其长大速度，使晶核数量相对增多。增加过冷度，就是要提高金属凝固的冷却转变速度。

（2）进行变质处理

变质处理是在浇注前向液态金属中加入一些细小的难熔的物质（变质剂），在液相中起附加晶核的作用，使形核率增加，晶粒显著细化。如往钢液中加入钛、锆、铝等。

（3）附加振动

金属结晶时，利用机械振动、超声波振动、电磁振动等方法，既可使正在生长的枝晶熔断成碎晶而细化，又可使破碎的枝晶尖端起晶核作用，以增加形核率。

## 1.2.3 金属的同素异构转变

有些金属在固态时具有几种晶格类型，随温度的变化，其晶格类型会发生改变。在固态下，金属的晶格类型随温度而发生的改变，称为同素异构转变。

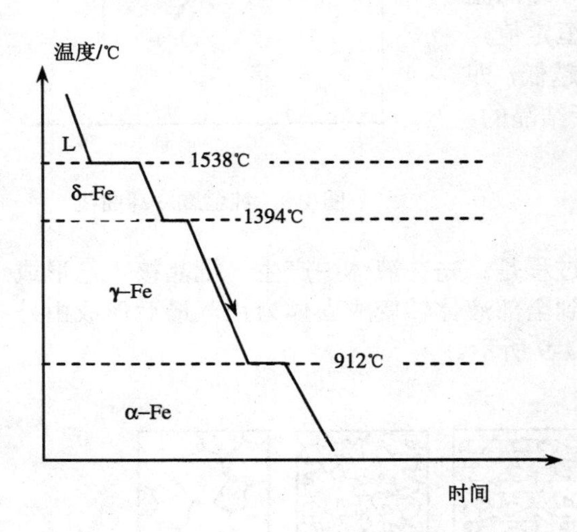


图 1-10 纯铁的同素异构转变

在生产上，纯铁的同素异构转变具有十分重要的意义。其转变情况如图 1-10 所示，铁有两次同素异构转变，转变过程如下：

$$\underset{\text{体心立方}}{\delta\text{-Fe}} \overset{1394^{\circ}\text{C}}{\rightleftharpoons} \underset{\text{面心立方}}{\gamma\text{-Fe}} \overset{912^{\circ}\text{C}}{\rightleftharpoons} \underset{\text{体心立方}}{\alpha\text{-Fe}}$$

同素异构转变是钢铁的一个重要特性，它是钢铁能够进行热处理的理论依据。同素异构转变是通过原子的重新排列来完成的，这一过程有如下特点：

（1）同素异构转变是由晶核的形成和长大过程完成的，新晶核优先在晶界处形成；

（2）同素异构转变时有过冷现象，具有较大的过冷度同素异构转变过程中，有结晶潜热产生，在冷却曲线上出现水平线段，但这种转变是在固态下进行的，它与液体结晶不同；

（3）同素异构转变时常伴有金属的体积变化。

## 1.2.4 晶体缺陷

在实际的金属晶体中，由于结晶条件和压力加工等因素的影响，存在大量原子排列不规则的区域，称为晶体缺陷。晶体缺陷的存在对金属的性能有着很大的影响。这些晶体缺陷分为点缺陷、线缺陷和面缺陷三大类。

### 1. 点缺陷

最常见的点缺陷是空位和间隙原子，晶格发生畸变，引起金属性能的变化，如图 1-11 所示。

2. 线缺陷

晶体中的线缺陷通常是各种类型的位错。所谓位错，就是在晶体中某处有一列或若干列原子发生了某种有规律的错排现象。这种错排有许多类型，其中比较简单的一种形式就是刃型位错，如图 1-12 所示。在晶面 *ABCD* 的上方，多出了一个垂直方向的晶面 *EFGN*，使晶体上下两部分沿着 *EF* 线产生原子错排现象，*EF* 线就称为位错线。

3. 面缺陷

晶界就是一种常见的面缺陷。由于相邻晶粒间的晶格位向显著不同，故晶界处的原子排列不可能规则，如图 1-13 所示。

每一种晶体缺陷都会使缺陷处的晶格产生畸变。晶格畸变使晶体塑性变形抗力增加，导致金属材料强度和硬度提高。

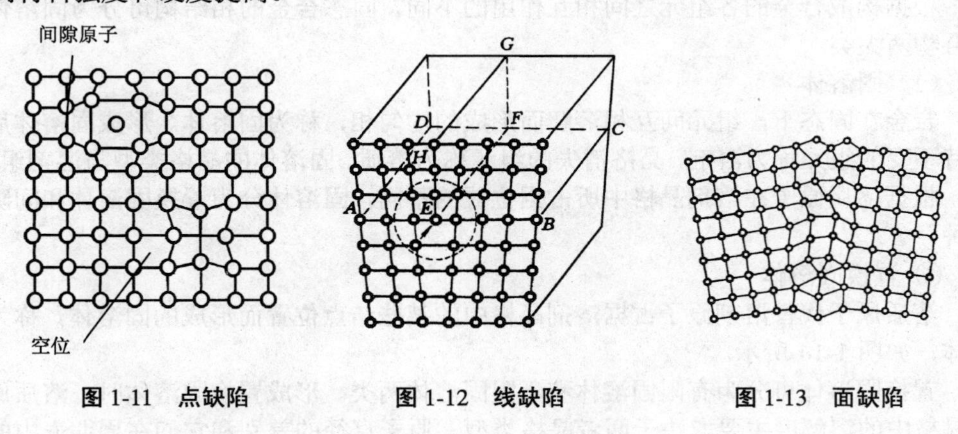


图 1-11　点缺陷　　图 1-12　线缺陷　　图 1-13　面缺陷

## 1.3 铁碳合金

铁碳合金是以铁和碳为主要组成元素的合金，是机械工程中应用最广泛的金属材料，不同成分的铁碳合金在不同温度下具有不同的组织，各方面性能也有所不同。

### 1.3.1 合金的相结构

1. 合金的基本概念

合金是由两种或两种以上的金属元素或金属与非金属组成的具有金属特性的物质。例如，碳钢是铁和碳组成的合金。

组成合金的最基本的、独立的物质称为组元，简称为元。例如，铜和锌就是黄铜的组元。有时稳定的化合物也可以看作为组元，例如铁碳合金中的$Fe_3C$就可以看作为组元。由两个组元组成的合金称为二元合金，由三个组元组成的合金称为三元合金。

合金中具有同一化学成分和晶体构造的组成部分称为相，相与相之间具有明显的界面。

通常把合金中相的晶体结构称为相结构，而把在金相显微镜下观察到的具有某种形态或形貌特征的组成部分总称为组织。合金中的各种相是组成合金的基本单元，合金组织则是合金中各种相的综合体。

2. 合金的相结构

根据构成合金的各组元之间相互作用的不同，固态合金的相结构可分为固溶体和金属化合物两大类。

（1）固溶体

合金在固态下，组元间互相溶解而形成的均匀相，称为固溶体。形成固溶体后，晶格保持不变的组元称为溶剂，晶格消失的组元称为溶质。固溶体的晶格类型与溶剂组元相同。

根据溶质原子在溶剂晶格中所占据位置的不同，固溶体分为置换固溶体和间隙固溶体两种。

① 置换固溶体

溶质原子代替溶剂原子占据溶剂晶格中的某些结点位置而形成的固溶体，称为置换固溶体，如图 1-14 所示。

置换固溶体可分为有限固溶体和无限固溶体两类。形成置换固溶体时，溶质原子在溶剂晶格中的溶解度主要取决于两者晶格类型、原子直径的差别和它们在周期表中的相互位置。

② 间隙固溶体

溶质原子分布于溶剂的晶格间隙中所形成的固溶体称为间隙固溶体，如图 1-15 所示。间隙固溶体只能形成有限固溶体。

③ 固溶体的性能

由于溶质原子的溶入，固溶体产生晶格畸变，溶质浓度越高，晶格畸变越严重。晶格畸变导致固溶体变形抗力增大，强度、硬度升高，这种现象称为固溶强化。它是强化金属材料的重要途径之一。

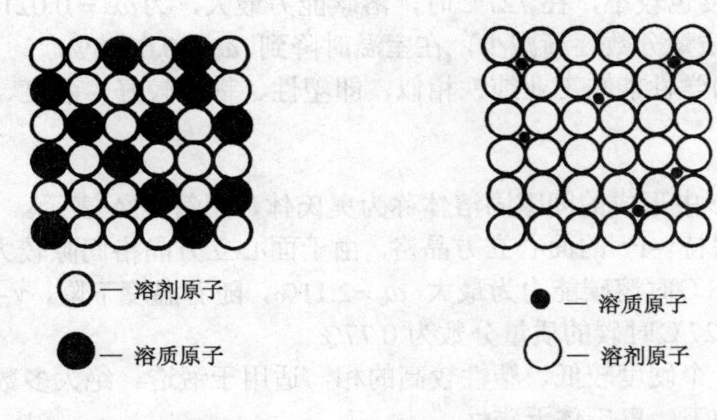


图 1-14　置换固溶体　　图 1-15　间隙固溶体

（2）金属化合物

金属化合物是合金组元间发生相互作用而生成的一种新相，其晶格类型和性能不同于其中任一组元，又因它具有一定的金属性质，故称金属化合物，如碳钢中的 $Fe_3C$。

金属化合物具有复杂的晶体结构，熔点较高，硬度高，而脆性大。合金中存在金属化合物时，将使合金的强度、硬度及耐磨性明显提高。金属化合物在合金中常作为强化相存在。它是许多合金钢、有色金属和硬质合金的重要组成相。

3. 机械混合物

纯金属、固溶体、金属化合物均是组成合金的基本相。由两相或两相以上组成的多相均匀组织称为机械混合物。在机械混合物中各组成相仍保持着原有晶格类型和性能，而整个机械混合物的性能介于各组成相性能之间，与各组成相的数量、形状、大小和分布情况密切相关。在机械工程中使用的合金材料绝大多数都是机械混合物这种组织状态。

## 1.3.2　铁碳合金的基本组织

铁碳合金在液态时铁和碳可以无限互溶，在固态时根据碳的质量分数不同，碳可以溶解在铁中形成固溶体，也可以与铁形成化合物，或者形成固溶体与化合物组成的机械混合物。铁碳合金的组织比较复杂，并且随着铁碳合金成分和温度的变化而改变。铁碳合金的组织由以下几种基本相组成。

1. 铁素体

碳溶于α–Fe 中形成的间隙固溶体称为铁素体，常用符号 F 表示。铁素体仍保持α–Fe 的体心立方晶格，碳溶于α–Fe 的晶格间隙中。由于体心立方晶格原子间的空隙较小，碳在

α–Fe 中的溶解度也较小，在 727℃时，溶碳能力最大，为$\omega_C = 0.0218\%$，随着温度降低，α–Fe 中的碳的质量分数逐渐减少，在室温时降到 $\omega_c = 0.0008\%$。

铁素体的力学性能与工业纯铁相似，即塑性、韧性较好，强度、硬度较低。

2. 奥氏体

碳溶于γ–Fe 中形成的间隙固溶体称为奥氏体，用符号 A 表示。

奥氏体仍保持γ–Fe 的面心立方晶格。由于面心立方晶格间隙较大，故奥氏体的溶碳能力较强。在 1148℃时溶碳能力为最大 $\omega_c$ =2.11%，随着温度下降，γ–Fe 中的碳的质量分数逐渐减少，在 727℃时碳的质量分数为 0.77%。

奥氏体是一个硬度较低、塑性较高的相，适用于锻造。绝大多数钢热成形要加热到奥氏体状态进行加工。奥氏体无磁性。

3. 渗碳体

铁与碳形成的金属化合物 $Fe_3C$ 称为渗碳体，用 $Fe_3C$ 表示。

渗碳体中的碳的质量分数$\omega_c = 6.69\%$，熔点为 1227℃，是一种具有复杂晶格结构的金属化合物。

渗碳体的硬度很高，但塑性和韧性几乎等于零。渗碳体是钢中主要强化相，在铁碳合金中存在形式有：粒状、球状、网状和细片状。其形状、数量、大小及分布对钢的性能有很大的影响。

4. 珠光体

珠光体是由铁素体和渗碳体组成的机械混合物，用符号 P 表示。在珠光体中，渗碳体以片状分布在铁素体基体上。

由于渗碳体的强化作用，珠光体具有较高的强度（$\sigma_b$ 约为 760MPa），一定的硬度（180HBS）、塑性和韧性。

5. 莱氏体

莱氏体是奥氏体和渗碳体组成的机械混合物，用符号 $L_d$ 表示，是渗碳体转变的产物。

莱氏体缓冷到 727℃时，其中奥氏体将转变为珠光体，因此 727℃以下的莱氏体由珠光体和渗碳体组成，称为低温莱氏体，用符号 $L_d'$表示。

莱氏体因含有大量的渗碳体，力学性能与渗碳体相近，硬度高、脆性大。

### 1.3.3 Fe-$Fe_3C$ 状态图

铁碳合金状态图是表示在极缓慢冷却（或加热）条件下，不同化学成分的铁碳合金，在不同温度下所具有的组织状态的一种图形。它对于钢铁材料的使用，对于钢铁材料的热处理及热加工工艺的制定具有重要的指导意义。

生产实践表明，碳的质量分数$\omega_c > 5\%$的铁碳合金，力学性能很差，尤其当碳的质量分数增加到 6.69%时，全部成分为化合物 $Fe_3C$，性能硬而脆，没有实用价值。所以，在研究铁碳合金状态图时，只研究$\omega_c < 6.69\%$这部分，简化的 $Fe–Fe_3C$ 平衡图如图 1-16 所示。

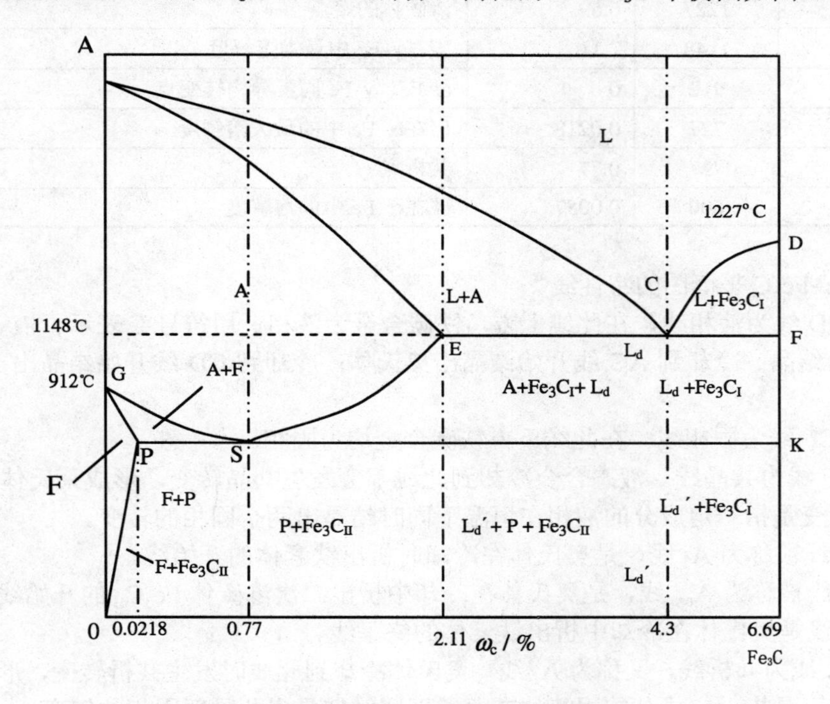


图 1-16　简化的 $Fe–Fe_3C$ 平衡图

1. $Fe–Fe_3C$ 平衡图的分析

$Fe–Fe_3C$ 平衡图的组元为 Fe 和 $Fe_3C$。其纵轴表示温度，横轴表示成分。从左到右表示$\omega_c$ 的增加。平衡图中的每个点都表示某种成分的铁碳合金在一定温度下的组织状态或相，所以平衡图又称为状态图或相图。

（1）$Fe–Fe_3C$ 平衡图的主要特性点

平衡图主要特性点的温度、成分、含义如表 1-1 所示。

表 1-1　$Fe-Fe_3C$ 平衡图主要特性点

| 符　　号 | 温度/℃ | $\omega_c$ / % | 说　　明 |
|---|---|---|---|
| A | 1538 | 0 | 纯铁的熔点 |
| C | 1148 | 4.3 | 共晶点 |
| D | 1227 | 6.69 | 渗碳体的熔点 |
| E | 1148 | 2.11 | 碳在γ-Fe 中最大溶解度 |
| G | 912 | 0 | α-Fe、γ-Fe 同素异构转变点 |
| P | 727 | 0.0218 | 碳在α-Fe 中的最大溶解度 |
| S | 727 | 0.77 | 共析点 |
| Q | 600 | 0.0057 | 碳在α-Fe 中的溶解度 |

（2）$Fe-Fe_3C$ 平衡图的特性线

① ACD 线为液相线，在此线上方，铁碳合金为液相，用符号 L 表示。液态合金冷却到此线开始结晶；冷却到 AC 线开始结晶出奥氏体；冷却到 CD 线开始结晶出一次渗碳体 $Fe_3C_I$。

② AECF 线为固相线。在此线下方铁碳合金均为固相。

③ ECF 线为共晶线。液态合金冷却到此线都会发生共晶转变，形成莱氏体。

共晶转变是指一定成分的液相在恒温下同时结晶出两个固相的转变。

④ GS 线被称为 $A_3$ 线，是奥氏体在冷却时析出铁素体的开始线。

⑤ ES 线被称为 $A_{cm}$ 线，是奥氏体在冷却中析出二次渗碳体 $Fe_3C_{II}$ 的开始线。

⑥ GP 线是奥氏体在冷却中析出铁素体的终了线。

⑦ PSK 线为共析线，又称为 $A_1$ 线，奥氏体冷却到此线时发生共析转变，形成珠光体。

共析转变是指一定成分的固溶体在恒温下同时结晶出两种新固相的转变。

⑧ PQ 线是铁素体在冷却过程中析出三次渗碳体 $Fe_3C_{III}$ 的开始线。

2. 铁碳合金的分类

按其碳的质量分数的不同，铁碳合金相图中的合金可分成工业纯铁、钢和铸铁三大类。

（1）工业纯铁，碳的质量分数为 $\omega_c$ <0.0218%。室温组织为铁素体。

（2）钢，碳的质量分数为 0.0218% < $\omega_c$ < 2.11%，在 P 和 E 点之间。钢又分为：

① 亚共析钢：0.0218% < $\omega_c$ <0.77%（S 点左边成分）；

② 共析钢：$\omega_c$ = 0.77%（S 点成分）；

③ 过共析钢：0.77% < $\omega_c$ < 2.11%（S 点右边成分）。

（3）铸铁，碳的质量分数为 2.11%< $\omega_c$ < 6.69%。

# 1.4 钢的热处理

钢的热处理是指采用适当的方法将钢在固态下进行加热、保温和冷却，以改变其内部组织，从而获得所需性能的一种工艺方法。

热处理的目的是显著提高钢的力学性能，发挥钢材的潜力，提高工件的使用性能和寿命，增加机械加工效率，降低成本。

## 1.4.1 钢在加热时的组织转变

热处理时，对钢加热的目的通常是使其组织全部或大部分转变成细小的奥氏体晶粒。

在极其缓慢的加热条件下，钢的组织转变按 $Fe-Fe_3C$ 相图进行，即组织转变的临界温度分别为 $A_1$、$A_3$、$A_{cm}$。在实际生产中，加热组织转变在平衡临界点以上进行，分别用 $A_{c1}$、$A_{c3}$、$A_{ccm}$ 表示。

钢在加热时，奥氏体的晶粒大小直接影响到热处理后钢的性能。加热时奥氏体晶粒细小，冷却后组织也细小；反之，组织则粗大。钢材晶粒细化，既能有效地提高强度，又能明显提高塑性和韧性，这是其他强化方法所不及的。因此，在选用材料和热处理工艺上，如何获得细的奥氏体晶粒，对工件使用性能和质量都具有重要意义。

## 1.4.2 钢在冷却时的组织转变

加热得到的奥氏体，在冷却过程中会发生组织转变。在实际生产中冷却速度比较快，奥氏体在 $A_1$ 以下温度才转变。过冷到 $A_1$ 以下温度暂时存在的奥氏体称为过冷奥氏体。

在实际生产中，钢在热处理时采用的冷却方式通常有两种：一种是等温冷却，另一种是连续冷却。见图 1-17。

表 1-2 是共析钢过冷奥氏体转变温度与转变产物的组织和性能。

过冷奥氏体等温冷却可以获得单一的珠光体、索氏体、托氏体、上贝氏体、下贝氏体和马氏体组织。而采用连续冷却转变时，由于连续冷却转变是在一个温度范围内进行的，其转变产物的组织往往不是单一的，根据冷却速度的变化，有可能是 P+S、S+T 或 T+M 等。

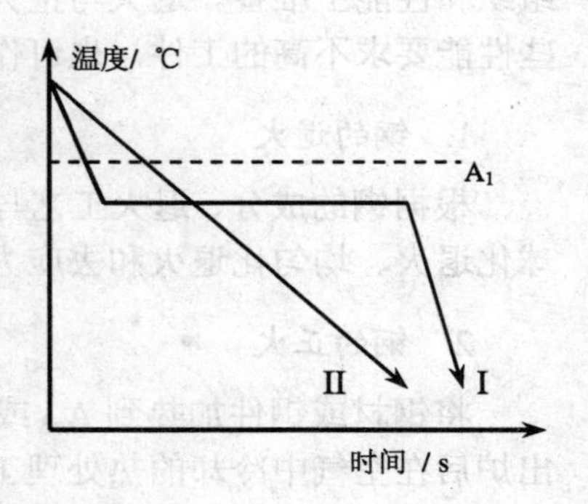


图 1-17　过冷奥氏体转变方式

I－ 等温转变　II－ 连续冷却转变

表 1-2 共析钢过冷奥氏体转变温度与转变产物的组织和性能

| 转变温度范围 | 过冷程度 | 转变产物 | 代表符号 | 组织形态 | 层片间距 | 转变产物硬度（HRC） |
|---|---|---|---|---|---|---|
| $A_1$～650℃ | 小 | 珠光体 | P | 粗片状 | 约 0.3μm | 25< |
| 约 650～600℃ | 中 | 索氏体 | S | 细片状 | 约 0.1～0.3μm | 25～35 |
| 约 600～550℃ | 较大 | 托氏体 | T | 极细片状 | 约 0.1μm | 35～40 |
| 约 550～350℃ | 大 | 上贝氏体 | $B_{上}$ | 羽毛状 | — | 40～45 |
| 约 350～$M_S$ | 更大 | 下贝氏体 | $B_{下}$ | 黑片（针）状 | — | 45～50 |
| $M_S$～ $M_f$ | 最大 | 马氏体 | M | 板条状 | — | 40 左右 |
| | | | | 双凸透镜状 | — | >55 |

## 1.4.3 钢的退火与正火

常用热处理工艺可分为两类：预先热处理和最终热处理。预先热处理是为了消除坯料、半成品中的某些缺陷，为后续的冷加工和最终热处理作组织准备。最终热处理是使工件获得所要求的性能。退火与正火主要用于钢的预先热处理，其目的是为了消除和改善前一道工序（铸、锻、焊）所造成的某些组织缺陷及内应力，也为随后的切削加工及热处理作好组织和性能上准备。退火与正火除经常作预先热处理工序外，对一般铸件、焊接件以及一些性能要求不高的工件，也可作为最终热处理。

### 1. 钢的退火

根据钢的成分、退火工艺与目的不同，退火常分为完全退火、等温退火、再结晶退火、球化退火、均匀化退火和去应力退火等。

### 2. 钢的正火

将钢材或钢件加热到 $A_{c3}$ 或 $A_{ccm}$ 以上 30～50℃，保温一段时间，达到完全奥氏体化，出炉后在空气中冷却的热处理工艺称为正火。

正火与退火的主要区别是：正火的冷却速度较快，过冷度较大，因此正火后所获得的组织比较细，强度和硬度比退火高一些。

正火是成本较低和生产率较高的热处理工艺。在生产中的应用如下所述。

（1）对于要求不高的结构零件，可作为最终热处理。

（2）改善低碳钢的切削加工性。

（3）作为中碳结构钢的较重要工件的预先热处理。

（4）消除过共析钢中二次渗碳体网。

### 1.4.4　钢的淬火与回火

#### 1. 钢的淬火

淬火是将钢件加热到 $A_{c3}$ 或 $A_{c1}$ 以上 30～50℃，保温一定时间，然后以适当冷却速度冷却获得马氏体或贝氏体组织的热处理工艺。

淬火的目的是为了得到马氏体组织，再经回火后，使工件获得良好的使用性能，以充分发挥材料的潜力。

#### 2. 钢的回火

将淬火后钢重新加热到 $A_{c1}$ 点以下的某一温度，保温一定时间后冷却到室温的热处理工艺称为回火。一般淬火件必须经过回火才能使用。

（1）回火的目的

① 获得工件所要求的力学性能

工件淬火后得到马氏体组织硬度高、脆性大，为了满足各种工件的性能要求，可以通过回火调整硬度、强度、塑性和韧性。

② 稳定工件尺寸

淬火马氏体和残余奥氏体都是不稳定组织，它们具有自发地向稳定组织转变的趋势，因而将引起工件的形状与尺寸的改变。通过回火使淬火组织转变为稳定组织，从而保证在使用过程中不再发生形状与尺寸的改变。

③ 降低脆性消除或减少内应力

工件在淬火后存在很大内应力，如不及时通过回火消除，会引起工件进一步的变形与开裂。

（2）钢在回火时组织和性能的变化

钢经淬火后，获得的马氏体与残余奥氏体是亚稳定相。在回火加热、保温中，都会向稳定的铁素体和渗碳体（或碳化物）的两相组织转变。

回火碳钢硬度变化的总趋势是随回火温度的升高而降低。

（3）回火种类与应用

根据对工件力学性能的不同要求，按其回火温度范围，可将回火分为三种。

① 低温回火，淬火钢件在 250℃以下回火称为低温回火。回火后组织为回火马氏体，基本上保持淬火钢的高硬度和高耐磨性，淬火内应力有所降低。主要用于要求高硬度、高

耐磨性的刃具、冷作模具、量具和滚动轴承，渗碳、碳氮共渗和表面淬火的零件。回火后硬度为58～64HRC。

② 中温回火，淬火钢件在350～500℃之间回火称为中温回火。回火后组织为回火托氏体，具有高的屈强比，高的弹性极限和一定的韧性，淬火内应力基本消除。常用于各种弹簧和模具热处理，回火后硬度一般为35～50HRC。

③ 高温回火，淬火钢件在500～650℃回火称为高温回火。回火后组织为回火索氏体，具有强度、硬度、塑性和韧性都较好的综合力学性能。广泛用于汽车、拖拉机、机床等承受较大载荷的结构零件，如连杆、齿轮、轴类、高强度螺栓等。回火后硬度一般为200～330HBS。

生产中常把“淬火+高温回火”热处理工艺称为调质处理。调质处理后的钢件力学性能（强度、韧性）好。

调质一般作为最终热处理，但也作为表面淬火和化学热处理的预先热处理。调质后的硬度不高，便于切削加工，并能获得较低的表面粗糙度值。

除了以上三种常用回火方法外，某些精密的工件，为了保持淬火后的硬度及尺寸的稳定性，常进行低温（100～150℃）、长时间（10～50 h）保温的回火，称为时效处理。

### 1.4.5 钢的表面淬火和化学热处理

#### 1. 钢的表面淬火

表面淬火是为改变工件表面组织和性能，仅对表面淬火的工艺。

表面淬火工件心部仍保持原来塑性、韧性较好的退火、正火或调质状态的组织。表面淬火不改变零件表面化学成分，只是通过表面快速加热淬火，改变表面层的组织来达到强化表面的目的。许多机械零件，如轴、齿轮、凸轮等，要求表面硬而耐磨，有高的疲劳强度，而心部要求有足够的塑性、韧性，采用表面淬火，使钢表面得到强化，能满足上述要求。

预先热处理（正火或调质）以后再进行表面淬火处理，既可以保持心部原有良好的综合力学性能，又可使表面具有高硬度和耐磨性。

表面淬火后，一般要进行低温回火，以减少淬火应力和降低脆性。

表面淬火方法很多，目前生产中应用最广泛的是感应加热表面淬火，其次是火焰加热表面淬火。

（1）感应加热表面淬火

感应加热表面淬火是利用感应电流通过工件表面所产生的热效应，使表面加热并进行快速冷却的淬火工艺。

所用电流频率主要有以下三种：

第一种是高频感应加热，常用频率为20 kHz ～1 MHz，淬硬层为0.5～2 mm，适用于中、小模数齿轮及中、小尺寸的轴类零件；

第二种是中频感应加热，常用频率为 2 kHz～10 kHz，淬硬层深度为 2～10 mm，适用于较大尺寸的轴和大、中模数的齿轮等；

第三种是工频感应加热，电流频率为 50 Hz，硬化层深度可达 10～20 mm，适用于大尺寸的零件，如轮辊、火车车轮等。

感应加热淬火有如下特点：

第一，表面性能好，硬度比普通淬火高 2～3HRC，疲劳强度较高，一般工件可提高 20%～30%；

第二，工件表面质量高，不易氧化脱碳，淬火变形小；

第三，淬硬层深度易于控制，操作易于实现机械化、自动化，生产率高。

（2）火焰加热表面淬火

火焰加热表面淬火是以高温火焰作为加热源的一种表面淬火方法。常用火焰为乙炔—氧火焰（最高温度为 3200℃）或煤气—氧火焰（最高温度为 2400℃）。高温火焰将钢件表面迅速加热到淬火温度，随即喷水快冷使表面淬硬。火焰加热表面淬硬层通常为 2～8 mm。

火焰加热表面淬火设备简单，方法易行，但火焰加热温度不易控制，零件表面易过热，淬火质量不够稳定。火焰淬火尤其适宜处理特大或特小件、异型工件等。

### 2. 钢的化学热处理

化学热处理是将金属或合金工件置于一定温度的活性介质中加热和保温，使介质中一种或几种活性原子渗入工件表面，以改变表面层的化学成分和组织，使表面层具有不同于心部的性能的一种热处理工艺。

化学热处理的种类和方法很多，最常见的有渗碳、氮化、碳氮共渗等。

（1）钢的渗碳

渗碳是将钢件在渗碳介质中加热并保温使碳原子渗入表层的化学热处理工艺，目的是提高工件表面的硬度和耐磨性，同时保持心部的良好韧性。

常用渗碳材料碳的质量百分数一般为$\omega_c$= 0.1 %～0.25 %的低碳钢和低碳合金钢，经过渗碳后，再进行淬火与低温回火，可在零件的表层和心部分别得到高碳钢组织。

常用渗碳温度为 900～950℃，渗碳层厚度一般为 0.5～2.5 mm。

（2）钢的氮化

氮化是在一定温度下，使活性氮原子渗入工件表面的化学热处理工艺，也称渗氮，目的是提高工件表面的硬度、耐磨性、疲劳强度及耐蚀性。氮化广泛应用于耐磨性和精度均要求很高的零件，如镗床主轴、精密传动齿轮等；在循环载荷下要求高疲劳强度的零件，如高速柴油机曲轴；要求变形很小和具有一定抗热、耐蚀能力的耐磨件，如阀门、发动机气缸以及热作模具等。

氮化层很薄，一般不超过 0.6～0.7 mm，因此氮化往往是加工工艺路线中最后一道工序，氮化后至多再进行精磨。

（3）钢的碳氮共渗与氮碳共渗

在一定温度下同时将碳、氮渗入工件表层奥氏体中，并以渗碳为主的化学热处理工艺称为碳氮共渗。

碳氮共渗温度较高（850～880℃），是以渗碳为主的碳氮共渗过程，碳氮共渗热处理后要进行淬火和低温回火处理。共渗深度一般为 0.3～0.8 mm，表面硬度可达 58～64 HRC。

碳氮共渗与渗碳相比，处理温度低且便于直接淬火因而变形小，共渗速度快、时间短、生产效率高、耐磨性高。主要用于汽车和机床齿轮、蜗轮、蜗杆和轴类等零件的热处理。

# 1.5 碳素钢

碳素钢简称碳钢，是$\omega_C < 2.11\%$并含有少量硅、锰、磷、硫等杂质元素的铁碳合金，在机械制造中应用广泛。

## 1.5.1 杂质元素的影响和碳素钢的分类

### 1. 杂质元素的影响

硅、锰、磷、硫等杂质元素都是在钢铁冶炼过程中进入钢中的，它们的含量虽少，但对钢的性能有一定的影响。

（1）硅、锰的影响

硅、锰都能溶解于铁素体中，产生固溶强化作用。锰还能与硫化合形成 MnS，可以减轻硫的有害作用。硅、锰在碳素钢中都属于有益元素。

（2）磷的影响

磷在钢中能全部溶于铁素体，可以提高钢的强度、硬度，但在低温下能急剧降低钢的塑性、韧性，这种现象称为冷脆。

（3）硫的影响

硫在钢中能与铁化合成 FeS，FeS 又与铁形成熔点为 985℃的共晶体，分布在晶界上。当钢材在 1000～1200℃进行热加工时，共晶体熔化，导致钢材开裂，称为热脆性。

硫和磷都是钢中的有害元素，必须严格控制含量。

### 2. 碳素钢的分类

碳素钢的分类方法很多，常用的分类方法有以下几种。

（1）按钢的用途分类

① 碳素结构钢，主要用于制造工程结构件和机械零件，一般属于低、中碳钢。
② 碳素工具钢，主要用于制造各种工具，一般属于高碳钢。
（2）按质量分类
主要对于磷、硫含量控制程度进行分类。
① 普通碳素钢，$\omega_{\mathrm{P}} \leqslant 0.05\%$ ，$\omega_{\mathrm{S}} \leqslant 0.045\%$。
② 优质碳素钢，$\omega_{\mathrm{P}} \leqslant 0.035\%$ ，$\omega_{\mathrm{S}} \leqslant 0.035\%$。
③ 高级优质碳素钢，$\omega_{\mathrm{P}} \leqslant 0.030\%$ ，$\omega_{\mathrm{S}} \leqslant 0.030\%$。
（3）按钢水脱氧程度分类
① 镇静钢，脱氧比较完全，成分和性能均匀，组织细密，成本较高，使用广泛。
② 沸腾钢，脱氧不完全，成分不均匀，成本较低。
③ 半镇静钢，脱氧程度介于以上两种钢之间。

## 1.5.2　碳素钢的牌号、性能和用途

### 1. 碳素钢的牌号

（1）碳素结构钢

碳素结构钢牌号表示方法由代表屈服点“屈”字的汉语拼音字母、屈服极限数值、质量等级符号及脱氧方法符号四个部分按顺序组成。

牌号中 Q 表示“屈服点”的汉语拼音字头；A、B、C、D 表示质量等级，它反映了碳素钢结构中有害杂质（S、P）质量分数的多少，C、D 级硫、磷质量分数最低、质量好，可作重要焊接结构件。例如 Q235AF，即表示最低屈服点为 235 MPa、A 等级质量的沸腾钢。

F、b、Z、TZ 依次表示沸腾钢、半镇静钢、镇静钢、特殊镇静钢，一般情况下符号 Z 与 TZ 在牌号表示中可省略。

（2）优质碳素结构钢

优质碳素结构钢牌号用两位数字表示，两位数字表示钢中平均碳质量分数的万倍。

例如 45 钢，表示平均$\omega_{\mathrm{c}} = 0.45\%$；08 钢表示平均$\omega_{\mathrm{c}} = 0.08\%$。

优质碳素结构钢按锰的质量分数不同，分为普通锰钢（$\omega_{\mathrm{Mn}} = 0.25\% \sim 0.80\%$）与较高锰的钢（$\omega_{\mathrm{Mn}} = 0.70\% \sim 1.20\%$）两组。较高锰的优质碳素结构钢牌号数字后加“Mn”，如 45Mn。

（3）碳素工具钢

碳素工具钢牌号冠以“T”（“T”为“碳”字的汉语拼音首位字母），后面的数字表示平均碳的质量分数的千倍。

碳素工具钢分优质和高级优质两类。若为高级优质钢，则在数字后面加“A”字。例如 T8A 钢，表示平均$\omega_{\mathrm{c}} = 0.8\%$的高级优质碳素工具钢。对含较高锰的（$\omega_{\mathrm{Mn}} = 0.40\% \sim 0.60\%$）的碳素工具钢，则在数字后加“Mn”，如 T8Mn、T8MnA 等。

(4) 铸造碳钢

其牌号用"ZC"表示，后面第一组数字表示钢材的最低屈服强度（单位 MPa），第二组数字表示钢材的最低抗拉强度(单位 MPa)。例如 ZG200—400，表示屈服强度≥200 MPa，抗拉强度≥400 MPa 的铸造碳钢件。

2. 碳素钢的性能与用途

(1) 碳素结构钢

碳素结构钢的硫、磷含量较多，但由于冶炼容易，工艺性好，价格便宜，在力学性能上一般能满足普通机械零件及工程结构件的要求，因此用量很大，约占钢材总量的 70 %。表 1-3 为碳素结构钢的牌号、化学成分、力学性能及应用。

**表 1-3 碳素结构钢的牌号、化学成分、力学性能及应用**

| 钢号 | 质量等级 | $\sigma_s$/MPa 钢材厚度（直径）/mm ≤16 | >16～40 | >40～60 | >60～100 | $\sigma_b$/MPa | $\delta_5$/% 钢材厚度（直径）/mm ≤16 | >16～40 | >40～60 | >60～100 | 应用举例 |
|---|---|---|---|---|---|---|---|---|---|---|---|
| | | 不小于 | | | | | 不小于 | | | | |
| Q195 | – | (195) | (185) | – | – | 315～390 | 33 | 32 | – | – | 塑性好，有一定的弹性，用于制造受力不大的零件，如：螺栓、螺母、垫圈以及焊接件、冲压件等金属结构件 |
| Q215 | A<br>B | 215 | 205 | 195 | 185 | 335～410 | 31 | 30 | 29 | 28 | |
| Q235 | A<br>B<br>C<br>D | 235 | 225 | 215 | 205 | 375～460 | 26 | 25 | 24 | 23 | |
| Q255 | A<br>B | 255 | 245 | 235 | 225 | 410～510 | 24 | 23 | 22 | 21 | 强度比较高，用于制造承受中等载荷的零件，如：轴、销子、连杆等 |
| Q275 | – | 275 | 265 | 255 | 245 | 410～510 | 20 | 19 | 18 | 17 | |

注：表内数据摘录于《GB700–88》。

(2) 优质碳素结构钢

优质碳素结构钢 S、P 含量较低，非金属夹杂物也较少，因此力学性能比碳素结构钢优良，被广泛用于制造机械产品中较重要的结构钢零件，为了充分发挥其性能潜力，一般都是在热处理后使用。

优质碳素结构钢的牌号、化学成分、力学性能和用途见表 1-4。

08F 钢的碳的质量分数低，塑性好，焊接性能好，主要用于制造冲压件和焊接件。15、

20、25 钢属于渗碳钢，这类钢强度较低，但塑性和韧性较高，焊接性能及冷冲压性能较好。可以制造各种受力不大，但要求高韧性的零件；此外还可用作冷冲压件和焊接件。渗碳钢经渗碳、淬火+低温回火后，表面硬度可达到 HRC45 以上，耐磨性好，而心部具有一定的强度和韧性，可用来制造要求表面耐磨并能承受冲击载荷的零件。

表 1-4　优质碳素结构钢的牌号、化学成分、力学性能和用途

| 钢号 | 主要成分 | | | 力学性能 | | | | | | |
|---|---|---|---|---|---|---|---|---|---|---|
| | $\omega_C$ | $\omega_{Si}$ | $\omega_{Mn}$ | 正火状态 ≥ | | | | | 热轧 | 退火 |
| | | | | $\sigma_b$/MPa | $\sigma_s$/MPa | $\delta_5$/% | $\psi$/% | $A_K$/J | 硬度（HBS） | |
| 08F | 0.05～0.11 | ≤0.03 | 0.25～0.50 | 295 | 175 | 35 | 60 | – | 131 | – |
| 10 | 0.07～0.14 | 0.17～0.37 | 0.35～0.65 | 335 | 205 | 31 | 55 | – | 137 | – |
| 15 | 0.12～0.19 | 0.17～0.37 | 0.35～0.65 | 375 | 225 | 27 | 55 | – | 143 | – |
| 20 | 0.17～0.24 | 0.17～0.37 | 0.35～0.65 | 410 | 245 | 25 | 55 | – | 156 | – |
| 35 | 0.32～0.40 | 0.17～0.37 | 0.50～0.80 | 530 | 315 | 20 | 45 | 55 | 197 | – |
| 40 | 0.37～0.45 | 0.17～0.37 | 0.50～0.80 | 570 | 335 | 19 | 45 | 47 | 217 | 187 |
| 45 | 0.42～0.50 | 0.17～0.37 | 0.50～0.80 | 600 | 355 | 16 | 40 | 39 | 229 | 197 |
| 50 | 0.47～0.55 | 0.17～0.37 | 0.50～0.80 | 630 | 375 | 14 | 40 | 31 | 241 | 207 |
| 60 | 0.57～0.65 | 0.17～0.37 | 0.50～0.80 | 675 | 400 | 12 | 35 | – | 255 | 229 |
| 65 | 0.62～0.70 | 0.17～0.37 | 0.50～0.80 | 695 | 410 | 10 | 30 | – | 255 | 229 |
| 较高含 Mn 碳钢 | | | | | | | | | | |
| 60Mn | 0.57～0.65 | 0.17～0.37 | 0.70～1.00 | 695 | 410 | 11 | 35 | – | 269 | 229 |
| 65Mn | 0.62～0.70 | 0.17～0.37 | 0.90～1.20 | 735 | 430 | 9 | 30 | – | 285 | 229 |

30、35、40、45、50、55 钢属于调质钢，经淬火+高温回火后，具有良好的综合力学性能，主要用于要求强度、塑性和韧性都较高的机械零件，如轴类零件，这类钢在机械制造中应用最广泛，其中以 45 钢更为突出。

60、65 钢属于弹簧钢，经淬火+中温回火后可获得高的弹性极限、高的屈强比，主要用于制造弹簧等弹性零件及耐磨零件。

（3）碳素工具钢

这类钢的碳的质量分数为$\omega_C$ = 0.65% ～1.35%，分优质碳素工具钢与高级优质碳素工具钢两类。牌号后加“A”的属高级优质碳素钢。

这类钢的牌号、化学成分及用途见表 1-5。

表 1-5 碳素结构钢的牌号、化学成分及用途

| 牌 号 | $\omega_C$ / % | 硬 度 | | 用 途 |
|---|---|---|---|---|
| | | 退火后 HB≤ | 淬火后 HRC≥ | |
| T7、T7A | 0.65～0.74 | 187 | 62 | 制造承受震动与冲击负荷并要求较高韧性的工具，如錾子、榔头等 |
| T8、T8A | 0.75～0.84 | 187 | 62 | 制造承受震动与冲击负荷并要求足够韧性和较高硬度的工具，如简单冲模、剪刀、木工工具等 |
| T10、T10A | 0.95～1.04 | 197 | 62 | 制造不受突然震动并要求在刃口上有少许韧性的工具，如丝锥、手锯条、冲模等。 |
| T12、T12A | 1.15～1.24 | 207 | 62 | 制造不受震动并要求高硬度的工具，如锉刀、刮刀丝锥等 |

碳素工具钢的缺点是红硬性差，当刃部温度高于 250℃时，其硬度和耐磨性会显著降低。此外，钢的淬透性也低，并容易产生淬火变形和开裂。因此，碳素工具钢大多用于制造刃部受热程度较低的手用工具和低速、小进给量的机用工具，亦可制造尺寸较小的模具和量具。

# 1.6 合 金 钢

合金钢是指含有一定量合金元素的钢，合金元素是在冶炼时为了改善钢的性能有意加入的元素。常见的合金元素有硅、锰、铬、镍、钼、钨、钒、钛、铝、硼和稀土（Re）等。

## 1.6.1 合金元素在钢中的作用

合金元素在钢中的作用有以下几点。

1. 形成合金铁素体

大多数合金元素都能溶入铁素体，形成合金铁素体。随着合金元素的溶入，铁素体的强度、硬度得到提高。

2. 形成合金碳化物

有些合金元素能与碳形成合金碳化物。它们与碳的亲和力有强弱之分，从强到弱的排列次序为：钨、钼、镍、铬、锰、铁。当钢中同时存在几种碳化物的形成元素时，亲和力强的元素优先与碳化合。

合金碳化物比渗碳体具有更高的硬度、耐磨性和熔点，受热时不易聚集长大，也难以熔入奥氏体。

当合金碳化物以细小粒状均匀分布时，能提高钢的强度、硬度和耐磨性，而不增加其脆性。

3. 细化晶粒

大多数合金元素（锰除外）在加热时能细化奥氏体晶粒，尤其是钒、铌、钛等强碳化物的形成元素，能使钢在较高的温度下仍保持细小的晶粒。

4. 提高淬透性

除钴以外的大多数合金元素熔入奥氏体后，能提高钢的淬透性。因此，合金钢工件在淬火时，常常采用冷却能力较小的淬火介质。

5. 提高耐回火性

淬火钢在回火时抵抗软化的能力称为耐回火性。在相同的温度下，硬度下降较低的钢耐回火性就好。合金元素能够阻碍马氏体的分解，阻碍碳化物的聚集长大，提高钢的耐回火性。

### 1.6.2 合金钢的分类和牌号表示方法

1. 合金钢的分类

（1）按用途分类

合金结构钢，主要用于制造重要的机械零件和工程结构件。

合金工具钢，主要制造重要的刀具量具和模具。

特殊性能钢，用于制造有特殊性能要求的零件。

（2）按合金元素总的质量分数分类

低合金钢，合金元素总的质量分数小于 5 %。

中合金钢，合金元素总的质量分数为 5 %～10 %。

高合金钢，合金元素总的质量分数大于 10 %。

（3）按钢中主要合金元素种类不同，又可分为锰钢、铬钢、硼钢、铬镍钢、铬锰钢等。

2. 合金钢的编号方法

我国合金钢牌号用数字加化学元素符号加数字的方法表示。合金元素用化学元素符号表示。元素符号后面的数字表示该元素的平均质量分数，当该元素的质量分数小于 1.5 %时，一般不加表示。元素符号前面的数字表示碳的质量的万分数。对于合金工具钢，当碳的平均质量分数大于或等于 1 %时不标数字。特殊合金钢的质量分数表示方法与合金工具钢基本相同。

## 1.6.3 合金结构钢

1. 低合金高强度结构钢

低合金结构钢用来制造比较重要的工程结构。它是低碳结构钢，合金元素总量在 3 %以下，以 Mn 为主要元素。与碳素结构钢相比，它有较高强度，足够的塑性、韧性，良好的焊接工艺性能，较好的耐腐蚀性和低的冷脆转变温度。

为了保证有良好的塑性与韧性，良好的焊接性能和冷成形性能，低合金高强度结构钢中碳的量分数一般均较低，大多数低于 0.2 %。

合金元素的主要作用是：加入锰（为主加元素）、硅、铬、镍元素为强化铁素体；加入钒、铌、铝等元素为细化铁素体晶粒。

低合金高强度结构钢大多数是在热轧、正火状态下使用。

2. 合金渗碳钢

合金渗碳钢主要用来制造工作中承受较强烈的冲击作用和磨损条件下的渗碳零件。

这类钢经渗碳、淬火和低温回火后，表面具有高的硬度和耐磨性，心部具有较高的强度和足够的韧性。

合金渗碳钢中碳的质量分数一般在 0.10 %～0.25 %之间，以保证渗碳零件心部具有好的塑性和韧性。碳素渗碳钢的淬透性低，热处理对心部的性能改变不大，加入合金元素可提高钢的淬透性，改善心部性能。

为了保证渗碳零件表面得到高硬度和高耐磨性，大多数合金渗碳钢采用渗碳后淬火+低温回火。

合金渗碳钢可按淬透性分为低淬透性、中淬透性及高淬透性钢三类。

3. 合金调质钢

合金调质钢是指调质处理后使用的合金结构钢，其具有良好的综合力学性能。合金调质钢，用于制造一些重要零件，如机床的主轴、汽车底盘的半轴、柴油机连杆螺栓等。

合金调质钢碳的质量分数一般在 0.25 %～0.5 %之间，以保证具有足够的强度和韧性。主要元素有铬、镍、锰、硅、硼等，以增加淬透性、强化铁素体；钼、钨的主要作用是防止或减轻第二类回火脆性，并增加回火稳定性；钒、钛的作用是细化晶粒。合金调质钢在锻造后，为了改善切削加工性能应采用完全退火作为预先热处理。最终热处理采用淬火后进行 500～650℃的高温回火，使钢件具有高的综合力学性能。

合金调质钢常按淬透性大小不同，可分为三类。

（1）低淬透性合金调质钢。如 40Cr、40MnB 等。它们有较好的力学性能和工艺性能，但淬透性低，常用于尺寸较小的重要零件。

（2）中淬透性合金调质钢。如 38CrSi、35CrMo 等。这类钢含合金元素较多，淬透性较高，常用于制作承受中等载荷、截面尺寸较大的中型或较大型零件。

（3）高淬透性合金调质钢。如 38CrMoAlA、40CrMnMo、25Cr2Ni4WA 等。这类钢含铬、镍元素较多，可大大提高钢的淬透性，调质处理后得到极为优良的力学性能，常用于制作大截面和承受重载荷的重要零件。

4. 合金弹簧钢

合金弹簧钢常用来制造尺寸较大、性能要求较高的弹性零件。合金弹簧钢的碳的质量分数一般为 0.5 %～0.7 %，以保证高的强度和弹性极限。

根据弹簧成形与热处理方法的不同，弹簧钢可以分为两种。

（1）热成形弹簧钢，弹簧丝直径或弹簧钢板厚度大于 10～15 mm 的螺旋弹簧或板弹簧，采用热态成形，成形后利用余热进行淬火，然后中温回火具有高的弹性极限、高的屈强比，硬度一般为 42～48 HRC。

（2）冷成形弹簧钢，对于钢丝直径小于 8～10 mm 的弹簧，常用冷拉弹簧钢丝冷卷成形。

5. 滚动轴承钢

滚动轴承钢是制造各种滚动轴承的滚珠、滚柱、滚针的专用钢，也可做其他用途，如形状复杂的工具、冷冲模具、精密量具以及要求硬度高、耐磨性高的结构零件。

一般的轴承用钢是高碳低铬钢，其碳的质量分数为 0.95 %～1.15 %，属过共析钢，目的是保证轴承具有高的强度、硬度和足够的碳化物，以提高耐磨性。主加合金元素是铬，铬的含量为 0.4 %～1.65 %，铬的作用主要是提高淬透性，使组织均匀，并增加回火稳定性。

滚动轴承钢的纯度要求极高，硫、磷含量限制极严，是一种高级优质钢（但在牌号后不加“A”字）。

### 1.6.4　合金工具钢

合金工具钢按用途分为合金刃具钢、合金模具钢、合金量具钢。

### 1. 合金刃具钢

刃具钢是用来制造各种切削刀具的钢，如车刀、铣刀、钻头等。对刃具钢的性能要求是：高硬度、高耐磨性、高的红硬性（红硬性是指钢在高温下保持高硬度的能力）、一定的韧性和塑性。

（1）低合金刃具钢

为了保证高硬度和耐磨性，低合金刃具钢的碳的质量分数为 0.75 %～1.45 %，加入合金元素硅、铬、锰可提高钢的淬透性；硅、铬还可以提高钢的回火稳定性，一般在 300℃以下回火后硬度仍保持 60 HRC 以上，从而保证一定的红硬性。钨在钢中能使钢的奥氏体晶粒保持细小，增加淬火后钢的硬度，同时还提高钢的耐磨性及红硬性。

刃具毛坯经锻造后的预先热处理为球化退火，最终热处理采用淬火+低温回火。

（2）高速钢

高速钢是一种红硬性、耐磨性较高的高合金工具钢，它的红硬性高达 600℃，可以进行高速度切削，故称为高速钢。高速钢具有高的强度、硬度、耐磨性及淬透性。高速钢的成分特点是含有较高的碳和大量形成碳化物的元素钨、钼、铬、钒、钴、铝等，碳的质量分数为 0.7 %～1.6 %，合金元素总含量大于 10 %。

常用的高速工具钢有 W18Cr4V 和 W6Mo5Cr4V2。W18Cr4V 钢热处理性能和切削性能好，适用于制造一般的高速切削刃具，但不适合作薄刃的刃具。W6Mo5Cr4V2 钢的主要特点是韧性和热塑性比较好，适合于制作承受冲击、振动较大的刀具。

### 2. 合金模具钢

根据工作条件的不同，模具钢又可分为冷作模具钢和热作模具钢。

（1）冷作模具钢

冷作模具钢用于制造在室温下使金属变形的模具，如冷冲模、冷镦模、拉丝模、冷挤压模等，它们在工作时承受高的压力、摩擦与冲击，因此冷作模具要求具有高的硬度和耐磨性、较高强度、足够韧性和良好的工艺性。

常用来制作冷作模具的合金工具钢中有一部分为低合金工具钢，如 CrWMn、9CrWMn、9Mn2V。

（2）热作模具钢

热作模具钢是用来制作加热的固态金属或液态金属在压力下成形的模具。前者称为热锻模或热挤压模，后者称为压铸模。

由于模具承受载荷很大，要求强度高，模具在工作时往往还承受很大冲击，所以要求韧性好，即要求综合力学性能好，同时又要求有良好的淬透性和抗热疲劳性。

① 热锻模具钢，包括锤锻模具钢以及热挤压模、热镦模及精锻模具钢。一般碳的质量分数为 0.4 %～0.6 %，以保证淬火及中、高温回火后具有足够的强度与韧性。

热锻模经锻造后需进行退火，以消除锻造内应力，均匀组织，降低硬度，改善切削加工性能。

常用的热锻模具钢牌号是 5CrNiMo、5CrMnMo 等。

② 压铸模钢，压铸模工作时与炽热金属接触时间较长，要求有较高的耐热疲劳性，较高的导热性，良好的耐磨性和必要的高温力学性能。此外，还需要具有耐高温金属液的腐蚀和冲刷的能力。

常用压铸模钢是 3Cr2W8V 钢，具有高的热硬性和抗热疲劳性。

3. 合金量具钢

量具钢是用于制造游标卡尺、千分尺、量块、塞规等测量工件尺寸的工具用钢。

量具在使用过程中与工件接触，受到磨损与碰撞，因此要求工作部分应有高硬度、耐磨性、尺寸稳定性和足够的韧性。

量具的最终热处理主要是淬火、低温回火，以获得高硬度和高耐磨性。对于高精度的量具，为保证尺寸稳定，在淬火与回火之间进行一次冷处理。

## 1.6.5 特殊合金钢

特殊合金钢是指具有特殊的物理、化学性能的钢。其种类较多，常用的特殊合金钢有不锈钢、耐热钢和耐磨钢。

1. 不锈钢

在腐蚀性介质中具有耐腐蚀能力的钢，一般称为不锈钢。

目前常用的不锈钢，按其组织状态主要分为马氏体不锈钢、铁素体不锈钢和奥氏体不锈钢三大类 。

（1）马氏体不锈钢

常用马氏体不锈钢碳的质量分数为 0.1 %～0.4 %，铬的含量为 11.5 %～14 %，属铬不锈钢。淬火后能得到马氏体，故称为马氏体不锈钢。

随着钢中碳的质量分数的增加，钢的强度、硬度、耐磨性提高，但耐蚀性下降。为了提高耐蚀性，不锈钢的碳的质量分数一般小于 0.4 %。

碳的质量分数较低的 1Crl3 和 2Crl3 钢，具有良好的抗大气、海水、蒸汽等介质腐蚀的能力，塑性、韧性很好。适用于制造在腐蚀条件下工作、受冲击载荷的结构零件，如汽轮机叶片、各种阀、机泵等。

碳的质量分数较高的 3Crl3、7Crl7 钢，经淬火后低温回火，得到回火马氏体和少量碳化物，硬度可达 50HRC 左右。用于制造医疗手术工具、量具、弹簧、轴承及弱腐蚀条件下工作而要求高硬度的耐蚀零件。

（2）铁素体不锈钢

典型牌号有 1Crl7、1Crl7Mo 等。常用的铁素体不锈钢中，碳的质量分数小于 0.12 %，铬的质量分数为 12 %～13 %，这类钢从高温到室温，其组织均为单相铁素体组织，所以称为铁素体不锈钢。在退火和正火状态下使用，不能利用热处理来强化。其耐蚀性、塑性、焊接性均优于马氏体不锈钢，但强度比马氏体不锈钢低，主要用于制造耐蚀零件，广泛用于硝酸和氮肥制造设备中。

（3）奥氏体不锈钢

这类钢一般铬的含量为 17 %～19 %，镍的含量为 8 %～11 %，故简称 18–8 型不锈钢。其典型牌号有 0Crl9Ni9、1Crl8Ni9、0Crl8NillTi、00Crl7Nil4M02 钢等。

2. 耐热钢

耐热钢是抗氧化钢和热强钢的总称。

钢的耐热性包括高温抗氧化性和高温强度两方面的综合性能。高温抗氧化性是指钢在高温下对氧化作用的抗力；而高温强度是指钢在高温下承受机械载荷的能力，即热强性。因此，耐热钢既要求高温抗氧化性能好，又要求高温强度高。

常用的耐热钢有 4Cr9Si2、4Crl0Si2Mo 钢，适用于 650℃以下受动载荷的部件，如汽车发动机、柴油机的排气阀，故此两种钢又称为，气阀钢；1Crl3、0Crl8NillTi 钢既是不锈钢又是良好的热强钢。1Crl3 钢在 450℃左右和 0Crl8NillTi 钢在 600℃左右都具有足够的热强性。0Crl8NillTi 钢的抗氧化能力可达 850℃，是一种应用广泛的耐热钢，可用来制造高压锅炉的过热器、化工高压反应器等。

## 1.7 铸 铁

铸铁是$\omega_c > 2.11$ %并含有较多硅、锰、磷、硫等元素的铁碳合金。

铸铁中的碳存在形式有两种，一种是以渗碳体形式存在，大多数以石墨形式存在。根据碳的存在形式，铸铁可以分为白口铸铁、灰口铸铁、球墨铸铁、可锻铸铁等几种。

在白口铸铁中，碳全部以渗碳体形式存在，其断口呈银白色。白口铸铁由于硬度高，难以切削加工，故很少直接使用。在常用的几种铸铁中，碳大多以石墨形式分布在金属基体上。

铸铁具有优良的铸造性能、切削加工性、减摩性与消振性和低的缺口敏感性，而且熔炼铸铁的工艺与设备简单、成本低。目前，铸铁仍然是工业生产中最重要工程材料之一。

根据铸铁中石墨的形态，铸铁可分为：灰口铸铁（石墨以片状形式存在）、球墨铸铁（石墨以球状形式存在）、蠕墨铸铁（石墨以蠕虫状形式存在）、可锻铸铁（石墨以团絮状形式存在）。

## 1.7.1　灰口铸铁

灰口铸铁化学成分的一般范围是：$\omega_C$=2.5 %～4.0 %，$\omega_{Si}$=1.0 %～3.0 %，$\omega_{Mn}$=0.5 %～1.3 %，$\omega_P$≤0.5 %，$\omega_S$≤0.2 %。

灰口铸铁组织由金属基体和片状石墨组成的。其基体可分为珠光体、珠光体+铁素体、铁素体三种。

### 1. 灰口铸铁的性能

灰口铸铁的力学性能主要取决于基体组织和石墨的存在形式，灰口铸铁中含有比钢更多的硅、锰等元素，这些元素可溶于铁素体而使基体强化，其基体的强度与硬度不低于相应的钢。由于灰口铸铁中碳以片状石墨的形式存在，并割裂基体，石墨的强度、塑性、韧性几乎为零，导致铸铁的抗拉强度、塑性、韧性比钢低。石墨片的数量越多，尺寸越粗大，分布越不均匀，铸铁的抗拉强度和塑性就越低。

灰口铸铁具有良好的铸造性能、切削加工性、减摩性和消振性，铸铁对缺口的敏感性较低。

### 2. 灰口铸铁的牌号和应用

灰口铸铁的牌号用“灰铁”二字的汉语拼音的字首，后面三位数字表示最小抗拉强度值。

灰口铸铁由于有上述的性能和特点，而且价格低廉，所以在生产上得到了广泛的应用。常用于制造形状复杂而力学性能要求不高的零件，承受压力、要求消振的零件，以及某些耐磨的零件。

## 1.7.2　球墨铸铁

球墨铸铁的化学成分与灰口铸铁相比，特点是碳、硅的质量分数高，锰的质量分数较低，硫和磷的限制较严。

球墨铸铁的组织是在钢的基体上分布着球状石墨。球墨铸铁在铸态下，其基体是由不同数量铁素体、珠光体、甚至渗碳体同时存在的混合组织，故生产中需经不同热处理以获得不同的组织。生产中常用的球墨铸铁有铁素体球墨铸铁、珠光体+铁素体球墨铸铁、珠光体球墨铸铁和下贝氏体球墨铸铁。

### 1. 球墨铸铁的性能

由于球墨铸铁中石墨呈球状，对金属基体的割裂作用较小，使球墨铸铁的抗拉强度、塑性和韧性、疲劳强度高于其他铸铁。球墨铸铁有一个突出优点是其屈强比较高，因此对于承受静载荷的零件，可用球墨铸铁代替铸钢。

2. 球墨铸铁的牌号

球墨铸铁的牌号由 QT 与两组数字组成，其中 QT 表示“球铁”二字汉语拼音的首位字母，第一组数字代表最低抗拉强度值，第二组数字代表最低伸长率。

球墨铸铁常用于制造载荷大且受磨损和冲击的重要零件，如汽车、拖拉机的曲轴、连杆和机床的蜗杆、蜗轮等。

### 1.7.3 可锻铸铁

可锻铸铁通常是将白口铸铁通过石墨化退火，获得团絮状石墨而具有较高韧性的铸铁，俗称为马铁。可锻铸铁具有一定的塑性与韧性，因此得名，实际上是不能锻造的。

可锻铸铁有铁素体可锻铸铁（黑心可锻铸铁）和珠光体可锻铸铁两种。

可锻铸铁牌号由“KTH”或“KTZ”与两组数字表示。其中“KT”表示“可锻”二字的汉语拼音首字母；“H”和“Z”分别表示“黑”和“珠”的汉语拼音的首字母；牌号后边第一组数字表示最小抗拉强度值；第二组数字表示最小伸长率。

可锻铸铁的力学性能优于灰口铸铁，并接近于同类基体的球墨铸铁。但与球墨铸铁相比，具有铁水处理简易、质量稳定、废品率低等优点。故生产中，常用可锻铸铁制作一些截面较薄、形状较复杂、工作时受振动而强度、韧性要求较高的零件。因为这些零件若用灰口铸铁制造，则不能满足力学性能要求；若用铸钢制造，则因其铸造性能较差，质量不易保证。

## 1.8 有 色 金 属

### 1.8.1 铝及铝合金

1. 纯铝

纯铝为面心立方晶格，无同素异构转变，呈银白色。塑性好、强度低（$\sigma_b$为80～100 MPa）。铝的密度较小（约 2.7 g / cm$^3$），仅为铜的三分之一；导电导热性好，仅次于金、银、铜而居第四位。铝在大气中其表面易生成一层致密的氧化膜，阻止进一步的氧化，耐大气腐蚀能力较强。

根据上述特点，纯铝主要用于制作电线、电缆，配制各种铝合金以及制作要求质轻、导热或耐大气腐蚀但强度要求不高的器具。

纯铝中含有铁、硅等杂质，随着杂质含量的增加，其导电性、导热性、耐大气腐蚀性及塑性将下降。

铝的质量分数不低于 99.00 %的铝材为纯铝。

### 2. 铝合金分类

由于纯铝的强度低，向铝中加入硅、铜、镁、锌、锰等合金元素制成铝合金，具有较高的强度，并且还可用变形或热处理方法，进一步提高其强度。故铝合金可作为结构材料制造承受一定载荷的结构零件。

根据铝合金的成分及工艺特点，可分为变形铝合金和铸造铝合金两类。

### 3. 铝合金的热处理

当铝合金加热、保温后在水中快速冷却，其强度和硬度并没有明显升高，而塑性却得到改善，这种热处理称为固溶热处理。如在室温放置相当长的时间，强度和硬度会明显升高，而塑性明显下降。

固溶处理后铝合金的强度和硬度随时间变化而发生显著提高的现象，称为时效强化或沉淀硬化。在室温下进行的时效为自然时效，加热条件下进行的时效为人工时效。

在不同温度下进行人工时效时，其效果也不同，时效温度愈高，时效速度愈快，其强化效果愈低。

### 4. 变形铝合金

变形铝合金按其主要性能特点可分为防锈铝、硬铝、超硬铝与锻铝等。通常加工成各种规格型材（板、带、线、管等）产品供应。

变形铝合金牌号用（GB / T 16474—1996 规定）2XXX-8XXX 系列表示。牌号第一位数字按铜、锰、硅、镁、锌等其他元素的顺序来确定合金组别；牌号第二位的字母表示原合金的改型情况，如果牌号第二位的字母是 A，表示为原始合金，如果是 B-Y 的字母，则表示原始合金的改型合金；牌号的最后两位数字没有特殊意义，仅用来区分同一组中不同的铝合金。

### 5. 铸造铝合金

铸造铝合金中有一定数量的共晶组织，故具有良好的铸造性能，但塑性差，常采用变质处理热处理的办法提高其力学性能。铸造铝合金可分为 Al–Si 系、Al–Cu 系、Al–Mg 系和 Al–Zn 系四大类。

铸造铝合金代号用“ZL”（铸铝）及三位数字表示。第一位数字表示合金类别（如 1 表示 Al–Si 系，2 表示 Al–Cu 系，3 表示 Al–Mg 系，4 表示 Al–Zn 系等）；后两位数字为顺序号，顺序号不同，化学成分不同。

## 1.8.2 铜及铜合金

1. 工业纯铜

铜是人类应用最早和最广的一种有色金属，其全世界产量仅次于钢和铝。工业纯铜又称紫铜，密度为 8.96 g / cm$^3$，熔点为 1083℃。纯铜具有良好的导电、导热性，塑性好，容易进行冷热加工。同时，纯铜有较高的耐蚀性，在大气、海水及不少酸类中皆能耐蚀。其强度低，强度经冷变形后可以提高，但塑性显著下降。

工业纯铜按杂质含量可分为 T1、T2、T3、T4 四种。“T”为铜的汉语拼音字首，其数字越大，纯度越低。纯铜一般不作结构材料使用，主要用于制造电线、电缆、导热零件及配制铜合金。

2. 黄铜

黄铜是以锌为主要合金元素的铜锌合金。按化学成分分为普通黄铜和特殊黄铜两类。

普通黄铜是由铜与锌组成的二元合金。它的色泽美观，对海水和大气腐蚀有很好的抗力。

黄铜的代号用“H”（黄的汉语拼音字首）+数字表示，数字表示铜的平均质量分数。

H80 色泽好，可以用来制造装饰品，有“金色黄铜”之称。

H70 强度高、塑性好，可用深冲压的方法制造弹壳、散热器、垫片等零件，有“弹壳黄铜”之称。

H62、H59 具有较高的强度与耐蚀性，且价格便宜，主要用于热压、热轧零件。

为改善黄铜的某些性能，常加入少量 Al、Mn、Sn、Si、Pb、Ni 等合金元素，形成特殊黄铜。特殊黄铜的代号是在“H”之后标以主加元素的化学符号，并在其后标以铜及合金元素的质量分数。例如 HPb59−1 表示$\omega_{Cu}$=59 %、$\omega_{Pb}$=1 %的铅黄铜。

3. 青铜

青铜原指人类历史上应用最早的一种 Cu-Sn 合金，但逐渐地把除锌以外的其他元素的铜基合金，也称为青铜。所以，青铜包含锡青铜、铝青铜、铍青铜、硅青铜和铅青铜等。

青铜的代号为“Q（青）+主加元素符号及其质量分数+其他元素符号及质量分数”。铸造青铜则在代号（牌号）前加“ZCu”。

## 1.8.3 钛及其合金

钛及其合金具有密度小、比强度高、良好的耐蚀性。钛及其合金还有很高的耐热性，钛及其合金已成为航空、航天、机械工程、化工、冶金工业中不可缺少的材料。但由于钛在高温中异常活泼，熔点高，熔炼、浇注工艺复杂且价格昂贵，成本较高，因此使用受到一定限制。

1. 纯钛

纯钛是灰白色轻金属，密度为 4.508 g / cm$^3$，熔点为 1668℃，固态下有同素异构转变，在 882℃以下为密排六方晶格，882℃以上为体心立方晶格。

纯钛的牌号为 TA0、TA1、TA2、TA3，序号越大纯度越低，TA0 为高纯钛，仅在科学研究中应用，其余三种均含有一定量的杂质，称为工业纯钛。

纯钛焊接性能好、低温韧性好、强度低、塑性好，易于冷压力加工。

2. 钛合金

钛合金可分为三类：α钛合金、β钛合金和（α+β）钛合金。

我国的钛合金牌号以“T+合金类别代号+顺序号”表示，T 是“钛”字汉语拼音字首，合金类别代号分别用 A、B、C 表示α型钛合金、β型钛合金和（α+β）型钛合金。

# 1.9　非金属材料

## 1.9.1　塑料

1. 塑料的组成

塑料是高分子材料在一定温度区间内以玻璃态状态使用时的总称。塑料材料在一定温度下可变为胶态而加工成型。工程上所用的塑料，都是以有机合成树脂为主要成分，加入其他添加剂制成的，其大致组成如下。

（1）合成树脂

合成树脂是塑料的主要成分，它决定塑料的主要性能，并起黏结作用，故绝大多数塑料都以相应的树脂来命名。

（2）添加剂

工程塑料中的添加剂都是以改善材料的某种性能而加入的。添加剂的作用主要是改善塑料的工艺性能和使用性能。

2. 塑料的分类

（1）按热性能分类

① 热塑性塑料

该类材料加热后软化或熔化，冷却后硬化成型有可塑性和重复性，且这一过程可反复进行。常用的有聚乙烯、聚丙烯、ABS 塑料等。

② 热固性塑料

材料成型后，受热不变形软化，但当加热至一定温度则会分解，故只可一次成型或使用，如环氧树脂等材料。

（2）按使用性能分

① 工程塑料

可用作工程结构或机械零件的一类塑料，它们一般有较好的稳定的力学性能，耐热耐蚀性较好，且尺寸稳定性好，如 ABS、尼龙、聚甲醛等。

② 通用塑料

是主要用于日常生活用品的塑料，其产量大、成本低、用途广，占塑料总产量的四分之三以上。

③ 特种塑料

具有某些特殊的物理化学性能的塑料，如耐高温、耐蚀、耐光化学反应等。其产量少、成本高，只用于特殊场合，如聚四氟乙烯（PTFE）具有润滑、耐腐蚀和电绝缘性。

3．常用塑料

（1）聚乙烯（PE）

聚乙烯产品相对密度小（0.91～0.97 g/cm$^3$），耐低温、耐腐蚀、电绝缘性好。聚乙烯产品缺点是：强度、刚度、硬度低，蠕变大，耐热性差，且容易老化。

（2）聚氯乙烯（PVC）

是最早使用的塑料产品之一，应用十分广泛。突出的优点是耐化学腐蚀、不燃烧、成本低、易于加工；缺点是耐热性差，抗冲击强度低，还有一定的毒性。用共聚和混合法改进，也可制成用于食品和药品包装的无毒聚氯乙烯产品。

（3）聚苯乙烯（PS）

该类塑料的产量仅次于上述两者（PE、PVC）。PS 具有良好的加工性能；其薄膜有优良的电绝缘性，常用于电器零件；其发泡材料相对密度低达 0.33 g / cm$^3$，是良好的隔音、隔热和防震材料，广泛用于仪器包装和隔热。聚苯乙烯的缺点是脆性大、耐热性差。

（4）聚丙烯（PP）

聚丙烯相对密度小（0.9～0.91 g/cm$^3$），是塑料中最轻的。具有优良的耐热性，在无外力作用时加热至 150℃不变形，因此它是常用塑料中惟一能经受高温消毒的产品。它还有优良的电绝缘性。

PP 具有好的综合力学性能，故常用来制造各种机械零件、化工管道、容器；其无毒及可消毒性，可用于药品的包装。

主要的缺点是：黏合性、染色性和印刷性差，低温易脆化、易燃，且在光热作用下易变质。

（5）ABS 塑料

ABS 塑料由丙烯腈（A）、丁二烯（B）和苯乙烯（S）三种组元共聚而成，三组元单体可以任意比例混合。由于 ABS 为三元共聚物，丙烯腈使材料耐蚀性和硬度提高，丁二烯提高其柔顺性，而苯乙烯则使其具有良好的热塑性加工性，因此 ABS 是“坚韧、质硬且刚性”的塑料材料。

ABS 由于其低的成本和良好的综合性能，易于加工成形和电镀防护，因此在机械、电器和汽车等工业领域有着广泛的应用。

（6）聚酰胺（PA）

聚酰胺的商品名称是尼龙，是目前机械工业中应用比较广泛的一种工程热塑性塑料。聚酰胺的机械强度高、耐磨、自润滑性好，而且耐油、耐蚀、消音、减振，大量用于制造小型零件，可以代替有色金属及其合金。

缺点是耐热性不高，工作温度不超过 100℃；蠕变值也较大；导热性差，约为金属的 1%；吸水性大，导致形状和尺寸的改变。

（7）有机玻璃（PMMP）

有机玻璃的化学名称为聚甲基丙烯酸甲酯，是目前最好的透明有机物，透光率为 92 %，超过了普通玻璃，力学性能好，冲击韧性高，耐紫外线和防老化性能好。

缺点是硬度低，耐磨擦性、耐有机溶剂腐蚀性、耐热性、导热性差，使用温度不能超过 180℃。主要用于制造各种窗体、罩及光学镜片和防弹玻璃等零部件。

（8）聚四氟乙烯（PTFE）

是含氟塑料的一种，具有极好的耐高低温性和耐磨蚀等性能，又称特氟隆。PTFE 几乎不受任何化学药品的腐蚀，即使在高温、强酸、强碱及强氧化环境中也都稳定，故有“塑料王”之称；其熔点为 327℃，能在−195～250℃范围内保持性能的长期稳定性；其摩擦系数小，只有 0.04，具有极好的自润滑性；在极潮湿的环境中也能保持良好的电绝缘性。

缺点是强度、硬度较低，加热后黏度大，加工成型性较差，只能用冷压烧结方法成型。在高于 390℃工作时将分解出剧毒气体，应予注意。PTFE 主要用于化工管道、泵、电器设备、隔离防护层等方面。

### 1.9.2　橡胶

1．橡胶的组成

橡胶是在使用温度范围内处于高弹态的高分子材料，是常用的弹性材料、密封材料、减震防震材料和传动材料。

工业用橡胶是由生胶（或纯橡胶）和橡胶配合剂组成的。

（1）生胶（或纯橡胶）

是橡胶制品的主要成分，也是形成橡胶特性的主要因素，其来源可以是合成的也可是天然的。但生胶性能随温度和环境变化很大，如高温发黏、低温变脆，且极易被溶剂溶解，因此必须加入各种不同的橡胶配合剂，以提高橡胶制品的使用性能和加工工艺性能。

（2）橡胶配合剂

橡胶中常加入的配合剂有硫化剂、硫化促进剂、防老化剂、填充剂、发泡剂和着色剂等。硫化剂的作用是提高橡胶制品的弹性、强度、耐磨性和抗老化能力；硫化促进剂可缩短橡胶硫化时间、降低硫化温度、减少硫化剂用量，同时能改善橡胶制品的性能；防老化剂是为了防止和延缓橡胶制品的老化；填充剂的作用是提高橡胶制品的强度、硬度，减少生胶的用量及改善工艺性能。

2. 常用橡胶材料

橡胶品种很多，主要有天然橡胶、合成橡胶两类。

（1）天然橡胶

天然橡胶是橡胶树流出的胶乳，经凝固、干燥等工序制成的弹性固状物。它具有很好的弹性，但强度、硬度不高。为提高强度并硬化，需进行硫化处理。天然橡胶是优良的绝缘体，但耐热老化性和耐大气老化性较差，不耐臭氧、油和有机溶剂，且易燃。天然橡胶广泛用于制造轮胎、胶带和胶管等。

（2）合成橡胶

合成橡胶是指具有类似橡胶性质的各种高分子化合物。它的种类很多，主要有以下几种。

① 丁苯橡胶
② 顺丁橡胶
③ 氯丁橡胶
④ 丁腈橡胶
⑤ 聚氨酯橡胶
⑥ 硅橡胶
⑦ 氟橡胶

### 1.9.3 复合材料

复合材料是由两种或两种以上性质不同的材料组合起来的一种多相固体材料，它不仅保留了组成材料各自的优点而且还具有单一材料所没有的优异性能。

现代复合材料是在充分利用材料科学理论和材料制作工艺的基础上发展起来的一类

新型材料，在不同的材料之间，如金属之间、非金属之间、金属与非金属之间进行复合，既保持了各组成部分的性能，又有组合的新功能，充分发挥了材料的性能潜力。

工程复合材料的组分是人为选定的，通常可将其划分为基体材料和增强体。

### 1. 复合材料的分类

复合材料常见的分类方法有以下三种。

（1）按材料的用途分

可将其分为结构复合材料和功能复合材料两大类。前者多是用于工程结构，以承受不同载荷的材料，主要是利用其优良的力学性能；后者则为具有各种独特物理化学性质的材料，具有优异的功能特性，如吸波、电磁、超导、屏蔽、光学、摩擦润滑等。

（2）按基体材料类型分

按复合材料基体的不同可分为金属基和非金属基两类。目前大量研究和使用的多为以高聚物材料为基体的复合材料。

（3）按增强体特性分

按复合材料中增强体的种类和形态不同可将其分为纤维增强复合材料、颗粒增强复合材料、层状复合材料和填充骨架型复合材料。

### 2. 常用复合材料

（1）纤维增强树脂基复合材料

一般来说，纤维增强树脂基复合材料的力学性能主要由纤维的特性决定，化学性能、耐热性等则由树脂和纤维共同决定。按增强纤维的不同，主要有以下几类。

① 玻璃纤维树脂复合材料

玻璃纤维树脂复合材料又称玻璃钢。玻璃钢生产成本低、工艺简单、应用很广，根据所用基体不同可分热塑性玻璃钢和热固性玻璃钢两类。

② 碳纤维—树脂复合材料

碳纤维—树脂复合材料是由碳纤维与聚酯、酚醛、环氧、聚四氟乙烯等树脂组成，其性能优于玻璃钢，具有密度小，强度高，弹性模量高，主要应用于运动器材、航空航天、机械制造、汽车工业及化学工业中。

③ 纤维增强陶瓷基复合材料

纤维—陶瓷复合材料中的纤维能起到强化陶瓷的作用，但其更重要的作用是增加陶瓷材料的韧性，因此纤维—陶瓷复合材料中的纤维具有“增韧补强”作用。这种机制几乎可以从根本上解决陶瓷材料的脆性问题。

（2）颗粒增强复合材料

颗粒增强复合材料是由一种或多种颗粒均匀地分布在基体中所组成的材料。一般粒子的尺寸越小，增强效果越明显。常见的颗粒复合材料有两类。

① 金属颗粒与塑料复合

金属颗粒加入塑料中，可改善导热、导电性能，降低线膨胀系数。如将铅粉加入氟塑料中，可作轴承材料，含铅粉多的塑料还可以作为$\gamma$射线的罩屏等。

② 陶瓷颗粒与金属复合

陶瓷颗粒与金属复合即金属陶瓷。氧化物金属陶瓷，如A120，金属陶瓷，可用于制造高速切削刀具及高温耐磨材料；钛基碳化钨可制造切削刀具；镍基碳化钛可制造航天器的高温零件。

（3）叠层或夹层复合材料

叠层或夹层复合材料是由两层或两层以上的不同材料经热压胶合而成，其目的是充分利用各组成部分的最佳性能。这样不但可减轻结构的重量，提高其刚度和强度，还可获得各种各样的特殊功能，如耐磨、耐蚀、绝热隔音等。如铝塑复合管是最常见的叠层复合材料。

## 1.10 小　结

本章涉及知识面较广，在本章的学习中重点应该掌握各种工程材料的性能和特点；熟悉金属材料热处理工艺过程，培养工程材料的选择，并且能够理解热处理在机械加工过程中的工艺位置。在学习后需注意以下几个方面：第一，要准确理解有关名词的定义和范围；第二，要学会多观察生活中遇到的材料使用问题，利用掌握的知识思考和分析其材料使用的合理性；第三，因为本章内容杂，涉及的知识面广，为了巩固所学的知识，要对所学的知识分类、归纳和整理，提高学习效率。整理的方法可以采用列表、对比、层次罗列等；第四，要掌握重点内容，本章的重点内容在于各种材料的使用性能。

## 1.11 练习与思考题

1. 金属材料有哪些基本的力学性能和工艺性能？
2. 何谓硬度？布氏硬度和洛氏硬度的测定原理有什么不同？各应用于什么范围？数值上有什么关系？实际金属的晶体结构如何？
3. 金属的结晶过程是怎样的？影响晶粒大小的因素有哪些？晶粒大小对机械性能有什么影响？为什么？
4. 何谓同素异构转变？纯铁在 20℃、800℃、1 200℃、1 450℃时分别属于哪一种晶格？

5．合金的基本组织有哪几类？它们的结构有什么不同？各具有什么特性？

6．铁碳合金的基本组织有哪几种？它们各有什么性能特点？

7．绘出简化的 Fe—$Fe_3C$ 相图，解释主要特性点和特性线的意义，并填上各区域的组织名称。

8．Fe—$Fe_3C$ 相图在实际生产中有何应用？

9．何谓钢的热处理？为什么热处理会改变钢的性能？钢的热处理有哪几种？它们各自的作用是什么？

10．什么是表面淬火？常用的表面淬火方法有哪几种？

11．按钢的质量，碳素钢可分为几大类？各类钢的应用范围如何？

12．钢、合金钢与铸铁的牌号是怎样表示的？说明下列钢号的含义及钢材的主要用途：Q235、45、T12A、2Crl3、W18Cr4V、GCrl5。

13．根据碳在铸铁中的形态及其石墨化程度，铸铁分为哪几种，它们的性能特点如何？

14．钢和铸铁的区别是什么？在使用性质上，二者有何差异？

15．有下列零件，试选用它们的材料：垫圈、螺栓、锉刀、冲模、齿轮、滚动轴承、滑动轴承、弹簧、机架、柴油机曲轴。

16．铝合金分为哪几类？各自的特点是什么？

17．说明含锌量对黄铜性能的影响；青铜分为哪几类？各自的性能和用途如何？

18．纯钛的性能和用途如何？钛合金分为哪几类？

19．什么是工程塑料？它有哪些性能？

20．什么是复合材料？常用的是哪两类？

# 第2章 铸 造

教学目的：

- 了解铸造方法的特点，掌握铸造生产的方法和应用、合金铸造性能、铸件的结构工艺性；
- 掌握 $Fe\text{-}Fe_3C$ 相图等基本知识；
- 认识铸件结构工艺性的一般原则。

将液态金属浇注到具有与零件形状相适应的铸型型腔中，待其冷却凝固后获得一定形状和性能零件或毛坯的成型方法称为铸造。铸造所获得的毛坯或零件称为铸件。

铸造具有以下的特点。

（1）可以制成各种形状复杂的铸件，如各种箱体，床身，机架等。

（2）适用范围很广，工业上常用的金属材料均可用铸造的方法制成零件，铸件的重量可以从几克到数百吨；尺寸从几毫米到十几米。

（3）原材料来源广泛，可以直接利用报废的机件、切屑及废钢等；一般情况下，铸造不需用昂贵的设备，铸件的生产成本较低。

（4）铸件的形状和尺寸与零件接近，因此切削加工的工作量较小，能节省金属材料。

铸造生产的缺点是：由于液态成型会给铸件带来某些缺点，如铸造组织疏松、晶粒粗大、内部易产生缩孔、缩松、气孔、夹渣等缺陷。这就使一般铸件的力学性能低于同样材料的锻件。加之铸造过程及工序较多，质量控制因素比较复杂。此外，铸造的劳动条件较差。

尽管铸造存在着上述缺点，而其优点却是明显的，故在工业生产中得到广泛应用。据统计，在金属切削机床中，铸件的重量占总重的70 %～80 %；汽车拖拉机中，占总重45 %～70 %；在一些重型机械中，占总重85 %以上。随着铸造技术的发展，铸件会越来越广泛应用于现代生活的方方面面。

铸造生产的方法很多，有砂型铸造，金属型铸造，压力铸造，离心铸造，熔模铸造等，其中最基本、最常用的铸造方法是砂型铸造。

# 2.1　砂型铸造工艺基础

## 2.1.1　砂型铸造的工艺过程

用型砂紧实成型的方法称为砂型铸造，砂型铸造生产的铸件约占所有铸件总重量的 90 %以上。

如图 2-1 是砂型铸造工艺过程的流程图，图 2-2 为齿轮毛坯的砂型铸造简图。

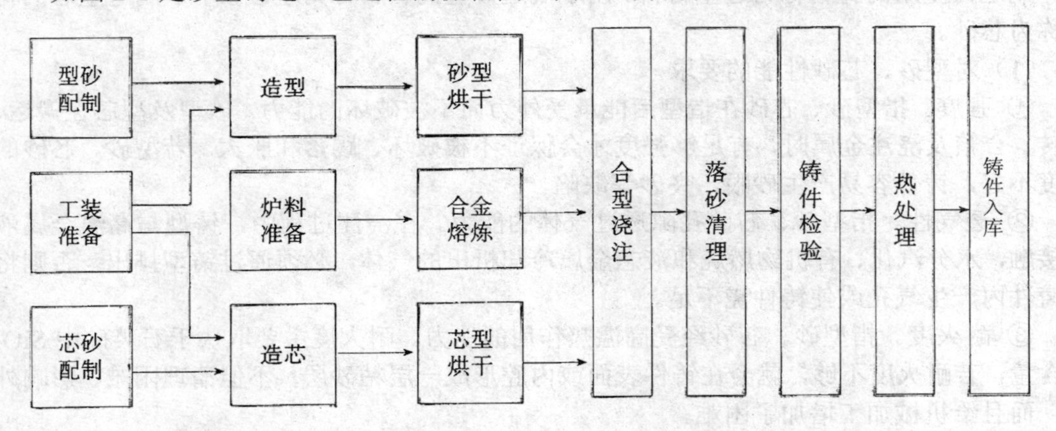


图 2-1　砂型铸造工艺过程流程图

由图可见，砂型铸造生产工序包括：制造模样、制备造型材料、造型、造芯、合型、熔炼、浇注、落砂、清理与检验等。其中，造型和造芯是砂型铸造的重要环节，对铸件的质量影响很大。

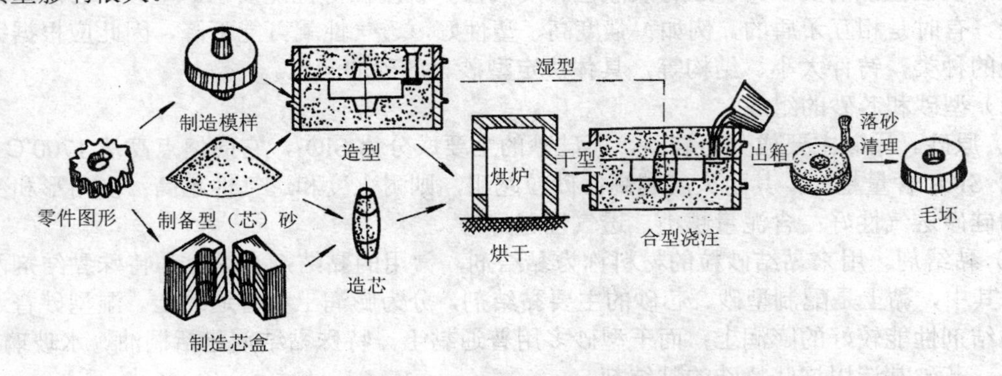


图 2-2　齿轮毛坯的砂型铸造简图

## 2.1.2 造型方法

用型砂及模样等工艺装备制造铸型的过程，称为造型。造型方法通常分为手工造型和机器制造两大类。造型时用模样形成铸件的型腔，在浇注后形成铸件的外部轮廓。造型过程中造型材料的好坏对铸件的质量起着决定性的作用。

1. 造型材料

制造铸型用的材料称为造型材料。用于制造砂型的材料称为型砂；用于制造型芯的材料称为芯砂。

（1）对型砂、芯砂性能的要求

① 强度。指型砂、芯砂在造型后能承受外力而不被破坏的能力。砂型及型芯在搬运、翻转、合箱及浇注金属时，有足够强度才会保证不被破坏、踢落和胀大。若型砂、芯砂的强度不好，铸件容易产生砂眼、夹砂等缺陷。

② 透气性。指型砂、芯砂孔隙透过气体的能力。在浇注过程中，铸型与高温金属液体接触，水分汽化、有机物燃烧和液态金属冷却析出的气体，必须通过铸型排出，否则将在铸件内产生气孔或使铸件浇不足。

③ 耐火度。指型砂、芯砂经受高温热作用的能力。耐火度主要取决于石英砂中 $SiO_2$ 的含量，若耐火度不够，就会在铸件表面或内腔形成一层粘砂层，不但清理困难、影响外观，而且给机械加工增加了困难。

④ 退让性。指铸件凝固和冷却过程中产生收缩时，型砂、芯砂能被压缩、退让的性能。型砂、芯砂的退让性不足，会使铸件收缩时受到阻碍，产生内应力、变形和裂纹等缺陷。

⑤ 可塑性。指型砂、芯砂在外力作用下变形，去除外力后仍能保持变形的能力。可塑性好，型砂、芯砂柔软易变形，起模和修型时不易破碎和掉落。

除了以上性能的要求外，还有溃散性、发气性、吸湿性等性能要求。型砂、芯砂的诸多性能，有时是相互矛盾的，例如，强度高、塑性好，透气性就可能下降，因此应根据铸造合金的种类，铸件大小、结构等，具体决定型砂、芯砂的配比。

（2）型砂和芯砂的组成

① 原砂。原砂主要成分为硅砂，而硅砂的主要成分为 $SiO_2$，它的熔点高达 1700℃，砂中的 $SiO_2$ 含量越高，其耐火度越高；砂粒越粗，则耐火度和透气性越高；多角形和尖角形的硅砂透气性好；含泥量越小，透气性越好等。

② 黏结剂。用来黏结砂粒的材料称为黏结剂，常用的黏结剂有黏土和特殊黏结剂两大类。其中，黏土是配制型砂、芯砂的主要黏结剂，分为膨润土和普通黏土。湿型砂普遍采用黏结剂性能较好的膨润土；而干型砂多用普通黏土。特殊黏结剂包括桐油、水玻璃、树脂等。芯砂常选用这些特殊的黏结剂。

③ 附加物。为了改善型砂、芯砂的某些性能而加入的材料称为附加物。例如，加入煤粉可以降低铸件表面、内腔的粗糙度；加入木屑可以提高型砂、芯砂的退让性和透气性。

④ 涂料和扑料。这些材料不是配制型砂、芯砂时加入的成分，而是涂扑（干型）或散撒（湿型）在铸型表面，以降低铸件表面粗糙度，防止产生黏砂缺陷。例如，湿型撒石墨粉作扑料；铸钢用石英粉作涂料。

2. 手工造型

全部用手工或手动工具完成的造型方法称为手工造型。手工造型的特点是操作灵活，适应性强，模样成本低，生产准备简单，但造型效率低，劳动强度大，劳动环境差，主要用于单件，小批生产。

造型时如何将模样顺利地从砂型中取出而又不至于破坏型腔的形状，是一个很关键的问题。因此，围绕如何起模这一问题，把造型方法分为整模造型，分模造型，挖砂造型，假箱造型，活块造型，三箱造型和刮板造型等。

（1）整模造型。模样是一个整体，最大截面在模样一端且是平面，分型面多为平面。分型面是铸型组元之间的结合面。

这种造型方法操作简便，适用于形状简单、质量不高的中、大型铸件，如盘、盖类等。如图2-3所示是整模造型的主要过程。

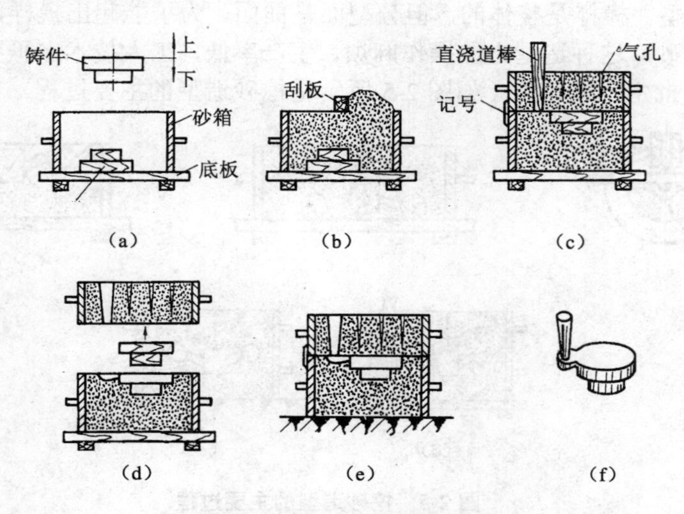


图2-3　整模造型的主要过程

（a）放好模样和砂箱　（b）造下型　（c）造上型　（d）翻箱，起模，挖浇道　（e）合型待浇注　（f）带浇注系统的铸件

（2）分模造型。模样沿外形的最大截面分成两半，且分型面是平面。分模造型与整模造型的主要区别是分模造型的上、下砂型中都有型腔，而整模造型的型腔基本只在一个砂

型中。这种造型方法也很简便，适用于形状较复杂、各种批量生产的铸件。例如：套筒，管类，阀体等。如图 2-4 所示是分模造型的主要过程。

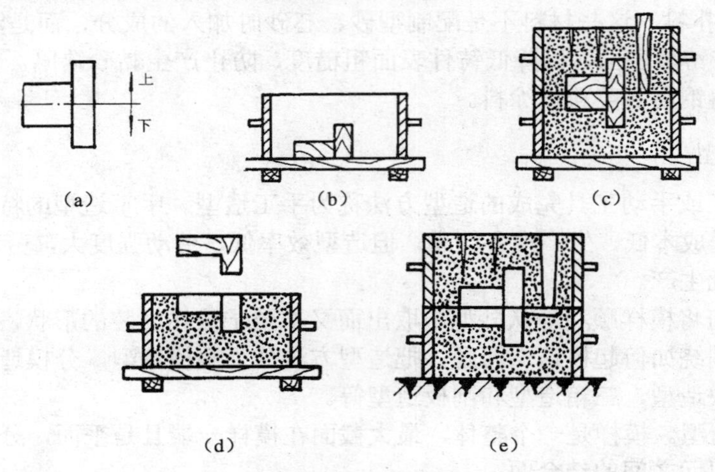


图 2-4　分模造型的主要过程

（a）铸件　（b）造下型　（c）造上型　（d）开阀，起模　（e）合型待浇注

（3）挖砂造型。模样是整体的，但分型面是曲面。为了能起出模样，造型时用手工挖去阻碍起模的型砂。这种造型方法操作麻烦，生产率低，工人技术水平要求高。只适用形状复杂单件、小批生产的铸件。如图 2-5 所示是挖砂造型的主要过程。

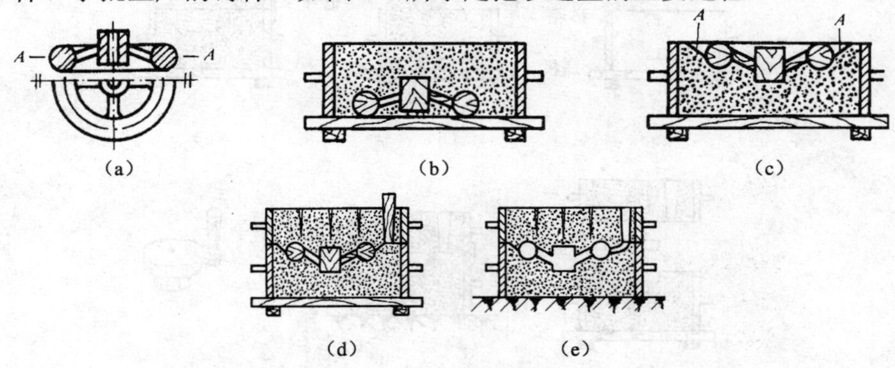


图 2-5　挖砂造型的主要过程

（a）铸件　（b）造下型　（c）挖下型分型面　（d）造上型　（e）合型待浇注

（4）假箱造型。当挖砂造型生产的铸件数量较多时，为了避免每型挖砂，可采用假箱造型。所谓假箱造型，就是先预制好一个半型（即假型），用它代替放模样的平底板。造型时，将模样放在假型的型腔中，然后放砂箱制下型，下型连同模样一起翻转 180°，此时

分型面已自然形成。这种造型方法免去挖砂操作，提高造型的生产率。如图 2-6 所示是假箱造型的主要过程。

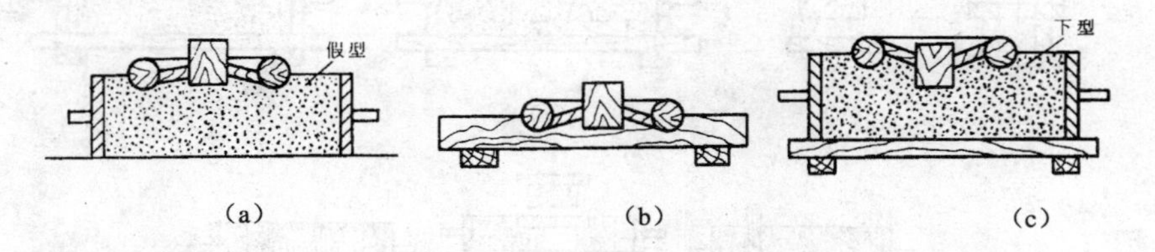


图 2-6　假箱造型的主要过程

（a）假箱及放在其上的模样　（b）放在模底板上的模样　（c）用假箱或模底板制出的下型

（5）活块造型。铸件上有妨碍起模的小凸台、肋条等，制模时将这些部分做成活动的部分（即活块）。起模时，先起出主体模样，然后再从侧面取出活块。这种造型方法要求操作技术水平高，但生产率低。如图 2-7 所示是活块造型的主要过程。

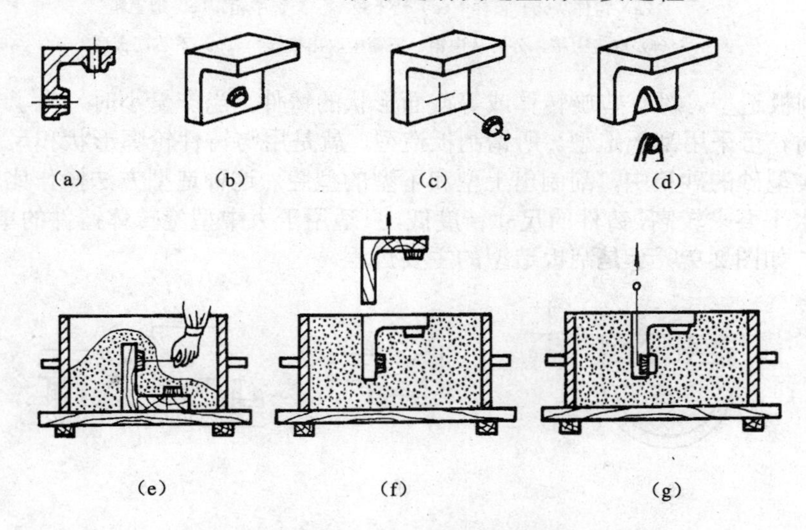


图 2-7　活块造型的主要过程

（a）零件　（b）铸件　（c）用钉子连接的活块　（d）用燕尾连接的活块

（e）造下砂型，拔出钉子　（f）取出主体模样　（g）取出活块

（6）三箱造型。有些铸件，两端尺寸大而中间部位尺寸小时，用两箱造型难以起模。此时将模样分成三个部分，中型的上、下两个面是分型面，分别用三个砂箱进行造型。这种造型方法操作复杂，生产率低，适用于单件、小批生产。如图 2-8 所示是三箱造型的主要过程。

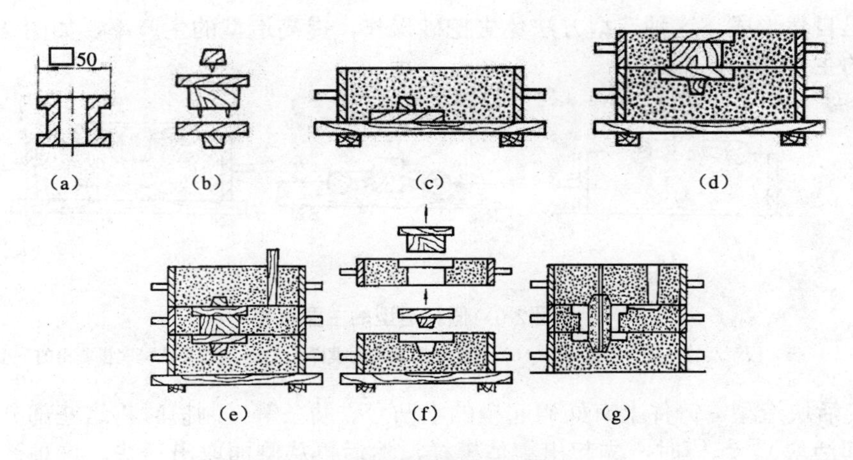


**图 2-8 三箱造型的主要过程**

（a）铸件 （b）模样 （c）造下箱 （d）造中箱 （e）造上箱

（f）取走上箱，分别从中箱、下箱中取出模样 （g）下芯，合型

（7）刮板造型。对有些旋转体或等截面形状的铸件，当产量小时，为了节省制模材料和制模工时，可采用刮板造型。所谓刮板造型，就是用与铸件轮廓形状和尺寸相对应的木板，在填实型砂的砂箱中，刮制出上型和下型的型腔。这种造型方法操作比较复杂，对工人的操作水平要求较高，铸件的尺寸精度低，只适用于大中型旋转体铸件的单件小批生产，如带轮等。如图 2-9 所示是刮板造型的主要过程。

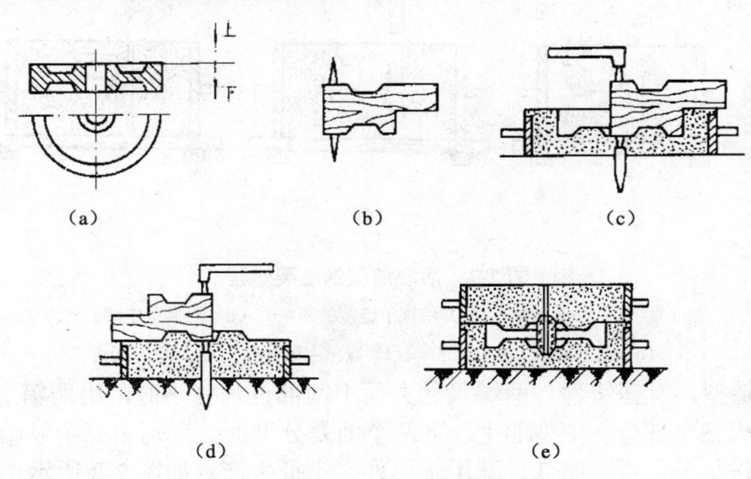


**图 2-9 刮板造型的主要过程**

（a）铸件 （b）刮板 （c）刮制下型 （d）刮制上型 （e）下型芯，合型

3. 机器造型

用机器全部完成或至少完成紧砂操作的造型方法，称为机器造型。机器造型的实质是机器代替手工紧砂和起模。当成批、大量生产时，应采用机器造型。与手工造型相比，机器造型生产效率高，铸件尺寸精度高，表面质量好，但设备及工艺装备要求高，生产准备时间长。

（1）紧砂方法。常用紧砂方法有振实，压实，振压，抛砂等几种方式，其中以振压式应用最为广泛。如图 2-10 所示为振压式紧砂方法。

（2）起模法。常用的起模方法有顶箱、漏模、翻转三种，如图 2-11 所示为顶箱起模法。

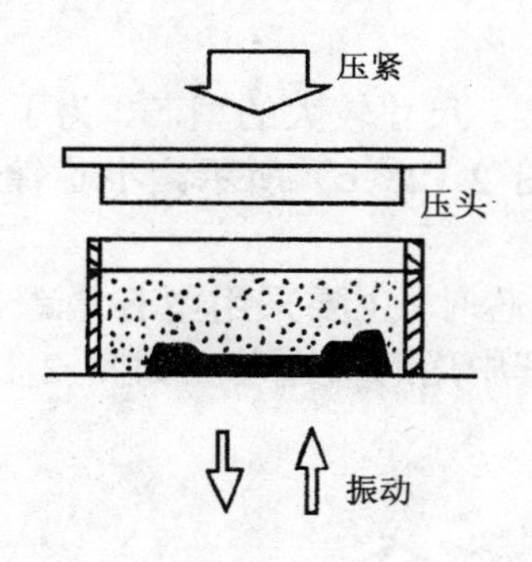


图 2-10　振压式紧砂方法

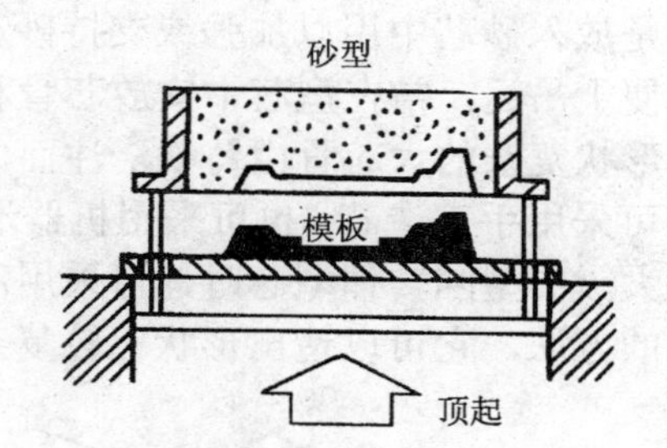


图 2-11　顶箱起模法

## 2.1.3　造芯

制造型芯的过程称为造芯。型芯的主要作用是用来获得铸件的内腔，但有时也可作为铸件难以起模部分的局部铸型。浇注时，由于受金属液的冲击、包围和烘烤，因此要求芯砂比型砂具有更高的强度、透气性、耐火度等。为了满足以上性能，应采取下列一些措施。

1. 开通气孔和通气道

形状简单的型芯可以用通气针扎出通气孔。形状复杂的型芯可在型芯内放入蜡线或草绳。烘干时蜡线或草绳被烧掉，从而形成通气道，以提高型芯的通气性，如图 2-12（a）、（b）所示。

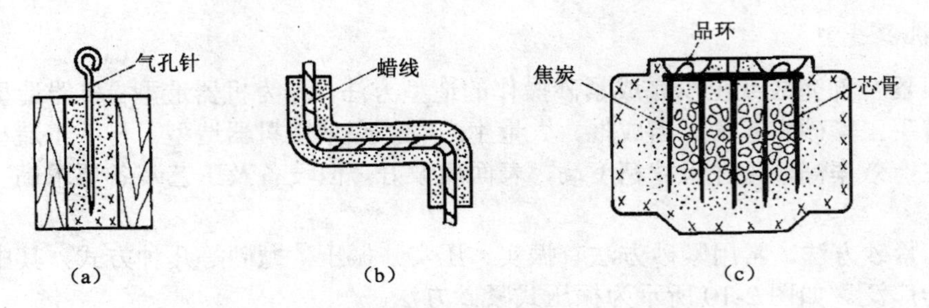


图 2-12　型芯的结构

（a）扎通气孔的小型芯对性　（b）埋放蜡线的弯曲型芯　（c）有芯骨和吊环的大型芯

2. 放芯骨和安装吊环

芯骨是放入砂芯中用以加强或支持砂芯用的金属架。尺寸较大的型芯，为了提高型芯的强度和便于吊运，常在型芯中安放芯骨和吊环，如图 2-12（c）所示。小芯骨一般用铁丝制作，形状复杂的大芯骨由铸铁浇注而成。

型芯可采用手工造芯，也可采用机器造型。手工造芯时，主要采用型芯盒造芯；单件、小批生产大、中型回转体型芯时，可采用刮板造芯。其中用芯盒造芯（如图 2-13 所示）是最常用的方法，它可以造出形状比较复杂的型芯。

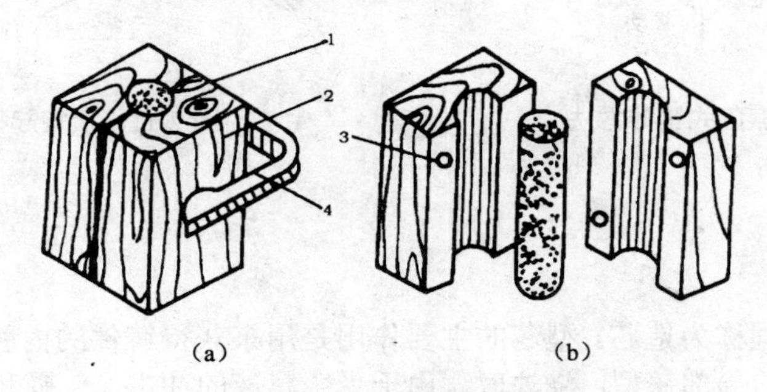


图 2-13　芯盒造芯示意图

1-型芯 2-芯盒 3-定位销 4-夹钳

## 2.1.4 浇注系统

为了使液态金属流入铸型型腔所开的一系列通道，称为浇注系统。浇注系统的作用是保证液态金属均匀，平稳地流入并充满型腔，以避免冲坏型腔；防止熔渣、砂粒或其他杂质进入型腔；调节铸件的凝固顺序或补给金属液冷凝收缩时所需的液态金属。浇注系统是铸型的重要组成分，若设计不合理，铸件易产生冲砂、砂眼、浇不足等缺陷。典型的浇注系统由以下几部分组成，如图2-14所示。

1. 外浇道

外浇道的作用是缓和液态金属的冲力，使其平稳地流入直浇道。

2. 直浇道

直浇道是外浇道下面的一段上大下小圆锥形通道。它的一定高度使液态金属产生一定的静压力，从而使金属液能以一定的流速和压力充满型腔。

3. 横浇道

横浇道位于内浇道上方，呈上小下大的梯形通道。由于横浇道比内浇道高，所以液态金属中的渣子、砂粒便浮在横浇道的顶面，从而防止产生夹渣、夹砂等。此外，横浇道还起着向内浇道分配金属液的作用。

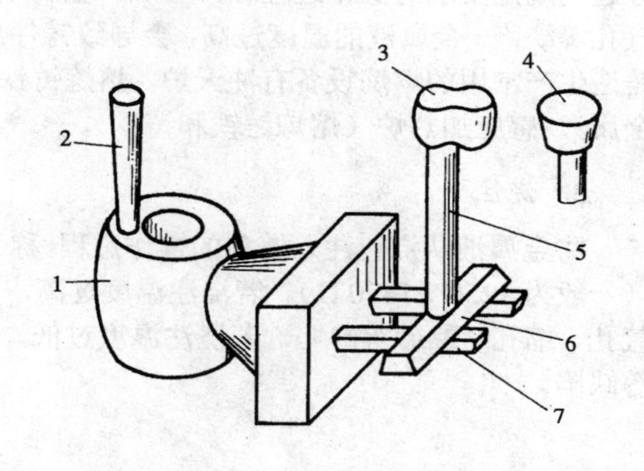


图2-14 铸件的浇注系统

1-铸件 2-冒口 3-盆形外浇道（浇口盆）4-漏斗形外浇道（浇口杯）5-直浇道 6-横浇道 7-内浇道（两个）

4. 内浇道

它的截面多为扁梯形，起着控制液态金属流向和流速的作用。

5. 冒口

冒口的作用是在液态金属凝固收缩时，补充液态金属，防止铸件产生缩孔缺陷。此外，冒口还起着排气和集渣作用。冒口一般设在铸件的最高和最厚处。

### 2.1.5 合型、熔炼与浇注

1. 合型

将铸型的各个组元（上型、下型、砂芯、浇口盆等）组成一个完整铸型的过程称为合型。合型时应检查铸型型腔是否清洁，型芯的安装是否准确牢固，砂箱的定位是否准确、牢固。

2. 熔炼

通过加热使金属由固态变为液态，并通过冶金反应去除金属中的杂质，使其温度和成分达到规定要求的操作过程称为熔炼。金属液的温度过低，会使铸件产生冷隔、浇不足、气孔等缺陷。金属液的温度过高，会导致铸件总收缩量增加、吸收气体过多、黏砂等缺陷。铸造生产常用的熔炼设备有冲天炉（熔炼铸铁）、电弧炉（熔炼铸钢）、坩埚炉（熔炼有色金属），感应加热炉（熔炼铸铁和铸钢）。

3. 浇注

将金属液从浇包注入铸型的操作过程，称为浇注。铸铁的浇注温度在液相线以上200℃（一般为1250～1470℃）。若浇注温度过高，金属液吸气多，液体收缩大，铸件容易产生气孔、缩孔、黏砂等缺陷。若浇注温度过低，金属液流动性差，铸件易产生浇不足、冷隔等缺陷。

### 2.1.6 落砂、清理与检验

1. 落砂

用手工或机械使铸件与型砂（芯砂）、砂箱分开的操作过程称为落砂。浇注后，必须经过充分的凝固和冷却才能落砂。若落砂过早，铸件的冷速过快，使铸铁表层出现白口组织，导致切削困难；若落砂过晚，由于收缩应力大，使铸件产生裂纹，且生产率低。

2. 清理

落砂后，用机械切割，铁锤敲击，气割等方法清除表面黏砂、型砂（芯砂）、多余金属（浇口、冒口、飞翅和氧化皮）等操作过程称为清理。铸件清理后应进行质量检验，并将合格铸件进行去应力退火。

3. 检验

铸件清理后应进行质量检验。可通过眼睛观察（或借助尖嘴锤）找出铸件的表面缺陷，如气孔、砂眼、黏砂、缩孔、浇不足、冷隔。对于铸件内部缺陷可进行耐压试验、超声波探伤等。

## 2.2 合金的铸造性能

合金在铸造成型过程中获得外形准确，内部健全铸件的能力称为合金的铸造性能，主要有流动性、收缩性等。了解合金的铸造性能及其影响因素，对于获得优质铸件有着十分重要的意义。合金的铸造性能主要有流动性、收缩性、氧化性、吸气性等。其中，流动性、收缩性对合金的铸造性能影响最大。因此，本节主要介绍合金的流动性和收缩性。

### 2.2.1 流动性

1. 流动性对铸件质量的影响

液态金属的流动能力称为流动性，考虑受铸型及工艺因素影响的液态金属流动性称为充型能力。流动性直接影响到金属液的充型能力。流动性对铸件质量的影响表现在三个方面。

（1）流动性好的合金，容易获得形状完整、尺寸准确、轮廓清晰的铸件。对于薄壁和形状复杂的铸件，合金流动性的好坏，往往是能否获得合格铸件的决定因素。流动性不好的合金容易使铸件产生冷隔、浇不足等缺陷。

（2）在液态合金中，常含有一定量的气体和非金属夹杂物。流动性好的液态合金，在浇注之前和浇注过程中很容易让气体逸出和使浮在液面上的非金属夹杂物受到阻隔，这就使铸件的内部质量得到保证。流动性不好的液态合金，则容易在铸件中产生夹渣、气孔等缺陷。

（3）铸件在冷却凝固过程中，要出现体积收缩现象。流动性好的合金可使液态合金的凝固收缩部分及时得到液态合金的补充，从而可防止铸件产生缩孔、缩松等缺陷。

2. 影响流动性的因素

（1）化学成分。在铁碳合金相图中，共晶成分的合金流动性最好。原因如下所述。

① 在相同的浇注温度下，共晶成分的合金熔点最低，保持液态的时间最长，如图 2-15（a）所示。

② 共晶成分的液态合金结晶时，形成等轴状共晶体；而亚共晶成分的液态合金结晶时，在液固两相区先结晶出树枝状初晶体，这种在液态合金中互相交错的树枝状晶体会增大液体流动时的阻力。

③ 共晶成分的液态合金是在恒温下结晶的，合金由表面向中心逐层凝固，凝固层的内表面比较平滑，液态合金在凝固层中间流动时阻力较小，如图 2-15（c）所示。而亚共晶成分的液态合金的凝固层里面有树枝状初晶体，形成参差不齐的凝固层内壁，致使剩余液态合金的流动阻力大，如图 2-15（b）所示。合金成分距共晶成分越远，两相区越大，合金的流动性也越差。

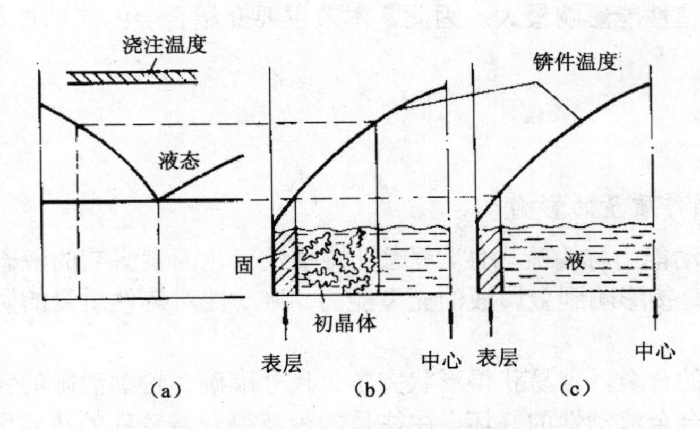


图 2-15 合金的结晶特征

（a）二元合金状态图 （b）亚共晶合金结晶特征 （c）共晶合金的结晶特征

（2）浇注条件。合金浇注温度越高，保持液态的时间越长，液态合金的黏度越小，则液态合金的充型能力越强。浇注时液态合金的压力越高，流速越大，也就越有利于充填铸型。

在生产中，对于薄壁、形状复杂和流动性差的合金，常采用提高浇注温度、增大液态合金的压力和提高浇注速度等措施，以提高液态合金的充型能力。例如，上型加浇口杯就相当于加高直浇道，可提高液态合金的压力；增大浇注系统的横截面尺寸，可提高液态合金的浇注速度等。但是，浇注温度过高，铸件容易产生黏砂、气孔、缩孔等缺陷；增大浇注系统的横截面尺寸，会增加液态合金的消耗量等。可见，在进行铸造工艺设计时，要全面考虑，合理选择工艺参数。

（3）铸型材料与铸型结构。铸型对液态金属的充型能力的影响，主要表现在铸型对液态金属流动时的阻力和导热能力上。铸件形状越复杂、壁厚越小，则液态合金流动时阻力越大，液态合金的温度也降低得越快，必然降低液态合金的充型能力。材料的导热性越好，液态合金的温度就降低得越快，充型能力越差。在生产中，金属型比砂型、湿型比干型更容易使铸件产生浇不足、冷隔等缺陷，其原因就是前者铸型的导热能力强，液态合金的温度降低较快，从而降低了液态合金的充型能力。

## 2.2.2 收缩性

合金在液态凝固和冷却至室温过程中，产生体积和尺寸减小的现象，称为收缩。包括液态收缩，凝固收缩和固态收缩三个阶段。

1. 收缩对铸件质量的影响

（1）金属液由于温度降低而发生的体积收缩称为液态收缩。

（2）金属液在凝固阶段的体积收缩称为凝固收缩。纯金属及恒温结晶的合金，其凝固收缩单纯由于液—固相变引起；具有一定结晶温度范围的合金，则除液—固相变引起的收缩之外，还有因凝固阶段温度下降产生的收缩。

（3）金属在固态下由于温度降低而发生的体积收缩称为固态收缩。液态收缩和凝固收缩引起合金的体积变化，称为“体收缩”，它是铸件产生缩孔和缩松的主要原因。固态收缩虽然也会引起体积变化，但它主要表现为铸件三个方面线性尺寸的缩小，称为“线收缩”，它是铸件产生残余内应力、变形和开裂的主要原因。

2. 影响收缩性的因素

（1）化学成分。灰铸铁在结晶过程中要析出石墨。由于石墨的比容较大，或密度较小，因而石墨的析出会补偿一部分铸铁的收缩。碳和硅是铸铁中促进石墨化的元素，因此，随着碳和硅含量的增大，铸铁的收缩率减小。硫是阻碍石墨化的元素，所以硫含量越大，灰铸铁的收缩率也越大。

由图 2-16 可知，碳钢随着碳的质量分数的增加，其凝固温度范围（即 L+A 两相区）也增大，因此碳钢的体收缩率增大。碳钢的凝固终止温度（即固相线）随着钢中碳的质量分数的增加而降低，因而其体收缩减小。

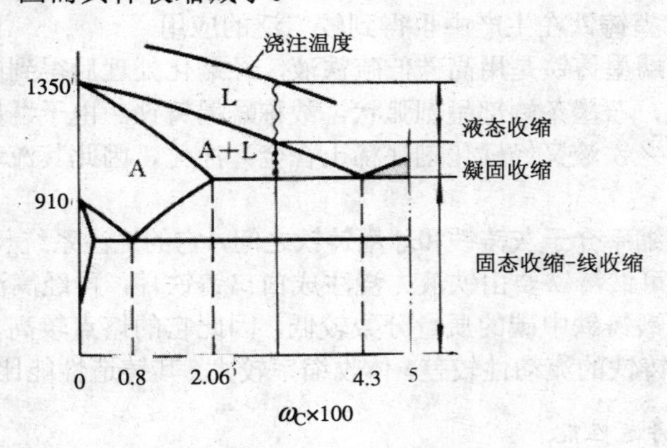


图 2-16　铁碳合金的收缩

（2）浇注温度。浇注温度越高，液态收缩越大，因此体收缩率也越大。

（3）铸型材料与铸件结构。铸型型腔和型芯对合金的体收缩起阻碍作用。另外，由于铸件的壁厚不可能很均匀，所以各处合金凝固、冷却的快慢也不可能一样，先凝固、冷却的部分牵制着后凝固、冷却部分的收缩。上述阻碍和牵制作用均可减小合金在固态下的线收缩率。

### 2.2.3 常用合金的铸造性能

1. 铸铁的铸造性能

（1）灰铸铁。灰铸铁中碳的质量分数接近共晶成分，熔点低，凝固温度范围小，流动性好，可以浇注形状复杂和壁厚较小的铸件。由于灰铸铁在结晶过程中有石墨析出，所以其收缩率较小，不容易产生缩孔和缩松，也不容易产生开裂。可以说，灰铸铁是各类铸铁中铸造性能最好的合金，因此，它的应用也最广泛。

孕育铸铁是经变质处理的灰铸铁，强度高，其含碳量离共晶成分稍远，流动性稍低于普通灰铸铁，收缩性略大于普通灰铸铁。

（2）球墨铸铁。球墨铸铁中碳的质量分数也接近共晶成分，但是由于铁液出炉后要进行球化处理，因此浇注时的温度较低，流动性较差，容易使铸件产生冷隔、浇不足等缺陷。生产中常用提高铁液出炉温度的措施来改善流动性，采用增大浇注系统尺寸的措施来提高浇注速度。

球墨铸铁的体收缩率较大，生产中常采用顺序凝固和增设冒口等措施，防止铸件中产生缩孔、缩松等缺陷。一般说来，球墨铸铁的铸造性能比灰铸铁差一些，但是比铸钢的铸造性能要好，因此球墨铸铁在生产中也得到较广泛的应用。

（3）蠕墨铸铁。蠕墨铸铁是用高碳低硫铁液，经蠕化处理后得到的一种高强度铸铁。因为石墨形状似蠕虫，石墨条端部呈圆弧状，故称蠕墨铸铁。由于蠕墨铸铁中碳的质量分数接近共晶成分，加之铁液又经蠕化剂（稀土合金）净化，因此其流动性较好，接近灰铸铁。

蠕墨铸铁的体收缩率介于灰铸铁和球墨铸铁之间，它的浇注系统尺寸可按灰铸铁设计。

（4）可锻铸铁。可锻铸铁要由铁液先浇注成白口铸铁件，再经高温退火而使渗碳体分解为团絮状石墨。可锻铸铁中碳的质量分数较低，因此它的熔点较高，结晶时凝固温度范围较大，这就使可锻铸铁的流动性较差，体收缩率较大，其铸造性能比上面三种铸铁都差。

2. 非合金钢的铸造性能

非合金钢的熔点高，流动性差，收缩率大，其铸造性能不如铸铁。为了防止铸钢产生冷隔、浇不足等缺陷，生产中要严格控制铸件的壁厚，增大浇注系统尺寸，采用干型或热型浇注。防止铸件中产生缩孔、缩松等缺陷，要求铸件的壁厚尽量均匀。对于壁厚相差较大的铸钢件，常采用顺序凝固和增设冒口等补缩措施。对于壁厚均匀的薄壁铸钢件，由于产生缩孔的可能性不大，可采用多开内浇道增大浇注速度，并创造同时凝固的条件，以减小铸造应力，防止铸件开裂。

此外，由于钢液温度高，容易使铸件产生黏砂。因此，铸钢件要用耐火度较高的型砂，一般常用人工破碎的硅砂配制。

### 2.2.4　铸件缺陷的形成及预防

铸件的结构工艺性是指铸件结构在满足使用要求的前提下，能用生产率高、劳动量小、材料消耗少和成本低的方法进行制造的衡量指标。凡符合上述要求的铸件结构，则认为具有良好的铸件结构工艺性。良好的铸件结构应与相应合金的铸造性能以及铸件的铸造工艺相统一。表 2-1 介绍了一些常见铸件缺陷及其预防措施。

**表 2-1　常见铸件缺陷及其预防措施**

| 序号 | 缺陷名称 | 缺陷特征 | 预防措施 |
|---|---|---|---|
| 1 | 气孔 | 在铸件内部、表面或近于表面处，有大小不等的光滑孔眼，形状有圆的、长的及不规则的，有单个的，也有聚集成片的。颜色有白色或带一层暗色，有时覆有一层氧化皮 | 降低熔炼时液态金属的吸气量，减少砂型在浇注过程中的发气量改进铸件结构，提高砂型和型芯的透气性，使型内气体能顺利排出 |
| 2 | 缩孔 | 在铸件厚断面内部、两交界面的内部及厚断面和薄断面交接处的内部或表面，形状不规则，孔内粗糙，晶粒粗大 | 壁厚薄且均匀的铸件要采用同时凝固，壁厚大且不均匀的铸件采用由薄向厚的顺序凝固。合理放置冒口和冷铁 |
| 3 | 缩松 | 在铸件内部微小而不连贯的缩孔，聚集在一处或多处，晶粒粗大，各晶粒间存在很小的孔眼，水压试验时渗水 | 壁间连接处尽量减小热节。尽量降低浇注温度和浇注速度 |
| 4 | 渣气孔 | 在铸件内部或表面形状不规则的孔眼。孔眼不光滑，里面全部或部分充塞着熔渣 | 提高铁液温度，降低熔渣黏性，提高浇注系统的挡渣能力。增大铸件内圆角 |
| 5 | 砂眼 | 在铸件内部或表面有充塞着型砂的孔眼 | 严格控制型砂性能和造型操作，合型前注意打扫型腔 |
| 6 | 热裂 | 在铸件上有穿透或不穿透的裂纹（主要是弯曲的），开裂处金属表皮氧化 | 严格控制铁液中的硫、磷含量。铸件壁厚尽量均匀。提高型砂和型芯的退让性。浇冒口不应阻碍铸件收缩。避免壁厚的突然改变 |
| 7 | 冷裂 | 在铸件上有穿透或不穿透的裂纹（主要是直的），开裂处金属表皮未氧化 | |
| 8 | 黏砂 | 在铸件表面上，全部或部分覆盖着一层金属（或金属氧化物）与砂（或涂料）的混（化）合物或一层烧结的型砂，致使铸件表面粗糙 | 减少砂粒间隙。适当降低金属的浇烧温度。提高型砂，芯砂的耐火度 |

（续表）

| 序号 | 缺陷名称 | 缺陷特征 | 预防措施 |
| --- | --- | --- | --- |
| 9 | 夹砂 | 在铸件表面上，有一层金属瘤状物或片状物，在金属瘤片和铸件之间夹有一层型砂 | 严格控制型砂、芯砂性能。改善浇注系统，使金属液流动平稳。大平面铸件要倾斜浇注 |
| 10 | 冷隔 | 在铸件上有一种未完全融合的缝隙或洼坑，其交界边缘是圆滑的 | 提高浇注温度和浇注速度。改善浇注系统。浇注时不断流 |
| 11 | 浇不到 | 由于金属液未完全充满型腔而产生的铸件缺漏 | 提高浇注温度和浇注速度。不要断流和防止火 |

# 2.3 砂型铸造工艺过程设计

为了保证铸件质量，提高生产效率和降低铸件成本，在生产铸件之前，要先编制出铸件生产工艺过程的有关技术文件，也就是要先进行铸造工艺设计。铸造工艺设计概括地说明了铸件生产的基本过程和方法，其中重点是浇注位置、分型面和工艺参数的选择。确定合理而先进的铸造工艺方案，对获得优质铸件，简化工艺过程，提高生产率，降低铸件成本等起着决定性的作用。

## 2.3.1 铸件浇注位置的选择原则

浇注时，铸件在铸型中所处的位置，称为浇注位置。浇注位置选择得正确与否，对铸件质量和造型工艺影响很大。所以，在选择浇注位置时，应遵守以下几项原则。

### 1. 铸件的重要加工面或主要加工面应朝下

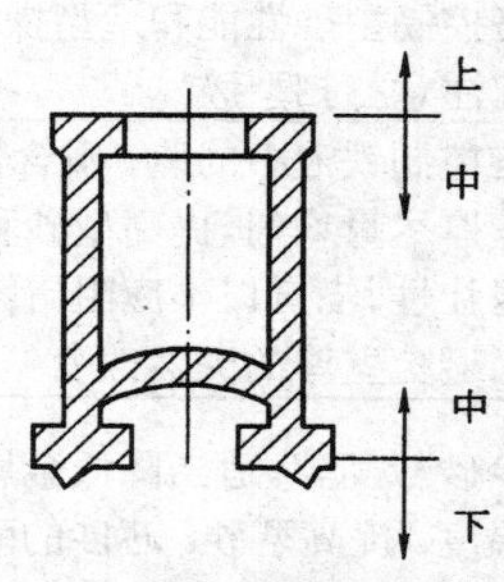

图 2-17 车床床身的浇注位置

在浇注过程中，液态合金中密度较小的砂粒、渣子和气体等容易上浮，致使铸件的上表面容易产生砂眼、气孔、夹渣等缺陷，组织也不如下表面致密。如果这些加工面难以朝下，则应尽量使其位于侧面。当铸件的重要加工面有数个时，则应将较大的平面朝下。

如图 2-17 所示，为车床床身铸件的浇注位置方案。由于床身导轨面是关键表面，不容许有明显的表面缺陷，而且要求组织致密，因此通常将导轨面朝下浇注。

2. 铸件的大平面应朝下

铸件的大平面若朝上，容易产生夹砂缺陷，这是由于在浇注过程中金属液对型腔上表面有强烈的热辐射，型砂因急剧热膨胀和强度下降而拱起或开裂，于是铸件表面形成夹砂缺陷。因此，平板、圆盘类铸件的大平面应朝下，如图 2-18 所示。

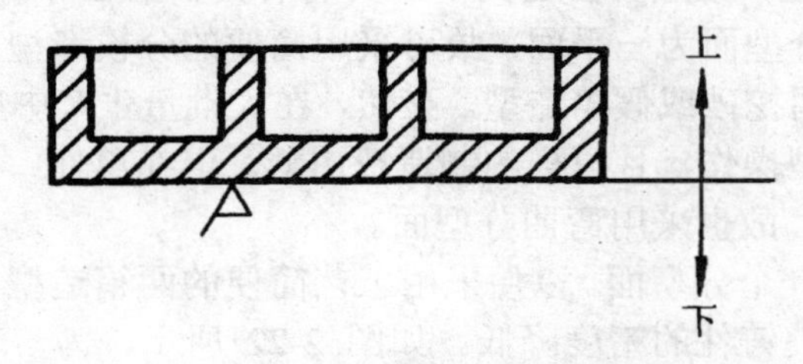


图 2-18 平板的合理浇注位置

3. 具有大面积薄壁的铸件，应将薄壁部分置于铸型下部或使其垂直或倾斜位置

这是为了防止薄壁部分产生冷隔、浇不足等缺陷，如图 2-19 所示。

4. 容易产生缩孔的铸件，应使厚壁的部分放在铸形的上部或侧面

这是为了有利于安置冒口，以利于补缩。如图 2-20 所示，铸钢卷扬桶浇注时厚端放在上部是合理的；反之，厚端放在下部，则难以补缩。

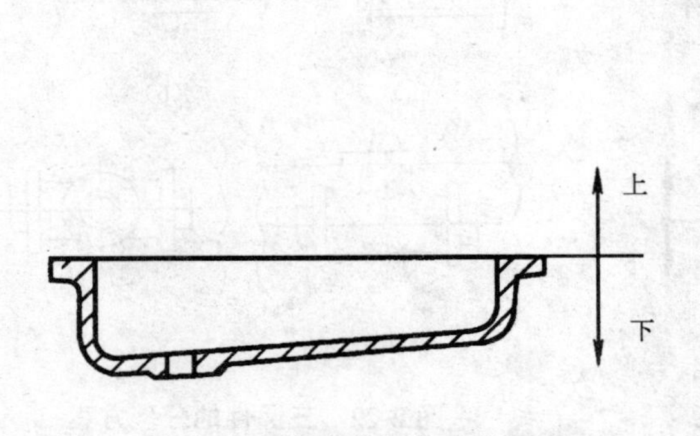


图 2-19 薄壁件的浇注位置

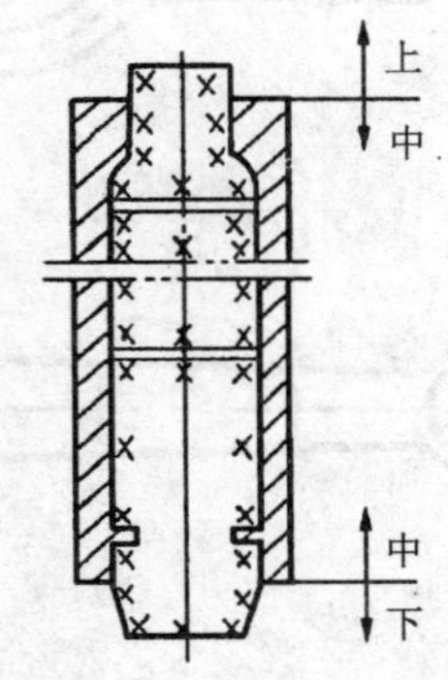


图 2-20 卷扬桶的浇注位置

## 2.3.2 铸型分型面的选择原则

铸型分型面的选择正确与否是铸造工艺合理性的关键之一。如果选择不当，不仅影响铸件质量，而且还会使制模、造型、造芯、合箱或清理等工序复杂化，甚至还可增大切削

加工的工作量。因此分型面的选择应能在保证铸件质量的前提下，尽量简化工艺，节省人力物力。分型面的选择原则如下所述。

1. 应使铸造工艺简化

如尽量使分型面平直、数量少，避免不必要的活块和型芯等。如图 2-21 所示，为一起重臂铸件，图中所示分型面为一平面，故可采用简便的分模造型。如果采用顶视图所示的弯曲分型面，则需采用挖砂或假箱造型。显然，在大批量生产中应尽量采用图中所示的分型面，这不仅便于造型操作，且模样的制造费用低。但在单件、小批生产中，由于整体模样坚固耐用、造价低，故也采用弯曲分型面。

应尽量使铸型只有一个分型面，以便采用工艺简便的两箱造型。同时，多一个分型面，铸型就增加一些误差，使铸件的精度降低。如图 2-22 所示，为一三通铸件，其内腔必须采用一个 T 字型芯来形成，但不同的分型方案，其分型面数量不同。当中心线 *ab* 呈竖直时（见图 2-22（b）），铸型必须有三个分型面才能取出模样，即用四箱造型。当中心线 *cd* 处于竖直位置时（见图 2-22（c）），铸型有两个分型面，必须采用三箱造型。当中心线 *ab* 与 *cd* 都处于水平位置时（见图 2-22（d）），铸型只有一个分型面，采用两箱造型即可。显然，后者是合理的方案。

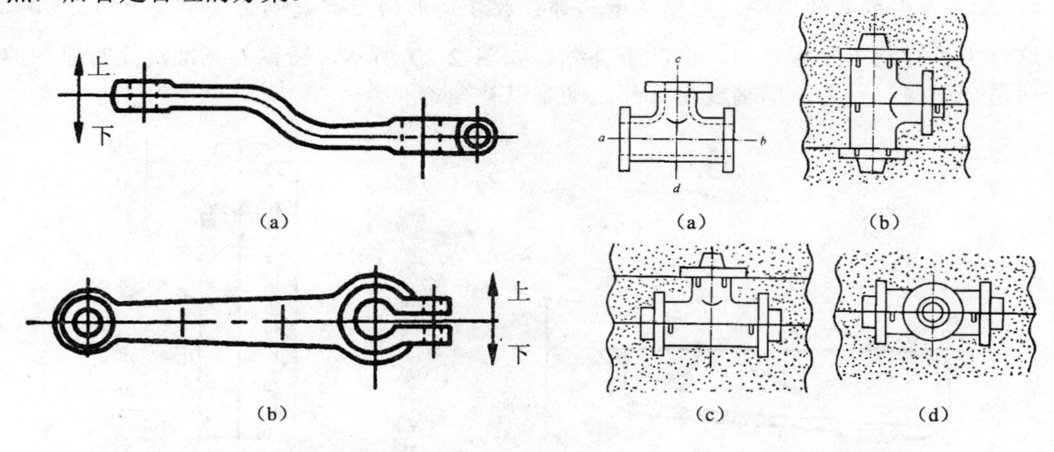


（a） （b）

图 2-21 起重臂的分型面

（a） （b） （c） （d）

图 2-22 三通件的分型方案

2. 应尽量使铸件全部或大部分置于同一砂箱，以保证铸件的精度

如图 2-23 所示，为一床身铸件，其顶部平面为加工基准面。图中方案 a 在妨碍起模的凸台处增加了外部型芯，因采用整模造型使加工面和基准面在同一砂箱内，铸件精度高，是大批量生产时的合理方案。若采用方案 b，铸件若产生错型将影响铸件精度，但在单件、小批生产条件下，铸件的尺寸偏差在一定范围内可用划线来矫正，故在相应条件下方案 b

仍可采用。

3. 应尽量使型腔及主要型芯位于下箱，以便于造型、下芯、合箱和检验铸件的壁厚

型腔不宜过深，并尽量避免使用吊芯和大的吊砂。如图 2-24 所示，为一机床支柱的两个分型方案。可以看出，方案 b 的型腔大部分及型芯位于下箱，这样便可减少上箱高度，故较为合理。

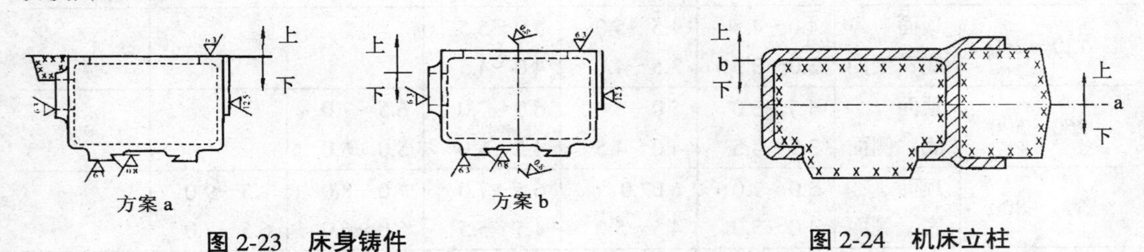


图 2-23　床身铸件　　图 2-24　机床立柱

上述诸原则，对于具体铸件来说难以全面满足，有时甚至互相矛盾。因此，必须抓住主要矛盾、全面考虑，至于次要矛盾，则应从工艺措施上设法解决。例如，质量要求很高的铸件（如机床床身、立柱等），应在满足浇注位置要求的前提下考虑造型工艺的简化。对于没有特殊质量要求的一般铸件，则以简化工艺、提高经济效益为主要依据，不必过多地考虑铸件的浇注位置。对于机床立柱、曲轴等圆周面质量要求很高、又需沿轴线分型的铸件，在批量生产中有时采用“平作立浇”法，此时，采用专用砂箱，先按轴线分型来造型、下芯、合箱之后，将铸型翻转 90℃，竖立后进行浇注。

## 2.3.3　工艺参数的选择原则

为了绘制铸造工艺图，在铸造工艺方案初步确定之后，还必须选定铸件的机械加工余量、起模斜度、收缩率、型芯头尺寸等工艺参数。

1. 机械加工余量和最小铸出孔

在铸件上为切削加工而加大的尺寸称为机械加工余量。加工余量必须认真选取，余量过大，切削加工费时，且浪费金属材料；余量过小，制品会因残留黑皮而报废，或者因铸件表层过硬而加速刀具磨损。

机械加工余量的具体数值取决于铸件的生产批量、合金的种类、铸件的大小、加工面与基准面的距离及加工面在浇注时的位置等。大量生产时，因采用机器造型，铸件精度高，故余量可减少；铸钢件因表面粗糙，余量应加大；非铁合金铸件价格昂贵，且表面光洁，所以余量应比铸铁小。铸件的尺寸愈大或加工面与基准面的距离愈大，铸件的尺寸误差愈大，故余量也应随之加大。表 2-2 列出了灰铸铁的机械加工余量。

表 2-2 灰铸铁件的机械加工余量 （单位 mm）

| 铸件最大尺寸 | 浇注位置 | 加工面与基准面的距离 | | | | | |
|---|---|---|---|---|---|---|---|
| | | <50 | 50～120 | 120～260 | 260～500 | 500～800 | 800～1250 |
| <120 | 顶面 | 3.5～4.5 | 4.0～4.5 | | | | |
| | 底、侧面 | 2.5～3.5 | 3.0～3.5 | | | | |
| 120～260 | 顶面 | 4.0～4.5 | 4.5～5.0 | 5.0～5.5 | | | |
| | 底、侧面 | 3.0～3.5 | 3.5～4.0 | 4.0～4.5 | | | |
| 260～500 | 顶面 | 4.5～6.0 | 5.0～6.0 | 6.0～7.0 | 6.5～7.0 | | |
| | 底、侧面 | 3.5～4.5 | 4.0～4.5 | 4.5～5.0 | 5.0～6.0 | | |
| 500～800 | 顶面 | 5.0～7.0 | 6.07.0 | 6.5～7.0 | 7.0～8.0 | 7.5～9.0 | |
| | 底、侧面 | 4.0～5.0 | 4.5～5.0 | 4.5～5.5 | 5.0～6.0 | 6.5～7.0 | |
| 800～1250 | 顶面 | 6.0～7.0 | 6.57.5 | 7.0～8.0 | 7.5～8.0 | 8.0～9.0 | 8.5～10 |
| | 底、侧面 | 4.0～5.5 | 5.0～5.5 | 5.0～6.0 | 5.5～6.0 | 5.5～7.0 | 6.5～7.5 |

注：加工余量数值中下限用于大批量生产，上限用于单件小批生产

铸件的孔槽是否铸出，不仅取决于工艺上的可能性，还必须考虑其必要性。一般来说，较大的孔、槽应当铸出，以减少切削加工工时、节省金属材料，同时也可减小铸件上的热节。但较小的孔、槽不必铸出，留待加工反而更经济。灰铸铁的最小铸出孔（毛坯孔径）推荐如下：单件生产 30～50 mm、成批生产 15～20 mm、大量生产 12～15 mm。对于零件图上要求加工的孔、槽，无论大小均应铸出。

2. 起模斜度

为了使模样（或型芯）便于从砂型（或芯盒）中取出，凡垂直于分型面的立壁在制造模样时，必须留出一定的倾斜度（见图 2-25），此倾斜度称为起模斜度。

起模斜度的大小取决于立壁的高度、造型方法、模样材料等因素，通常为 15′～3°。立壁愈高，斜度愈小；机器造型应比手工造型小，而木模应比金属模斜度大。为使型砂便于从模样内腔取出、以形成自带型芯，内壁的起模斜度应比外壁大，通常为 3°～10°。

3. 收缩率

由于合金的线收缩率，铸件冷却后的尺寸将比型腔尺寸略为缩小，为保证铸件应有的尺寸，模样尺寸必须比铸件放大一个该合金的收缩量。

在铸件冷却过程中，其线收缩不仅受到铸型和型芯的机械阻碍，同时还受到铸件各部分之间的相互制约。因此，铸件的实际收缩率除随合金的种类而异外，还与铸件的形状、尺寸有关。通常，灰铸铁为 0.7 %～1.0 %，铸钢为 1.3 %～2.0 %，铝硅合金为 0.8 %～1.2 %。

4. 型芯头

型芯头的形状和尺寸，对型芯装配的工艺和稳定性有很大影响。垂直型芯一般都有上、下芯头（见图 2-26（a）），但短而粗的型芯也可省去上芯头。芯头必须留有一定的斜度 $\alpha$。下芯头的斜度应小些（5°～10°），上芯头的斜度为便于合箱应大一些（6°～15°）。水平芯头（见图 2-26（b））的长度取决于型芯头直径及型芯的长度。悬臂型芯头必须加长，以防合箱时型芯下垂或被金属液抬起。型芯头与铸型型芯座之间应有 1～4 mm 的间隙（$S$），以便于铸型的装配。

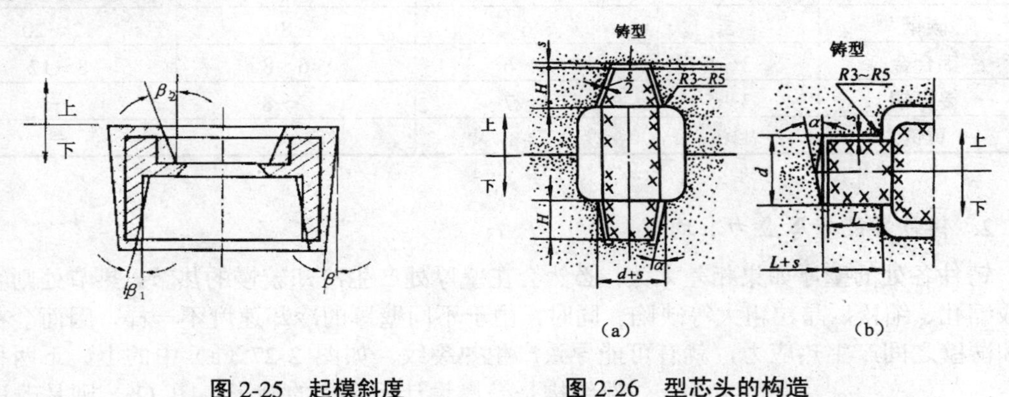


图 2-25　起模斜度　　图 2-26　型芯头的构造

# 2.4　铸件的结构工艺性

## 2.4.1　合金铸造性能对铸件结构的要求

1. 铸件的壁厚应合理

铸件的壁厚越大，金属液流动时的阻力越小，而且保持液态的时间也越长，因此有利于金属液充满型腔。但是，随着壁厚的增加，金属液的冷却速度变小，铸件心部容易得到粗大的晶粒，这又会降低铸造合金的力学性能。而铸件壁厚减小时，有利于得到细小的晶粒，提高铸件的力学性能。但是，如果铸件的壁厚过小，则会因为金属液冷却过快而使其流动性变坏，很容易在铸件上出现冷隔和浇不足等缺陷。

一般说来，铸件的壁厚应当首先保证合金流动性的要求，然后再考虑尽量不使铸件的壁厚过大。铸造合金能充满铸型的最小厚度，称为铸造合金的最小壁厚。生产中常用铸造合金的最小壁厚数值列于表 2-3 中。

表 2-3 砂型铸造的最小壁厚（mm）

| 合金种类 | 铸件轮廓的最小壁厚 | | | |
|---|---|---|---|---|
| | ＜200×200 | 200×200～400×400 | 400×400～800×800 | >800×800 |
| 灰铸铁 | 3～4 | 4～5 | 5～6 | 6～12 |
| 孕育铸铁 | 5～6 | 6～8 | 8～10 | 10～20 |
| 球墨铸铁 | 3～4 | 4～8 | 8～10 | 10～12 |
| 可锻铸铁 | 3～5 | 4～6 | 5～7 | — |
| 碳钢 | 5 | 6 | 8 | 12～20 |
| 铝合金 | 3～5 | 5～6 | 6～8 | 8～12 |
| 锡青铜 | 3～5 | 5～7 | 7～8 | — |
| 黄铜 | ≥6 | ≥8 | — | — |

### 2. 铸件各处壁厚应力求均匀

铸件各处的壁厚如果相差太大，必然会在壁厚处产生冷却较慢的热节，热节处则容易形成缩孔、缩松、晶粒粗大等缺陷。同时，由于不同壁厚的冷却速度不一样，因而会在厚壁和薄壁之间产生热应力，就有可能导致产生热裂纹。如图 2-27（a）中的上、下两种铸件结构是壁厚设计不合理的例子，图（b）则是改进后的铸件结构。

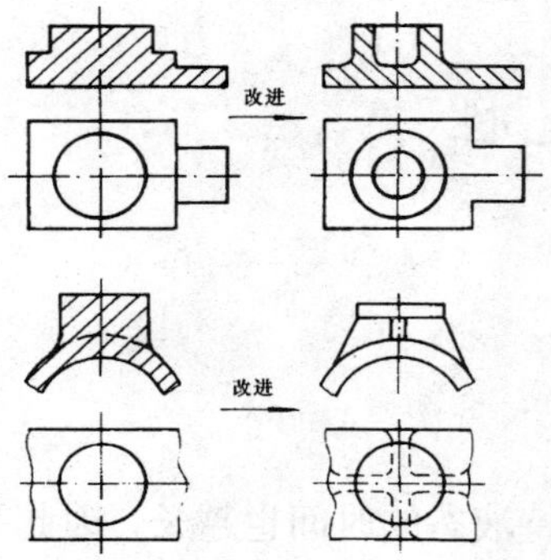

改进

改进

(a)　(b)

图 2-27　壁厚设计举例

(a) 不合理　(b) 合理

### 3. 壁间连接要合理

壁间连接应注意以下三点。

（1）要有结构圆角　在铸件的转弯处如果是直角连接，则在此处不仅会形成热节，容易产生缩孔和结晶脆弱区，又因产生应力集中所容易导致的结晶脆弱处产生裂纹，如图 2-28 所示。

（2）壁的厚薄交界处应合理过渡　铸件各处的壁厚很难做到完全一致，此时应注意避免厚壁与薄壁连接处的突变，而应当使其逐渐地过渡。

（3）壁间连接应避免交叉和锐角　两个以上铸件壁相连接处往往会形成热节，如果能避免交叉结构和锐角相交，即可防止缩孔缺陷。图 2-29 中示出了几种连接结构的对比。

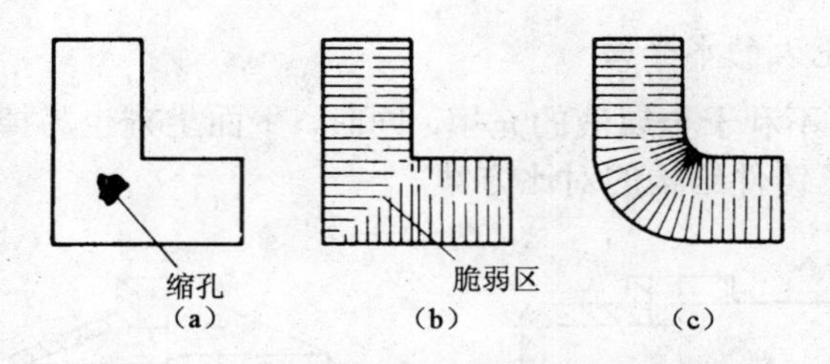


**图 2-28　圆角和尖角对铸件质量的影响**

(a) 尖角处有缩孔　(b) 尖角处有结晶脆弱区　(c) 良好

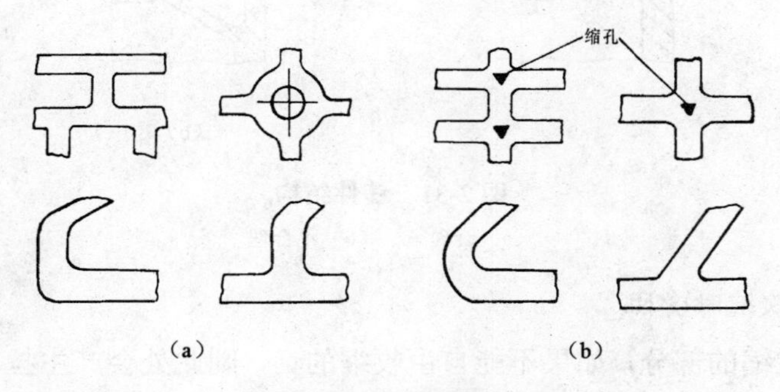


**图 2-29　壁间连接结构**

(a) 合理　(b) 不合理

### 4. 铸件的厚壁处考虑补缩方便

当铸件中必须有厚壁部分时，为了不使厚壁部分产生缩孔，铸件的结构应具备顺序凝固和补缩条件。图 2-30 (a) 中的两种铸件，由于上部壁厚小于下部壁厚，上部比下部凝固快，因而堵塞了自上而下的补缩通道，厚壁处就容易产生缩孔。若改为图 2-30 (b) 所示的结构，则铸件可由冒口进行补缩。

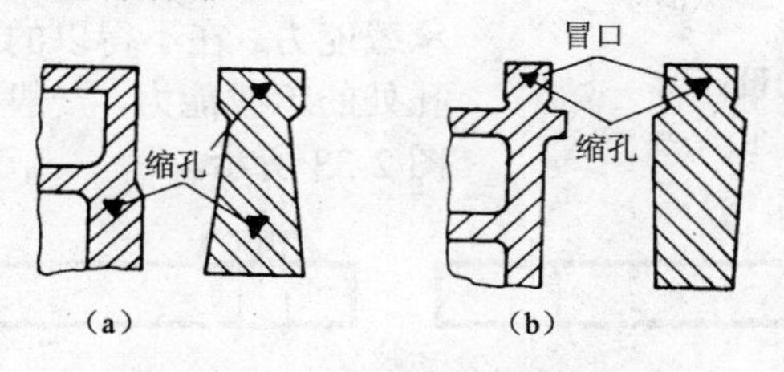


**图 2-30　考虑补缩的铸件结构**

(a) 不合理　(b) 合理

### 5. 铸件应尽量避免大的水平面

铸件上大的水平面不利于金属液的充填，同时，平面上方也易掉砂而使铸件产生夹砂等缺陷。图 2-31 示出了铸件结构的对比方案。

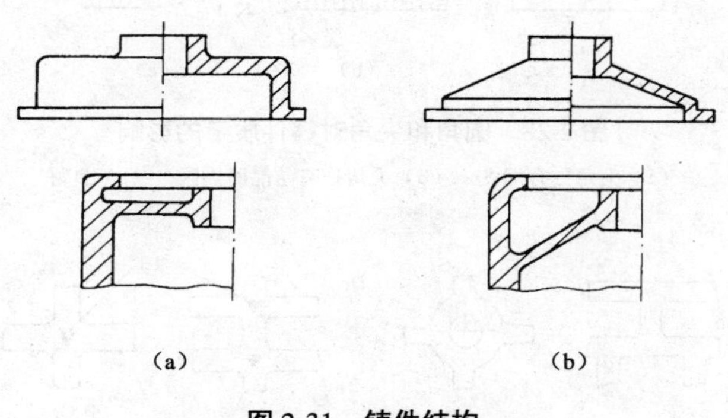

图 2-31 铸件结构

（a）合理 （b）不合理

### 6. 避免铸件收缩时受阻

在铸件最后收缩的部分，如果不能自由收缩的话，则此处会产生拉力。由于高温下的合金抗拉强度很低，因此铸件容易产生热裂缺陷。图 2-32 中的轮子，当其轮辐为直线和偶数时，就很容易在轮辐处产生裂纹。如果将轮辐设计成奇数且呈现弯曲状时，由于收缩时的应力可以借助于轮辐的变形而有所减小，从而可避免热裂。

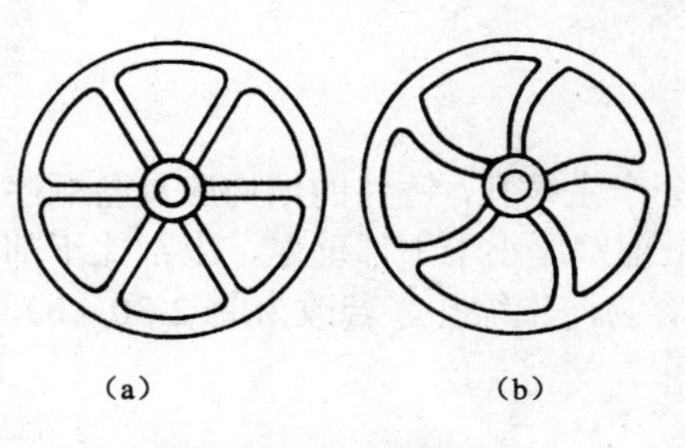

图 2-32 轮辐的设计

（a）不合理 （b）合理

### 7. 尽量避免壁上开孔降低其承载能力

铸件壁上开孔，往往会造成应力集中，降低承载能力。在不得以的情况下，为了增强壁上开孔处的承载能力，一般均在开孔处设置凸台，如图 2-33 所示。

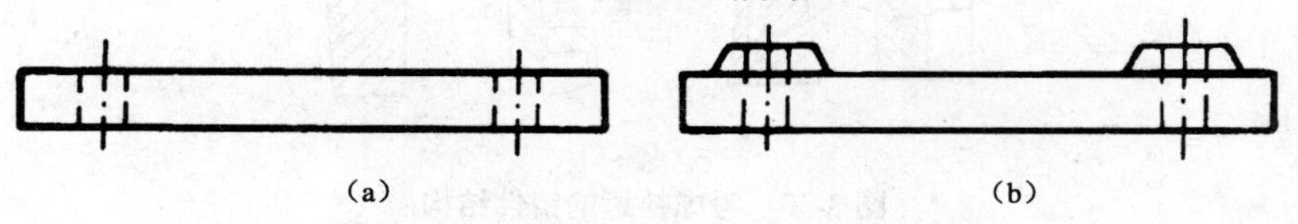

图 2-33 增强开孔处的承载能力的凸台

（a）不合理 （b）合理

平板类和细长形铸件，往往会因冷却不均匀而产生翘曲或弯曲变形。如图 2-34（a）中的三种铸件就容易发生变形。在平板上增加比板厚尺寸小的加强肋，或者改不对称结构为对称结构，均可有效地防止铸件变形，如图 2-34（b）。

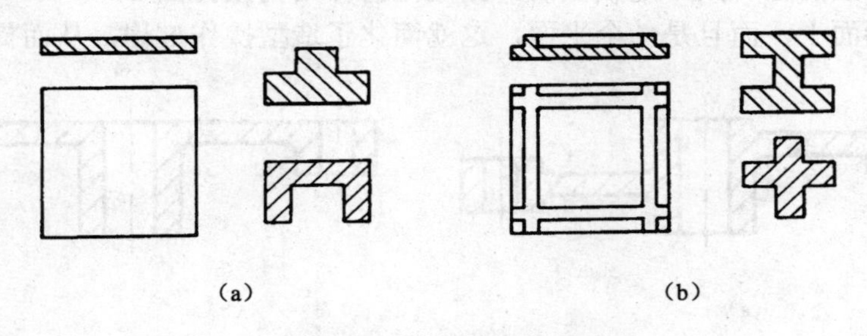


**图 2-34　防止变形的铸件结构**

（a）不合理　　（b）合理

## 2.4.2　铸造工艺对铸件结构的要求

1. 简化铸件结构，减少分型面

造型工作量约占砂型铸造总工作量的三分之一，因此，减少造型工作量是提高生产效率的重要措施。分型面少，可以减少砂箱使用量和造型工时，也可减少因错型、偏芯而引起的铸造缺陷。图 2-35（a）所示铸件，因有两个分型面，必须采用三箱造型方法生产，生产效率低，而且易产生错型缺陷。在不影响使用性能的前提下，改为图 2-35（b）的结构后，只有一个分型面，可采用两箱造型法方案。

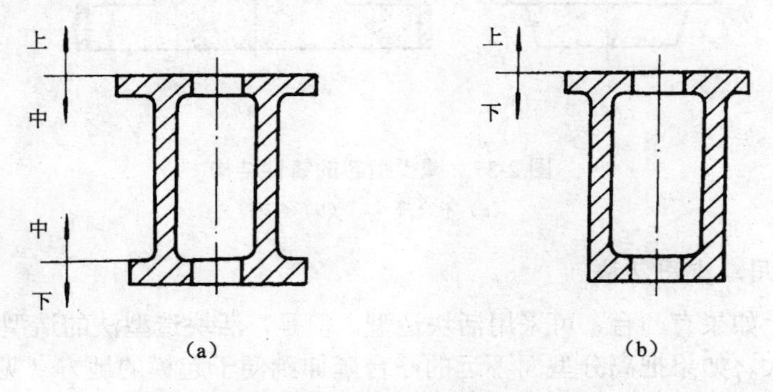


**图 2-35　减少铸件分型面的结构**

（a）不合理　　（b）合理

2. 尽量采用平面的分型面

铸型的分型面若不平直（见图 2-36（a）），造型时必须采用挖砂造型或假箱造型，而这两种造型方法的生产效率是较低的。如果把铸件结构改为图 2-36（b）的结构，分型面就位于铸件端面上，而且是一个平面，这就简化了造型操作过程，从而提高了生产效率。

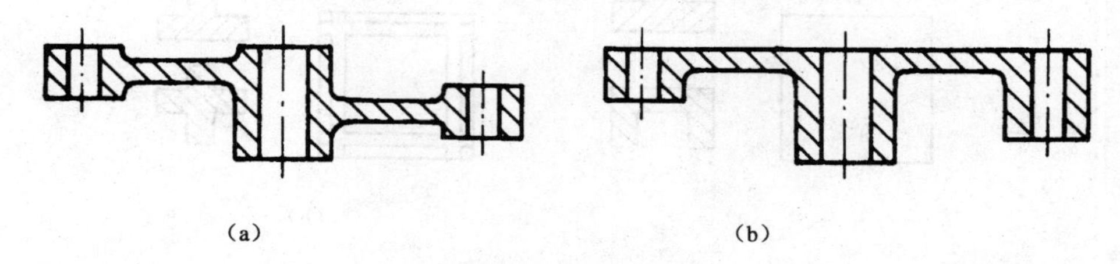


图 2-36 使分型面平直的铸件结构
（a）不合理 （b）合理

3. 尽量少用或不用型芯

减少型芯或不用型芯，可节省造芯材料和烘干型芯的费用，也可减少造芯、下芯等操作过程。为此，应使铸型型腔尽量利用自然形成的砂垛（上型称为吊砂，下型称为自带型芯）来得到。图 2-37（a）所示的铸件，因内腔出口处尺寸较小，必须用型芯才能铸出。若将内腔形状改为图 2-37（b）的结构后，则可用自带型芯法构成铸件的内腔。

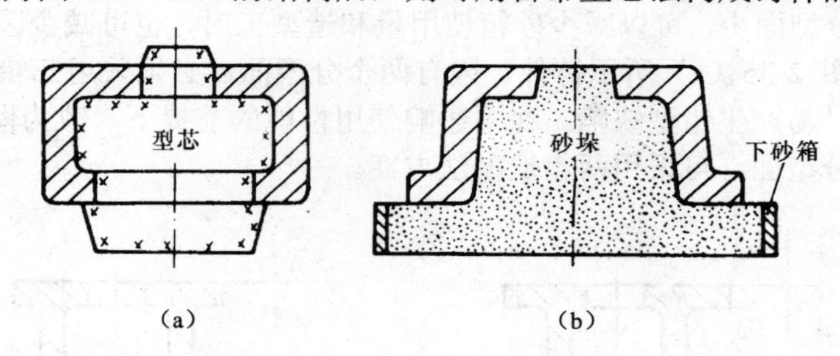


图 2-37 减少型芯的铸件结构
（a）不合理 （b）合理

4. 尽量不用或少用活块

铸件侧壁上如果有凸台，可采用活块造型。但是，活块造型法的造型工作量较大，而且操作难度也大。如果把离分型面不远的凸台延伸到便于起模的地方（见图 2-38（b）），就可免去或减少起活块操作。

5. 垂直壁应考虑结构斜度

垂直于分型面的非加工表面，若具有一定的结构斜度，则不但便于起模，而且也因模样不需要较大的松动而提高了铸件的尺寸精度。图 2-39 是考虑到铸件结构斜度的实例。

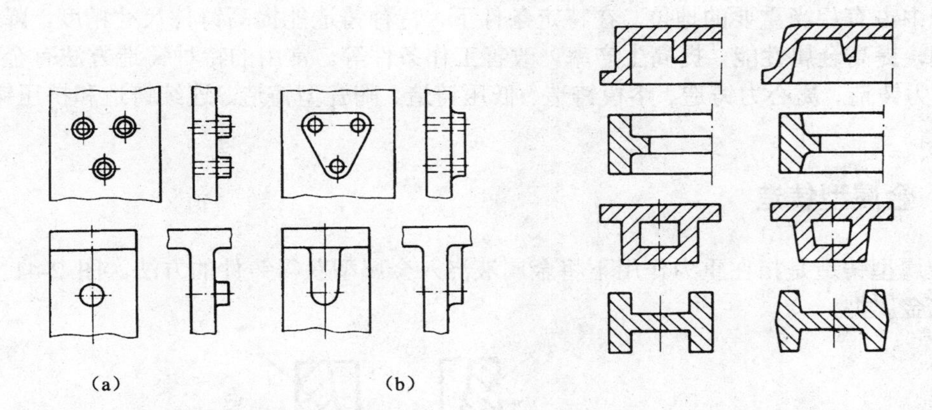


图 2-38　避免取活块的铸件结构

（a）不合理　（b）合理

图 2-39　考虑结构斜度的铸件结构

（a）不合理　（b）合理

6. 型芯的设置要稳固并有利于排气与清理

型芯在铸型中只有固定牢靠才能避免偏芯；只有出气孔道通畅才能避免产生气孔；只有清理时出砂方便，才能减少清理工时。图 2-40（a）中的铸件有两个型芯，其中 $2^{\#}$型芯处于悬臂状。为了使型芯稳固，必须在下芯时使用芯撑。但是，芯撑常因表面氧化或铸件壁薄，而不能很好地与液态合金熔合，致使铸件的气密性较差。又因 $2^{\#}$型芯只靠一端排气，气体排出比较困难。另外，$2^{\#}$型芯也不便于清理。若将铸件结构改为图 2-40（b）的结构后，则型芯为一个整体，其稳定性得到保障，排气比较通畅，清理出砂也比较方便。

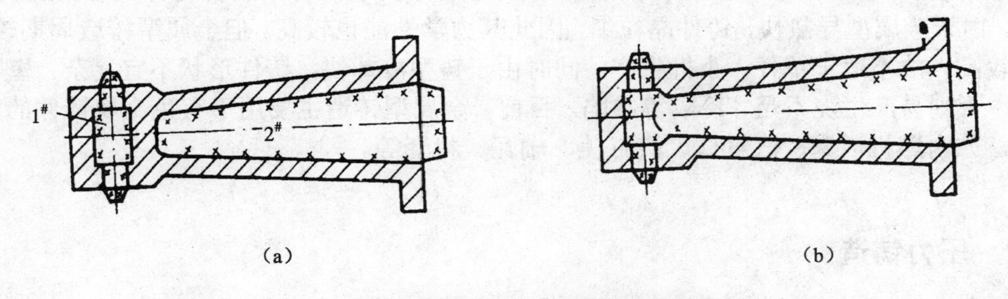


图 2-40　便于型芯固定、排气和清理的铸件结构

（a）不合理　（b）合理

# 2.5 其他铸造方法

与砂型铸造不同的其他铸造方法称为特种铸造。随着铸造技术的发展，特种铸造在铸造生产中占有相当重要的地位。在特定条件下，特种铸造能提高铸件尺寸精度，降低表面粗糙度，提高金属性能，提高生产率，改善工作条件等。常用的特种铸造方法有金属型铸造、压力铸造、离心力铸造、熔模铸造、低压铸造、陶瓷型铸造、连续铸造和挤压铸造等。

## 2.5.1 金属型铸造

金属型铸造是指在重力作用下将金属液浇入金属型获得铸件的方法。图 2-41 为垂直分型式金属型。

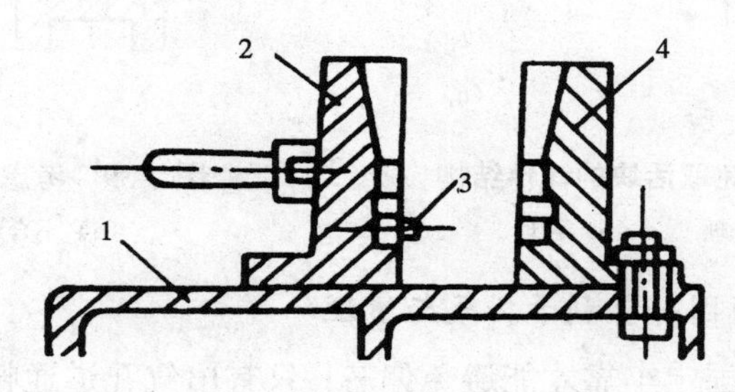


**图 2-41 垂直分型式金属型**

1-底座 2-活动半型 3-定位销 4-固定半型

与砂型铸造相比较，金属型铸造的主要优点是：一个金属型可浇注几百次至几万次，节省了造型材料和造型工时，提高了生产率，改善了劳动条件，所得铸件尺寸精度较高。另外，由于金属型导热快，铸件晶粒细，因此其力学性能也较高。但金属型铸造周期较长，费用较高，故不适于单件、小批生产。同时由于铸型冷却快，铸件形状不宜复杂，壁不宜太薄，否则易产生浇不足、冷隔等缺陷。目前，金属型铸造主要用于有色金属铸件的大批生产，如内燃机活塞、汽缸体、汽缸盖、轴瓦、衬套等。

## 2.5.2 压力铸造

压力铸造是将金属液在高压下高速充填金属型腔，并在压力下凝固成铸件的铸造方法。常用压力铸造的压力为 5～70MPa，充型速度为 5～100 m/s。压力铸造在压铸机上进行，图 2-42 为卧式冷压室压铸机工作原理图。

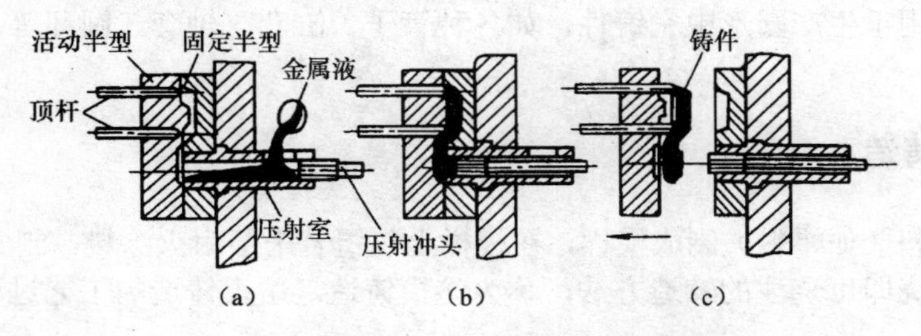


图 2-42　卧式冷压室压铸机工作原理图

(a) 合型　(b) 压铸　(c) 开型

压力铸造是在高压高速下注入金属液的，故可得到形状复杂的薄壁件，而且压力铸造的生产率高。由于压力铸造保留了金属型铸造的一些特点，合金又是在压力下结晶的，所以铸件晶粒细，组织致密，强度较高。但是，铸件易产生气孔与缩松，而且设备投资较大，压力铸型制造费用较高，因此，压力铸造适用于大批生产壁薄的有色合金中小型铸件。

## 2.5.3　离心铸造

离心铸造是将金属液浇入绕水平或倾斜立轴旋转着的铸型中，并在离心力的作用下凝固成铸件的铸造方法。离心铸造的铸型可以是金属型，也可以是砂型。铸型在离心铸造机上根据需要可以绕垂直轴旋转，也可绕水平轴旋转，如图 2-43 所示。

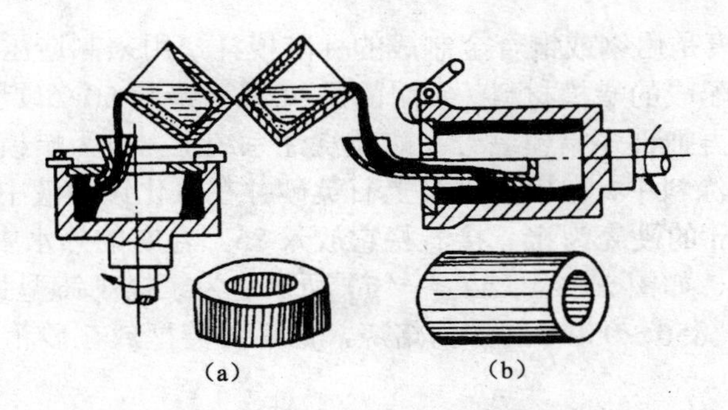


图 2-43　离心铸造示意图

(a) 绕垂直轴旋转　(b) 绕水平轴旋转

由于离心力的作用，金属液中质量轻的气体、熔渣都集中于铸件的内表面，并使金属呈定向性结晶，因而铸件组织致密，力学性能较好，但其内表面质量较差，所以应增加内孔的加工余量。离心铸造可以省去型芯，可以不设浇注系统，因此减少了金属液的消耗量。离心铸造主要用于生产圆形中空铸件，如各种管子、缸套、轴套、圆环等。

## 2.5.4 熔模铸造

用易熔材料（如蜡料）制成模样，在模样上包覆若干层耐火涂料，制成型壳，熔出模样后经高温焙烧即可烧注的铸造方法，称为熔模铸造。熔模铸造的工艺过程如图 2-44 所示。

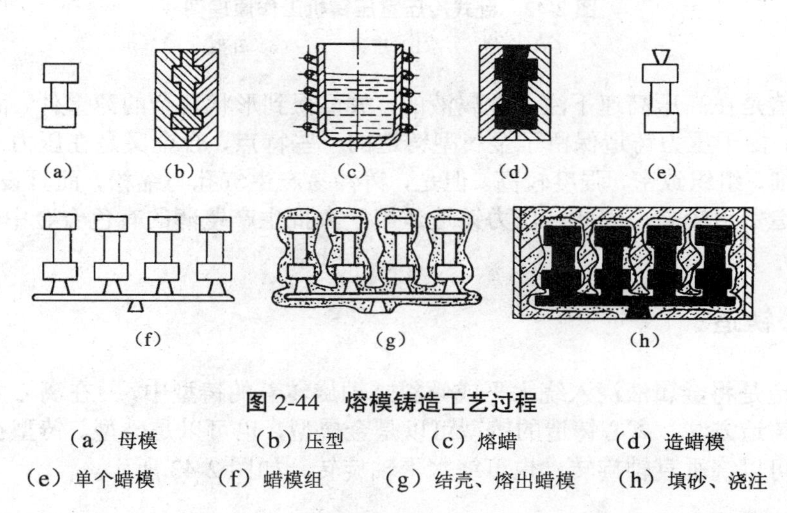


**图 2-44 熔模铸造工艺过程**

（a）母模 （b）压型 （c）熔蜡 （d）造蜡模
（e）单个蜡模 （f）蜡模组 （g）结壳、熔出蜡模 （h）填砂、浇注

图 2-44 中母模是用钢或铜合金制成的标准模样，用来制造压型。压型是用来制造蜡模的特殊铸型。将配成的蜡模材料（常用的是 50 %石蜡和 50 %硬脂酸）熔化挤入压型中，即得到单个蜡模。再把许多蜡模黏合在蜡质浇注系统上，成为蜡模组。蜡模组浸入以水玻璃与石英粉配制的涂料中，取出后再撒上石英砂并在氯化铵溶液中硬化，重复数次直到结成厚度达 5～10 mm 的硬壳为止。接着将它放入 85℃左右的热水中，使蜡模熔化并流出，从而形成铸型型腔，如图 2～44（a）～（g）所示。为了提高铸型强度及排除残蜡和水分，最后还需将其放入 850～950℃的炉内焙烧，然后将铸型放在砂箱内，周围填砂，即可进行浇注。

熔模铸造的特点是：铸型是一个整体，无分型面，所以可以制作出各种形状复杂的小型零件（如汽轮机叶片、刀具等）；尺寸精确、表面光洁，可达到少切削或无切削加工。熔模铸造常用于中小型形状复杂的精密铸件或熔点高、难以压力加工或难以切削加工的金属。但熔模铸造工艺过程复杂，生产周期长、铸件制造成本高。由于壳型强度不高，故熔模铸造不能制造尺寸较大的铸件。

## 2.6　小　　结

本章主要介绍了铸造生产的方法与应用、合金铸造性能、铸件的结构工艺性等内容。在学习之后：第一，要了解铸造的特点，不要孤立地死记硬背，要结合具体实例加深对特点的认识和理解；第二，对于合金的铸造性能要结合 Fe—$Fe_3C$ 图等知识加深对有关性能的认识；第三，认识铸件结构工艺性的一般原则，要做到一般原则与灵活应用相结合，不要生搬硬套；第四，本章内容实践性强，学习时要利用模型、挂图、实物、电教片等媒体，对照学习，以提高学习效果。

## 2.7　练习与思考题

1．什么是铸造？铸造生产有哪些特点？

2．图 2-45 所示的两种铸件都是单件生产，试确定它们的造型方法。

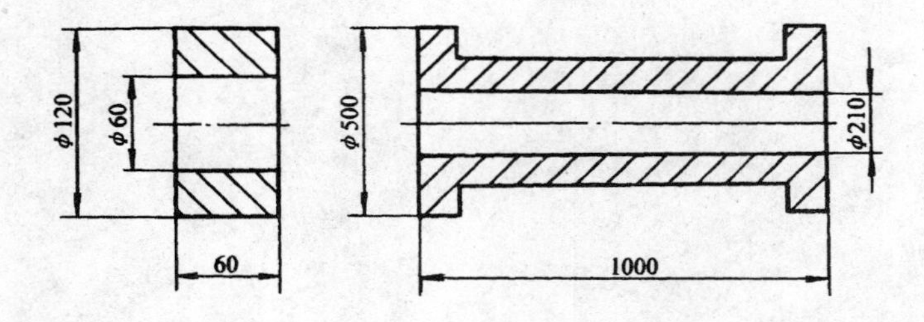


图 2-45　套筒类铸件简图

3．采用砂型铸造方法制造图 2-46 中的哑铃 500 件，应采用何种造型方法？为什么？

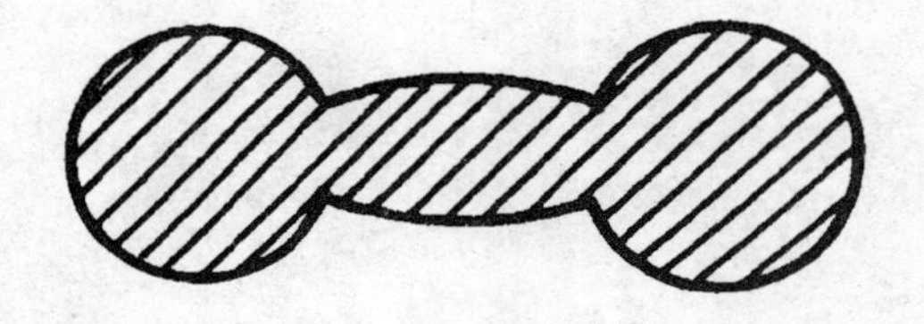

图 2-46　哑铃

4．铸造合金的收缩可分为哪几个阶段？缩孔、缩松、铸造应力及铸件变形各在哪个阶段形成？如何预防？

5．浇注系统由几部分组成？各部分作用如何？

6．有没有不产生铸造应力的铸件？为什么？

7．如图 2-47 所示，铸件结构有何缺点？如何改进？

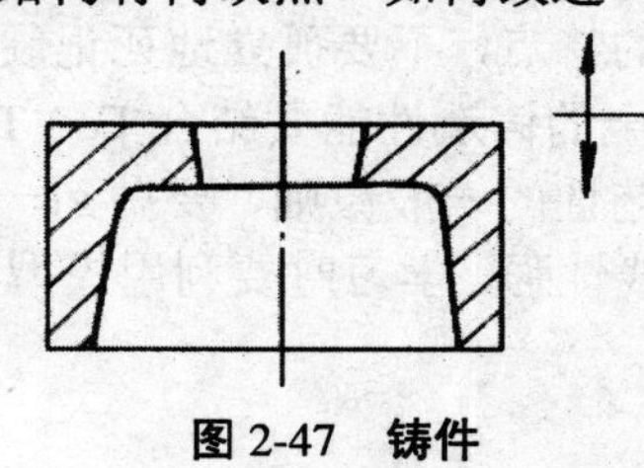

图 2-47 铸件

# 第3章 锻　　压

教学目的：

- 掌握锻压加工的基本原理、方法及应用；
- 认识锻件结构工艺性的一般原则。

对坯料施加外力，使其产生塑性变形，改变其尺寸、形状，用于制造机械零件或毛坯的成形方法称为锻压。它是锻造和冲压的总称。锻压的方法主要有自由锻、胎膜锻、锤上模锻、冲压、轧制、挤压和拉拔等。

锻压加工具有如下特点。

（1）改善了金属内部组织，提高了金属的力学性能　这是因为锻压可以将坯料中的疏松处压合，提高金属的致密度；可以使粗大的晶粒细化；可以使高合金工具钢中的碳化物被击碎，并且均匀地分布。

（2）节省金属材料　由于锻压加工提高了金属的强度等力学性能，因此相对地缩小了同等载荷下的零件的截面尺寸，减轻了零件的质量。另外，采用精密锻压时，可使锻压件的尺寸精度和表面粗糙度接近成品零件，做到少切削或无切削加工。

（3）具有较高的生产率　锻压成形，特别是模锻成形的生产效率，要比切削加工成形高得多。例如，生产内六角螺钉，用模锻成型的生产率是切削加工的 50 倍。若采用冷镦工艺制造，其生产效率是切削加工成形的 400 倍以上。

（4）具有较强的适应性　锻压加工既可以制造形状简单的锻件（如圆轴），也可以制造外形比较复杂，不需要或只需要进行少量切削加工的锻件（如精锻齿轮）。锻件的重量可以小到不足一克，大到几百吨。锻件既可以单件小批生产，也可以大批大量生产。

锻压生产的缺点：常用的自由锻精度比较低；胎膜锻和模锻的模具费用较高；与铸造生产相比，难以生产既有复杂外形又有复杂内腔的毛坯。

锻压生产是机械制造业中获得毛坯的主要途径之一。在机床制造业中，主轴、传动轴、齿轮等重要零件以及切削刃具等，都是用锻压方法形成的。汽车上的锻压件重量占金属件总重的 70 %左右。锻压生产在交通、电力、国防、农业以及日常生活用品中也获得了广泛应用。

# 3.1 锻造工艺基础

根据锻造时作用力的来源不同，锻造可分为手工锻造和机器锻造两种。手工锻造是用手锻造工具，依靠人力在铁砧上进行的。这种简陋的生产方法，仅用于修理性质和小批量生产的场合。机器锻造是靠各种锻造设备提供作用力的锻造方法，它是现代锻造生产的主要形式。机器锻造又可分为自由锻、锤上模锻、胎模锻等。

## 3.1.1 自由锻

只用简单的通用性工具，或在锻造设备的上、下砧铁之间直接使坯料变形而获得所需的几何形状及内部质量的锻件，这种方法称为自由锻。

无论采用手工锻、锤上自由锻，还是在其他锻压设备上进行自由锻，其工艺过程都是由一系列基本工序组成的。自由锻的常用工序可分为拔长、镦粗、冲孔弯曲、错移和扭转等。

### 1. 自由锻的基本工序

（1）拔长。拔长是使坯料横断面积减小、长度增加的锻造工序。常用于锻造轴类或轴心线较长的锻件。拔长的方法主要有以下两种。

① 在平砧上拔长。图 3-1（a）是在锻锤上下平砧间拔长的示意图。高度为 $H$（或直径为 $D$）的坯料由右向左送进，每次送进量为 $l$。为了使锻件表面平整，$l$ 应小于砧宽 $B$，一般 $l \leqslant 0.75B$。对于重要锻件，为了使整个坯料产生均匀的塑形变形，$l/H$（或 $l/D$）应在 0.4～0.8 范围内。

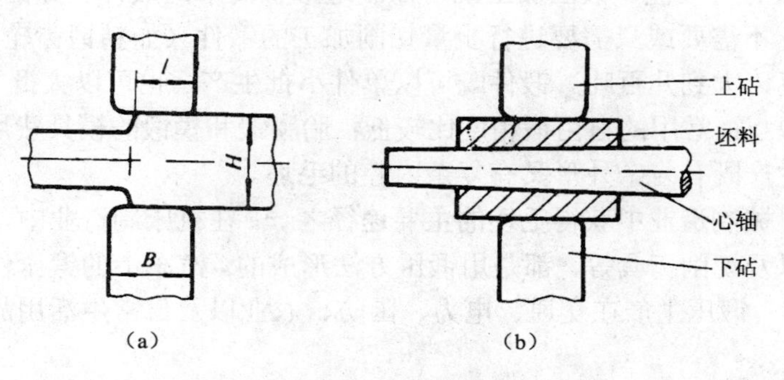


**图 3-1 拔长示意图**

（a）在平砧上拔长 （b）在芯轴上拔长

② 在心轴上拔长。图形 3-1（b）是在心轴上拔长空心坯料的示意图。锻造时，先把心轴插入冲好孔的坯料中，然后当作实心坯料进行拔长。这种拔长方法可使空心坯料的长度增加，壁厚减小，而内径不变，常用于锻造套筒类长空心锻件。

（2）镦粗。镦粗是使毛坯高度减小，横断面积增大的锻造工序。常用于锻造齿轮坯、圆饼类锻件。

镦粗主要有以下三种形式。

① 完全墩粗。完全墩粗是将坯料竖直放在砧面上，如图 3-2（a）所示，在上砧的锤击下，使坯料产生高度减小，横截面积增大的塑性变形。

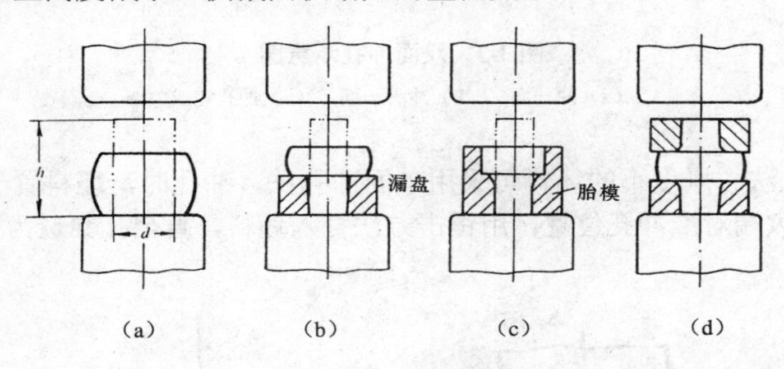


**图 3-2 镦粗示意图**

（a）完全镦粗 （b）、（c）端部镦粗 （d）中间镦粗

② 端部镦粗。将坯料加热后，一端放在漏盘或胎模内，限制这一部分的塑形变形，然后锤击坯料的另一端，使之镦粗成形。图 3-2（b）是用漏盘的镦粗方法，多用于小批量生产；图 3-2（c）是用胎模镦粗的方法，多用于大批量生产。在单件生产条件下，可将需要镦粗的部分局部加热，或者全部加热后将不需要镦粗的部分在水中激冷，然后进行镦粗。

③ 中间镦粗。这种方法用于锻造中间断面大，两端断面小的锻件，如图 3-2（d）所示。坯料镦粗前，需先将坯料两端拔细，然后使坯料直立在两个漏盘中间进行锤击，使坯料中间部分镦粗。

为了防止镦粗时坯料弯曲，坯料高度 $h$ 与直径 $d$ 之比 $h/d \leqslant 2.5$。

（3）冲孔。冲孔是利用冲头在镦粗后的坯料上冲出透孔或不透孔的锻造工序。常用于锻造杆类、齿轮坯、环套类等空心锻件。

冲孔的方法主要有以下两种。

① 双面冲孔法。用冲头在坯料上冲至 2/3～3/4 深度时，取出冲头，翻转坯料，再用冲头从反面对准位置，冲出孔来。双面冲孔的过程如图 3-3 所示。

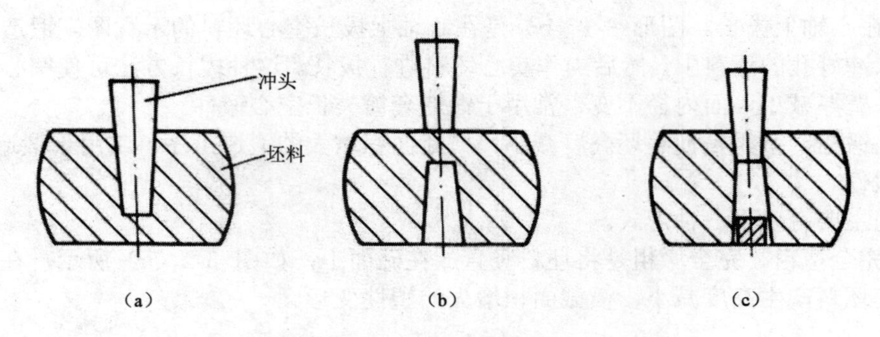


图 3-3 双面冲孔示意图

(a) 冲一面 (b) 冲另一面 (c) 冲孔完成

② 单面冲孔法。厚度小的坯料可采用单面冲孔法。冲孔时，坯料置于垫环上，将一略带锥度的冲头大端对准冲孔位置，用锤击方法打入坯料，直至孔穿透为止，如图 3-4 所示。

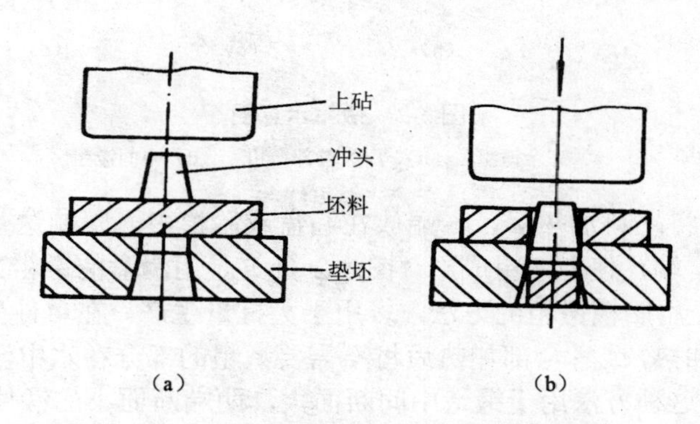


图 3-4 单面冲孔示意图

(a) 准备冲孔 (b) 冲孔结束

(4) 弯曲。弯曲是采用一定的模具将毛坯弯成所规定的外形的锻造工序，常用于锻造角尺，弯板、吊钩等轴线弯曲的锻件。

弯曲方法主要有以下两种。

① 锻锤压紧弯曲法。坯料的一端被上、下砧压紧，用大锤打击或用吊车拉另一端，使其弯曲成形，如图 3-5 所示。

② 用垫模弯曲法。在垫模中弯曲能得到形状和尺寸较准确的小型锻件，如图 3-6 所示。

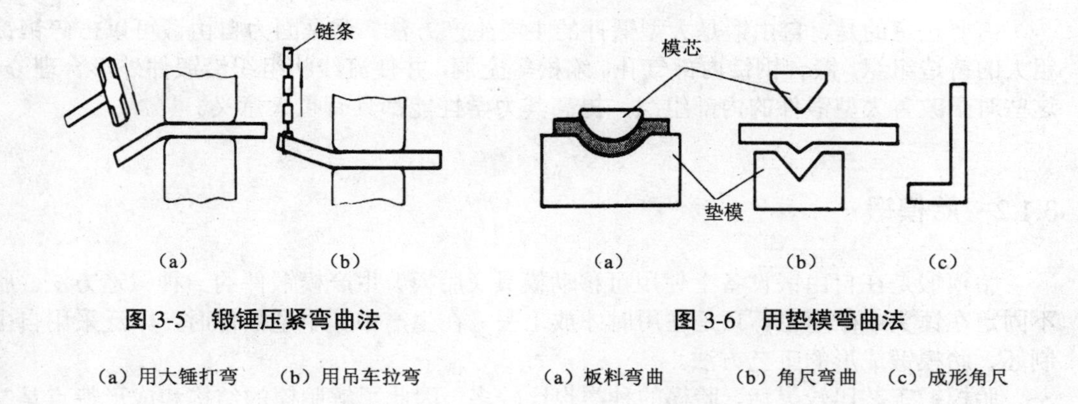


图 3-5　锻锤压紧弯曲法

(a) 用大锤打弯　(b) 用吊车拉弯

图 3-6　用垫模弯曲法

(a) 板料弯曲　(b) 角尺弯曲　(c) 成形角尺

(5) 错移。错移是指将坯料的一部分相对另一部分平行错开一段距离的锻造工序，如图 3-7 所示，常用于锻造曲轴类零件。错移时，先对坯料进行局部切割，然后在切口两侧分别施加大小相等、方向相反且垂直于轴线的冲击力或压力，使坯料实现错移。

(6) 扭转。扭转是将坯料的一部分相对于另一部分绕其轴线旋转一定角度的锻造工序。常用于锻造多拐曲弯、麻花钻和校正某些锻件。小型坯料扭转角度不大时，可用锤击方法，如图 3-8 所示。

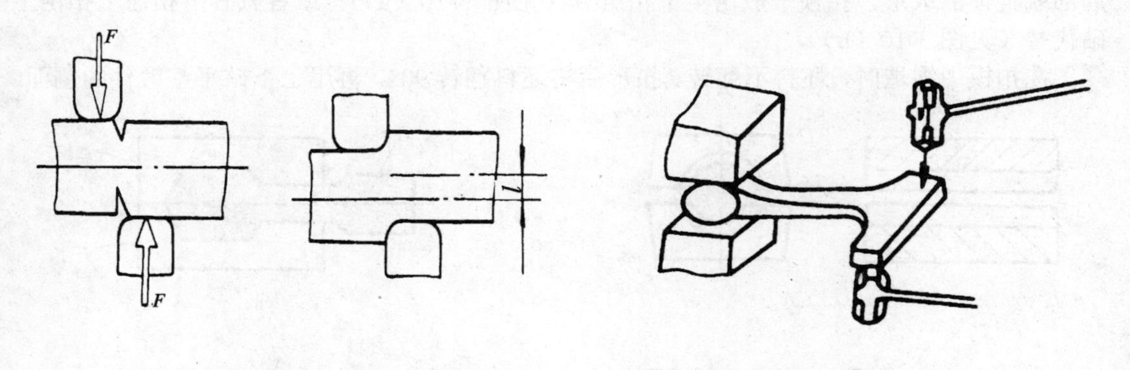


图 3-7　错移

图 3-8　用锤击扭转

2. 自由锻的生产特点和应用

自由锻时，坯料只有部分与上下砧接触而产生塑性变形，其余部分则为自由表面，所以要求锻造设备的吨位比较小。自由锻的工艺灵活性较大，更改锻件品种时，生产准备的时间较短。自由锻的生产率低，锻件精度不高，不能锻造形状复杂的锻件。自由锻主要在单件、小批生产条件下采用。

需要注意的是，自由锻是大型锻件的主要生产方法。这是因为自由锻可以击碎钢锭中粗大的铸造组织，锻合钢锭内部气孔、缩松等空洞，并使流线状组织沿锻件外形合理分布。这些对于改善大型锻件的内部组织，提高其力学性能都具有重大意义。

### 3.1.2 胎模锻

胎模锻是在自由锻设备上使用可移动模具（胎模）生产模锻件的一种锻造方法。胎模不固定在锤头或砧座上，只是在用时才放上去。在生产中、小型锻件时，广泛采用自由锻制坯、胎模锻成形的工艺方法。

胎模锻工艺比较灵活，胎模的种类也比较多，因此了解胎模的结构和成形特点是掌握胎模锻工艺的关键。

1. 胎模的种类

根据胎模的结构特点，胎模可以分为摔子、扣模、套模和合模四种。

（1）摔子。摔子是用于锻造回转体或对称锻件的一种简单胎模。它有整形和制坯之分。图 3-9 是锻造圆形断面时用的光摔和锻造台阶轴时用的型摔结构简图。

（2）扣模。扣模是相当于锤锻模成形模膛作用的胎模，多用于简单非回转体轴类锻件局部或整体的成形。扣模一般由上下扣组成（见图 3-10（a）），或者只有下扣而上扣由上砧代替（见图 3-10（b））。

在扣模中锻造时，坯料不翻转。扣形后将坯料翻转 90°，再用上下砧平整锻件的侧面。

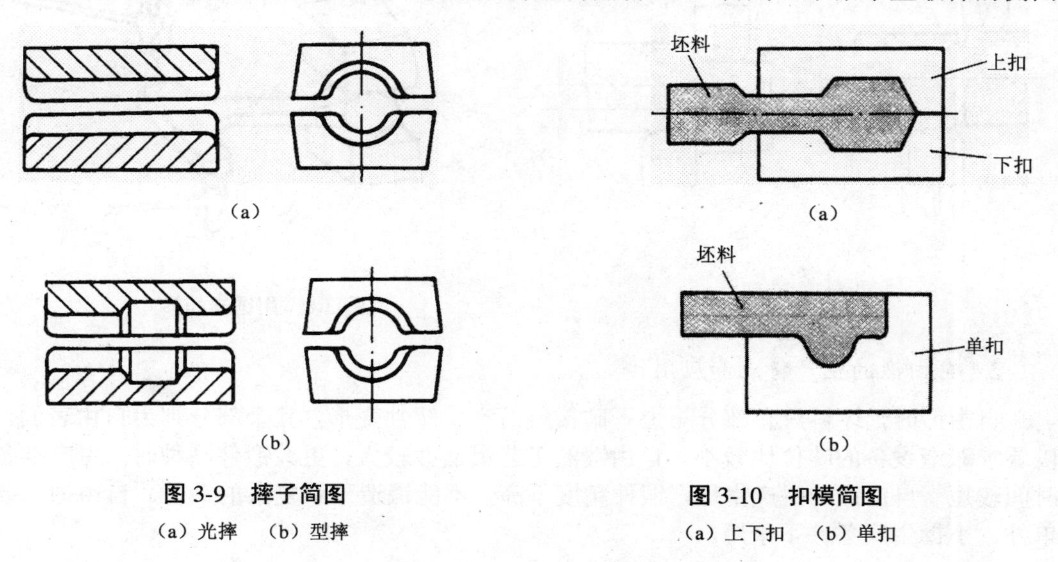


图 3-9　摔子简图
（a）光摔　（b）型摔

图 3-10　扣模简图
（a）上下扣　（b）单扣

（3）套模。套模一般由套筒及上下模垫组成。它有开式套模和闭式套模两种。最简单的开式套模只有下模（套模），上模由上砧代替，如图 3-11（a）。图 3-11（b）是有模垫的开式套模，其模垫的作用是使坯料的下端面成形。开式套模主要用于回转体锻件（如齿轮、法兰盘等）的成形。

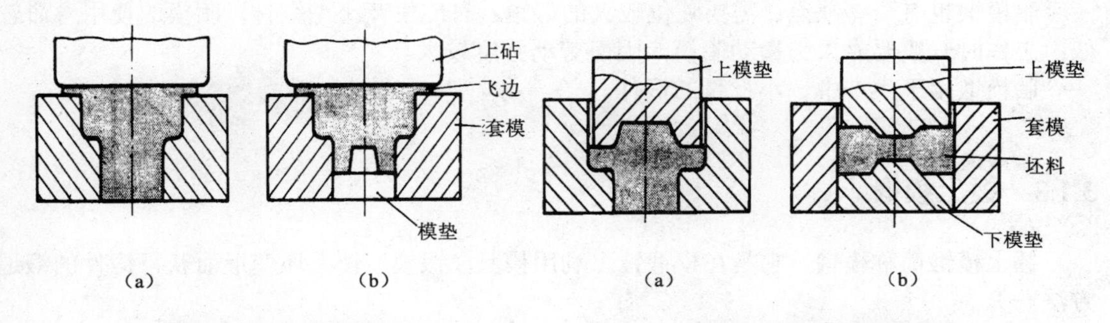


图 3-11　开式套模简图

（a）无模垫　（b）有模垫

图 3-12　闭式套模简图

（a）无下模垫　（b）有下模垫

闭式套模是由模套和上下模垫组成的，也可只有上模垫，如图 3-12 所示。它与开式套模的不同之处，在于上砧的打击力是通过上模垫作用于坯料上的，坯料在模膛内成形，一般不产生飞边或毛刺。闭式套模主要用于凸台和凹坑的回转体锻件，也可用于非回转体锻件。

（4）合模。合模由上模、下模和导向装置组成，如图 3-13 所示。在上、下模的分模面上，环绕模膛开有飞边槽，锻造时多余的金属被挤入飞边槽中。锻件成形后须将飞边切除。合模锻多用于非回转体类且形状比较复杂的锻件，如连杆、叉形锻件。

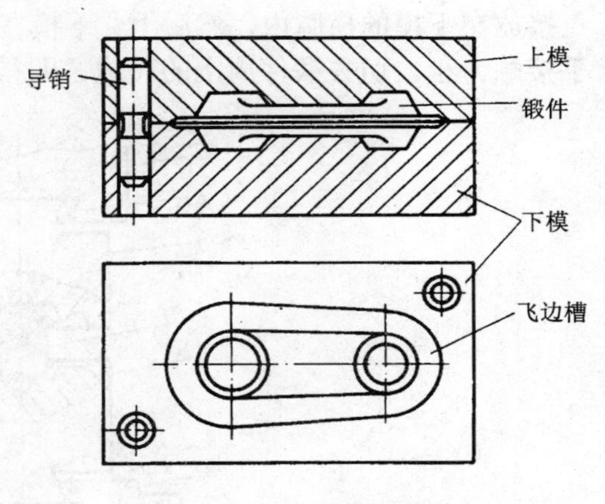


图 3-13　合模简图

与前述几种胎模锻相比，合模锻生产的锻件的精度和生产率都比较高，但是模具制造也比较复杂，所需锻锤的吨位也比较大。

2. 胎模锻的特点和应用

胎模锻与自由锻相比有如下优点。

（1）由于坯料在模膛内成形，所以锻件尺寸比较精确，表面比较光洁，流线组织的分布比较合理，所以质量较高。

（2）由于锻件形状由模膛控制，所以坯料成形较快，生产率比自由锻高 1～5 倍。

（3）胎模锻能锻出形状比较复杂的锻件。

（4）锻件余块少，因而加工余量较小，既可节省金属材料，又能减少机械加工工时。

胎模锻也有一些缺点：需要吨位较大的锻锤；只能生产小型锻件；胎模的使用寿命较低；工作时一般要靠人力搬动胎模，因而劳动强度较大。

胎模锻用于生产中、小批量的锻件。

### 3.1.3 锤上模锻

锤上模锻简称模锻，它是在模锻锤上利用模具（锻模）使毛坯变形而获得锻件的锻造方法。

1. 锻模的种类

使坯料成形而获得模锻件的工具称为锻模。锻模分单模膛锻模和多模膛锻模两类。

（1）单模膛锻模。图 3-14 是单模膛锻模及其在模锻锤上固定的简图。加热好的坯料直接放在下模的模膛内，然后上、下模在分模面上进行锻打，直至上、下模在分模面上近乎接触为止。切去锻件周围的飞边，即得到所需要的锻件。

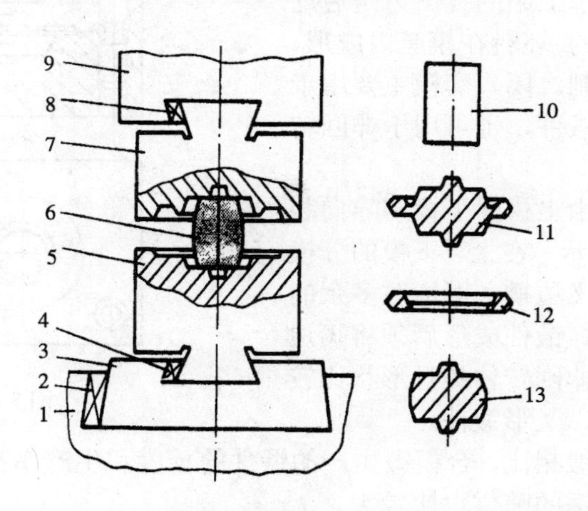


**图 3-14 单模膛锻模及锻件成形过程**

1-砧座 2-楔铁 3-模座 4-楔铁 5-下模 6-坯料 7-上模 8-楔铁

9-锤头 10-坯料 11-带飞边的锻件 12-切下的飞边 13-成形锻件

（2）多模膛锻模。形状复杂的锻件，必须经过几道预锻工序才使坯料的形状接近锻件形状，最后才在终锻模膛中成形。所谓多模膛锻模，就是在同一副锻模上，能够进行各种拔长、弯曲、镦粗等预锻工序和终锻工序。图 3-15 是弯曲轴线类锻件的锻模和锻件成形过程示意图。坯料 8 在延伸模膛 3 中被拔长。延伸坯料 9 在滚压模膛 4 中被滚压成非等截面坯料 10。坯料 10 在弯曲模膛 7 中产生弯曲。弯曲坯料 11 在预锻模膛 6 中初步成形，得到带有飞边的坯料 12。最后经终锻模膛 5 锻造，得到带飞边的锻件 13。切掉飞边后即得到所需要的锻件。

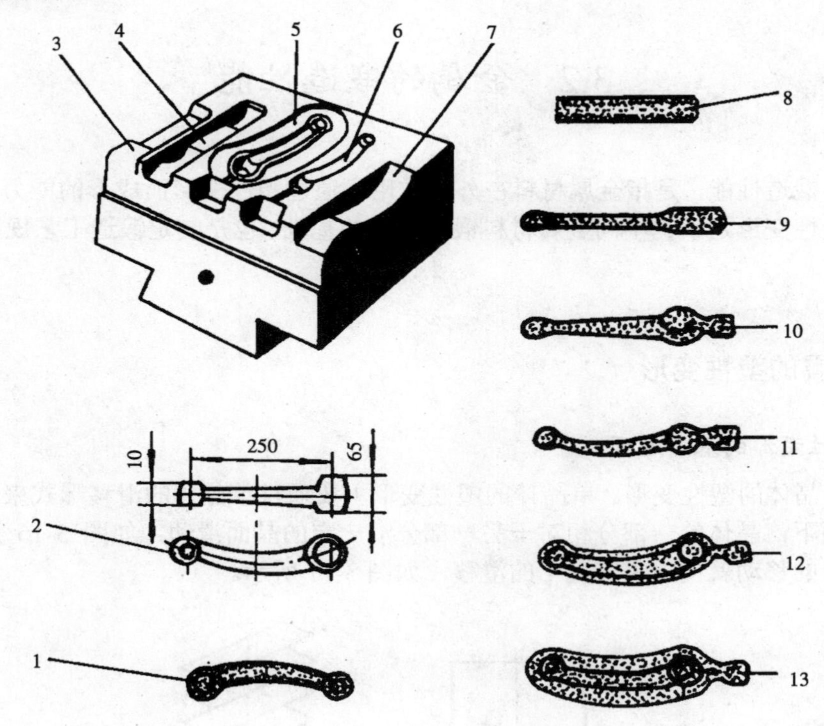


图 3-15 多模膛锻模及锻件成形过程

1-锻件 2-零件图 3-延伸模膛 4-滚压模膛 5-终锻模膛 6-预锻模膛 7-弯曲模膛
8-坯料 9-延伸坯料 10-滚压坯料 11-弯曲坯料 12-预锻坯料 13-带飞边锻件

2. 锤上模锻的特点和应用

锤上模锻与自由锻、胎膜锻比较，有如下优点。

（1）生产率高。

（2）表面质量高，加工余量小，余块少甚至没有，尺寸准确，锻件公差比自由锻小 2/3～3/4，可节省大量金属材料和机械加工工时。

（3）操作简单，劳动强度比自由锻和胎模锻都低。

锤上模锻的主要缺点：模锻件的重量受到一般模锻设备能力的限制，大多在 50～70 kg 以下；锻模需要贵重的模具钢，加上模膛的加工比较困难，所以锻模的制造周期长、成本高；模锻设备的投资费用比自由锻大，模锻用于生产大批量锻件。

# 3.2 金属的锻造性能

金属的锻造性能，是指金属材料在外力作用下通过塑性变形而成形的能力。因此，研究金属的塑性变形是掌握不同金属材料锻造性能的基础，也是制定锻造工艺规范的理论基础。

## 3.2.1 金属的塑性变形

1. 塑性变形的基本原理

（1）单晶体的塑性变形。单晶体的塑性变形主要通过单晶体的滑移形式来实现。即在切应力作用下，晶体的一部分相对于另一部分沿一定的晶面滑动，如图 3-16 所示。晶体中大量位错的移动就构成了宏观上的滑移，如图 3-17 所示。

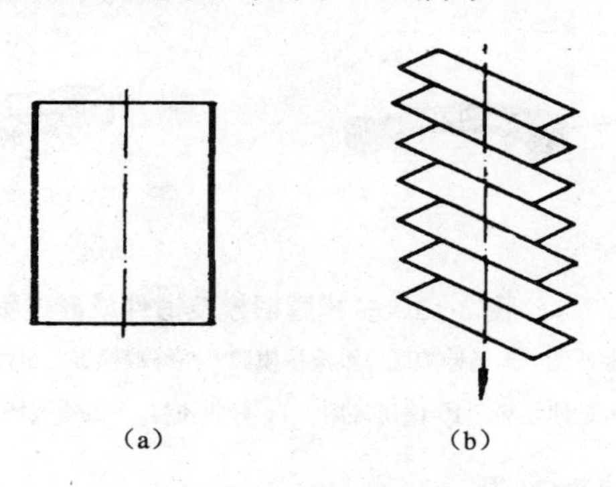


**图 3-16 晶体滑移示意图**

（a）滑移前 （b）滑移变形后

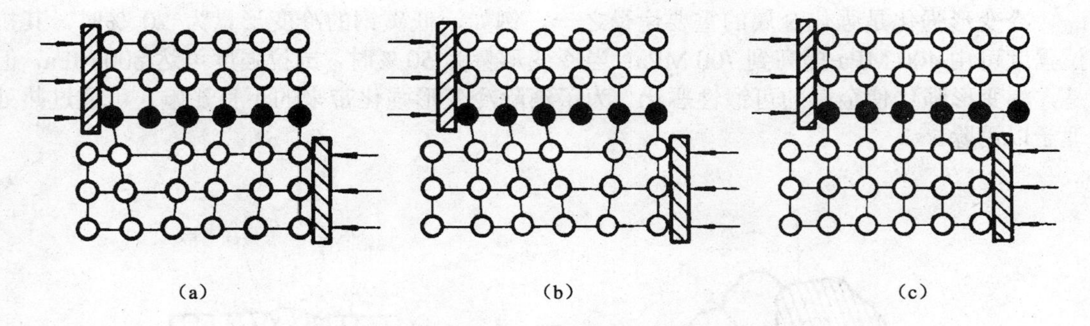


图 3-17　位错移动示意图

孪生变形是单晶体塑性变形的另一种形式。当作用在晶体的切应力达到一定数值时，晶体的一部分相对于另一部分发生切变，而且发生切变的部分与未切变部分的晶体结构呈对称形式分布，如图 3-18 所示（注意图中画影线的部分）。

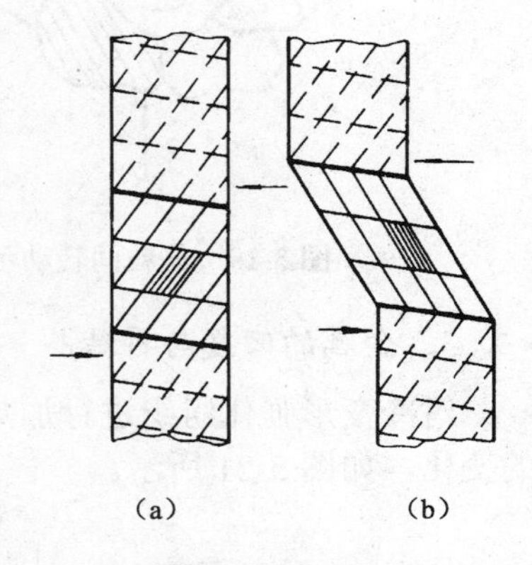


图 3-18　孪生变形示意图

(a) 变形前　(b) 变形后

（2）多晶体的塑性变形。多晶体是由许多位向不同的小晶粒组成，由于每个晶粒塑性变形都要受到周围晶粒的制约和晶面的阻碍，故多晶体塑性变形比单晶体复杂得多。

多晶体的塑性变形一般可归纳为以下两种形式。

① 晶粒本身的塑性变形。多晶体中能够产生塑性变形的某些晶粒，在外力作用下按照单晶体的变形方式（滑动或孪生）进行变形。

② 晶粒间的塑性变形。多晶体中不能产生塑性变形的部分晶粒，在产生塑性变形晶粒的带动下，产生晶粒之间的移动或转动，如图 3-19 所示。移动或转动后的晶粒，往往因其晶体排列位向与外力一致而变得能够产生晶内滑移或孪生，于是塑性变形会继续进行下去。

### 2. 冷变形对金属组织结构和性能的影响

金属在冷变形时（变形温度低于再结晶温度），其滑移面上和晶粒之间会产生很多细小的晶块（也称碎晶）。同时，变形区域附近的晶格也会产生歪扭（也称畸变），如图 3-20 所示。

在冷变形时，随着变形程度的增加，金属材料的所有强度指标和硬度都有所提高，但塑性有所下降，这种现象称为冷变形强化。

冷变形强化是强化金属的重要途径之一。例如，低碳钢的冷变形量为 20 %时，其抗拉强度可由 400 MPa 提高到 700 MPa；当冷变形量为 50 %时，抗拉强度可达 800 MPa。但是，冷变形强化使金属的可锻性恶化。为了消除冷变形强化带来的不良影响，可通过热处理予以消除。

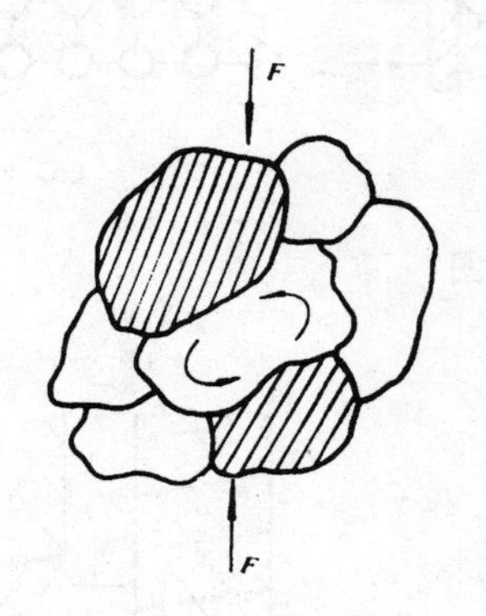


图 3-19 晶粒间转动示意图

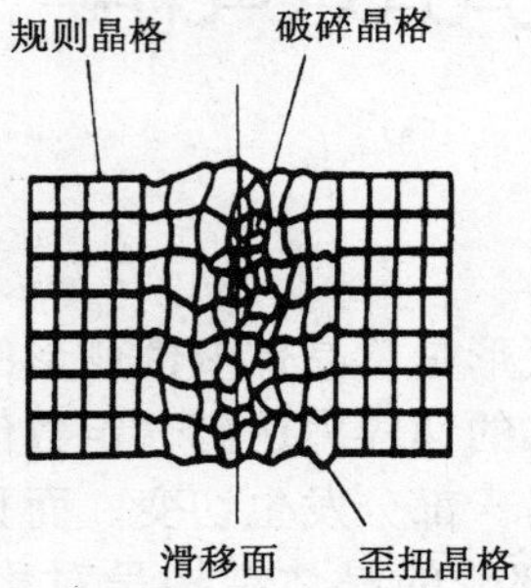

规则晶格
破碎晶格
滑移面
歪扭晶格

图 3-20 滑移面区域的碎晶和晶格歪扭示意图

3. 金属的回复与再结晶

对冷变形强化组织进行加热，变形金属将相继发生回复，再结晶和晶粒长大三个阶段的变化，如图 3-21 所示。

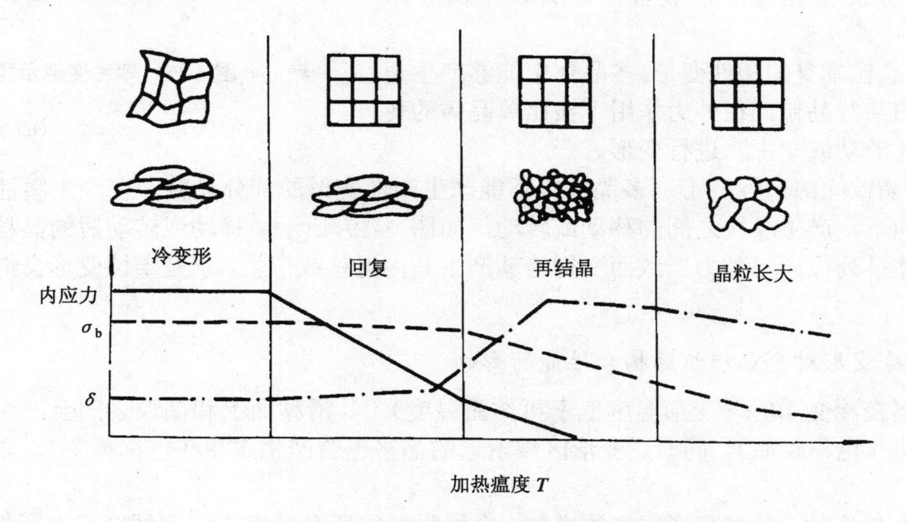


图 3-21 加热对冷变形强化金属的组织结构和力学性能的影响

（1）回复。当加热温度不高时，金属原子的活动能力还不够大，但已能从不稳定位置恢复到稳定位置，使晶格歪扭现象消失，内应力也有所减小。此时的力学性能变化不大，强度略有下降，塑性略有回升，如图 3-21 所示，上述过程称为回复。对于纯金属，回复的温度条件为：

$$T_{回}=(0.25\sim0.30)T_{熔}$$

式中　$T_{回}$——回复温度（K）；

$T_{熔}$——金属的熔点（K）。

弹簧钢丝冷绕成形后，一般要经过除应力处理（250～300℃，0.5～1h），其目的就是使冷变形钢丝产生回复，消除因晶格而产生的内应力，以稳定弹簧的形状和尺寸。

（2）再结晶。随着加热温度升高，原子活动能力增强，冷变形后金属被拉长了的晶粒重新生核、结晶，变为等轴晶粒。此时金属的强度和硬度下降，而塑性则明显提高，如图 3-21 所示，这一过程称为再结晶。

再结晶温度可按下式近似计算：

纯金属：$T_{再}\approx0.4T_{熔}$

碳　钢：$T_{再}\approx0.45T_{熔}$

高合金钢：$T_{再}\approx0.6T_{熔}$

式中　$T_{再}$——再结晶最低温度（K）；

$T_{熔}$——金属材料的熔点（K）。

（3）晶粒长大。当加热温度超过再结晶的温度过多时，晶粒会明显长大，如图 3-21 所示，成为粗晶粒组织，使金属的可锻性恶化。

#### 4. 热变形对金属组织和性能的影响

大多数锻件的锻压加工是在再结晶温度以上进行的，这样，由变形引起的强化现象，会因随后的再结晶过程而消失，所以锻造毛坯可以连续地锻压变形。只要终锻温度控制好，锻件的晶粒是细小的。再加之锻坯中孔洞的被压合，所以热变形可提高金属材料的力学性能。图 3-22 是经过热轧后得到细小再结晶晶粒的示意图。

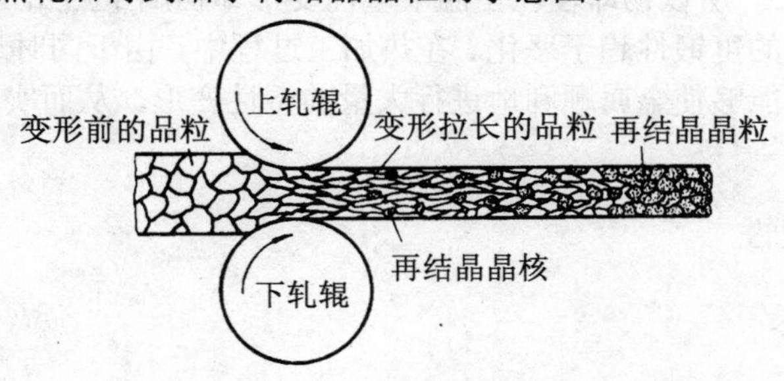


图 3-22　热轧时组织变化示意图

在锻造时，金属的脆性杂质被打碎，顺着金属主要伸长方向呈碎粒状或链状分布；塑性杂质随着金属变形沿主要伸长方向呈带状分布，这样热锻后的金属组织就具有一定的方向性，通常称为锻造流线，也称流纹。锻造流线使金属性能呈现异向性，沿着流线方向（纵向）抗拉强度较高，而垂直于流线方向（横向）抗拉强度较低。生产中若能利用流线组织纵向强度高的特点，使锻件中的流线组织连续分布并且与其受力方向一致，则会显著提高零件的承载能力。例如，吊钩采用弯曲工序成形时，就能使流线方向与吊钩受力方向一致）图 3-23（a)），从而可提高吊钩承受拉伸载荷的能力。图 3-23（b）所示锻压成形的曲轴中，其流线的分布是合理的。图 3-23（c）是切削成形的曲轴，由于流线不连续，所以流线分布不合理。

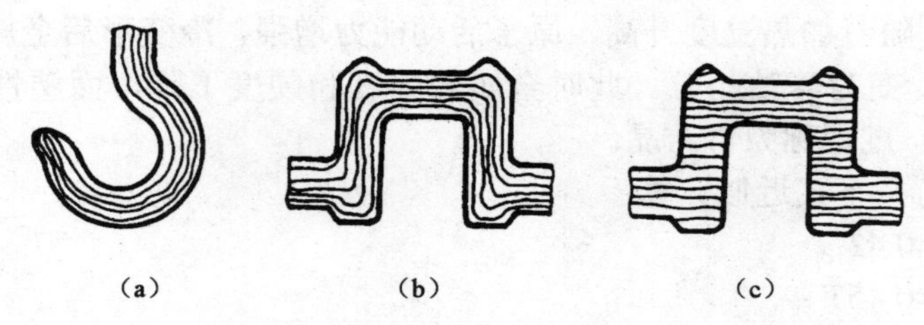


**图 3-23 吊钩、曲轴中的流线分布**

（a）吊钩 （b）锻压成形曲轴 （c）切削成形曲轴

## 3.2.2 冷加工与热加工的界限

从金属学的观点划分冷、热加工的界限是再结晶温度。对某一具体的金属材料在其再结晶温度以上的塑性变形称为热加工；在其再结晶温度以下的塑性变形称为冷加工。显然，冷加工与热加工并不是以具体的加工温度的高低来区分的。例如，钨的最低再结晶温度约为 1200℃，所以，钨即使在稍低于 1200℃高温下的塑性变形仍属于冷加工；而锡的最低再结晶温度约为−71℃，所以锡即使在室温下塑性变形却仍属于热加工。在冷加工过程中，冷变形强化能使金属的可锻性趋于恶化。在热加工过程中，由于同时进行着再结晶软化过程，所以可锻性好，能够使金属顺利地进行大量的塑性变形，从而实现各种成形加工。

## 3.2.3 金属的可锻性

### 1. 可锻性的概念

金属的可锻性是衡量金属材料经受锻压加工能力的工艺性能。金属材料的可锻性可用其塑性和变形抗力来综合衡量。塑性越高，变形抗力越小，金属的可锻性就越好。

2. 影响可锻性的因素

（1）化学组分和组织结构的影响。不同材料具有不同的塑性和变形抗力。纯金属比合金的塑性高，而且变形抗力较小，所以纯金属的可锻性比合金好。钢中合金元素的含量越高，其塑性越低，且变形抗力增大，所以当碳的含量相同时，合金钢的可锻性比碳钢差。

金属中的晶粒越细小，越均匀，其塑性越高。但是，细晶粒的组织结构晶界多，晶粒转动时的阻力增大，所以变形抗力较大。

具有面心立方晶体的奥氏体，其塑性比具有体心立方晶格的铁素体高，比机械混合物的珠光体更高，所以钢材大多加热至奥氏体状态进行锻压加工。

（2）工艺条件的影响。变形温度对金属材料的可锻性影响很大。一般来说，在晶粒不发生显著长大的条件下，温度越高，金属中原子间的结合力越小，因而变形抗力减小，可锻性提高。

单位时间内产生的变形量称为变形速度。变形速度增大时，塑性下降，变形抗力增加，因而可锻性变差，这是因为金属的变形强化来不及通过再结晶消除的缘故。但是，当变形速度提高到一定程度时（图 3-24 中 $a$ 点以后），由于消耗于塑性变形的能量转化为热量，使变形中的金属温度有所升高，其可锻性会有所提高。

不同的变形方式，金属内部所处的应力状态也不同，金属在挤压成形时（图 3-25（c）），由于三个方向均受压应力，所以金属不容易产生裂纹，从而呈现出较高的塑性。但是，挤压变形时的变形抗力也大大提高。

金属在拉拔变形时（见图 3-25（a）），两个方向受压应力，在拉拔方向上受拉应力。当拉应力大于材料的抗拉强度 $\sigma_b$ 时，材料上就会出现裂纹或断裂。所以，每次拉拔时的变形量要控制在一定程度之内。

在墩粗变形时（见图 3-25（b）），在坯料周边处有一个方向受拉应力，所以，在墩粗时，若变形量过大，也会在拉应力区产生裂纹。

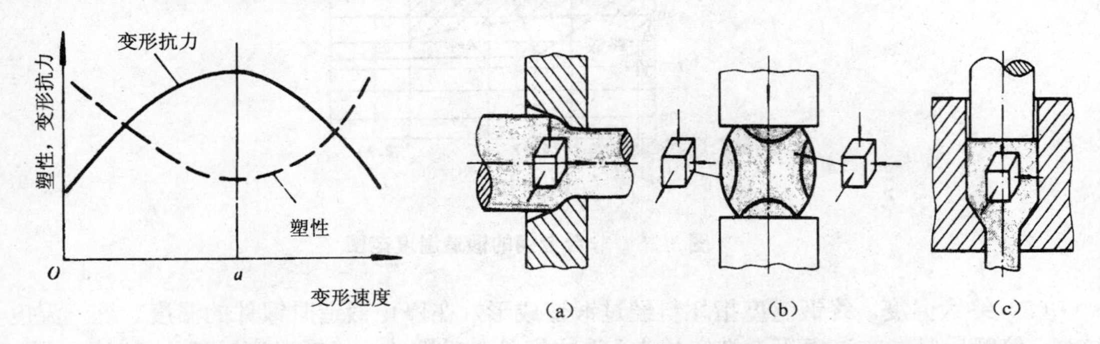


图 3-24　变形速度与塑性、变形抗力的关系

图 3-25　不同变形方式时的金属内部应力状态
（a）拉拔　（b）镦粗　（c）挤压

综上所述，金属的可锻性受到许多内因和外因的影响。在锻压加工时，要力求创造最有利的变形条件，充分发挥材料的塑性潜力，降低变形抗力，以求达到优质高产的目的。

### 3.2.4 锻造温度范围和冷却方法

1. 锻造温度范围

（1）始锻温度。始锻温度是指开始锻造时坯料的温度，也是允许的最高加热温度。这一温度不宜过高，否则可能造成过热和过烧；但始锻温度也不宜过低，因为过低则使锻造温度范围缩小，缩短锻造操作时间，增加锻造过程的加热次数。所以确定始锻温度的原则是在不出现过热、过烧的前提下，尽量提高始锻温度。非合金钢的始锻温度应比固相线低200℃左右，如图 3-26 所示。

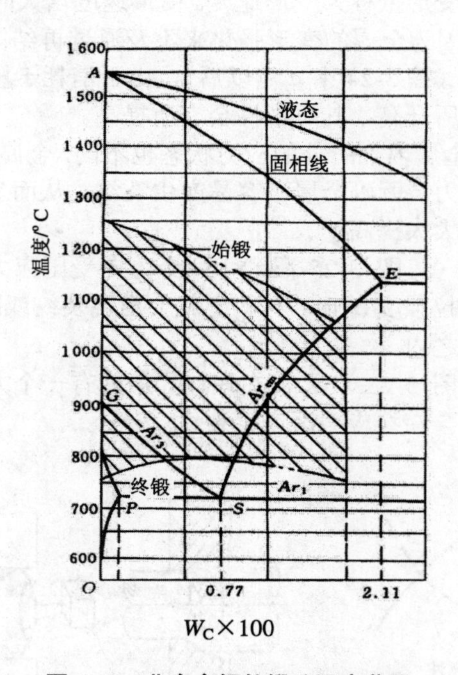


图 3-26 非合金钢的锻造温度范围

（2）终锻温度。终锻温度指坯料经过锻造成形，在停止锻造时锻件的温度。这一温度过高，停锻后晶粒在高温下会继续长大，造成锻件晶粒粗大；终锻温度过低，则塑性不良，变形困难，容易产生冷变形强化。所以，确定终锻温度的原则是在保证锻造结束前金属还具有足够的塑性以及锻造后能获得再结晶组织的前提下，终锻温度应低一些。非合金钢的终锻温度，常取 800℃左右，如图 3-27 所示。常用金属的锻造温度范围见表 3-1。

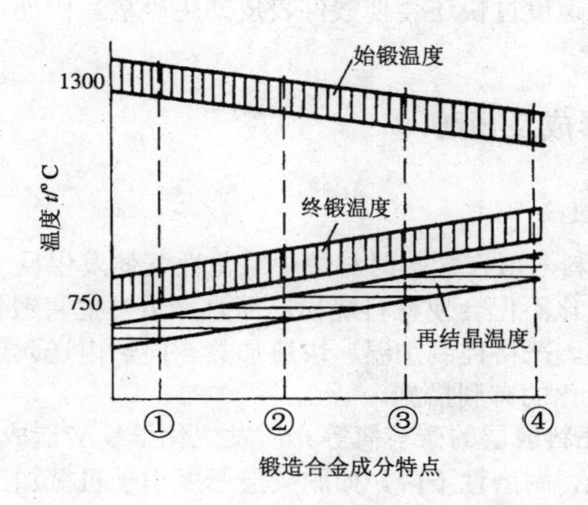


**图 3-27　合金元素含量与锻造温度范围的关系**

①-低碳钢　②-低合金钢　③-高合金钢　④-高合金耐热钢

**表 3-1　各类钢的锻造温度范围**

| 钢的类别 | 始锻温度/℃ | 终锻温度/℃ |
| --- | --- | --- |
| 碳素结构钢 | 1280 | 700 |
| 优质碳素结构钢 | 1200 | 800 |
| 碳素工具钢 | 1100 | 770 |
| 机械结构用合金钢 | 1150～1200 | 800～850 |
| 合金工具钢 | 1050～1150 | 800～850 |
| 不锈钢 | 1150～1180 | 825～850 |
| 耐热钢 | 1100～1150 | 850 |
| 高速钢 | 1100～1150 | 900～950 |
| 铜及铜合金 | 850～900 | 650～700 |
| 铝合金 | 450～480 | 380 |
| 钛合金 | 950～970 | 800～850 |

2. *冷却方式*

锻件热锻成型后，通常都要根据锻件的化学成分、尺寸、形状复杂程度等来确定相应的冷却方式。中、低碳钢小型锻件常采用单个或成堆放在地上空冷；低合金钢锻件及截面宽大的锻件则需要放入坑中或埋在砂、石灰或炉渣等填料中缓慢冷却；高合金钢锻件及大型锻件的冷却速度要缓慢，通常都采用随炉缓冷。如冷却方式不当，会使锻件产生内应力、变形、甚至裂纹。冷却速度过快还会使锻件表皮产生硬皮，因而难以进行切削加工。

### 3.2.5 锻件缺陷的形成及预防

1. 加热时产生的缺陷

（1）氧化。金属坯料一般在加热时与炉中氧化性气体发生反应生成氧化物的现象。其结果是形成氧化皮。氧化不但会使材料烧损，而且严重时危害锻件质量。加热温度愈高、时间愈长，氧化愈严重。严格控制炉温、快速加热、向炉内送入还原气体（CO、$H_2$）、采用真空中加热是减少氧化的有利措施。

（2）脱碳。加热时坯料表层的碳与氧等介质发生化学反应造成表层碳元素降低的现象。脱碳会使表层硬度降低，耐磨性下降。如脱碳层厚度小于机械加工余量，对锻件不会造成危害；反之则会影响锻件质量。采用快速加热、在坯料表层涂保护涂料、在中性介质或还原性介质中加热都会减缓脱碳。

（3）过热。金属坯料加热温度超过始锻温度，并在此温度下保持时间过长，而引起晶粒迅速长大现象。过热会使坯料塑性下降，锻件机械性能降低。严格控制加热温度，尽可能缩短高温阶段的保温时间可防止过热。

（4）过烧。坯料加热温度接近金属的固相线温度，并在此温度下长时间停留，金属晶粒边界出现氧化及形成易熔氧化物的现象。过烧后，材料的强度严重降低，塑性很差，一经锻打即破碎成废料，是无法挽救的。因此，锻造过程中要严格防止出现过烧现象。

（5）裂纹。大型锻件加热时，如果装炉温度过高或加热速度过快，锻件心部与表层温度差过大，造成应力过大，从而导致内部产生裂纹的现象。因此，对于大型锻件的加热，要防止装炉温度过高和加热速度过快，一般应采取预热措施。

2. 冷却时产生的缺陷

（1）外形翘起。锻造过程中如果冷却速度较快等因素，造成内应力过大，会使锻件的轴心线产生弯曲，锻件即产生翘曲变形。对于一般的翘曲变形是可以矫正过来的，但要增加一道修整工序。

（2）冷却裂纹。锻后快速冷却时应力增大，且金属坯料正从高塑性趋向低塑性，如果应力过大，会在锻件表面产生向内延伸的裂纹。深度较浅的裂纹是可以清除掉的，但若裂纹的深度超过加工余量时，锻件便成为废品。

此外，不恰当的冷却还会使锻件的表面硬化，给切削加工带来困难。

除以上两种缺陷外，还会在锻造过程中产生一些缺陷。如胎模锻时由于合模定位不准等原因，造成沿分模面的上半部相对于下半部的“错差”现象等。通过必要的质量检查和缺陷分析，就可以找到减少或防止锻件缺陷、提高锻件质量的途径。

## 3.3　锻件的结构工艺性

锻件的结构工艺性是指所设计的以锻件为毛坯的零件，在满足使用需求的前提下，锻造成形的难易程度。锻造方法不同，对零件的结构工艺性的要求也不同。

### 3.3.1　自由锻件的结构工艺性需求

（1）锻件的形状应尽可能简单、对称、平直　这样才适应自由锻时上、下都是平砧的设备特点。

（2）锻件上应避免有锥形和楔形面，如图 3-28 所示。

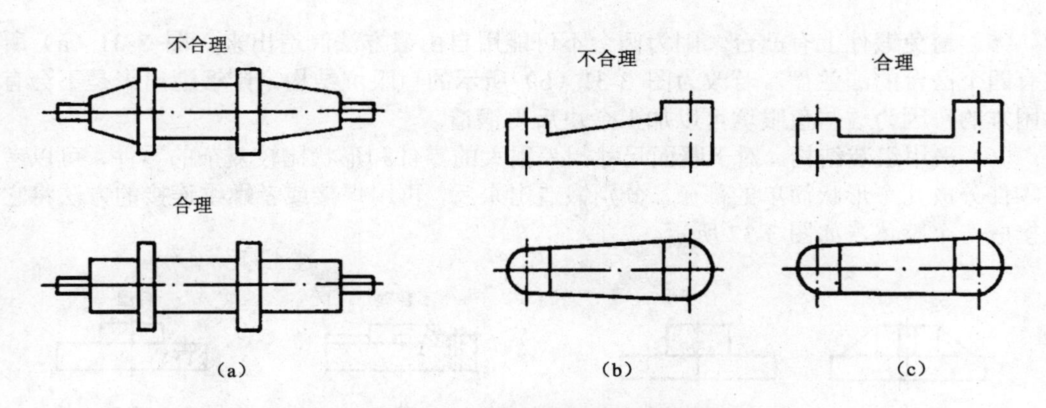


图 3-28　避免锥形和楔形面的锻件结构

（a）避免锥形面　（b）避免楔形面

（3）避免圆柱面与圆柱面相交、圆柱面与棱柱面相交。因为这些表面的交接处是复杂的曲线，难以锻出，如图 3-29 所示。

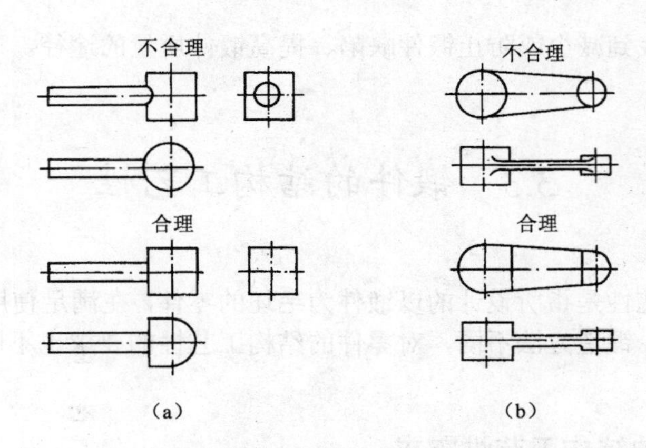


图 3-29 避免锻件上有复杂曲线的结构

（4）锻件上不能有加强肋。在铸件上用加强肋来提高零件的承载能力是正确的，用铸造方法生产带肋的铸件也不会有太大的困难。但是，在自由锻件上设加强肋显然是不合理的，因为在平砧上是不可能锻打出肋来的，合理的办法是增加零件的直径或壁厚，如图 3-30 所示。

（5）避免锻件上有凸台。因为凸台不可能用自由锻方法制造出来。图 3-31（a）所示的有四个凸台的法兰盘，若改为图 3-31（b）所示的鱼眼坑结构，则锻造出来是不会有太大困难的，因为这些鱼眼坑可以加上余块后再锻造。

（6）采用组装结构。对于断面尺寸相差很大的零件和形状比较复杂的零件，可以考虑将零件分成几个形状简单的部分，分别锻造出来后，再用焊接或者螺纹连接的方法将它们连接成一个整体，如图 3-32 所示。

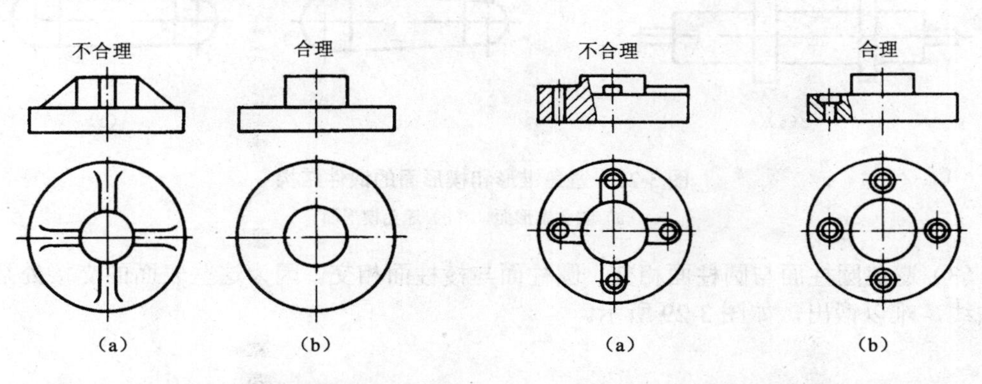


图 3-30 有无加强肋的锻件结构

（a）有加强肋 （b）无加强肋

图 3-31 改进小凸台结构的方法

（a）有凸台 （b）无凸台

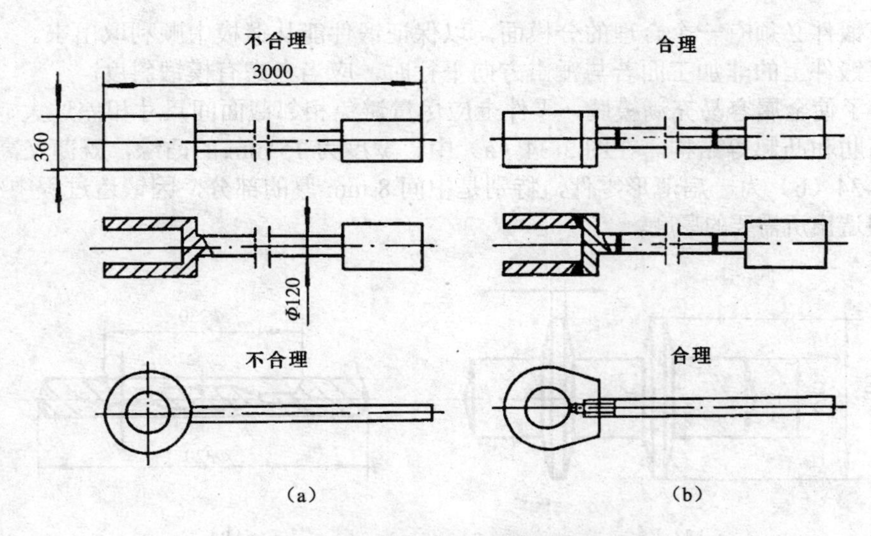


图 3-32　锻-焊和锻-螺纹连接的结构

（a）锻件　（b）锻-焊（上图）和锻-螺纹连接（下图）的零件

## 3.3.2　胎模锻件和模锻件的结构工艺性要求

胎模锻件和模锻件的结构工艺性要求有如下几点。

（1）零件的形状应力求简单、对称。图 3-33（a）所示零件，因有不对称的斜度，模锻时会产生侧向力而使锻模发生错移。若改为图 3-33（b）所示的结构，则使模锻操作能够顺利进行。

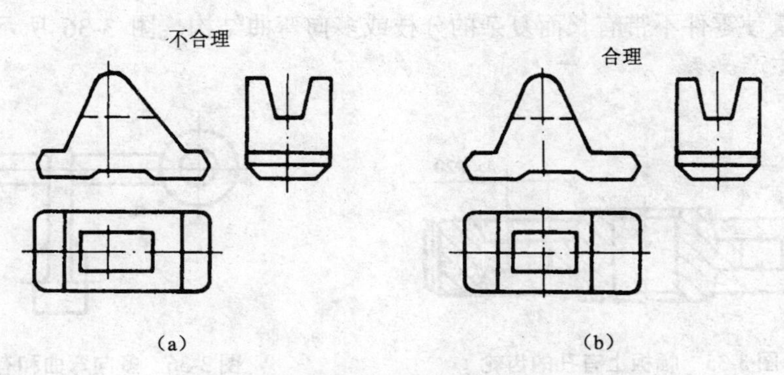


图 3-33　使零件形状对称的结构

（a）斜度不对称　（b）斜度对称

（2）模锻件必须有一个合理的分模面，以保证锻件能从锻模中顺利取出来。

（3）模锻件上的非加工面若与锤击方向平行时，应当考虑有模锻斜度。

（4）为了使金属容易充满模膛，零件上应尽量避免相邻截面间尺寸相差过大，或者是有薄壁、高肋和凸起等结构。在图 3-34（a）中，宽度为 15 mm 的凸缘，既薄又高，很难锻出。图 3-34（b）为一扁薄形零件，特别是中间 8 mm 厚的部分，因锻造过程中冷却快，很难一起锻造出所需要的厚度。

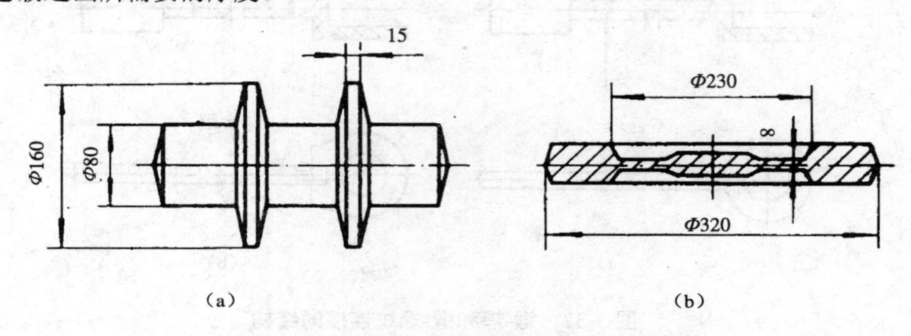


图 3-34　不利于模锻的凸缘和薄壁结构

（a）凸缘过高　（b）壁厚过小

实践证明，零件上最小断面与最大断面之比大于 0.5 时，模锻时可保证有较高的生产效率和较低的废品率。

（5）对于形状过于复杂的零件，也可以考虑采用模锻—焊接的组合工艺生产毛坯。

（6）在零件结构允许的条件下，尽量避免零件上有深孔或多孔结构。图 3-35 中齿轮的幅板上有 4 个 Φ20mm 的孔，它们很难用锻造的方法制造出来。假如必须有这 4 个孔，则只有用机械加工的方法制作。

（7）尽量使零件不带有长而复杂的分枝或多向弯曲结构。图 3-36 所示的零件就不宜用模锻方法生产。

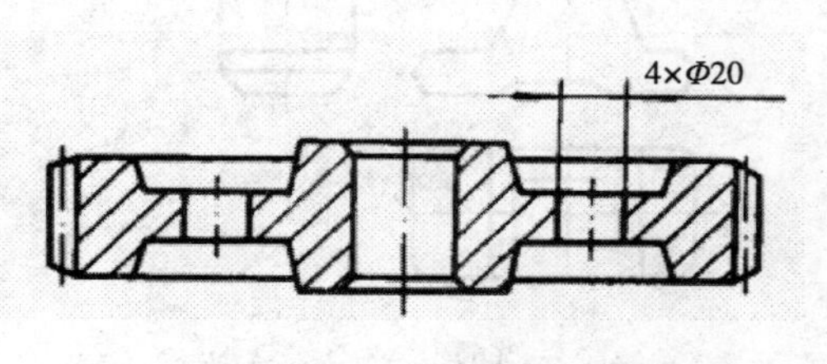


图 3-35　幅板上有孔的齿轮

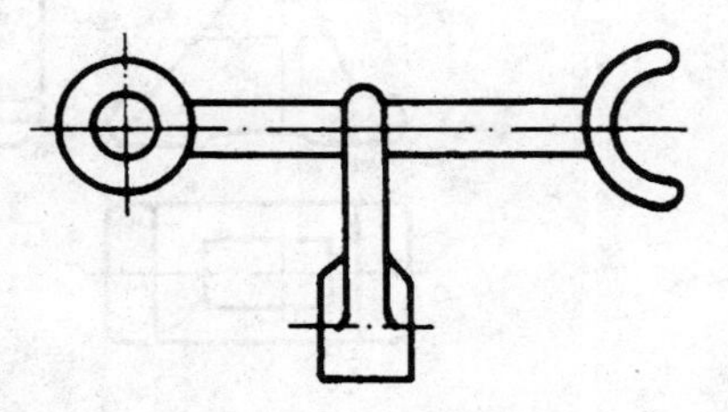

图 3-36　多向弯曲和有分枝结构的锻件

# 3.4 冲 压

使板料经分离或成形而得到制作的工艺统称为冲压。因通常都是在冷态下进行的，故称之为冷冲压。

## 3.4.1 冲压的基本工序

使板料经分离或成形而得到制件的工艺统称为冲压。因通常都是在冷态下进行的，故又称冷冲压。

冲压工序的基本工序可分为分离和成形两大类。分离工序是指使坯料的一部分与另一部分相互分离的工序，如切断、落料、冲孔，切口、切边等，如表 3-2 所示。成形工序是指使板料的一部分相对另一部分产生位移而不破裂的工序、如弯曲、拉深等，如表 3-3 所示。

表 3-2 常见分离工序

| 工序名称 | 简 图 | 特点及应用范围 |
| --- | --- | --- |
| 切断 |  | 用剪刀或冲模切断板材，切断线不填封闭 |
| 落料 |  工件<br>废料 | 用冲模沿封闭线冲切板料，冲下来的部分为制件 |
| 冲孔 | 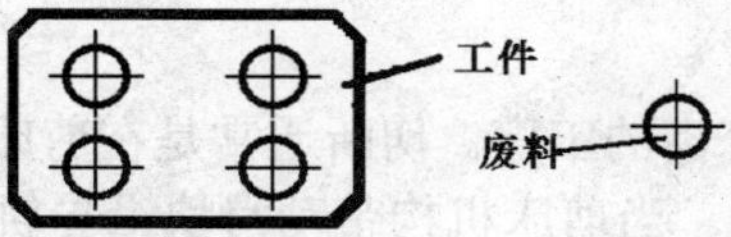 工件<br>废料 | 用冲模沿封闭线冲切板料，冲下来的部分为废料 |
| 切口 | 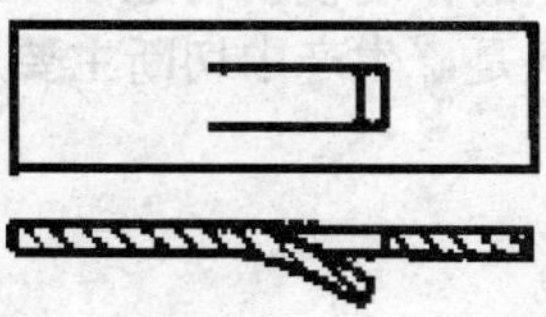 | 在坯料上沿不封闭线冲出缺口，切口部分发生弯曲，如通风板 |

（续表）

| 工序名称 | 简　图 | 特点及应用范围 |
|---|---|---|
| 切边 | 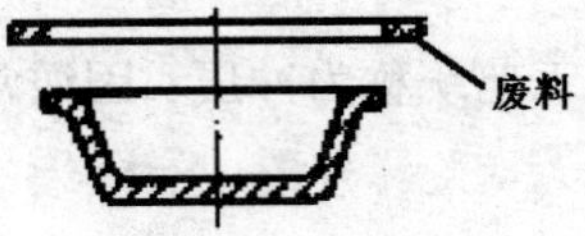 废料 | 将制件的边缘部分切掉 |

表 3-3　常见变形工序

| 工 序 名 称 | 简　图 | 特点及应用范围 |
|---|---|---|
| 弯曲 |   | 把板料弯曲成一定形状 |
| 拉深 | 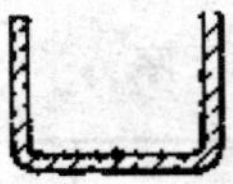  | 把板料制成空心制件，壁厚不变或变薄 |
| 翻边 | 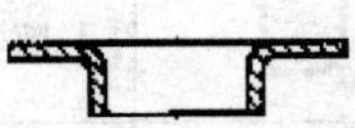  | 把制件上有孔的边缘翻出竖立直边 |

下面介绍几种常用的冲压工序。

1. 切断

切断是使坯料沿不封闭的轮廓分离的工序。切断通常是在剪床（又称剪板机）上进行的，图 3-37 是常见的一种切断形式。当剪床机构带动滑块沿导轨下降时，在上刀刃与下刀刃的共同作用下，使板料被切断。挡铁的作用使板料定位，以便控制下料尺寸。

切断工序可直接获得平板形制件。但是，生产中切断主要用于下料。

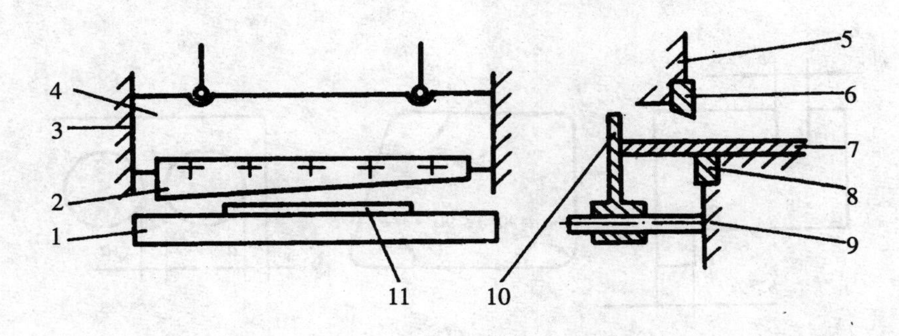


图 3-37　切断示意图

1、8-下刀刃　2、6-上刀刃　3-导轨　4、5-滑块　7、11-钢板　9-工作台　10-挡铁

2. 落料与冲孔

落料与冲孔又称为冲裁，是指利用冲模将板料以封闭轮廓与坯料分离的工序，冲裁大多在冲床上进行。图 3-38 是冲裁示意图。当冲床滑块使凸模下降时，在凸模与凹模刃口的相对作用下，圆形板料被切断而分离出来。

对于落料工序而言，从板料上冲下来的部分是产品，剩余板料则是余料或废料；对于冲孔而言，板料上冲出的孔是产品，而冲下来的板料则是废料。

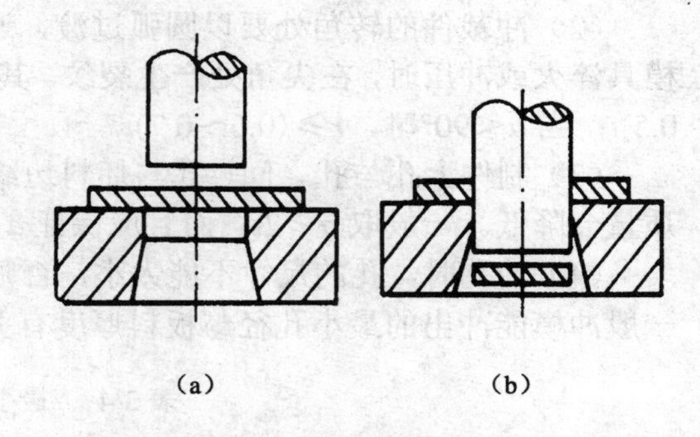


图 3-38　冲裁示意图

## 3.4.2　冲压件的结构工艺性

冲压件的结构工艺性，就是指设计出的冲压件，在其结构、形状、尺寸、材料和精度要求等方面，要尽可能作到制造容易，节省材料，模具寿命长，不易出现废品，以达到既好又多又省的生产要求。为此，在设计冲压件结构、制定冲压工艺和设计模具时，必须了解冷却压件的结构工艺性要求。

1. 冲裁件的结构工艺性要求

（1）冲裁件的形状应力求简单、对称，尽可能采用圆形或矩形等规则的形状，避免过长过窄的槽和悬臂。若一定要有窄槽或悬臂结构时，必须符合图 3-39（a）的要求。

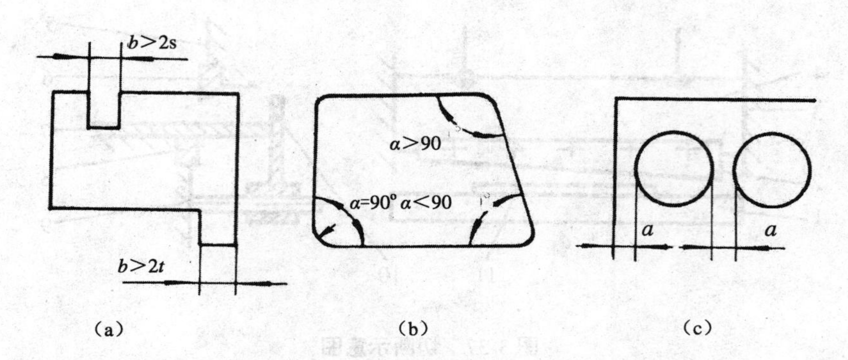


图 3-39 冲裁件的结构工艺性要求

（a）悬臂和窄槽 （b）圆角转角 （c）孔间、孔与边缘的距离

（2）冲裁件的转角处要以圆弧过渡，避免尖角，如图 2-39（b）所示。这样可以减少模具淬火或冲压时，在尖角处产生裂纹。其圆角半径 $r$ 与板厚 $t$ 有关。$\alpha \geqslant 90°$时，$r \geqslant (0.3 \sim 0.5)t$；当 $\alpha < 90°$时，$r \geqslant (0.6 \sim 0.7)t$。

（3）制件上孔与孔之间，孔与坯料边缘之间的距离 $a$ 不宜过小，否则凹模强度和制件质量会降低。一般取 $a \geqslant 2t$，而且应保证 $a > 3 \sim 4$ mm，如图 3-39（c）所示。

（4）冲孔时，孔的尺寸不能太小，否则会因凸模（即冲头）强度不足而发生折断。用一般冲模能冲出的最小孔径与板料厚度有关，具体数值可参阅表 3-4。

表 3-4 最小冲孔尺寸（mm）

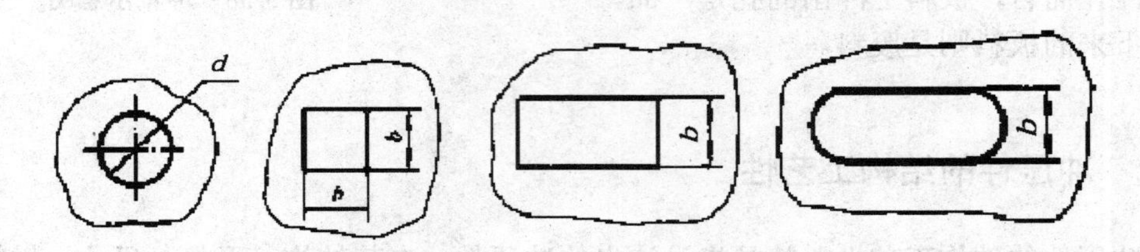


| 材 料 | 圆 孔 | 方 孔 | 长方孔 | 长圆孔 |
|---|---|---|---|---|
| 硬钢 | $d \geqslant 1.3t$ | $d \geqslant 1.2t$ | $d \geqslant 1.0t$ | $d \geqslant 0.9t$ |
| 软钢、黄铜 | $d \geqslant 1.0t$ | $d \geqslant 0.9t$ | $d \geqslant 0.8t$ | $d \geqslant 0.7t$ |
| 铝 | $d \geqslant 0.8t$ | $d \geqslant 0.7t$ | $d \geqslant 0.6t$ | $d \geqslant 0.5t$ |

2. 弯曲件的结构工艺性要求

（1）弯曲件的弯曲半径不应小于最小弯曲半径；但是也不应过大，否则回弹不易控制，

难以保证制件的弯曲精度。

（2）弯曲边长应 $h \geqslant R+2t$，如图 3-40（a）所示。$h$ 过小，弯曲边在模具上支持的长度过小，坯料容易向长边方向位移，从而会降低弯曲精度。

（3）在坯料一边局部弯曲时，弯曲根部容易被撕裂，如图 3-40（a）所示。这时，应当使弯曲部分与不弯曲部分分离开，也就是使不弯曲部分离开弯曲变形区域。例如，可减小坯料宽度（$A$ 减为 $B$）或者改成如图 3-40（b）所示的结构。

（4）若在弯曲附近有孔时，则孔容易变形。因此，应使孔的位置离开弯曲变形区，如图 3-40（c）。从孔缘到弯曲半径中心的距离应为 $l \geqslant t$（$t$ 小于 2 mm 时）或 $l \geqslant 2t$（$l \geqslant 2$ mm 时）。

（5）弯曲件上合理加肋，可以增加制件的刚性，减小板料厚度，节省金属材料。在图 3-41 中，图（a）结构改为图（b）结构后，$t_1 < t_2$ 既省材料，又减小弯曲力。

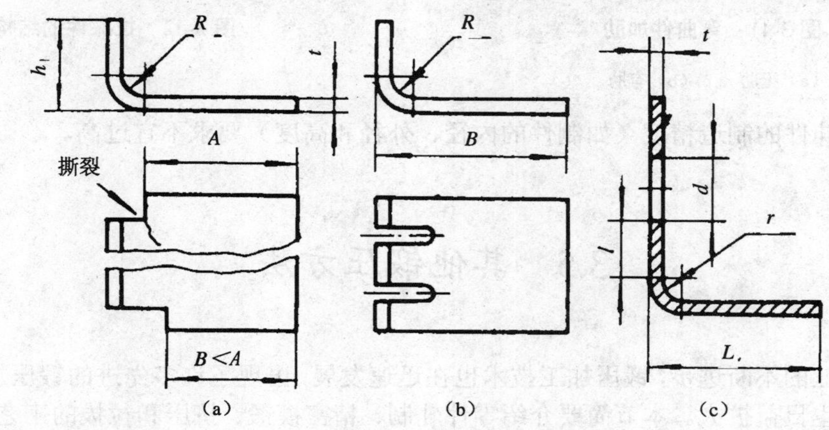


图 3-40　弯曲件的结构工艺性

3. 拉深件的结构工艺性要求

（1）拉深件的形状应尽量对称。轴向对称的零件，在圆周围方向上的变形比较均匀，模具也容易制造，工艺性最好。

（2）空心拉深件的凸缘和深度应尽量小。图 3-42 所示的制作，其结构工艺性就不好，一般应使 $d_{凸} < 3d$，$h < 2d$。

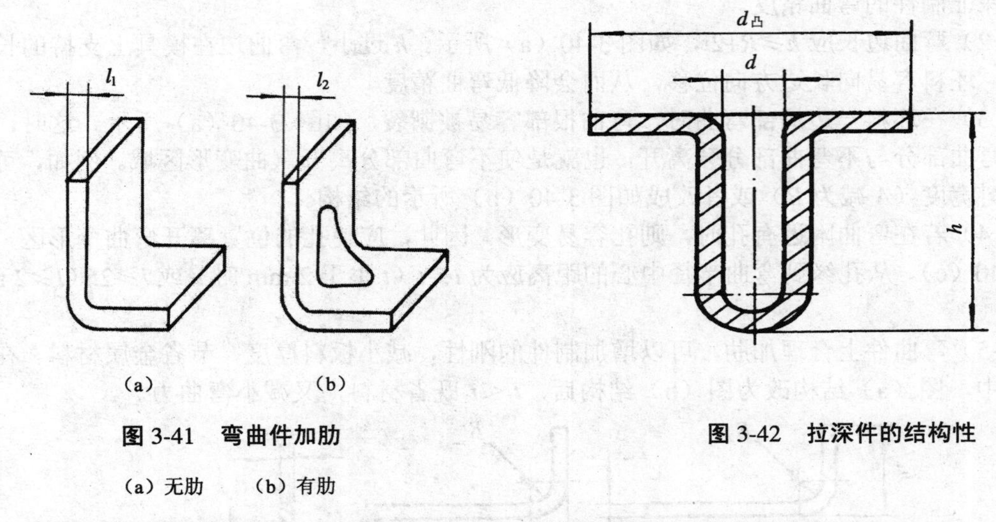


图 3-41 弯曲件加肋

(a) 无肋 (b) 有肋

图 3-42 拉深件的结构性

(3) 拉伸件的制造精度（如制件的内径、外径和高度）要求不宜过高。

# 3.5 其他锻压方法

随着工业的不断进步，锻压加工技术也在迅速发展，出现了许多先进的锻压加工方法，它们的应用也日益扩大。本节简要介绍零件轧制、精密模锻、挤压和拉拔的工艺原理、特点和应用范围。

## 3.5.1 轧制

金属材料（或非金属材料）在旋转轧辊的压力作用下产生连续塑性变形，获得要求的断面形状并改变其性能的方法称为轧制。它又分为辊锻、辗环等成形方法。

### 1. 辊锻

用一对相向旋转的扇形模具使坯料产生塑性变形，从而获得所需锻件或锻坯的锻造工艺称为辊锻，如图 3-43 所示，辊锻变形是一种连续的静压过程，没有冲击和振动。它与锤上模锻比较具有生产率高、劳动条件好、节省金属材料、辊锻设备结构简单，对厂房地基要求较低。辊锻模可用于价廉的球墨铸铁或冷硬铸铁制造，节省贵重的模具钢，加工也比较容易等优点。辊锻应用于制造扳手、剪刀、镰刀、麻花钻头、柴油机连杆、航空发动机叶片、铁道道岔等。

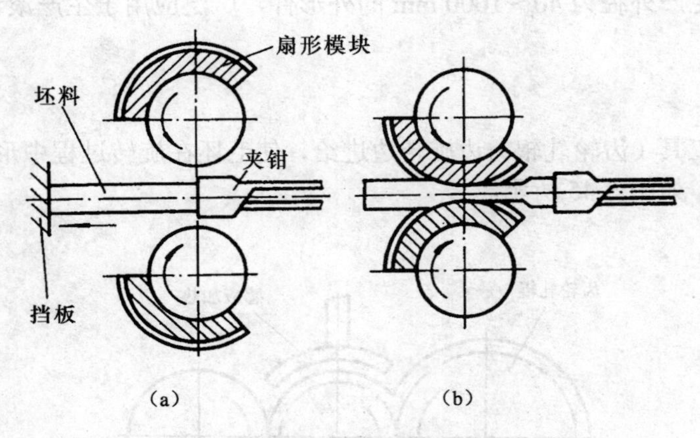


图 3-43　辊锻工作原理

(a) 辊锻前　(a) 正在辊锻

2. 辗环

环形的毛坯在旋转的轧辊中进行轧制的方法称为辗环，如图 3-44 所示。辗环与辊锻的原理相同，不同点在于辗环是沿着环形坯料的圆周方向产生塑性变形，辊锻则是沿着坯料直线方向变形。

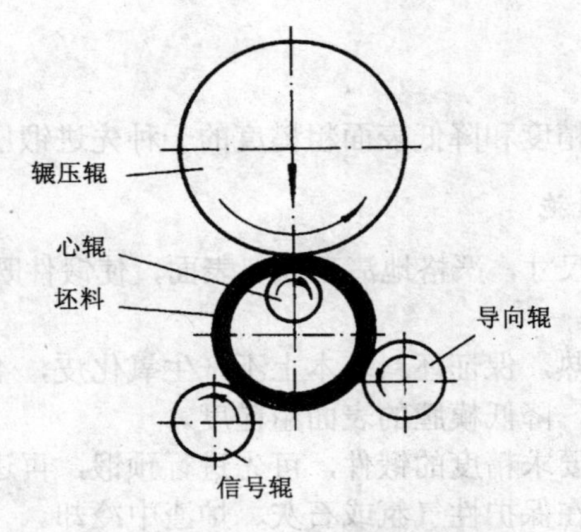


图 3-44　辗环工艺原理

如图 3-44 所示，辗环时的塑性变形是连续的和逐渐增大的。它与锤上模锻相比较，具有可减小环形件的壁厚误差和提高其圆柱度的特点。同时，可减小机械加工余量 15 %～25 %，生产率提高 30 %左右，设备投资费用少，劳动条件比较好。

辗环法可以生产外径为 40～1000 mm 的外形件，广泛应用于生产滚动轴承环、齿圈、轮箍等毛坯。

3. 齿轮轧制

用带齿形的工具（齿轮轧辊）边旋转边进给，使毛坯在旋转过程中形成齿廓的成形方法称为齿轮轧制，如图 3-45 所示。

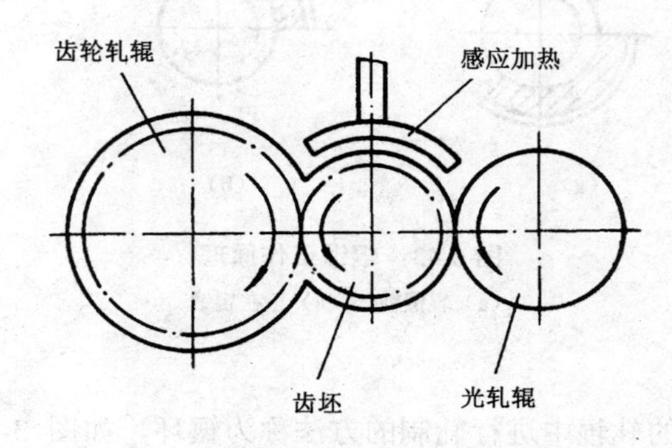


图 3-45 齿轮轧制示意图

## 3.5.2 精密模锻

精密模锻是提高锻件精度和降低表面粗糙度的一种先进锻压工艺。

1. 实现精密模锻的措施

（1）精确地控制坯料尺寸，严格地清理坯料表面，使锻件既能达到轮廓清晰，又能达到少飞边或无飞边的要求。

（2）进行少无氧化加热，保证坯料基本上不产生氧化皮，不产生脱碳缺陷。

（3）提高模锻的精度，降低模膛的表面粗糙度。

（4）对于形状、尺寸要求精度的锻件，可先进行预锻，再进行精锻。

（5）精锻后的锻件要在保护性气氛或石灰、炉渣中冷却。

2. 精密模锻的优点

（1）锻件的加工余量和公差小，精度等级可达 IT12～IT15，表面粗糙度 $R_a$ 值小于

5～1.25 μm。因此，锻件不需要再进行机械加工或只需要少许精整加工，从而可提高材料利用率和劳动生产率。

（2）精密模锻能使金属流线合理分布，从而可提高锻件的力学性能，延长其使用寿命。

（3）能够成批生产某些形状复杂、力学性能要求高或者用切削加工方法生产的零件，如锥齿轮、叶片等。

## 3.5.3　挤压

坯料在三向不均匀压应力作用下从模具的孔口或缝隙挤出，致使横断面积减小，长度增加，成为所需制品的加工方法称为挤压。按照变形时金属流动方向与凸模运动方向的不同，挤压可分为正挤压、反挤压和复合挤压三种，如图 3-46 所示。

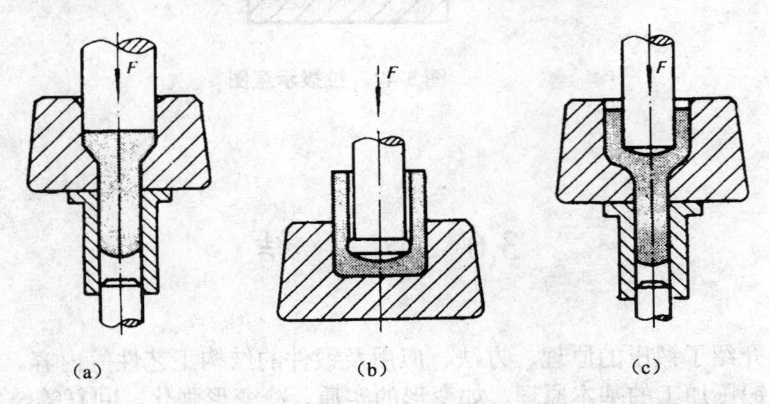


图 3-46　挤压的方式

(a) 正挤压　(b) 反挤压　(c) 复合挤压

## 3.5.4　拉拔

坯料在牵引力作用下通过模孔拉出，致使产生塑性变形而得到断面缩小，长度增加的工艺称为拉拔，如图 3-47 所示。

拉拔具有如下优点。

（1）拉拔产品尺寸精确，例如，拉拔直径为 1.0～1.6 mm 的钢丝，公差仅有 0.22 mm。

（2）拉拔一般是在室温下进行的，所以产品表面粗糙度 $R_a$ 值低，而且具有表面冷变形硬化的效果。

（3）可拉拔各种形状的断面和极细的线材（直径可小到 0.035 mm）。

拉拔主要用于生产各种钢、有色金属材料的线材和管材。拉制出的各种类型的异型断面材料，可代替切削加工制作零件，如带槽的小轴、凸轮、小齿轮等。拉拔钢材还可作为自动车床加工零件的坯料。

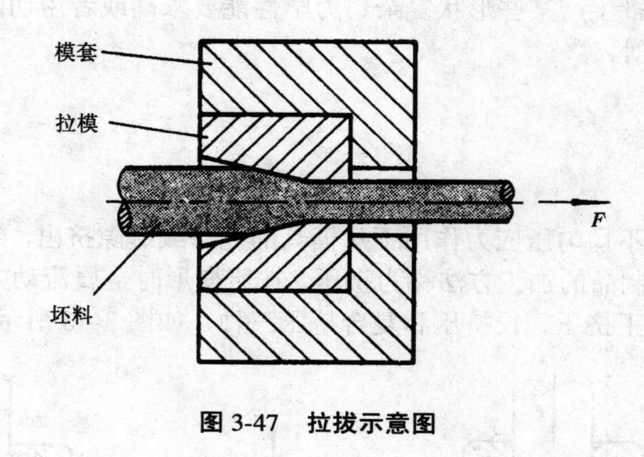


图 3-47　拉拔示意图

# 3.6 小　结

本章主要介绍了锻压的原理、方法、应用及锻件的结构工艺性等内容。在学习之后：第一，要了解锻压加工的基本原理，如变形的实质、冷变形强化、回复等，要结合第 1 章的内容加深认识和理解；第二，锻压加工的方法一定要结合实例，从特点与应用范围两方面进行认识，这样才有意义和效果；第三，认识锻件结构工艺性等一般原则，要做到一般原则与灵活应用相结合，不要生搬硬套；第四，本章实践性强，学习时要利用模型、挂图、实物、电教片等媒体，对照学习，必要时可到现场去参观，以提高学习效果。

# 3.7 练习与思考题

1．什么是金属的可锻性？影响可锻性的因素有哪些？

2．如何确定锻造温度范围？

3．为什么要“趁热打铁”？

4．由热轧圆钢上锯下来的圆柱齿轮坯和由圆钢墩粗的圆柱齿轮坯料，其流线组织的分布是否相同？哪一种更加合理？

5．已知纯钨、纯铅的熔点分别为3380℃和327℃，试求它们的最低再结晶温度。

6．判断图3-48中锻压结构设计是否合理，请指出不合理的地方，为什么？

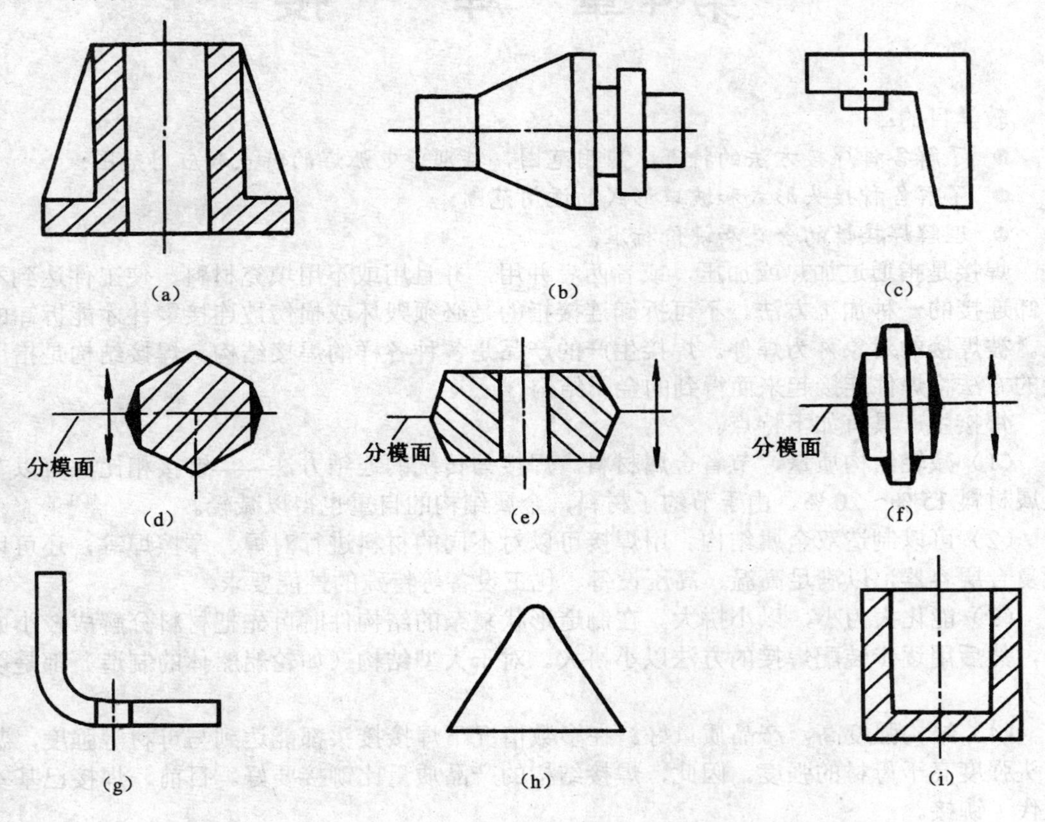


图3-48

(a) 自由锻件 (b) 自由锻件 (c) 自由锻件 (d) 模锻件
(e) 模锻件 (f) 模锻件 (g) 弯曲件 (h) 落料件 (i) 拉深件

7．生活用品中有哪些由板料冲压而成的？试举例。

# 第4章 焊 接

教学目的：

- 了解各种焊接方法的特点、应用范围，特别是电弧焊的特点和应用范围；
- 了解各种接头形式和坡口形式的适用范围；
- 理解焊接性的含义和评价标准。

焊接是指通过加热或加压，或者两者并用，并且用或不用填充材料，使工件达到不可拆卸连接的一种加工方法。不可拆卸连接指的是必须毁坏或损伤被连接零件才能拆卸的情况。被焊接的对象称为焊件。焊接生产的产品是各种各样的焊接结构。焊接结构是指用焊接的方法将焊件连接起来而得到的金属结构。

焊接生产具有如下特点。

（1）减轻结构质量，节省金属材料。焊接与传统的连结方法——铆接相比，可以节省金属材料 15 %～20 %。由于节约了材料，金属结构的自重也得以减轻。

（2）可以制造双金属结构。用焊接可以对不同的材料进行对焊、摩擦焊等，还可以制造复合层容器，以满足高温、高压设备、化工设备等特殊的性能要求。

（3）能化大为小，以小拼大。在制造形状复杂的结构件时可先把材料分解成较小的部分，然后用逐步装配焊接的方法以小拼大。对于大型结构（如轮船船体的制造）都是以小拼大。

（4）结构强度高，产品质量好。在多数情况下焊接接头都能达到与母材等强度，甚至接头强度高于母材的强度。因此，焊接结构的产品质量比铆接要好。目前，焊接已基本上取代了铆接。

（5）焊接时的噪音较小，工人劳动强度较低。生产率较高，易于实现机械化与自动化。

焊接生产的缺点：由于焊接是一个不均匀的加热和冷却过程，所以焊接后会产生焊接应力与变形。如果在焊接过程中采取一定的措施，即可消除或减轻焊接力与变形。

据统计，世界上钢产量的 50 %左右都是经过各种形式的焊接后投入使用的。因此，焊接在桥梁、容器、舰船、锅炉、起重机械、电视塔、金属桁架等结构制造中的应用都十分广泛。随着焊接技术的发展及计算机技术在焊接中的应用，焊接质量及生产率也都会不断提高，焊接在国民经济建设中的应用将更加广泛。

焊接生产的方法很多，根据焊缝金属在焊接时所处的状态不同，一般可分为熔焊、压焊和钎焊三大类。其中，最基本、最常用的焊接方法是熔焊。

# 4.1　熔焊工艺基础

在焊接过程中，将焊件接头加热至熔化状态，不加压力完成焊接的方法称为熔焊。常用的熔焊方法有电弧焊、电渣焊和气焊，其中以电弧焊应用最广泛。电弧焊又可分为焊条电弧焊、埋弧焊和气体保护焊。

## 4.1.1　焊条电弧焊

焊条电弧焊（又称为手工电弧焊）是用手工操纵焊条进行焊接的电弧焊方法，如图 4-1 所示。

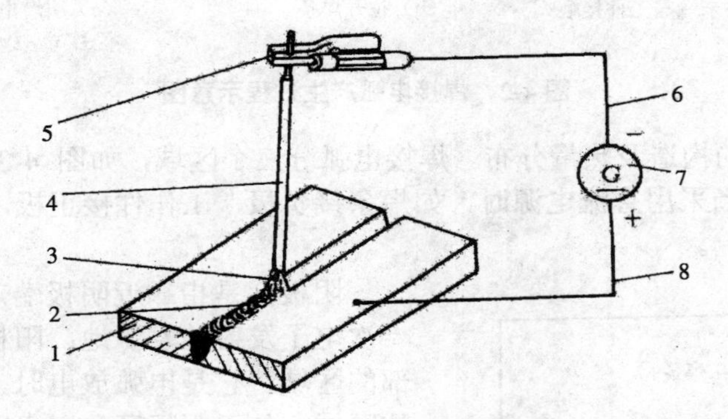


**图 4-1　焊条电弧焊原理图**

1-焊件　2-焊缝　3-电弧　4-焊条　5-焊钳

6-接焊钳的电缆　7-电焊机　8-接焊件电缆

焊条电弧焊设备简单，操作灵活，对空间不同位置、不同接头形式的焊件都能进行焊接。因此，焊条电弧焊是焊接生产中应用最广泛的焊接方法。焊条电弧焊是利用焊条与焊件之间产生的电弧热，熔化焊件与焊条而进行焊接的。

1. 焊接电弧

焊接电弧是由焊接电源供给的，它是在具有一定电压的两电极间或电极与焊件间，在气体介质中产生的强烈而持久的放电现象。

（1）焊接电弧的产生。产生焊接电弧有接触引弧和非接触引弧两种方式，焊条电弧焊采用接触引弧。焊接电弧的产生见图 4-2。焊接时，当焊条末端与工作接触时，造成短路，而且由于焊件和焊条的接触表面不平整，使接触处电流密度很大，在短时间内产生大量的热，使焊条末端温度迅速提高和熔化。在很快提起焊条的瞬间，电流只能从已熔化金属的细颈处通过，使细颈部分的金属温度急剧升高、蒸发和汽化，引起强烈电子发射和热电离。在电场力作用下，自由电子奔向阳极，正离子奔向阴极。在它们运动过程中和到达两极时不断发生碰撞和复合，使动能变为热能，并产生大量的光和热，便形成了电弧。

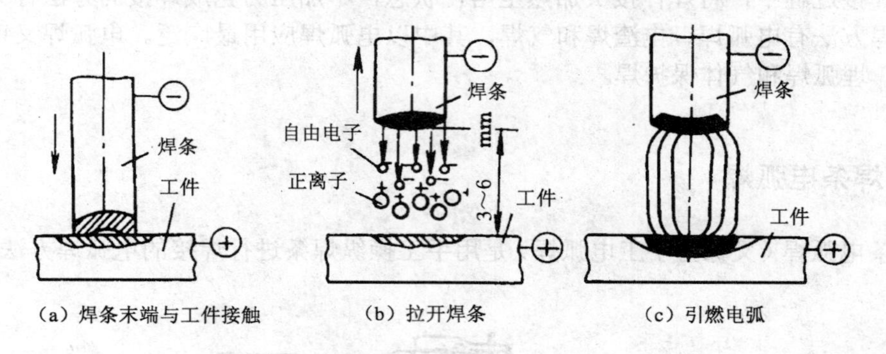


图 4-2　焊接电弧产生过程示意图

(2) 焊接电弧的构造及热量分布。焊接电弧分三个区域，如图 4-3 所示，即阴极区、阳极区和弧柱区。当采用直流电源时，如焊条接负极，工作件接正极，则阴极区在焊条末端，阳极区在工件上。

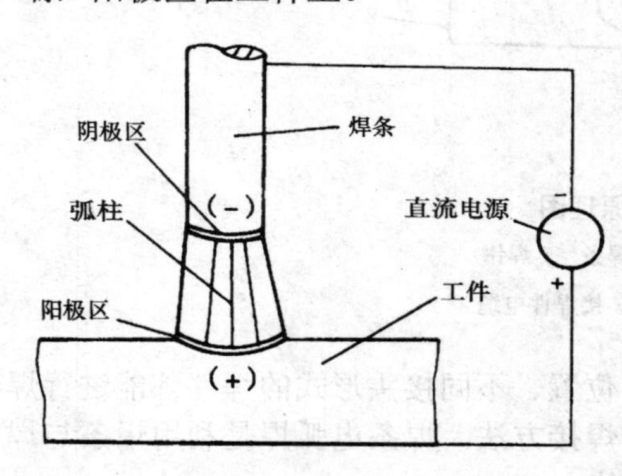


图 4-3　焊接电弧的组成

阴极区是指靠近阴极端部很窄的区域，它是一次电子发射的发源地；阳极区是指靠近阳极端部的区域，它是电弧放电时，阳极表面接收电子的区域；处于阴极区和阳极区之间的气体空间区域是弧柱区，其长度相当于整个电弧的长度。用钢焊条焊接钢材时，阴极区释放的热量约占电弧总热量的 36 %，温度约为 2100℃；阳极区释放的热量约占电弧总热量的 43 %，温度约为 2300℃；弧柱区释放的热量约占电弧总热量的 21 %，弧柱中心温度可达 5700℃以上。

当使用交流焊接电源时，由于电源极性快速交替变化，所以两极的温度基本一样。

(3) 焊接电弧的极性及其选用。用直流电源焊接时，工件接电源正极，焊条接负极的接法称为正接；若工件接负极，焊条接正极称为反接。焊接薄件时，如果采用正接接法则焊件会因热量大温度高而产生烧穿缺陷。焊接厚板时，如果采用反接接法，则焊件又会因热量较小温度较低而产生未焊透的缺陷。因此，在采用直流焊接电源时，要根据焊件的厚薄来选择正负极的接法。

一般情况下，焊接较薄焊件时应采用反接法，如图 4-4（a）所示。如果焊接较厚件，则采用正接法，如图 4-4（b）所示。用交流电源焊接时，不存在正反接问题。

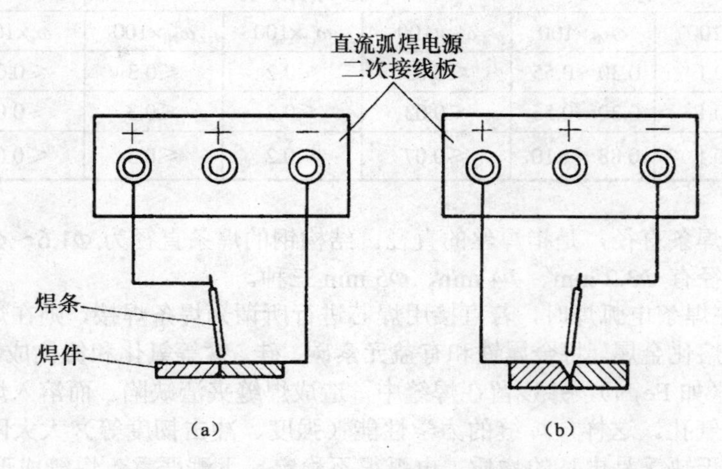


图 4-4　直流弧焊时的极性选用

（a）反接法焊薄件　（b）正接法焊厚件

2. 焊条

焊条是焊条电弧时的重要焊接材料，它直接影响到焊接电弧的稳定性、焊缝金属的化学成分和力学性能。焊条的优劣是影响焊条电弧焊质量的主要因素之一。

（1）焊条的组成及作用。焊条由焊芯和药皮两部分组成。

① 焊芯。焊条芯简称焊芯，它是焊条中被药皮包覆的金属芯。焊接时，焊芯有两个作用：一是传导电流，产生电弧；二是焊芯本身在焊接过程中熔化，作为填充金属与焊件熔化后的液态金属熔合形成焊缝。在焊缝金属中，焊芯金属约占 50 %～70 %，可见焊芯的化学成分对焊缝金属的化学成分影响是很大的。

钢丝是常用的焊芯材料，也称焊丝。用作一般结构钢焊芯的常用焊丝的牌号及化学成分见表 4-1。表中焊芯牌号的第一个字母“H”，是“焊”字汉语拼音的第一个字母，表示焊接用实芯焊丝。H 后面的两位数字表示含碳量。化学元素符合后面的数字表示该元素大致含量的质量分数值。合金元素含量 $\omega_{Me}\leqslant 1$ %时，化学符号后面的数字省略。牌号末尾标有“A”时，表示为优质品，说明焊丝的硫、磷含量比普通焊丝低。例如，H08MnA 表示焊接用实芯焊丝，含碳的质量分数为 0.08 %；含有合金元素锰的质量分数约 1 %；焊丝中硫、磷的含量比较低，是优质品。

表 4-1 常用结构钢焊丝的牌号及化学成分

| 牌 号 | 化 学 成 分 | | | | | | |
|---|---|---|---|---|---|---|---|
| | $\omega_c \times 100$ | $\omega_{Mn} \times 100$ | $\omega_{Si} \times 100$ | $\omega_{cr} \times 100$ | $\omega_{Ni} \times 100$ | $\omega_s \times 100$ | $\omega_P \times 100$ |
| H08 | ≤0.1 | 0.30～0.55 | ≤0.03 | ≤0.2 | ≤0.3 | ≤0.04 | ≤0.04 |
| H08A | ≤0.1 | 0.30～0.55 | ≤0.03 | ≤0.2 | ≤0.3 | ≤0.03 | ≤0.03 |
| H08M nA | ≤0.1 | 0.88～1.10 | ≤0.07 | ≤0.2 | ≤0.3 | ≤0.03 | ≤0.03 |

通常所说的焊条直径，是指焊丝的直径。结构钢的焊条直径为 $\Phi$1.6～$\Phi$6.0 mm。生产中常用的焊条直径有 $\Phi$3.2 mm、$\Phi$4 mm、$\Phi$5 mm 三种。

② 药皮。在焊条电弧焊时，若直接用焊芯进行所谓光焊条焊接，则在焊接过程中的氧和氮会大量侵入熔化金属，将金属铁和有益元素碳、硅、锰等氧化和氮化成各种氧化物（如 FeO）和氮化物（如 $Fe_4N$），并残留在焊缝中，造成焊缝夹渣缺陷。而溶入熔池的气体可能使焊缝产生大量气孔。这样，焊缝的力学性能（强度、冲击韧度等）大大降低。此外，用光焊条焊接，由于缺乏易电离的物质，电弧很不稳定，飞溅严重，焊缝成形很差。

为了防止产生上述缺陷，可以焊芯外面涂一层药皮。药皮在焊接过程中，起着复杂的冶金反应和物理、化学变化，基本上克服了光焊条焊接时出现的问题。所以说，药皮也是影响焊缝金属质量的主要因素之一。

药皮的主要作用有三个。第一个作用是机械保护作用。焊接时，药皮与焊芯一起熔化，通过一系列物理化学反应，生成大量还原性气体和低熔点熔渣，它们都能起机械隔离作用，防止有害气体侵入焊缝熔化金属。第二个作用是冶金处理作用，通过熔渣与熔化金属的冶金反应可除去有害杂质（如氧、氢、硫、磷），添加有益的合金元素，使焊缝获得合乎要求的力学性能。第三个作用是改善焊接工艺性能。由于药皮中含有易电离的物质，所以可使电弧稳定，飞溅少，容易操作，焊缝成形好，得到平整致密的焊缝。

药皮是由各种矿物质、铁合金和金属类、有机物类和化工产品等原料组成。药皮的成分相当复杂，按照它们的不同作用可分为稳弧剂、造渣剂、造气剂、脱氧剂、合金剂、稀释剂、黏结剂等，它们的原料和作用如表 4-2 所示。

表 4-2 药皮的组成、原料和作用

| 药 皮 组 成 | 药 皮 原 料 | 药 皮 作 用 |
|---|---|---|
| 稳弧剂 | 碳酸钠、碳酸钾、长石、太白粉、大理石、钠水玻璃、钾水玻璃 | 改善引弧性能和提高电弧燃烧的稳定性 |
| 造渣剂 | 大理石、萤石、菱苦土、钛铁矿、钛白粉、金红粉 | 造成具有一定物理、化学性能的熔渣，起机械保护和冶金处理作用 |

（续表）

| 药皮组成 | 药皮原料 | 药皮作用 |
| --- | --- | --- |
| 造气剂 | 淀粉、木屑、纤维素、大理石、白云石 | 造成保护性气体，隔离空气。 |
| 脱氧剂 | 锰铁、硅铁、钛铁、铝铁、石墨 | 降低药皮和熔渣的氧化性，去除焊缝金属中的氧 |
| 稀释剂 | 萤石、长石、钛铁矿、钛白粉、金红石、锰矿石 | 降低焊接熔渣的黏度，增加熔渣的流动性 |
| 黏结剂 | 钾水玻璃、钠水玻璃 | 将药皮牢固地黏结在焊芯上 |

按照药皮的原料性质，可将药皮分为九个类型，同时与焊接时选用焊接电源种类有关。药皮的类别在焊条牌号的末尾用数字表示，如表 4-3 所示。

表 4-3　焊条药皮类型和适用焊接电源种类

| 焊条牌号 | 药皮类型 | 焊接电源 |
| --- | --- | --- |
| J××0 | 不属于规定的类型 | 不规定 |
| J××1 | 氧化钛型 | 直流或交流 |
| J××2 | 氧化钛钙型 | 直流或交流 |
| J××3 | 钛铁矿类型 | 直流或交流 |
| J××4 | 氧化铁型 | 直流或交流 |
| J××5 | 纤维素型 | 直流或交流 |
| J××6 | 低氢化钾型 | 直流或交流 |
| J××7 | 低氢化钠型 | 直流 |
| J××8 | 石墨型 | 直流或交流 |
| J××9 | 盐基型 | 直流 |

（2）焊条的分类、牌号和型号。根据焊条的化学成分和用途，焊条可分为十类，即结构钢焊条、钼和铬钼耐热钢焊条、不锈钢焊条、堆焊焊条、低温钢焊条、铸铁焊条、镍及镍合金焊条、铜及铜合金焊条、铝及铝合金焊条等。

下面根据机械工业部《焊接材料产品样本》介绍常用的几类焊条牌号。

① 结构钢焊条。结构钢焊条主要按焊缝金属的抗拉强度和屈服强度等级划分牌号。牌号前加“J”（“结”字汉语拼音第一个字母），表示结构钢焊条。牌号的第一、二位数字表

示焊缝金属的抗拉强度等级，单位为 $Kgf/mm^2$。牌号第三位数字表示药皮类型及电源种类（可参阅表 4-3）。例如，J422 表示结构钢焊条，焊缝金属的抗拉强度为 420 $N/mm^2$，药皮为氧化钛钙型，焊接电源可用直流，也可用交流。

表 4-4 列出了结构钢焊条的牌号及其强度等级。

**表 4-4 结构钢焊条（碳钢及低合金钢焊条）**

| 牌　号 | 焊缝金属抗拉强度等级 | | 焊缝金属屈服强度等级 | |
|---|---|---|---|---|
| | $\sigma_b$ / MPa | $\sigma_b$ / ($kgf \cdot mm^{-2}$) | $\sigma_b$ / MPa | $\sigma_b$ / ($kgf \cdot mm^{-2}$) |
| J42× | 420 | 42 | 330 | 34 |
| J50× | 490 | 50 | 410 | 42 |
| J55× | 540 | 55 | 440 | 45 |
| J60× | 590 | 60 | 530 | 54 |
| J70× | 690 | 70 | 590 | 60 |
| J75× | 740 | 75 | 640 | 65 |
| J80× | 780 | 80 | - | - |
| J85× | 830 | 85 | 740 | 75 |
| J100× | 980 | 100 | - | - |

② 不锈钢焊条。不锈钢焊条前加“G”（“铬”字汉语拼音第一个字母），表示不锈钢焊条；加“A”（“奥”字汉语拼音第一个字母）表示奥氏体不锈钢焊条。牌号第一位数字表示焊缝金属主要化学成分含量，见表 4-5；牌号第二位数字表示同一焊缝金属主要化学成分组成等级中的不同编号，按 0，1，2，…，9 顺序编号；牌号第三数字表示药皮类型及电源种类，见表 4-3。例如，G202 表示铬不锈钢焊条，其焊缝金属中主要化学成分含量为 $\omega_{cr} \approx 13\ \%$，同一等级焊条中编号为 0，药皮类型为钛钙型，交直流电源均可使用。表 4-5 列出了不锈钢焊条的牌号和焊缝金属主要化学成分。

**表 4-5 不锈钢焊条**

| 牌　号 | 焊缝金属主要化学成分含量 | | |
|---|---|---|---|
| | $\omega_{cr} \times 100$ | $\omega_{Mn} \times 100$ | $\omega_c \times 100$ |
| G2×× | 13 | — | — |
| | 17 | — | — |
| | — | — | ≤0.04(超低碳) |
| | 18 | 8 | — |

（续表）

| 牌　　号 | 焊缝金属主要化学成分含量 | | |
|---|---|---|---|
| | $\omega_{cr}\times100$ | $\omega_{Mn}\times100$ | $\omega_{c}\times100$ |
| | 18 | 12 | — |
| | 25 | 13 | — |
| | 25 | 20 | — |
| | 16 | 25 | — |
| | 15 | 35 | — |
| G3×× | | | |
| A0×× | | | |
| A1×× | | | |
| A2×× | | | |
| A3×× | | | |
| A4×× | | | |
| A5×× | | | |
| A6×× | | | |
| A7×× | 铬锰氮不锈钢 | | |
| A8×× | 18 | 18 | — |
| A9×× | 待发展 | | |

③ 铸铁焊条。铸铁焊条牌号前用“Z”（“铸”字汉语拼音第一个字母）表示。牌号中第一位数字表示焊缝金属主要化学成分组成类型，见表 4-6；第二位数字表示同一合金类型中的不同编号；第三位数字表示焊条药皮类型及电源种类，见表 4-3。例如，Z408、表示铸铁焊条焊缝金属主要化学成分组成类型为镍铁合金，牌号编号为 0，石墨型药皮，交、直流电源均可使用。表 4-6 为铸铁焊条的牌号及焊缝金属主要化学成分组成类型。

表 4-6 铸铁焊条

| 牌　　号 | 焊缝金属主要化学成分组成类型 |
|---|---|
| Z1×× | 碳钢或高钒钢 |
| Z2×× | 铸铁（包括球墨铸铁） |
| Z3×× | 纯　镍 |
| Z4×× | 镍　铁 |
| Z5×× | 镍　铜 |

（续表）

| 牌 号 | 焊缝金属主要化学成分组成类型 |
|---|---|
| Z6×× | 铜 铁 |
| Z7×× | 待发展 |

下面根据国家标准，介绍常用焊条的型编制方法。

● 碳钢和低合金钢焊条的型号。按 GB 5117—85 规定，型号用字母“E”起头，表示焊条：E 后面的两位数字表示熔敷金属抗拉强度的最小值（单位为 $kgf{\cdot}mm^{-2}$）；第三位数字表示焊条的焊接位置，“0”和“1”表示焊条适用于全位置焊接（平焊、立焊、仰焊和横焊），“2”表示焊条适用于平焊及平角焊，“4”表示适用向下立焊，第三、四位数字组合时，表示药皮类型和焊接电源。后缀字母为熔敷金属的化学成分分类代号，并以一字线“—”与前面数字分开，例如 E5018—A1，表示熔敷金属抗拉强度不小于 $50kgf{\cdot}mm^{-2}$，焊条适用于全位置焊接，药皮类型为铁粉低氢型，可采用交流或直流弧焊电源，后缀字母 A1 表示熔敷金属化学成分的分类代号。

● 不锈钢焊条的型号。按 GB 983—85 规定，型号用字母“E”起头，表示焊条。“E”后的一位或两位数字表示含碳量，“00”表示含碳量 $\omega_c < 0.04\ \%$，“0”表示含表示含碳量 $\omega_c < 0.1\ \%$，“1”表示含碳量 $\omega_c < 0.15\ \%$，“2”表示含碳量 $\omega_c < 0.2\ \%$，“3”表示含碳量 $\omega_c < 0.45\ \%$。熔敷金属中含有其他重要合金元素，其标注方法与合金钢牌号表示方法相同。焊条药皮类型和弧焊电源在焊条型号后面附加如下代号表示：15 表示焊条为碱性药皮，适用于直流反接焊接；16 表示焊条为碱性或其他类型药皮，适用于交流或直流反接焊接。

例如型号为 E1-23-13Mo2-15，表示熔敷金属的含碳量 $\omega_c < 0.15\ \%$，含铬量为 $\omega_{cr} = 23\ \%$，含镍量为 $\omega_{Ni} = 13\ \%$，含钼量为 $\omega_{Mo} = 2\ \%$，碱性药皮，直流反接焊接。

● 铸铁焊条的型号。按 GB 10044—88 规定，铸铁焊条用字母“EZ”起头，后面是熔敷金属主要化学元素符号或金属类型代号，再细分时用数字表示。例如，EZC 表示灰铸铁焊条；EZNi-1 表示 1 号纯镍铸铁焊条。

常用的焊条型号和牌号对照见表 4-7。

表 4-7 焊条型号和牌号对照表

| 型 号 | 牌 号 | 型 号 | 牌 号 |
|---|---|---|---|
| E4303 | J422 | E6016 | J606 |
| E4316 | J426 | E6015 | J607 |
| E4315 | J427 | E7015 | J707 |
| E5003 | J502 | E308L | A102 |
| E5016 | J506 | E308 | A002 |
| E5015 | J507 | E347 | A132 |

（3）结构钢焊条的酸碱性。结构钢焊条是应用最广泛的电焊条。结构钢焊条除了按照强度等级分类之外，生产中还按其药皮熔化后的熔渣中酸性氧化物和碱性氧化物的多少，分成酸性焊条和碱性焊条两类。

如果形成的熔渣组成物以碱性氧化物 CaO、$Na_2O$、MgO、MnO 等为主，就叫作碱性渣，这种焊条就称为碱性焊条。表 4-3 中的低氢钾型和低氢钠型的焊条就是碱性焊条。

如果形成的熔渣组成物以酸性氧化物 $SiO_2$、$TiO_2$、$P_2O_5$ 等为主，就叫作酸性渣，这种焊条就称为酸性焊条。表 4-3 中的氧化钛型、氧化钛钙型、钛铁矿型和纤维素型的焊条就是酸性焊条。

碱性焊条的特点：焊缝金属中含氢量、含氧量很低，焊缝金属的力学性能和抗裂性能都比酸性焊条好。但是，用碱性焊条焊接时，飞溅较大，焊缝表面粗糙，不易脱渣，产生的氟化物有毒，容易产生气孔等。

酸性焊条的特点：电弧稳定，飞溅少，易脱渣，焊接时产生的有害气体少。但是，由于酸性氧化物有对金属的氧化作用，使焊缝中氧化夹杂物较多，同时酸性渣的脱硫能力差，因此焊缝金属的力学性能（主要是塑性和韧性）和抗裂性能较差。

由以上分析可知，酸性焊条的工艺性能较好，但焊缝金属的力学性能较差；而碱性焊条的工艺性能稍差，但焊缝金属的力学性能较好。焊接一般结构件时，常采用价廉的酸性焊条，如 J422；焊接重要的结构件时，则常采用碱性焊条，如 J507。

3．焊条电弧焊电源的种类

供给焊接电弧电能的电源可以是直流电，也可是以交流电。因此，焊条弧焊电源可分成交流电源和直流电源两大类。

交流焊条弧焊电源也称弧焊变压器，它具有结构简单、容易制造、成本低、用料少、使用可靠和维修方便等优点，是最常用的一种焊接电源。

直流焊条弧焊电源又称为弧焊发电机，它一般是由直流发电机和电动机两部分组成。弧焊发电机的特点是可以得到稳定的直流电，引弧容易，电弧稳定，焊接质量好，特别适应于低氢型焊条。弧焊发电机的缺点是结构复杂，制造和维修较困难，成本高。

弧焊整流器也是一种直流弧焊电源，它是利用交流电经过变压，整流后而获得直流电的。弧焊整流器有硅弧焊整流器、晶闸管弧焊整流器和晶体管式弧焊整流器三种。

弧焊整流器与弧焊发动机比较，它没有转动部分，具有噪声小、空载耗电少、节省金属材料、成本较低和制造维修比较容易的优点。因此，弧焊整流器有逐渐代替弧焊发电机的趋势。

### 4.1.2　埋弧焊

电弧在焊剂层下燃烧进行焊接的方法称为埋弧焊。

1. 埋弧焊工艺原理

图 4-5 是埋弧焊工艺原理图。焊接前，在焊件接头上覆盖一层 30～50 mm 厚的颗粒状焊剂，然后将焊丝插入焊剂中，使它与焊件接头处保持适当距离，并使其产生电弧。电弧产生的热量使周围的焊剂熔化成熔渣，并形成高温气体，高温气体将熔渣排开形成一个空腔，电弧就在这一空腔中燃烧。覆盖在上面的液态熔渣和最表面未熔化的焊剂将电弧与外界空气隔离。焊丝熔化后形成熔滴落下，并与熔化了的焊件金属混合形成熔池。随着焊丝沿箭头所指方向的不断移动，熔池中的液态金属也随之凝固，形成焊缝。同时，浮在熔池上面的熔渣也凝固成渣壳。

按焊丝沿焊缝的移动方法的不同，埋弧焊可分为埋弧自动焊和埋弧半自动焊两类。

图 4-6 是埋弧自动焊的焊接过程示意图。焊接时，焊件放在垫板上，垫板的作用是保持焊件具有适宜焊接的位置。为避免调节电流时电弧不稳定所造成焊缝质量差的现象，在焊件端头放一块导向板作为过渡。焊丝通过送丝机构插入焊剂中。焊丝和焊剂管一起固定在可自动行走的小车上（图中未画出），按图中箭头所指方向匀速运动。焊丝送进的速度与小车运动的速度相配合，以保证电弧的稳定燃烧，使焊接过程自始至终正常进行。

埋弧半自动焊是依靠手工沿焊缝移动焊丝的，这种方法仅适宜较短和不太规则焊缝的焊接。

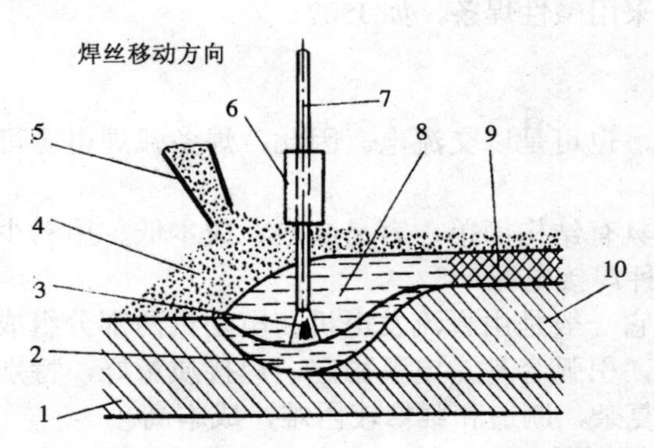


图 4-5 埋弧焊工艺原理

1-焊件 2-熔池 3-熔滴 4-焊剂 5-焊剂斗
6-导电嘴 7-焊丝 8-熔渣 9-渣壳 10-焊缝

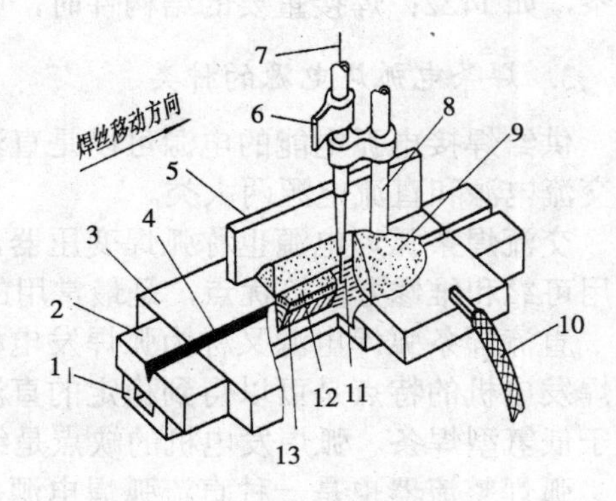


图 4-6 埋弧自动焊的焊接过程

1-垫板 2-导向板 3-焊件 4-焊缝 5-挡板
6-导电嘴 7-焊丝 8-焊剂管 9-焊剂 10-电缆
11-熔池 12-渣壳 13-焊缝

2. 埋弧焊的工艺特点和应用

与焊条电弧焊相比，埋弧焊有以下优点。

（1）焊接质量好。由于焊接过程能自动控制，各项工艺参数可以调节到最佳数值，焊缝的化学成分比较均匀稳定，焊缝成形光洁平整。同时有害气体难于侵入，熔池金属冶金反应充分，焊接缺陷较少。

（2）生产率高。由于焊丝从导电嘴伸出长度较短，所以可采用较大的焊接电流。这样就能提高焊接速度。同时，焊件厚度在 14 mm 以下时一般可以不开坡口进行焊接。又由于连续施焊的时间较长，所以焊接的生产率高。

（3）节省焊接材料。由于焊件可以不开坡口或开小坡口，可减少焊缝中焊丝的填充量，也可减少因加工坡口而消耗的焊件材料。同时，由于焊接时金属飞溅小，又没有焊条头的损失，所以可节省焊接材料。

（4）易实现自动化，劳动强度低，劳动条件较好，操作也简单。

埋弧焊的缺点：设备费用高；由于采用颗粒状焊剂，一般情况下只能焊接平焊缝，而不适宜焊接结构复杂有倾斜焊缝的焊件；又因看不见电弧，焊接时检查焊缝质量不方便。

埋弧焊适用于低碳钢、低合金钢、不锈钢、铜、铝等金属材料厚板的长焊缝焊接。

### 4.1.3　气体保护电弧焊

用外加气体作为电弧介质并保护电弧和焊接区的电弧焊称为气体保护电弧焊，简称为气体保护焊。

最常用的气体保护电弧焊方法有氩弧焊和二氧化碳气体保护焊。

#### 1. 氩弧焊

氩弧焊是用氩气作为保护气体的电弧焊。氩弧焊按电极在焊接过程中是否熔化而分为熔化极氩弧焊（见图 4-7（a））和非熔化极氩弧焊（见图 4-7（b））两种。熔化极氩弧焊是采用直径为 $\Phi$0.8～2.44 mm 的实芯焊丝，由氩气来保护电弧和熔池的一种焊接方法。焊丝既是电极，也是填充金属，所以称为熔化极氩弧焊。

非熔化极氩弧焊是以钨极作为电极，用氩气作为保护气体的气体保护焊。在焊接过程中，钨极不熔化，所以称为非熔化极氩弧焊。填充金属是靠熔化送进电弧区的焊丝。

氩弧焊与其他电弧焊方法相比，焊接时不必用焊剂就可获得高质量焊缝；由于是明弧焊接，操作和观察都比较方便，可进行各种空间位置的焊接。

氩弧焊几乎可用于所有金属材料的焊接，特别是焊接化学性质活泼的金属材料。目前氩弧焊多用于焊接铝、镁、钛、铜及其合金、低合金钢、不锈钢和耐热钢等材料。

#### 2. 二氧化碳气体保护焊

二氧化碳气体保护焊是在实芯光焊丝连续送出的同时，用二氧化碳作为保护气体进行焊接的熔化电弧焊，如图 4-8 所示。

二氧化碳气体保护焊的优点是生产率高。二氧化碳气体的价格比氩气低，电能消耗少，所以成本较低。由于电弧热量集中，所以熔池小，焊件变形小，焊接质量高。其缺点是不宜焊接容易氧化的有色金属等材料，也不宜在有风的场地工作，电弧光强，熔滴飞溅较严重，焊缝成形不够光滑。

二氧化碳气体保护焊常用碳钢、低合金钢、不锈钢和耐热钢的焊接，也适用于修理机件，如零磨损零件的堆焊。

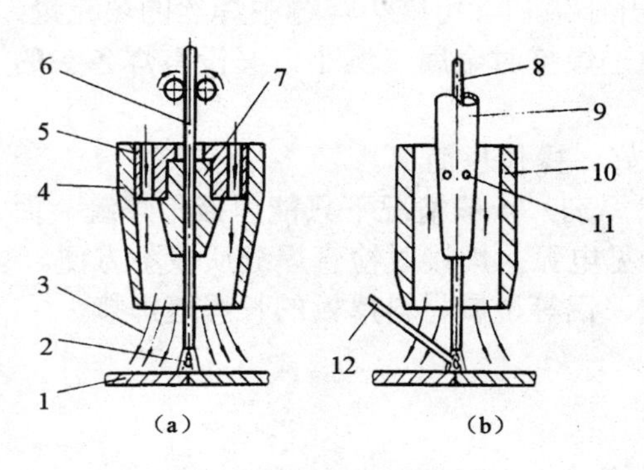


图 4-7　氩弧焊示意图

1-焊件　2-熔滴　3-氩气　4、10-喷嘴

5、11-氩气喷管　6-熔化极焊丝　7、9-导电嘴

8-非熔化极钨丝　12-外加焊丝

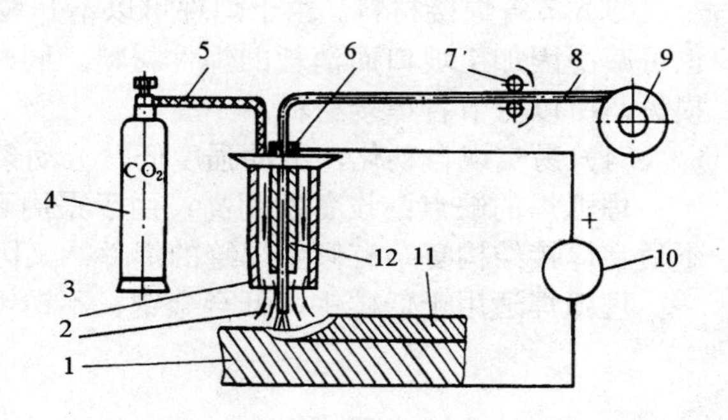


图 4-8　二氧化碳气体保护焊示意图

1-焊件　2-$CO_2$气体　3-喷嘴　4-$CO_2$气瓶　5-送气软管

6-焊枪　7-送丝机构　8-焊丝　9-绕丝盘 10-电焊机

11-焊缝金属　12-导电嘴

# 4.2　金属的焊接性能

在进行焊接结构设计时，需要了解采用什么焊接材料可以获得优质的焊接质量，或者已知某种焊件材料较难焊接时，应采用哪些措施才能保证焊接质量。也就是说，只有了解金属材料的焊接性，才能正确地进行焊接结构设计、焊前准备和拟定焊接工艺。

## 4.2.1　金属的焊接性

### 1. 焊接性概念

金属的焊接性是指金属材料对焊接加工的适应性。主要指在一定的焊接工艺条件下，获得优质焊接接头的难易程度。它包括两方面的内容：其一是工艺性能，即在一定焊接工艺条件下，金属对形成焊接缺陷（主要是裂纹）的敏感性；其二是使用性能，即在一定焊接工艺条件下，金属的焊接接头对使用要求的适应性。

在焊接低碳钢时，很容易获得无缺陷的焊接接头，不需要采取复杂的工艺措施。如果用同样的工艺焊接铸铁，则常常会产生裂纹，得不到良好的焊接接头。所以说，低碳钢的焊接性比铸铁好。

完整的焊接接头并不一定具备良好的使用性能。例如，焊补铸铁时，即使未发现裂纹等缺陷，但是由于在熔合区和半熔合区容易形成白口组织，所以，会因不能加工和脆性大而无法使用。这就是说铸铁的焊接性不好。

2. 金属焊接性的评定

金属焊接性的评定，通常是检查金属材料焊接时产生裂纹的倾向。钢的含碳量对焊接性的影响最为明显。把钢中合金元素（包括碳）的含量按其作用换算成碳的相当含量称为碳当量。碳当量法就是根据钢中含碳量和合金元素含量对钢材焊接热影响区淬硬性的影响程度，粗略评定钢材在焊接时产生冷裂纹倾向的一种计算方法。

国际焊接学会推荐的碳钢及低合金结构钢常用的计算碳当量的公式为：

$$C_{eq}=C+Mn/6+(Ni+Cu)/15+(Cr+Mo+V)/5\ (\%)$$

将每种元素含量的质量分数（×100）代入上式，即可计算出碳当量 $C_{eq}$ 的数值。根据碳当量 $C_{eq}$ 的数值，即可按表 4-8 来评定钢材焊接性的好坏。

表 4-8 碳当量与焊接性的关系

| 碳当量 $Ceq$×100 | 焊 接 性 |
|---|---|
| ＜0.4 | 优良，焊接时可不预热 |
| 0.4～0.6 | 较好，需采取适当预热 |
| ＞0.6 | 差，淬硬倾向大，较难焊接，需采用较高的预热温度和严格的焊接工艺 |

## 4.2.2 碳钢和低合金结构钢的焊接性

1. 低碳钢的焊接性

低碳钢的碳当量较低，焊接性好，一般不需要采取特殊的工艺措施即可得到优质的焊接接头。另外，低碳钢几乎可用各种焊接方法进行焊接。

低碳钢焊接一般不需要预热，只有在气候寒冷或焊件厚度较大时才需要考虑预热。例如，当板材厚度大于 30 mm 或环境温度低于−10℃时，需要将焊件预热至 100～150℃。

2. 中碳钢的焊接性

中碳钢的碳当量较高，焊接性比低碳钢差。中碳钢焊件的热影响区容易产生淬硬组织。

当焊件厚度较大、焊接工艺不当时，焊件很容易产生冷裂纹。同时，焊件接头处有一部分碳要溶入焊缝熔池，使焊缝金属的碳当量提高，降低焊缝的塑性，容易在凝固冷却过程中产生热裂纹。

中碳钢焊前需要预热，以减小焊接接头的冷却速度，降低热影响区的淬硬倾向，防止产生冷裂纹。预热的温度一般为100～200℃。

中碳钢焊件接头要开坡口，以减小焊件金属熔入焊缝金属中的比例，防止产生热裂纹。

3. 低合金结构钢的焊接性

低合金结构钢的焊件热影响区有较大的淬硬性。强度等级较低的低合金结构钢，含碳量少，淬硬倾向小。随着强度等级的提高，钢中含碳量也增大，加上合金元素的影响，使热影响区的淬硬倾向亦增大。因此，导致焊接接头处的塑性下降，产生冷裂纹的倾向也随之增大，可见，低合金结构钢的焊接性随着其强度等级的提高而变差。

在焊接低合金结构钢时，应选择较大的焊接电流和较小的焊接速度，以减小焊接接头的冷却速度。如果能够在焊接后及时进行热处理或者焊前预热，均能有效地防止冷裂纹的产生。

### 4.2.3 铸铁的焊接性

铸铁的焊接性是很差的，这是因为它的碳当量很大，而且组织中又有相当于裂纹作用的石墨。在焊接铸铁时，一般容易出现以下问题。

（1）焊后易产生白口组织。铸铁中虽含有较多的石墨化元素碳和硅，但是在焊接过程中由于电弧的高温作用和气体的浸入，使碳和硅严重烧损。碳和硅含量的降低，加上冷却速度较大，所以焊缝容易形成白口组织。

为了防止产生白口组织，可将焊件预热到400～700℃后进行焊接，或者在焊接后将焊件保温冷却，以减慢焊缝的冷却速度。也可增加焊缝金属中石墨化元素的含量，或者采用非铸铁焊接材料（镍、镍铜、高钒钢焊条）。

（2）产生裂纹。由于铸铁的塑性极差，抗拉强度又低，当焊件因局部加热和冷却造成较大的焊接应力时，就容易产生裂纹。

为了防止产生裂纹，应注意焊前预热和焊后缓冷。另外，可选用塑性较好的焊条（镍、镍铜、高钒钢等）；通过锤击焊缝以消除应力；采用细焊条、小电流、断续焊以减小焊缝与母材金属之间温度差等措施，均可防止裂纹的产生。

在生产中，铸铁是不作为材料焊接的。只是当铸铁件表面产生不太严重的气孔、缩孔、砂眼和裂纹等缺陷时，才采用焊补的方法。

# 4.3　焊接接头组织和性能

焊接时，当焊条沿焊缝方向移动时，熔池中的液态金属便很快凝固而形成焊缝。与此同时，与焊缝相邻的两侧一定范围内，焊件也因受焊缝传导热量的作用而升到不同温度，形成所谓热影响区。焊缝和热影响区两个区域统称为焊接接头，如图 4-9 所示。

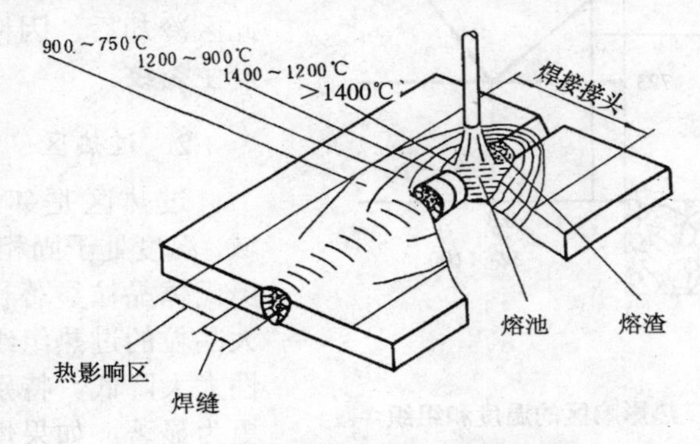


图 4-9　碳钢焊接接头区域的温度分布

## 4.3.1　焊缝的组织和性能

焊件经焊接后所形成的结合部分称为焊缝。

焊缝是由液态熔池金属经冷却结晶而形成的。熔池金属的结晶一般从液固交界的熔合线上开始。由于晶体的长大方向与其散热方向相反，所以晶体从熔合线向两侧和熔池中心长大。但是，由于向两侧生长受到相邻晶体的阻挡，所以晶体主要是向着熔池中心长大。这样就使焊缝金属得到了柱状晶粒结构。因为熔池冷却速度较大，所以柱状晶粒并不粗大，加上焊条中合金元素的渗入，焊缝金属的力学性能与母材相比，变化并不大。

## 4.3.2　热影响区的组织和性能

在焊接过程中，材料因受热的影响（但未完全熔化）而发生金相组织和力学性能变化的区域称为热影响区。热影响区又可分为熔合区、过热区、正火区和不完全正火区。以低碳钢为例，上述四个区域的温度分布和组织结构特点如图 4-10 所示。

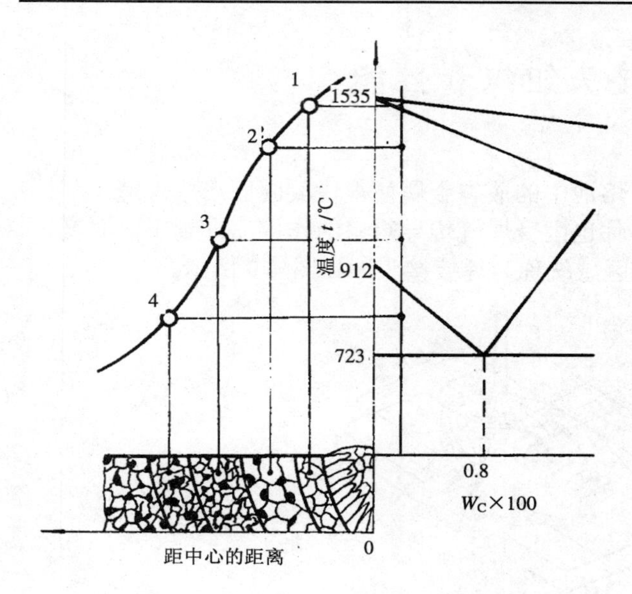


图 4-10 低碳钢焊缝及热影响区的温度和组织

1-熔合区 2-过热区 3-正火区 4-不完全正火区

1. 熔合区

在焊接接头中，焊缝向热影响区过渡的区域称为熔合区，也称半熔化区。此区温度在液相线与固相线之间，既有液态金属的结晶组织，又有加热至高温形成的奥氏体粗大晶粒组织。此区冷却后，因韧性很差，往往容易产生裂纹。

2. 过热区

过热区是邻近熔合区外侧的区域，温度处于固相线以下的高温范围。奥氏体晶粒显著长大，冷却后得到粗大晶粒的过热组织。因此，该区的塑性大大降低。特别是冲击韧度的降低更为显著。如果焊件其他部分刚性很大，就会在该区产生很大的内应力，甚至导致产生裂纹。所以，过热区是焊接接头中力学性能最薄弱的区域。

3. 正火区

正火区处于过热区外侧，温度处于 $Ac_3$ 以上稍高的温度。由于在上述温度下停留的时间很短，奥氏体晶粒不会显著长大，所以正火区的室温组织是均匀细小的铁素体和珠光体，相当于经受了一次正火处理。正火区是焊接接头中力学性能最好的区域。

4. 不完全正火区

不完全正火区处于正火区外侧，温度在 $Ac_3$～$Ac_1$ 之间。在此温度范围内，焊件原始组织中的珠光体和部分铁素体转变为奥氏体，冷却后又转变为细小晶粒的铁素体加珠光体，相当于进行了一次正火处理。而原始组织中未转变为奥氏体的那部分铁素体，晶粒未发生变化。这样，不完全正火区的晶粒大小是不均匀的，其力学性能一般不低于原焊件。

对于低碳钢热轧型材、钢板来说，其热影响区主要就是在以上四个区域。而当焊件是冷轧型材或钢板时，由于金属产生了冷变形强化，所以在不完全正火区的外侧，温度在450℃～$Ac_1$ 区域，金属会发生再结晶，冷变形强化现象消失，塑性则有所提高。

当焊件是淬硬倾向较大的钢材时，在热影响区内可能会得到马氏体、铁素体—马氏体等淬火组织，使焊接接头的脆性增大，在焊接应力的作用下，很容易产生裂纹。

通过以上讨论可知，与焊件原始组织相比，焊接接头的硬度有所提高，而塑性和韧度则有所降低。

# 4.4　焊接变形和焊件结构工艺性

金属结构在焊接后，经常发现其形状有变化，有时还出现裂纹。这是由于焊接时，焊件受热不均匀而引起的收缩应力造成的。变形的程度除了与焊接工艺有关以外，还与焊件的结构是否合理有很大关系。合理地设计焊件结构才能保证焊接工艺的顺利实施，也能够减小焊接变形和产生裂纹的可能性。

## 4.4.1　焊接变形及防止方法

### 1. 焊接变形产生的原因

焊接构件因焊接而产生的内应力称为焊接应力，焊件因焊接而产生的变形称为焊接变形。产生焊接应力与变形的根本原因是焊接时工件局部的不均匀加热和冷却。

在焊接结构中，焊接应力和变形既是同时存在，又是相互制约的。如在焊接过程中采用焊接夹具施焊，虽焊接变形得到控制，但焊接应力却增加了；若使焊接应力减小，就得允许焊件有一定程度的变形。通常，当焊接结构刚度较小或焊件材料塑性较大时，焊接变形较大，焊接应力较小；反之，焊接变形较小，焊接应力较大。焊接变形的基本形式有弯曲变形、角变形、波浪变形和扭曲变形等，见图 4-11。

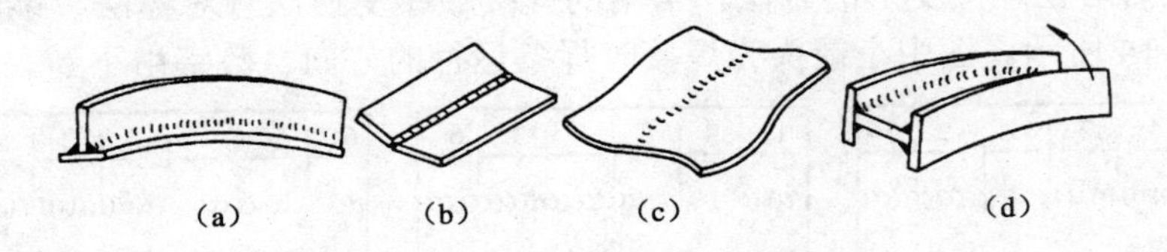


**图 4-11　焊接变形分类**

(a) 弯曲变形　(b) 角变形　(c) 波浪变形　(d) 扭曲变形

### 2. 焊接变形的防止方法

(1) 反变形法。根据某些焊件易变形的规律，焊前在放置焊件时，使其形态与焊接时发生的变形方向相反，以抵消焊件后产生的变形。图 4-12 是针对板料焊接易产生角变形的规律，焊前将两块板料放在垫块上，并使其向下弯折一个角度，这个角度就是 V 形坡口焊后向上弯折的角度，于是焊后的两块板料就平直了。

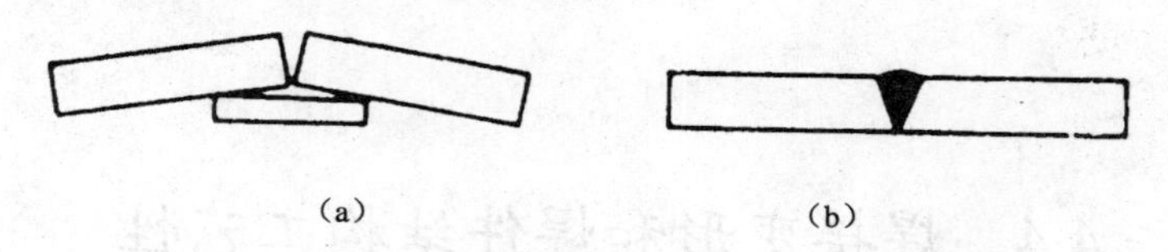

(a) (b)

图 4-12 防止角变形的反变形法

（2）焊前固定法。焊接前，用夹具或重物压在焊件上，以抵抗焊接应力，防止焊件变形，如图 4-13（a）、（b）。也可预先将焊件点焊固定在平台上，然后再焊接，如图 4-13（c）所示。为了防止将固定装置去除后再发生变形，一般在焊接时用手锤敲击焊缝，使焊接应力及时释放，可使焊件形状比较稳定些。

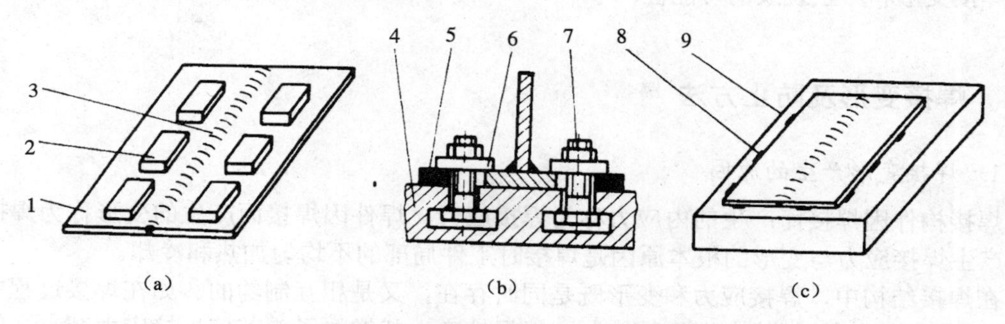


(a) (b) (c)

图 4-13 焊前固定法防止变形

1-焊件 2-压铁 3-焊缝 4-平台 5-垫铁 6-压板 7-螺栓 8-定位焊点 9-平台

（3）焊接顺序变换法。这是一种通过变换焊接的顺序，将焊接时施加给焊件的热量尽快发散掉，从而防止焊接变形的方法。常用的焊接顺序变换法有对称法、跳焊法和分段倒退法，如图 4-14 所示。图中小箭头为焊接时焊条运行的方向，数字由小到大为焊接顺序。

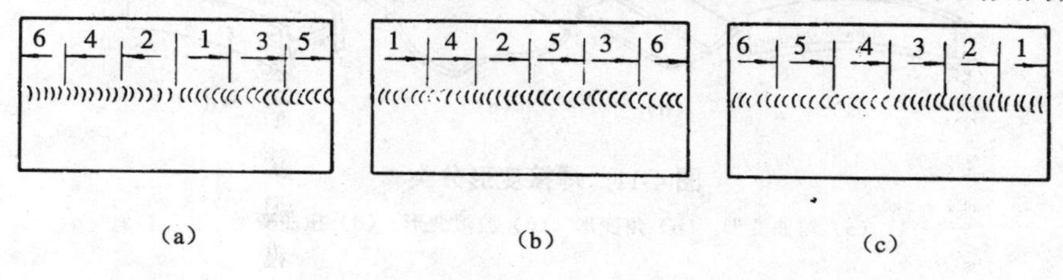


(a) (b) (c)

图 4-14 焊接顺序变换法

(a) 对称法 (b) 跳焊法 (c) 分段倒退法

（4）锤击焊缝法。这种方法是在焊接过程中，用锤或风锤敲击焊缝金属，以促使焊缝金属产生塑性变形，焊接应力得以松弛减小。敲击力要均匀，而且最好在焊缝金属具有较高塑性时敲击。

在实际生产中，针对不同的焊接结构，防止焊件变形的方法是很多的。上述几种防止变形的方法是常用的几种，有时可将几种方法联合使用，以达到最理想的预防变形效果。

### 4.4.2　焊件的结构工艺性

要使焊件焊接后能达到各项技术要求，除了采用上述防止变形等措施以外，还要注意合理设计焊件结构。为此，必须对焊件的结构工艺性有所了解。所谓焊件结构工艺性，是指所设计的焊件结构能确保焊接工艺过程顺利的进行，它主要包含以下内容。

1. 尽可能选用焊接性好的原材料

一般情况下，碳钢中碳的质量分数小于 0.25 %，低合金结构钢中碳的质量分数小于 0.2 %时，都具有良好的焊接性，应尽量选用它们作为焊接材料。而碳的质量分数大于 0.5 %的碳钢和碳的质量分数大于 0.4 %的合金钢，焊接性都比较差，一般不宜采用。

另外，焊件结构应尽可能选用同一种材料的焊接。因为异种金属材料彼此的物理、化学性能不同，常因膨胀、收缩不一致而使焊接接头产生较大的焊接应力。两种焊接性能相差悬殊的材料，很难进行焊接。

2. 焊缝位置应便于焊接操作

在采用电弧焊或气焊进行焊接时，焊条或焊枪、焊丝必须有一定的操作空间。图 4-15（a）所示的焊件结构，焊件是无法按合理倾斜角度伸到焊接接头处的。改成 4-15（b）所示的结构后，就容易进行焊接操作了。

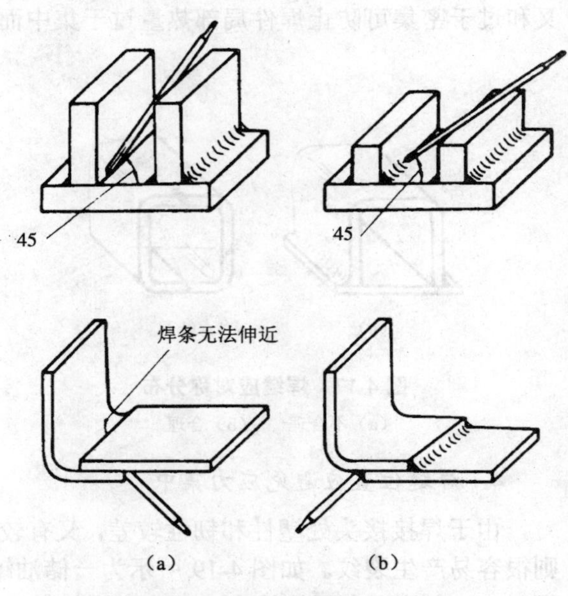


**图 4-15　焊缝位置应便于焊接操作**
（a）不合理　（b）合理

在埋弧焊时，因为在焊接接头处要堆放一定厚度的颗粒状焊剂，所以焊件结构的焊缝周围应有堆放焊剂的位置，如图 4-16 所示。

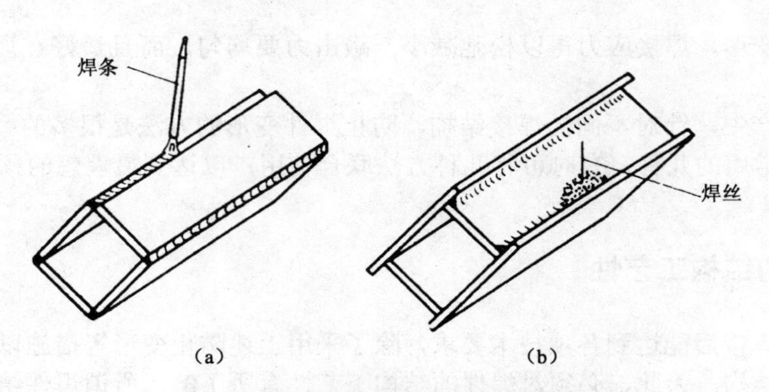


**图 4-16 埋弧焊焊缝位置应便于堆放焊剂**

(a) 无法堆放焊剂只能进行手弧焊 (b) 合理

3. 焊缝应尽量均匀、对称，避免密集、交叉

焊缝均匀对称可防止因焊接应力分布不对称而产生变形，如图 4-17 所示；避免焊缝交叉和过于密集可防止焊件局部热量过于集中而引起较大的焊接应力，如图 4-18 所示。

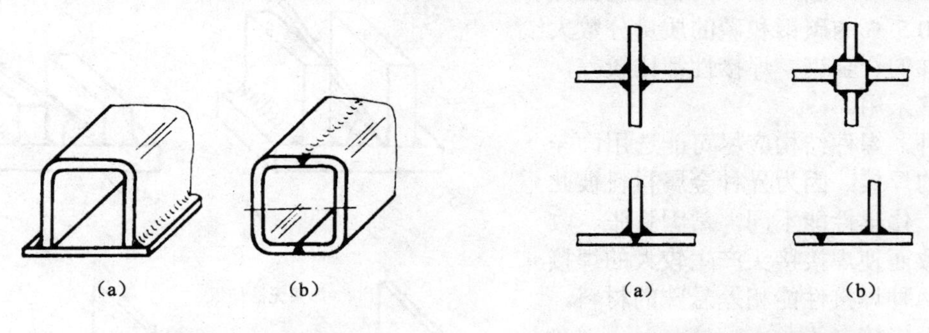


**图 4-17 焊缝应对称分布**

(a) 不合理 (b) 合理

**图 4-18 焊缝应避免交叉密集**

(a) 不合理 (b) 合理

4. 焊缝位置应避免应力集中

由于焊接接头处塑性和韧性较差，又有较大的焊接应力，如果此处又有应力集中现象，则很容易产生裂纹。如图 4-19 所示为一储油罐，两端为封头。封头形式有两种：一种是球面封头，直接焊在圆柱筒上，形成环行角焊缝（见图 4-19（a））；另一种是把封头制成盆形，然后与圆柱筒焊接，形成环行平焊缝（见图 4-19（b））。第二种封头可减少应力集中，其结构比第一种更加合理。

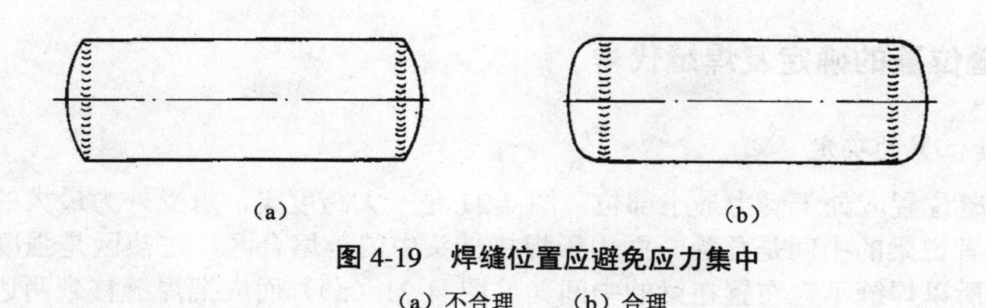


图 4-19　焊缝位置应避免应力集中

(a) 不合理　(b) 合理

5. 焊接元件应尽量选用型材

在焊接结构中，常常是将各个焊接元件组焊在一起。如果能合理选用型材，就可以简化焊接工艺过程，有效地防止焊接变形。图 4-20（a）所示的焊件是用三块钢板组焊而成的，它有四道焊缝。而图 4-20（b）是同一焊件由两个槽钢组焊而成，只需在接合处采用分段法焊接，既可简化焊接工艺，又可减小焊接变形。如果能选用合适的工字钢，就可完全省掉焊接工序。

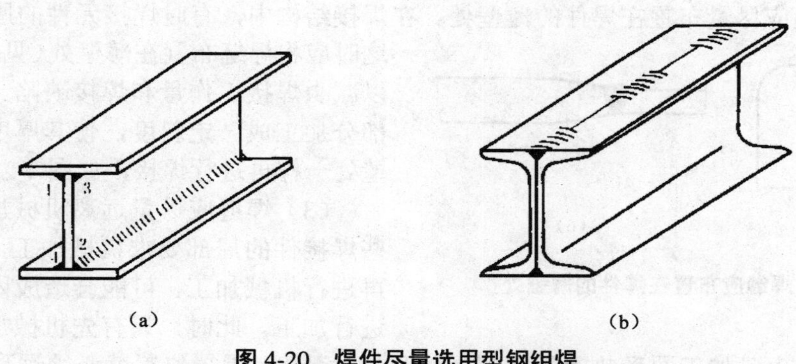


图 4-20　焊件尽量选用型钢组焊

(a) 三块铜板组焊　(b) 两槽钢组焊

# 4.5　熔焊工艺设计基础

焊接件的结构设计完成后，要进行焊接件的工艺设计。工艺设计指根据焊件的结构特点，确定焊缝的空间位置及焊接方法，选择焊接接头及其坡口形式，确定合理的焊接工艺参数和焊后热处理工艺要求等。本节以常用的焊条电弧焊为例，讨论工艺设计的内容和方法。

### 4.5.1 焊缝位置的确定及焊缝代号

1. 焊缝位置的确定

（1）焊缝位置应处于受力最小部位。图 4-21 是一大跨度梁，承受外力最大的断面在梁的中间，或者说梁的中间是危险断面由于焊接接头中的半熔合区、过热区是强度、韧度最低的部位。所以焊缝不宜布置在梁的中间（见图 4-21（a））而应把焊缝移到两边接近支撑点的地方，并尽量采用斜焊缝（见图 4-21（b））。

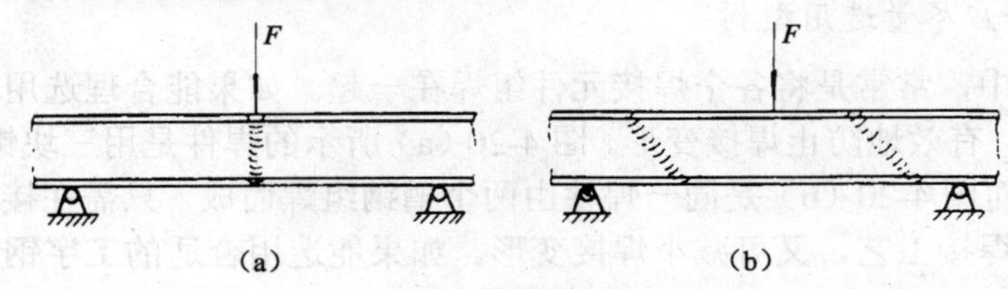


图 4-21 大跨度梁的焊缝位置

（a）不合理 （b）合理

（2）焊缝应尽量布置在焊件的薄壁处。在焊接结构中，有时焊接元件的厚度不一样。这时应将焊缝布置在薄壁处（见图 4-22（a）），以减少焊接工作量和焊接缺陷。也可将厚壁部分加工成一定斜度，使其厚度过渡到与薄壁处一样再进行焊接，如图 4-22（b）所示。

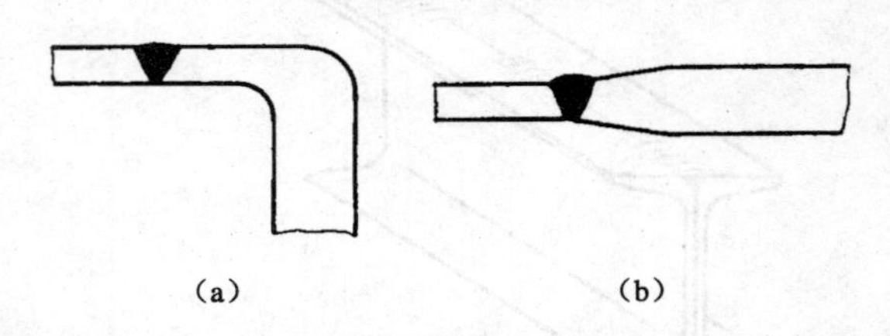


图 4-22 焊缝应布置在焊件的薄壁处

（3）焊缝应尽量远离机械加工表面。有些焊接件的局部要求机械加工，如果先焊接再进行机械加工，可能会造成困难或是无法进行加工。此时，只有先机械加工，然后再组焊。为了防止已加工面受热而影响其形状和尺寸精度，焊缝位置就必须远离机械加工表面。图 4-23（a）所示的焊缝位置靠近孔加工面，所以不合理，改为 4-23（b）所示的焊缝位置就比较合理了。

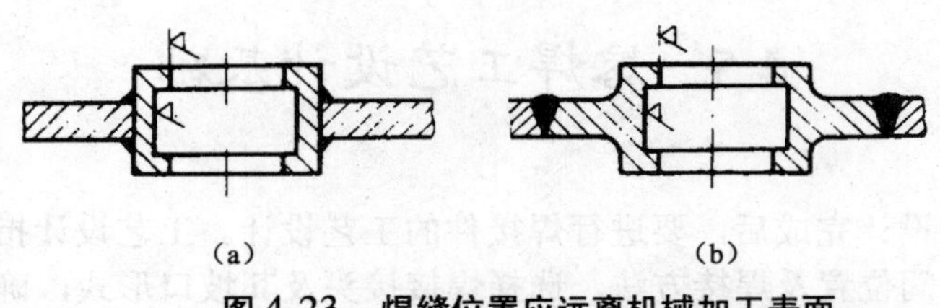


图 4-23 焊缝位置应远离机械加工表面

（a）不合理 （b）合理

2. 焊缝符号的标注

焊缝符号是在图样上标注焊缝形式和焊缝尺寸的符号。焊缝符号由 GB324—88 所规定，它一般有基本符号、辅助符号、补充符号和焊缝尺寸符号等组成。

（1）焊缝的基本符号。基本符号是表示焊缝横断面形状的符号。表 4-9 列出了常用的焊缝基本符号。

表 4-9 常用焊缝基本符号

| 序 号 | 焊 缝 名 称 | 焊 缝 形 式 | 符 号 |
|---|---|---|---|
| 1 | I 形焊缝 |  | ‖ |
| 2 | V 形焊缝 |  | V |
| 3 | 带钝边 V 形(Y 形)焊缝 |  | Y |
| 4 | 单边 V 形焊缝 |  |  |
| 5 | U 形焊缝 |  |  |
| 6 | 单边 U 形焊缝 |  |  |
| 7 | 喇叭形焊缝 |  |  |
| 8 | 角焊缝 |  |  |

（2）焊缝的辅助符号与补充符号。辅助符号是表示焊缝表面形状特征的符号。对焊缝表面形状无要求时，可不用辅助符号。补充符号是为了说明焊缝的某些特征而采用的符号，见表4-10。

表4-10　常用焊缝辅助符号与补充符号

| 序　　号 | 名　　称 | 型　　式 | 符　　号 | 说　　明 |
|---|---|---|---|---|
| 1 | 平符号 |  | | 辅助符号<br>表示焊缝表面平齐 |
| 2 | 凹陷符号 | 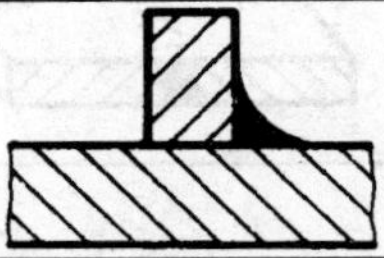 |  | 辅助符号<br>表示焊缝表面凹陷 |
| 3 | 凸起符号 |  | | 辅助符号<br>表示焊缝表面凸起 |
| 4 | 带垫板符号 |  | | 补充符号<br>表示焊缝底部有垫板 |
| 5 | 三面焊缝符号 | 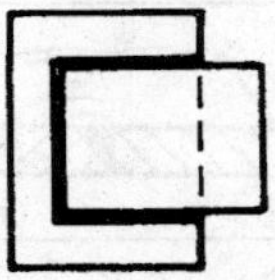 | | 补充符号<br>要求三面焊缝符号的开口方向与三面焊缝的实际方向画的一致 |

（3）焊缝的尺寸符号。焊缝的尺寸是指坡口角度、焊缝的宽度和长度等具体尺寸。表4-11列出了焊缝尺寸符号可供参考。对于一般焊件也可不标焊缝尺寸。

表4-11　常用焊缝尺寸符号

| 序　　号 | 符　　号 | 名　　称 | 示 意 图 |
|---|---|---|---|
| 1 | $\delta$ | 板材厚度 | 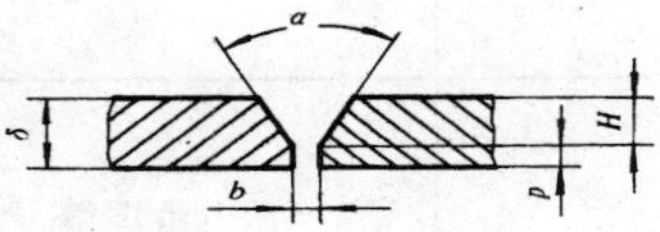 |
| 2 | $\alpha$ | 坡口角度 | |
| 3 | $p$ | 钝边高度 | |
| 4 | $b$ | 根部间隙 | |
| 5 | $H$ | 坡口深度 | |

（续表）

| 序　　号 | 符　　号 | 名　　称 | 示 意 图 |
|---|---|---|---|
| 6 | $R$ | U 形坡口根部半径 | |
| 7 | $\beta$ | U 形坡口的坡口面角度 | |
| 8 | $l$ | 焊缝长度 | |
| 9 | $e$ | 焊缝间距 | |
| 10 | $N$ | 相同焊缝数量符号 | $\Delta N=3$ |

（4）焊缝符号的标注方法。表示焊缝符号的指引线一般由箭头线和两条基准线（一条与箭头线相连的实线，一条与实线平行的虚线）组成。基准线一般与图样标题栏的长边相平行。指向接头的箭头线用细实线画出。如果焊缝在接头的箭头侧，则将基本符号标在基准线的实线处（见图 4-24（a））；如果焊缝在接头的非箭头侧，则将基本符号标在基准线的虚线侧（见图 4-24（b））。

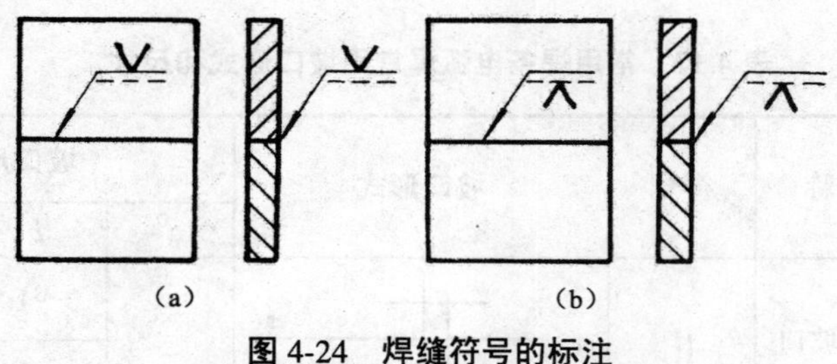

（a）　　（b）

图 4-24　焊缝符号的标注

（a）焊缝在箭头侧　　（b）焊缝在非箭头侧

## 4.5.2　焊接接头形式和尺寸的确定

在焊条电弧焊时，由于焊件厚度、结构形状和使用条件的不同，焊件的接头形式和坡口形式也不同。常用的接头形式有四种：对接接头、角接接头、T 形接头和搭接接头，如图 4-25 所示。

为了使接头处能焊透，并减少焊条熔化量在焊缝金属中所占的比例，确保焊缝金属的化学成分和力学性能，对中、厚板件，应在焊件接头处开设坡口。如焊条电弧焊时，焊件厚度大于 6 mm 就应开设坡口。常见的坡口形式有四种：V 形、带钝边 U 形、双 Y 形和 K

形，如图 4-26 所示。坡口的形式与焊件的厚度有关。

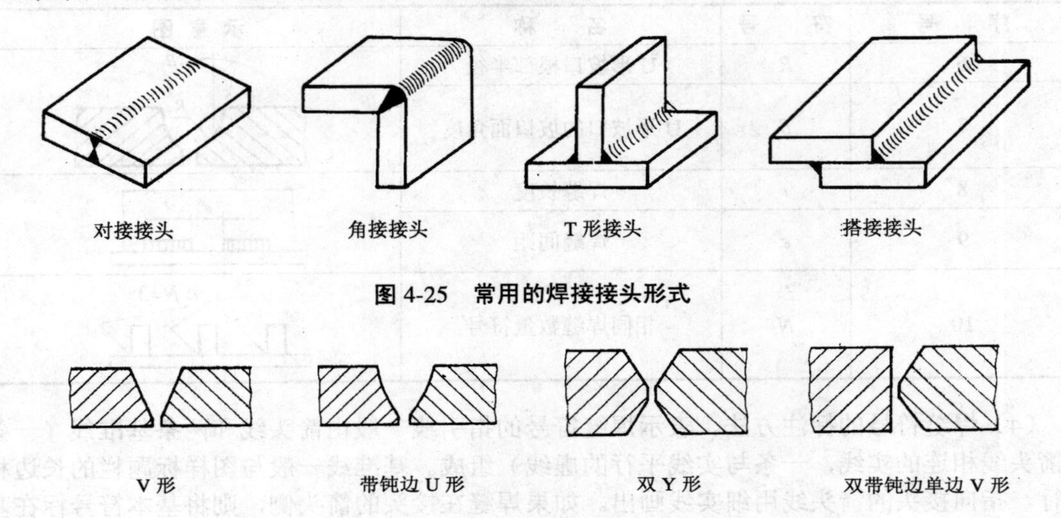


图 4-25 常用的焊接接头形式



图 4-26 常见坡口形式

焊条电弧焊的常用坡口形式和坡口尺寸可查阅表 4-12。

表 4-12 常用焊条电弧焊常用坡口形式和尺寸

| 序号 | 工作厚度（mm） | 名称 | 符号 | 坡口形式 | 坡口尺寸（mm） | | | | |
|---|---|---|---|---|---|---|---|---|---|
| | | | | | $a^0$ | $b$ | $P$ | $H$ | $R$ |
| 1 | 1～3 | I 形坡口 | ‖ | | – | 0～1.5 | – | – | – |
| | 3～6 | | | | | 0～2.5 | | | |
| 2 | 3～26 | Y 形坡口 | Y | | 40～60 | 0～3 | 1～3 | – | |
| 3 | 20～60 | 带钝边 U 形坡口 | | | 1～8 | 0～3 | 0～3 | — | 6～8 |

（续表）

| 序号 | 工作厚度（mm） | 名称 | 符号 | 坡口形式 | 坡口尺寸（mm） | | | | |
|---|---|---|---|---|---|---|---|---|---|
| 4 | 3～40 | 单边 V 形坡口 |  | 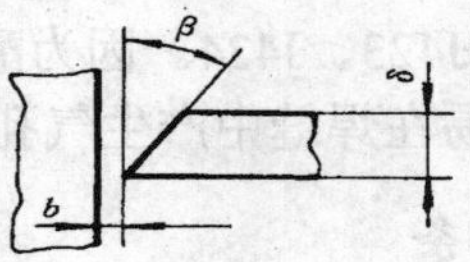 | 35～50 | 0～4 | — | — | — |
| 5 | >10 | 双单边 V 形坡口 |  | 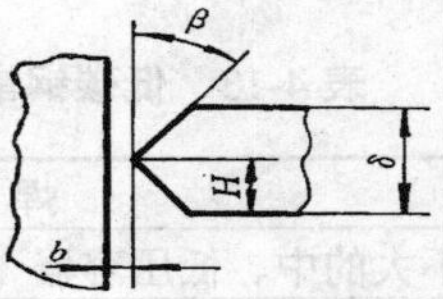 | 35～50 | 0～3 | — | $\frac{\delta}{2}$ | — |
| 6 | 2～8 | I 形坡口 |  | 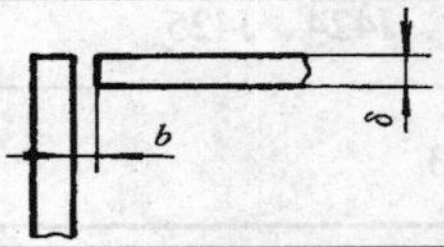 | — | 0～2 | — | — | — |
| 7 | 6～30 | 带钝边单边 V 形坡口 |  | 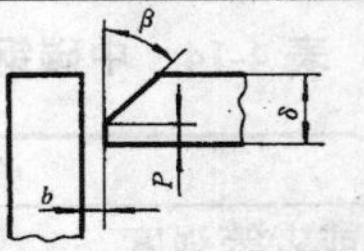 | 35～50 | 0～3 | 1～3 | — | — |
| 8 | 2～30 | I 形坡口 | | 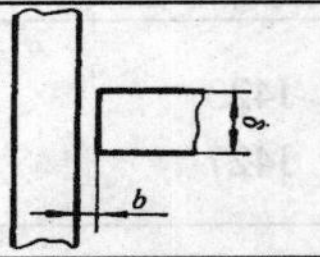 | — | — | — | — | — |

## 4.5.3　焊条的选用

1. 选用焊条的一般原则

（1）根据焊件力学性能要求。对于结构钢焊件来说，一般只要求焊缝金属的力学性能不低于焊件，即能达到等强度就行。这样，可按照结构钢的强度等级来选用强度略高的焊条。例如，Q235 钢的 $\sigma_b$ 大约为 412 MPa，于是选用强度等级为 420 MPa 的结构钢焊条 J422 比较合适。

（2）根据焊件的工作条件和结构特点。对于承受冲击载荷的焊件来说，则要求焊缝金属有较高的强度、冲击韧度和伸长率。对于结构复杂、钢性较大的焊件，因焊接时焊件本身不易变形，故冷却收缩时产生的焊接应力将作用于焊接接头处，容易产生裂纹。针对上述情况，应选用抗裂性较好、伸长率较高的低氢型或氧化铁型焊条，如J426、J427、J507等。

（3）根据焊接设备和施工条件。当车间只有交流电焊机时，就不能选用仅适用于直流焊接电源的低氢钠型电焊条。当焊接接头处不干净，有锈、油等脏物时，应选用对这些脏物敏感性较小的酸性焊条，如 J423、J424。因为酸性焊条中所含碱性氧化物较少，焊接时与酸性氧化物反应能力低，不易在焊缝中产生气孔等缺陷。

2. 适用常用焊接材料的焊条

常用低碳钢、中碳钢、低合金结构钢和铸铁焊补适用的焊条见表4-13～表4-16。

表4-13 低碳钢常用焊条

| 钢号 | 焊条牌号 | |
|---|---|---|
| | 一般结构，壁厚不大的中、低压容器 | 承受动载荷，复杂厚板结构，重要受压容器 |
| Q235<br>20 | J422、J423、J424、J425 | J426、J427 |
| 25<br>30 | J502、J503 | J506、J507 |

表4-14 中碳钢常用焊条

| 钢号 | 焊条牌号 | |
|---|---|---|
| | 不要求强度或者等强度 | 要求等强度 |
| 35<br>ZG<br>310—500 | J422、J423<br>J426、J427 | J506、J507 |
| 45<br>ZG<br>310—570 | J422、J423、J426<br>J427、J507、J506 | J556、J557 |

表4-15 低合金结构钢常用焊条

| 钢号 | 焊条牌号 | |
|---|---|---|
| | 一般结构、中、低压容器 | 承受动载荷，重要受压容器 |
| Q235 | J422、J423 | J426、J427 |
| Q345<br>Q390 | J502、J503 | J506、J507 |

表 4-16　铸铁电弧冷焊常用焊条的特点和用途

| 牌　号 | 焊　芯 | 药皮类型 | 焊接成分 | 主要用途 |
| --- | --- | --- | --- | --- |
| Z100 | 低碳钢 | 氧化型 | 碳刚 | 一般灰铸铁非加工面 |
| Z110 | 低碳钢 | 低氢型（高钒） | 高钒钢 | 高强度铸铁 |
| Z208 | 低碳钢 | 石墨型 | 铸铁 | 一般灰度铸铁 |
| Z238 | 低碳钢 | 石墨型（加球化剂 | 球墨铸铁 | 球墨铸铁 |
| Z308 | 纯镍 | 石墨型 | 纯镍 | 重要灰铸铁壁件和加工面 |
| Z408 | 镍 55 %<br>铁 45 % | 石墨型 | 镍铁合金 | 重要灰铸铁及球面铸铁 |
| Z508 | 镍 70 %<br>铜 30 % | 石墨型 | 镍铁合金 | 一般铸铁加工面 |
| Z607 | 纯铜 | 低氢型 | 铜铁混合金 | 一般铸铁非加工面 |

3. 焊条直径的选择

相同材料不同壁厚的焊件应选用相同牌号的焊条。而同一牌号的焊条还有直径的不同。当用细焊条焊厚壁焊件时，常会出现焊不透缺陷；而用粗焊条焊薄壁焊件时，又容易出现烧穿缺陷。所以，应根据焊件焊件厚度等因素来选择焊条直径。

厚度较大的焊件，应选用直径较大的焊条。平焊时，所用的焊条直径可大些；立焊时，所用焊条的最大直径不超过 5 mm 横焊和仰焊时，所用焊条的最大直径不超过 4 mm。角焊和搭接焊时，所用的焊条直径比对接时大一些。

对于一般焊接结构，焊条的直径可根据焊件厚度从表 4-17 中查得。

表 4-17　焊条直径与焊件厚度的关系

| 焊件厚度（mm） | ≤1.5 | 2 | 3 | 4～7 | 8～12 | ≥13 |
| --- | --- | --- | --- | --- | --- | --- |
| 焊条直径（mm） | 1.6 | 1.6～2.0 | 2.5～3.2 | 3.2～4.0 | 4～5 | 4～5.8 |

## 4.5.4　焊件的热处理

焊后热处理是提高焊接接头质量的重要方法之一，它能消除焊缝附近的内应力，改善焊缝及热影响区的组织，提高焊接接头的性能。

碳当量较高的材料，其焊缝及热影响区在焊后冷却过程中，极容易生成淬硬组织，塑性和韧性很低，即使是焊后不裂，也容易在工作载荷作用下产生裂纹。为此，可将这类材料的焊件进行高温回火，达到消除焊接应力、降低焊接接头硬度、提高其塑性和韧性的目的。

对于焊接性较好的一般低碳钢焊接件，为了消除其焊接应力，并确保一定的强度，可进行正火处理。如无强度要求，则可进行消除应力的退火处理。

对于受力不大或只受静载的低碳钢焊接构件，一般不需要进行焊后热处理。

## 4.6 其他焊接方法

### 4.6.1 气焊

气焊是利用可燃气体乙炔和助燃气体氧按一定比例混合后，从焊矩喷嘴喷出，点燃后形成高温火焰（温度可达3000℃），将焊件加热到一定温度后，再将焊丝熔化，充填焊缝，然后用火焰将接头吹平，待其冷凝后，便形成焊缝，如图4-27所示。

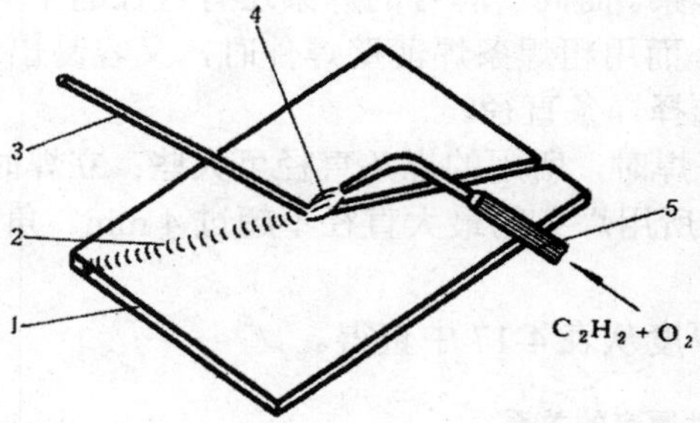

气焊时所用的火焰，按可燃气体乙炔（$C_2H_2$）与助燃气体氧（$O_2$）的体积比值分为三种。

（1）当 $V_{O2}:V_{C2H2}<1$ 时称为碳化焰。火焰中乙炔过剩，有游离态的碳，有较强的还原作用，也有一定的渗碳作用。

（2）当 $V_{O2}:V_{C2H2}=1.0\sim1.2$ 时称为中性焰中性焰中氧与乙炔充分燃烧，没有过剩的氧和乙炔，这种火焰的用途最广。

（3）当 $V_{O2}:V_{C2H2}>1.2$ 时称为氧化焰。氧化焰中氧过剩，焊接时对金属有氧化作用。



图4-27 气焊示意图

1-焊件 2-焊缝 3-焊丝 4-火焰 5-焊矩

碳化焰主要用于焊接含碳量较高的高碳钢、高速钢、硬质合金等材料，也可用于铸铁件的焊补。因为这种火焰有增碳作用，可补充焊接过程中碳的烧损。中性焰主要用于低碳钢、低合金钢、高铬钢、不锈钢和紫铜等材料。氧化焰主要用于焊接黄铜、青铜等材料。因为氧化焰可在熔化金属表面生成一层硅的氧化膜（焊丝中含硅），可保护低熔点的锌、锡不被蒸发。

焊接碳钢时，可直接用焊丝焊接。而焊接不锈钢、耐热钢、铜及铜合金、铝及铝合金时，必须用气焊熔剂，以防止金属氧化和消除已经形成的氧化物。例如，焊接纯铜、黄铜时，可用CJ301铜气焊熔剂；焊接铝及铝合金时，可用CJ401铝气焊熔剂。

由于气焊火焰的温度比电弧低，热量少，所以主要用于焊接厚度在 2 mm 左右的薄板。

### 4.6.2 电渣焊

电渣焊是利用电流通过液态熔渣所产生的电阻热作为焊接热源的一种熔化焊方法。在图 4-28 中，焊件 1、6 的两个端面间保持一定的间隙，间隙两侧有两块中间通水冷却的铜滑块 2、9 紧贴在焊件上，使被焊接处构成一个方柱形的空腔。在空腔内，由具有一定导电能力的液态熔渣构成渣池 4。焊接前，先使电极引弧板或铁屑间产生电弧，利用电弧热熔化不断加入的焊剂。待渣池形成一定深度时，熄灭电弧，将焊丝 8 送进渣池中，焊丝和焊件间的电流通过渣池，产生很大的电阻热，使渣池温度继续升高至 1600～2000℃。热量传至焊丝和焊件，使焊丝和焊件边缘熔化，形成金属熔池 3。随着焊丝和焊件边缘的不断熔化，使熔池和渣池不断升高。金属熔池达到一定深度后，熔池底部便逐渐冷却凝固成焊缝。

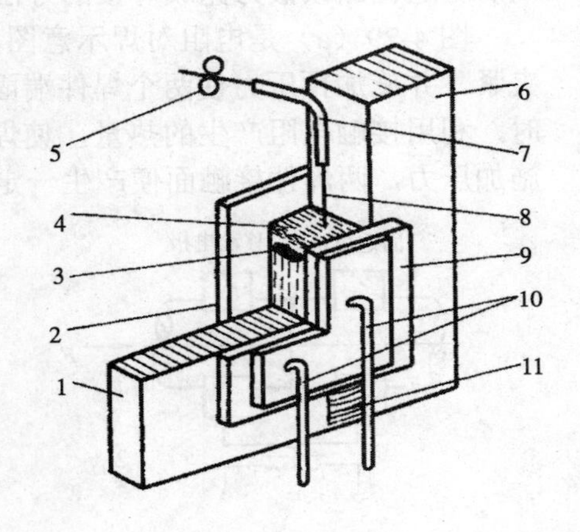


**图 4-28 电渣焊示意图**

1、6-焊件 2、9-冷却滑块 3-金属熔池 4-渣池 5-送丝滚轮 7-软管 8-焊丝 10-冷却水管 11-焊缝

电渣焊的特点：焊件不开坡口，接头处仅留一定间隙；焊件的厚度可达 2000 mm；由于金属熔池由渣池保护，冷却速度也小，所以不易产生气孔、夹渣、裂纹等缺陷。

电渣焊的主要缺点是焊接接头的晶粒粗大，以致其塑性和冲击韧度较低，需要通过热处理来细化晶粒，提高力学性能。

电渣焊在重型机械制造业中得到了广泛应用。我国已应用电渣焊成功地焊接了大型水压机、大型轧钢设备机架和大型发电机转子等重型机件。由于电渣焊能适应焊接大厚度板材的需要，所以在大型容器、船舶制造等方面也得到应用。

### 4.6.3 电阻焊

待焊件装配好后通过电极施加压力，利用电流通过接头的接触面及临近区域产生的电阻热，将其加热至塑性或熔化状态，在外力作用下形成原子间结合的焊接方法称电阻焊，也称接触焊。电阻焊按接触方式分为对焊、点焊和缝焊，如图 4-28 所示。

1. 对焊

按焊接过程和操作方法的不同，对焊可分为电阻对焊和闪光对焊两种。

电阻对焊是将焊件装配成对接接头，使其端面紧密接触，利用电阻热加热至塑性状态，然后迅速施加顶锻力完成焊接的方法。

图 4-29（a）是电阻对焊示意图，首先把两个焊件装在对焊机的两个电极夹具中对齐、夹紧，并施加预压力使两个焊件端面紧贴，然后开始通电。当强电流通过焊件及其接触面时，利用接触电阻产生的热量，使焊件接触处迅速升温而达到塑性状态，随之切断电源，施加压力，两焊件接触面便产生一定的塑性变形而形成接头。

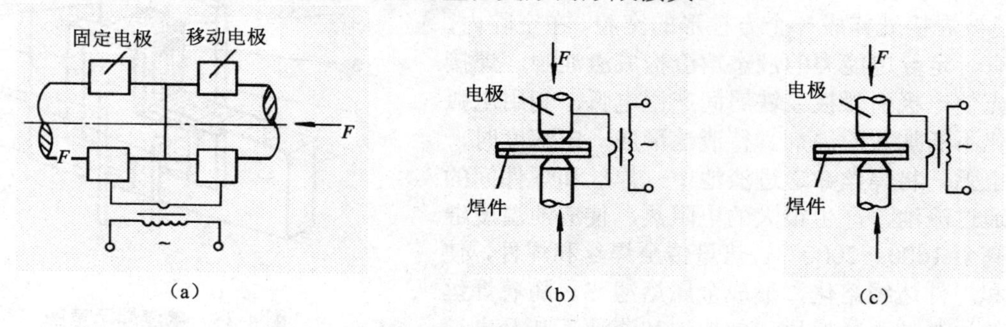


**图 4-29 电阻焊示意图**

(a) 对焊 (b) 点焊 (c) 缝焊

闪光对焊是将焊件装配成对接接头，略有间隙，接通电源，并使其端面逐渐移近达到局部接触，利用电阻热加热这些接触点（产生闪光），使端面金属熔化，直至端部在一定深度范围内达到预定温度时，迅速施加顶锻力完成焊接的方法。

电阻对焊的接头外形光滑无毛刺，但接头强度较低。如果用闪光对焊，则接头强度较高，但金属损耗大，接头有毛刺。

对焊广泛应用于刀具、钢筋、锚链、自行车车圈、钢轨和管道的焊接。

2. 点焊

点焊是将焊件装配成搭接接头，并压紧在两电极之间，利用电阻热融化母材金属，形成焊点的电阻焊方法，如图 4-29（b）所示。

焊接时，首先将表面已清理好的焊件叠合，置于两柱形电极之间并预压夹紧，使焊件接触面紧密接触。然后接通电源，使焊件接触处产生电阻热。由于电极是由中间通水冷却且导热性良好的铜合金制成，它与焊件间接触电阻所产生的热量被电极传走，故热量主要集中在焊件之间接触处，将该处金属加热到熔化状态而形成熔核，熔核周围的金属也被加热到塑性状态，切断电源后，在压力作用下使熔核结晶，即得到组织致密的焊点。

点焊时，熔化金属不与外界空气接触，焊点缺陷少，强度高；焊件表面光滑，变形小。

点焊主要用于焊接薄板构件，低碳钢点焊板料的最大厚度为 2.5～3.0 mm。此外，还可焊接不锈钢、铜合金、钛合金和铝镁合金等材料。

3. 缝焊

缝焊是将焊件装配成搭接接头并置于两滚轮电极之间，滚轮加压焊件并转动，连续或断续送电，形成一条连续焊缝的电阻碍方法。如图 4-29（c）所示。

缝焊焊缝表面光滑平整，具有较好的气密性，常用于焊件要求密封的薄壁容器，在汽车、飞机制造业中应用很广泛。缝焊也常用来焊接低碳钢、合金钢、铝及铝合金等薄板材料。

## 4.6.4 钎焊

钎焊是采用比母材熔点低的金属材料作钎料，将焊件和钎焊加热到高于钎料熔点，低于母材熔点的温度，利用液态钎料润湿母材，填充接头间隙并与母材相互扩散实现连接焊件的方法。

钎焊时，将焊件接合表面清洗干净，以搭接形式组合焊件，把钎料放在接合间隙附近或接合面之间的间隙中。当焊件与钎料一起加热到稍高于钎料的熔化温度后，液态钎料便借助毛细管作用被吸入并流布于两焊件接头的缝隙中，于是在焊件金属和钎料之间进行扩散渗透，凝固后便形成钎焊接头。钎焊过程如图 4-30 所示。

钎焊的特点是钎料熔化而焊件接头并不熔化。为了使钎接部分连接牢固，增强钎料的附着作用，钎焊时要用钎剂，以便清除钎料和焊件表面的氧化物。

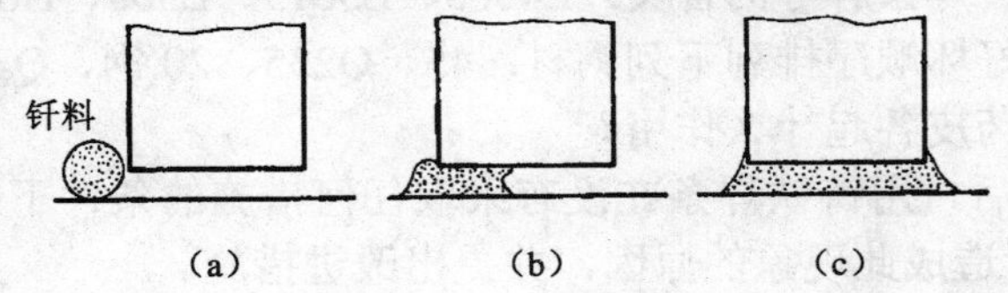


图 4-30 钎焊过程示意图

（a）在接头处放置钎料，并对焊件和钎料加热 （b）钎料熔化并开始流入钎缝间隙

（c）钎料填满整个钎缝间隙，凝固后形成钎焊接头

常用的钎料一般有两类，一类是铜基、银基、铝基、镍基等硬钎料，它们的熔点一般高于 450℃。硬钎料具有较高的强度，可以连接承受载荷的零件，应用比较广泛，如硬质合金刀具，自行车车架等。熔点低于 450℃的钎料称为软钎料，一般由锡、铅、铋等金属组成。软钎料焊接强度低，主要用于焊接不承受载荷但要求密封性好的焊件，如容器、仪表元件

等。钎焊焊接接头表面光洁，气密性好，焊件的组织和性能变化不大，形状和尺寸稳定，可以连接不同成分的金属材料。钎焊的缺点是钎缝的强度和耐热能力都比焊件低。

钎焊在机械、电机、仪表、无线电等制造业中得到了广泛应用。

## 4.7 小　结

本章主要介绍了焊接生产的方法与应用、焊接性能、焊件的结构工艺性等内容。在学习之后，第一，要了解各种焊接方法的特点，了解它们的应用范围，特别是焊条电弧焊的特点和应用范围；第二，了解各种接头形式和坡口形式的适用范围；第三，理解焊接性的含义和评价标准（碳当量），认识这两个概念要结合前面的知识，如非合金钢、低合金钢与合金钢等；第四，了解焊件的结构工艺性的一般原则，同时要做到一般原则与灵活应用相结合，不要死记硬背；第五，由于本章内容实践性强，在生活和生产中应用比较广泛，因此，学习时要利用模型、挂图、实物、电教片等直观性媒体，对照学习，以提高学习效果。

## 4.8 练习与思考题

1．什么是焊接？有何特点？

2．说明下列焊丝、焊条牌号的含义：E4303、E5015、E308、H08、H08MnA。

3．按钢的焊接性好坏顺序排列下列钢材：45、Q235、20 钢、Q345、ZG200-400。

4．焊条的焊芯与药皮各起什么作用？

5．一铸铁件断裂后，用铸铁焊条在没有采取任何措施的条件下进行了焊接，但焊后多处再次开裂，试分析造成此现象的原因，并提出改进措施。

6．焊接接头中机械性能差的薄弱区域在哪里？为什么？

7．低碳钢焊接有何特点？

8．如何防止焊接变形？矫正焊接变形方法有哪几种？

9．下列情况应选择什么焊接方法？简述理由。

（1）低碳钢桁架，如厂房屋架；

（2）厚度 20 mm 的 Q345（16Mn）钢板拼成大型工字梁；

（3）低碳钢薄板（厚 1 mm）皮带罩；

（4）供水管道维修。

# 第 5 章　机械零件毛坯的选择

教学目的：

- 熟练掌握毛坯生产的种类；
- 掌握毛坯选择的原则，结合实际、科学分析、正确选择毛坯的制造方法；
- 了解轴、齿轮类等典型零件的毛坯选择依据。

为了合理地选择毛坯，必须了解毛坯的种类及其特点和选择毛坯应考虑的因素，现介绍如下。

## 5.1　常用毛坯的种类

毛坯的选择对零件工艺过程经济性有很大影响。工序设置，材料消耗，加工工时等在很大程度上都取决于所选择的毛坯。但要提高毛坯质量往往会使毛坯制造困难，需采用较复杂的工艺和昂贵的设备，增加了毛坯的成本。这两者是互相矛盾的，因此毛坯的种类和制造方法的选择要根据生产类型和具体生产条件决定。机械零件常用的毛坯种类主要有型材、铸件、锻件、冲压件、焊接件等。

### 5.1.1 型材

型材一般都是按尺寸分割成一段一段而成为毛坯，或将整条型材作为毛坯送到自动机上切削。其常用型材截面为圆形、方形、六角形和特殊断面形状的型材。对于形状简单和尺寸不大，对纤维方向性要求不严的零件，可直接采用适当规格的型材制造，而不需要锻造。

### 5.1.2　铸件

铸件适于作为形状复杂零件的毛坯。制造铸件常用的材料有铸铁、铸钢和有色金属。铸铁件用于受力不大，以承压为主或要求减振、耐磨的零件；铸钢件用于承受重载而形状复杂的零件，如床身、立柱、箱体、支架和阀体等。根据零件的工艺要求选择不同的铸造方法。

（1）砂型铸造法。砂型铸造法生产的毛坯精度低，因此必须有较大的加工余量，如大型铸件的毛坯公差可达8 mm之多。该铸造方法虽然生产率低，但适应性很广，主要应用于单件和小批生产。

（2）金属型铸造法。采用金属型铸造法铸件的最大重量为250 kg，最小壁厚为3～5 mm，生产效率较高，铸件的精度也较高，其尺寸公差可达1～2 mm。铸件加工余量小，但成本较高，适用于大批量生产外形不太复杂的中小型零件。

（3）离心铸造法。主要用于铸造空心旋转体零件的毛坯，铸件最大重量可达200 kg，最小壁厚为3～5 mm。所铸零件具有较好的机械性能和表面质量，精度可达IT8～IT9级，且材料消耗较低（不需浇冒口）。此法需专用设备，效率高，适用于大批量生产。

（4）熔模铸造法。可铸造各种合金材料、钢、铁等形状复杂的小型零件。铸件精度高，尺寸偏差可达0.5～0.15 mm，表面粗糙度为$R_a3.2$，一般铸造后不需或只需很少的机械加工。

（5）压力铸造法。主要用于各种有色金属及其合金材质的外形复杂或薄壁的零件，铸件最大重量为15 kg，此法生产率高，设备费用高，适用于大量生产。

### 5.1.3 锻件

锻件适用于制造强度要求高、形状比较简单的毛坯。主要应用于承受重载、动载或复杂载荷的重要零件，如主轴、传动轴、杠杆和曲轴等。根据工件的不同工艺要求，可以采用不同的锻造加工方法。

（1）自由锻造。自由锻造加工，锻件的重量一般不受限制，毛坯的制造精度低，尺寸偏差约为1.5～2.5 mm。此法生产效率低，不能锻出形状复杂的毛坯，加工成本低，适用于单件、小批生产。

（2）模锻。模锻加工制成的毛坯尺寸精度较高，尺寸偏差可达0.1～0.2 mm，表面粗糙度为$R_a12.5$～$R_a25$。锻件的纤维组织好，强度高。此法可锻出形状复杂的毛坯，生产率较高，但设备成本高，且需专用锻模，故适用于大批、大量生产。

（3）精锻件。是在精锻机上对轴类零件进行锻造的工艺，锻件最小壁厚为1.5 mm，锻件精度可达0.05～0.1 mm，表面粗糙度为$R_a3.2$～$R_a1.6$。锻造后的毛坯，可不经机械加工或直接进行精加工。节省工时和材料，效率高，改善了劳动条件。

### 5.1.4 冲压件

冲压件是在冷态下压力加工成型的毛坯，不需预热，所以生产率比锻压高，精度也高，毛坯尺寸偏差为0.05～0.30 mm，粗糙度可达$R_a1.6$，可以不再进行机械加工或只进行精加工。适用于加工形状复杂，批量较大的中小尺寸的板料零件。

### 5.1.5　焊接件

焊接件是指将型钢或钢板焊接成零件所需的结构形状，其优点是制造简便，生产周期短。但焊接件的抗震性差，焊接变形较大，因此加工余量也较大，且需经过时效处理消除残余应力后才能进行加工。主要应用于制造金属结构件、组合件和零件的修补。此外，毛坯的类型还有粉末冶金和塑料压制件等。

## 5.2　毛坯选择的原则

选择毛坯时总希望其形状和尺寸作得与成品零件相接近，从而减少加工余量，提高材料利用率，减少机械加工劳动量和减低机械加工费用，但这样使毛坯的制造费用提高了。为了制造出质量高、成本低、竞争力强的产品，需要科学合理地选择毛坯，下面介绍毛坯选择的一般原则和方法。

### 5.2.1　毛坯选择的原则

（1）应满足零件的使用要求。零件的使用要求包括对零件形状、尺寸、精度和表面质量的要求，及工作条件对零件性能的要求。工作条件一般指零件的受力情况、工作温度和接触的介质等。机械中各零件的功能不同，其使用要求也不同，甚至有很大差异，所以它们的毛坯在选材和具体制造方法上差别很大。在任何情况下，选择毛坯时都首先保证零件的使用要求。

（2）降低制造成本。零件的制造成本包括本身的材料费、消耗的燃料和动力费、工资、设备和工艺装备的折旧费，以及其他辅助性费用。毛坯选择时，可在保证零件使用性能的条件下，把几个可供选择的方案从经济上进行分析比较，从中选择出制造成本最低的方案。

（3）考虑生产条件。考虑生产条件时，应首先分析本厂的设备条件和技术水平，考虑能否实现毛坯制造方案的要求。如不能满足要求，则应考虑某些零件的毛坯可否通过厂间协作或外购解决。

上述三项原则是相联系的，考虑时应在保证第一项原则的前提下，力求做到质量好、成本低和制造周期短。

### 5.2.2 毛坯具体选择时考虑的因素

毛坯的选择包括毛坯的材料、种类和成形方法，具体选择时应考虑以下因素。

（1）生产批量。当产量大时，应采用精度和生产率高的毛坯制造方法，虽然用于毛坯制造的设备和工艺装备费用高，但可通过节省的材料费和机械加工费等来补偿。当产量小时，则宜采用精度和生产率低的毛坯制造方法，使毛坯容易制造、成本低、生产周期短。但增加了机械加工工时和费用。

（2）材料。一般零件材料确定后，毛坯的种类也就基本上确定了。例如材料为铸铁时只能选铸件；重要的受力复杂的钢质零件，为获得优良的力学性能，均应选用锻件，而不宜选用型材做毛坯。

（3）零件的结构、形状与外形尺寸。对于一般的轴类零件来说，若各段台阶直径相差不大，可直接选用型材；若直径相差较大，则可采用锻件。大型零件只能采用自由锻件、砂型铸件或焊接件。

（4）现有生产条件。选择毛坯时还应考虑现场制造毛坯的实际工艺水平、设备状况及外协的可能性与经济性。

## 5.3 典型零件的毛坯选择

常用的机械零件按形状特征和用途不同，可分为轴杆类、饼块及盘套类、机架类零件。

### 5.3.1 轴杆类零件

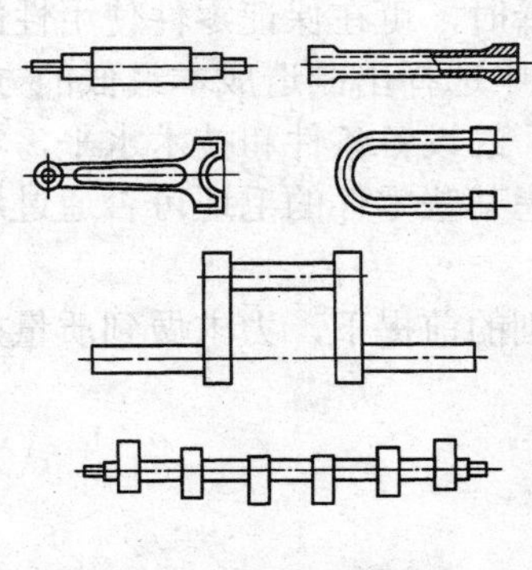

图5-1 轴杆类零件

轴杆类零件的结构特点是其轴向（纵向）尺寸远大于径向（横向）尺寸，常见的有各种实心轴和空心轴、直轴和弯轴、同心轴和偏心轴以及各类管件、杆件等（见图5-1）。

按照承载情况不同，轴又可分为转轴、心轴和传动轴三类。

工作时既承受弯矩又承受扭矩作用的轴称为转轴，如支承齿轮、带轮的轴。转轴是机械上最常见的轴。

用来支承转动零件，但其本身只承受弯矩作用而不传递扭矩的轴称为心轴，如火车轮轴、汽车和自行车的前轴、滑轮轴等。

主要用来传递扭矩，不承受或只承受很小弯矩作用的轴称为传动轴，如车床上的光杠。还有少数的轴是承受轴向力作用的，如车床上的丝杠、锤杆、连杆等。

轴杆零件一般都是各种机械中重要的受力和传动零件，因此，除直径无变化的光轴外，各种轴杆零件几乎都以锻件为毛坯。最常用的材料是中碳钢，其中以45钢使用最多，经调质处理后，具有较好的综合机械性能。合金结构钢具有比碳钢更好的机械性能，可以在承受重载或冲击载荷以及要求提高轴颈耐磨性等情况下采用，常用的合金钢材料有40Cr、40CrNi、20CrMnTi、30CrMnTi等。在满足使用要求的前提下，某些具有异形断面或弯曲轴线的轴，如凸轮轴、曲轴等，也可采用QT45-40、QT50-5、QT60-2等球墨铸铁毛坯，以降低制造成本。

在有些情况下，也可采用锻—焊或铸—焊结合的方法制造轴杆类零件毛坯，图5-2所示的汽车排气阀，将合金耐热钢的阀帽与普通碳素钢的阀杆焊接成一体，节约了合金钢材料。

我国60年代初期制造的1200 t水压机，其立柱即采用铸—焊结构（见图5-3）。该立柱长l8 m，净重80 t，采用ZG35，分成6段铸造，粗加工后采用电渣焊拼焊成整体毛坯。

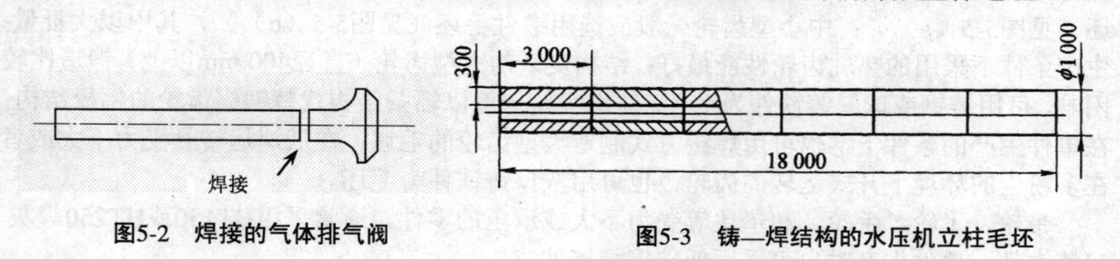


图5-2 焊接的气体排气阀

图5-3 铸—焊结构的水压机立柱毛坯

## 5.3.2 饼块及盘套类零件

饼块及盘套类零件的轴向尺寸一般小于径向尺寸，或者两个方向的尺寸相差不大。属于这类零件的有各种齿轮、带轮、飞轮、模具、联轴节、套环、轴承环等，如图5-4和图5-5所示。

由于这类零件在各种机械中有不同的工作条件和使用要求，因此它们所用的材料和毛坯也各不相同。仍以齿轮为例，它是各种机械中的重要传动零件，运转时，主要的受力部位是轮齿，两个相互啮合的轮齿之间通过一个狭小的接触面来传递力和运动，因此，齿面上要承受很大的接触应力和摩擦力。这就要求轮齿表面有足够的强度和硬度；同时，齿根部分要能承受较大的弯曲应力；齿轮在运转过程中有时还要承受冲击力的作用，因此齿轮的本体也要有一定的强度和韧性。

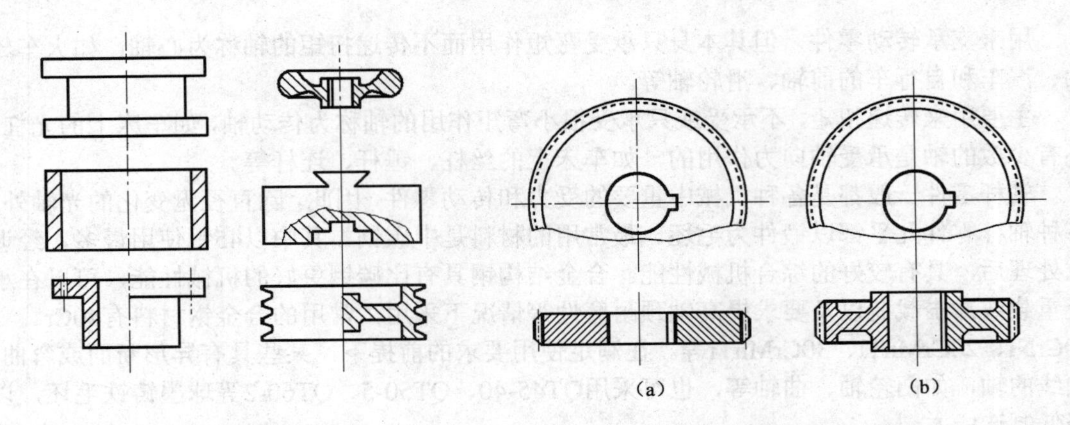


图5-4 盘套类零件

图5-5 不同毛坯类型的齿轮

根据以上分析，齿轮一般应选用具有良好综合机械性能的中碳钢（如40、45钢）制造，采用正火或调质处理；重要机械上的齿轮可选用20Cr、18CrMnTi等合金渗碳钢，逆行渗碳、氮化处理；在单件或小批量生产的条件下，直径100 mm以下的小齿轮也可以选用圆钢为毛坯（见图5-5（a））；中小型齿轮一般应选用锻件毛坯（见图5-5（b）），其中以大批量生产条件下采用的热轧齿轮性能最好；结构复杂的大型齿轮（直径400 mm以上）锻造比较困难，可用铸钢或球墨铸铁件为毛坯。铸造齿轮一般以辐条结构代替锻钢齿轮的幅板结构；在单件生产的条件下，也可用焊接方式制造大型齿轮的毛坯；在低速运转且受力不大或者在多粉尘的环境下开式运转的齿轮，也可用灰口铸铁件为毛坯。

带轮、飞轮、手轮、和垫块等受力不大或承压的零件，通常采用HT150或HT250等灰口铸铁件，单件生产时也可采用低碳钢焊接件。

法兰、套环、垫圈等零件，根据受力情况及形状、尺寸等，可分别采用铸铁件、铸钢件或圆钢为毛坯；厚度较小者在单件或小批量生产时，也可直接用钢板下料。

各种模具毛坯均采用合金钢锻造，热锻模常用5CrNiMo、5CrMnMo等热模具钢，并经淬火和中温回火；冲压模常用Cr12、Cr12CoV等冷模具钢，并经淬火和低温回火处理。

### 5.3.3 机架类零件

这类零件包括各种机械的机身，底座、支架、横梁、工作台，以及齿轮箱、轴承座、阀体，泵体等（见图5-6）。这类零件的特点是形状不规则，结构比较复杂。重量从几千克直到数十吨。工作条件也相差很大，其中一般的基础零件，如机身，底座等，以承压为主，并要求有较好的刚度和减振性；有些机械的机身、支架往往同时承受压、拉和弯曲应力的联合作用，或者还有冲击载荷；工作台和导轨等零件，则要求有较好的耐磨性；箱体零件一般受力不大，但要求有良好的刚度和密封性。

鉴于这类零件的结构特点和使用要求，通常都以铸件为毛坯，且以铸造性能良好、价格便宜，并有良好耐压、耐磨和减振性能的铸铁件为主；受力复杂或受较大冲击载荷的零件则采用铸钢件；在单件生产或工期要求急迫的情况下，也可采用焊接件。焊接结构还可减轻零件重量，但刚度和减振性不如铸件。

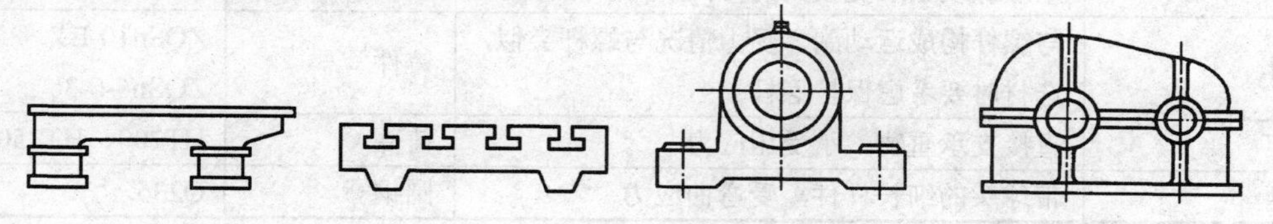

图5-6　机架、箱体类零件

### 5.3.4　毛坯选择举例

图5-7所示是起重量为4 000 kg的螺旋起重器，它的支座、螺杆、螺母、托杯和手柄等主要零件的材料和毛坯选择方案列于表5-1。

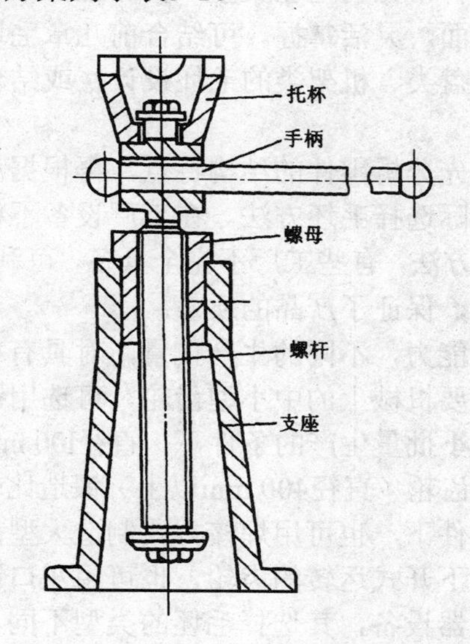


图5-7　螺旋起重器

表5-1 螺旋起重器部分零件的材料和毛坯选择

| 零件名称 | 结构特征及受力状况 | 毛坯类别 | 材料 |
| --- | --- | --- | --- |
| 支座 | 带有锥度和内腔的基础零件，承受压应力 | 铸件 | HT200、HT250 |
| 螺杆 | 沿轴线方向有压应力<br>矩形螺纹上承受较大的弯曲应力和摩擦力 | 铸件 | 40或45钢 |
| 螺母 | 与螺杆构成运动副，受力情况与螺杆类似，选材时要考虑保护螺杆 | 铸件 | ZQSn10-1或<br>ZQSn6-6-3 |
| 托杯 | 直接支承重物，承受压应力 | 铸件 | HT200、HT250 |
| 手柄 | 带球头的细长杆件，受弯曲应力 | 圆钢 | Q235 |

# 5.4 小 结

本章内容主要应掌握典型零件毛坯的选择方法，熟悉毛坯生产的类型及其应用。

毛坯的生产类型介绍了几种常见的毛坯类型，实际生产中毛坯的生产形式多种多样，学习时应结合实际，拓展知识面，灵活掌握。可结合前几章毛坯制造方法的介绍，作零件的毛坯设计大作业，如轴类、盘类、机架类的毛坯设计，或结合工厂实习，学生自己确定某零件的毛坯设计作业。

典型零件的毛坯选择应首先分析零件的结构特点，再根据承载、受力状况，确定毛坯的制造方法，但要注意结合实际选择毛坯方法。在工厂设备不精确、不完备的情况下，应以技术力量为主，如特种铸造方法，有些工厂不完全具备，可利用砂型铸造成本低的特点，通过工艺人员高超的操作技术，保证了产品的质量。

不同的机器，不同的承载能力，不同的生产批量，对具有相同结构特点的零件，可有不同的毛坯选择方法。如在重要机械上的中小型齿轮，可选用锻件毛坯；大批量生产条件下可采用热轧齿轮；在单件或小批量生产的条件下，直径100 mm以下的小齿轮也可以选用圆钢为毛坯；结构复杂的大型齿轮（直径400 mm以上）锻造比较困难，可用铸钢或球墨铸铁件为毛坯；在单件生产的条件下，也可用焊接方式制造大型齿轮的毛坯；在低速运转且受力不大或者在多粉尘的环境下开式运转的齿轮，也可用灰口铸铁件为毛坯。

不同的结构类型，同一机器设备，其选择毛坯的类型不同，如重要轴类、齿轮类零件主要以选优质钢锻造为主；机架类零件主要以铸铁件为主，受力复杂或受较大冲击载荷的零件则采用铸钢件；大型复杂件应考虑采用铸—焊、锻—焊联合工艺。

## 5.5　练习与思考题

1．举例说明减速器中某个零件的毛坯类型。
2．举例说明CA6140车床中某个零件的毛坯类型。
3．试分析齿轮类零件毛坯方法的选择。
4．机架类零件为什么常采用铸造方法生产毛坯？
5．举例说出实习中所看到的毛坯件，选择是否合理？
6．在实习中看到的毛坯制造方法有哪些？生产特点如何？

# 第 6 章　金属切削加工基础知识

**教学目的：**

- 了解切削力、切削热、刀具耐用度等基本概念；
- 掌握刀具材料及其选择原则知识；
- 熟悉切削运动、刀具主要角度的基本知识；
- 了解切削加工性及切削用量的选择原则，为以后章节提供必要的基础知识。

## 6.1　切削运动及切削要素

### 6.1.1　零件的种类及其表面形成

任何机器或机械装置都是由多个零件组成的。组成机械设备的零件虽然多种多样，但最常见的有以下三种：

（1）轴类零件，如传动轴、齿轮轴、螺栓等；

（2）盘套类零件，如齿轮、端盖、挡环等；

（3）支架箱体类零件，如减速器机体和机盖等，如图 6-1 所示。

任何一个零件都是由若干个表面组成的，组成零件的表面如图 6-2 所示，主要有以下几种。

圆柱面——是以直线为母线，以圆为轨迹，且母线垂直于轨迹所在平面作旋转运动所形成的表面，见图 6-2（a）。

圆锥面——是以直线为母线，以圆为轨迹，且母线与轨迹所在平面相交成一定角度作旋转运动所形成的表面，见图 6-2（b）。

平面——是以直线为母线，以另一直线为轨迹作平移运动时所形成的表面，见图 6-2（c）。

成形面——是以曲线为母线，以圆为轨迹作旋转运动或以直线为轨迹作平移运动时所形成的表面，见图 6-2（d）、图 6-2（e）。

不同的表面需采用不同的加工方法，加工零件就是要按顺序、合理地加工出各个表面。

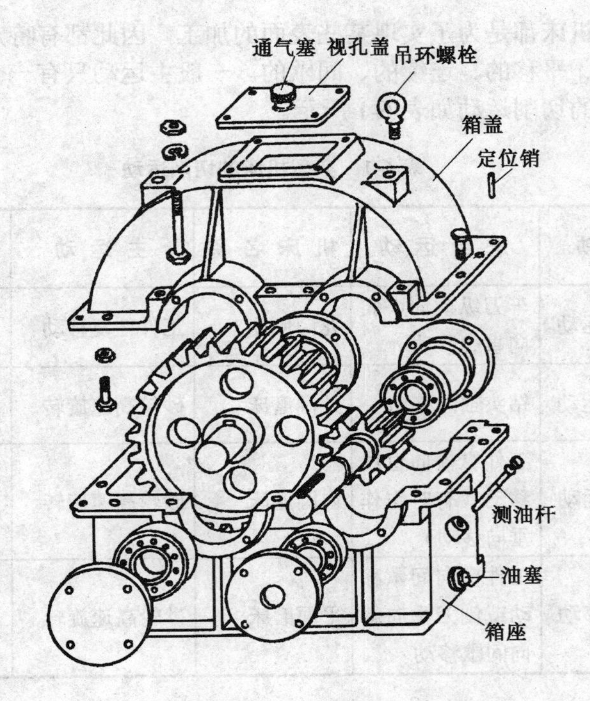


图6-1　减速器

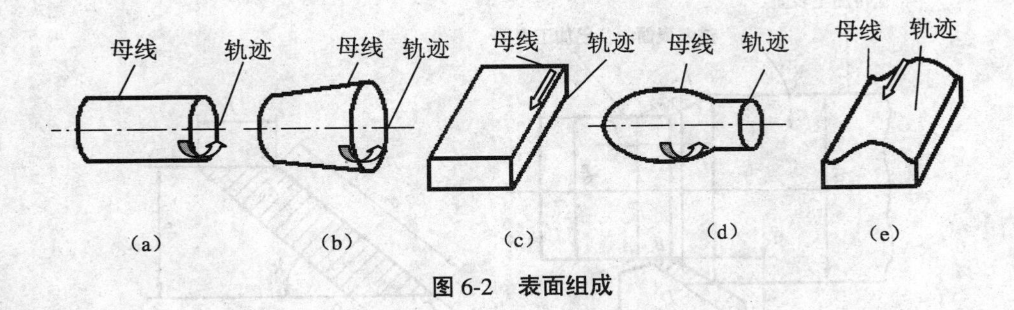


图 6-2　表面组成

## 6.1.2　切削运动

各种表面均可视为母线沿轨迹运动形成。在机床上要加工出各种表面，刀具与工件之间必须要有适当的相对运动，即所谓的切削运动。切削运动分主运动和进给运动。主运动是切下切屑所需要的最基本的运动；进给运动是使刀具能继续切下金属层所需要的运动。

各种切削加工机床都是为了实现某些表面的加工，因此都有特定的切削运动。切削运动的形式有旋转的、平移的、连续的、间歇的。一般主运动只有一个，进给运动可多于一个。几种典型机床的切削运动如表 6-1 所示。

**表 6-1 典型机床的切削运动**

| 机床名称 | 主运动 | 进给运动 | 机床名称 | 主运动 | 进给运动 |
|---|---|---|---|---|---|
| 车床 | 工件旋转运动 | 车刀纵横向、斜向直线移动 | 龙门刨床 | 工件往复移动 | 刨刀纵横向、斜向间歇移动 |
| 钻床 | 钻头旋转运动 | 钻头轴向移动 | 外圆磨床 | 砂轮高速旋转 | 工件转动，同时工件往复移动或砂轮横向移动 |
| 卧、立铣 | 铣刀旋转运动 | 工件纵横向直线移动（有时也作垂向移动） | 内圆磨床 | 砂轮高速旋转 | 工件转动，同时工件往复移动或砂轮横向移动 |
| 牛头刨床 | 刨刀往复移动 | 工件横向间歇移动或刨刀垂向斜向间歇移动 | 平面磨床 | 砂轮高速旋转 | 工件往复移动，砂轮横向、垂向移动 |

在切削过程中，工件上形成三种表面，如图 6-3 所示。

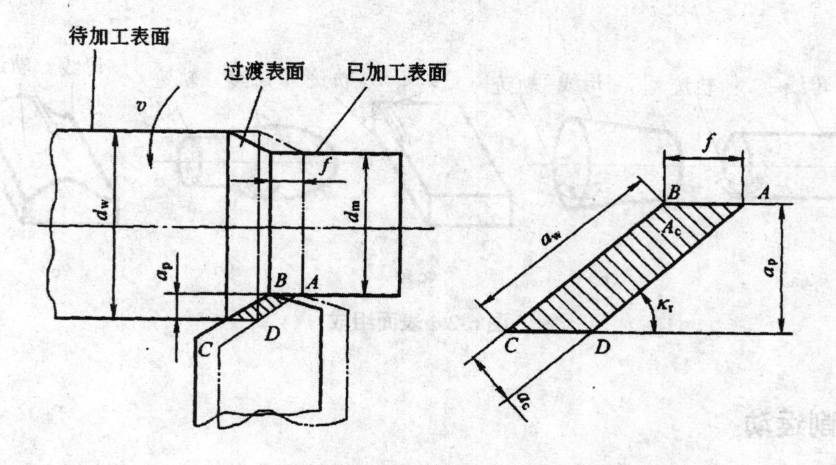


**图 6-3 车削时的切削要素**

（1）待加工表面。工件上将被切去一层金属表面。

（2）已加工表面。工件上将被刀具切削后形成的新的金属表面。

（3）加工表面。工件上正在被切削的金属表面。

### 6.1.3　切削要素

切削要素包括切削用量三要素和切削层的几何参数。

1. 切削用量三要素

切削加工时，需要根据加工条件选定适当的切削速度 $v$、进给量 $f$ 和背吃刀量 $a_p$ 的数值，称之为切削用量三要素。

（1）切削速度 $v$。在单位时间内，工件和刀具沿主运动方向相对移动的距离（m/min）。车、钻、铣、磨的切削速度计算公式如下：

$$v = \pi dn/1000$$

式中　$d$——工件加工表面或刀具的最大直径（mm）；

$n$——工件或刀具的转速（r/min）。

（2）进给量 $f$。在主运动的一个循环时间内，刀具和工件之间沿进给运动方向相对移动的距离。

（3）背吃刀量 $a_p$。对于车削和刨削来说，背吃刀量 $a_p$ 是工件上待加工表面和已加工表面间的垂直距离（mm）。车削圆柱面的 $a_p$ 为该次切除余量的一半；刨削平面的 $a_p$ 为该次的切削余量。

2. 切削层参数

车削时工件转过一转，车刀主切削刃移动一个 $f$ 距离，车刀所切下来的金属层称为切削层。切削层的参数有切削宽度 $a_w$、切削厚度 $a_C$ 和切削面积 $A_C$。

（1）切削宽度 $a_w$——是刀具主切削刃与工件的接触长度（mm）。

（2）切削厚度 $a_c$——工件每转过一转，车刀主切削刃相邻两个位置间的垂直距离（mm）。

（3）切削面积 $A_C$——工件被切下的金属层沿垂直主运动方向所截取的截面面积（$mm^2$）。

## 6.2　金属切削刀具

切削过程中，直接完成切削工作的是刀具。无论哪种刀具，一般都由切削部分和夹持部分组成。夹持部分是用来将刀具夹持在机床上的部分，要求它能保证刀具正确的工作位置，传递所需要的运动和动力，并且夹固可靠，装卸方便。切削部分是刀具上直接参加切削工作的部分，刀具切削性能的优劣，取决于切削部分的材料、角度和结构。

## 6.2.1 刀具材料

### 1. 对刀具材料的基本要求

刀具材料是指切削部分的材料。它在高温下工作，要承受较大的压力、摩擦、冲击和振动等，因此应具备以下基本性能。

（1）较高的硬度，刀具材料的硬度必须高于工件材料的硬度，常温硬度在60HRC以上。

（2）足够的强度和韧度，以承受切削力、冲击和振动。

（3）好的耐磨性，以抵抗切削过程申的磨损，维持一定的切削时间。

（4）高的耐热性，以便在高温下仍能保持较高硬度，又称为红硬性或热硬性。

（5）好的工艺性，以便于制造各种刀具。工艺性包括锻造、轧制、焊接、切削加工、磨削加工和热处理性能等。目前尚没有一种刀具材料能全面满足上述要求。因此，必须了解常用刀具材料的性能和特点，以便根据工件材料的性能和切削要求，选用合适的刀具材料。

### 2. 常用的刀具材料

目前，在切削加工中常用的刀具材料有：碳素工具钢、合金工具钢、高速钢、硬质合金及陶瓷材料等。碳素工具钢硬度较高、价廉，但耐热性较差（表6-2）。在碳素工具钢中加入少量的Cr、W、Mn、Si等元素，形成合金工具钢（如9SiCr等），可适当减少热处理变形和提高耐热性，如表6-2所示。

表6-2 常用刀具材料

| 刀具材料 | 代表牌号 | 基本性能 | | | | | | |
|---|---|---|---|---|---|---|---|---|
| | | 硬度 HRA（HRC） | 抗弯强度 $\sigma_b$ | | 冲击韧度 $\alpha_k$ | | 耐热性℃ | 切削速度之比 |
| | | | $GP_a$ | kg/mm$^2$ | kJ/m$^2$ | kg·m/cm | | |
| 碳素工具钢 | T10A | 81～83（60～64） | 2.45～2.75 | 250～280 | — | — | -200 | 0.2～0.4 |
| 合金工具钢 | 9SiCr | 81～83.5（60～65） | 2.45～2.75 | 250～280 | — | — | 250～300 | 0.5～0.6 |
| 高速钢 | W18CrV | 82～87（62～69） | 3.43～4.41 | 350～450 | 98～490 | 1～5 | 540～650 | |
| 硬质合金 | YG8 | 89.5～91 | 1.08～1.47 | 110～150 | 19.6～39.2 | 0.2～0.4 | 800～900 | 6 |
| | YT15 | 89.5～92.5 | 0.88～1.27 | 90～130 | 2.9～6.8 | 0.03～0.07 | 900～1000 | 6 |
| 陶 瓷 | AM | 91～94 | 0.44～0.83 | 45～85 | — | — | ＞1200 | 12～14 |

由于这两种刀具材料的耐热性较低，常用来制造一些切削速度不高的手工工具，如锉刀、锯条、铰刀等；较少用于制造其他刀具。目前生产中应用最广的刀具材料是高速钢和硬质合金，而陶瓷刀具主要用于精加工。

## 6.2.2 刀具角度

切削刀具的种类虽然很多，但它们切削部分的结构要素和几何角度有着许多共同的特征。各种多齿刀具或复杂刀具，就每个刀齿而言，都相当于一把车刀的刀头。下面以车刀为例，进行分析和研究刀具的角度。

### 1. 车刀切削部分的组成

车刀切削部分主要由“三面两刃一尖”组成的，即前刀面、主后刀面和副后刀面；主切削刃、副切削刃和刀尖，如图 6-4 所示。

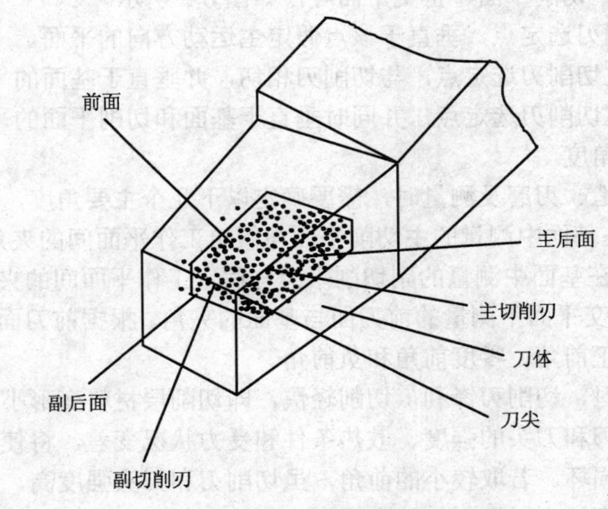


图 6-4 外圆车刀

（1）前面，刀具上切屑流过的表面。

（2）后刀面，刀具上与工件上切削中产生的表面相对的表面。同前刀面相交形成主切削刃的后刀面称为主后刀面；同前刀面相交形成副切削刃的后刀面称为副后刀面。

（3）切削刃，切削刃是指刀具前刀面上拟作切削用的刃，有主切削刃和副切削刃之分。主切削刃是起始于切削刃上主偏角为零的点，切削时，主要的切削工作由它来负担。副切削刃是指切削刃上除主切削刃以外的刃，亦起始于主偏角为零的点，但它向背离主切削刃的方向延伸。切削过程中，它也起一定的切削作用，但不是很明显。

（4）刀尖，主切削刃与副切削刃的连接处相当少的一部分切削刃，称为刀尖。实际刀具的刀尖并非绝对尖锐，而是一小段曲线或直线，分别称为圆弧刀尖和倒角刀尖。

2. 车刀切削部分的主要角度

刀具要从工件上切除余量，就必须使它的切削部分具有一定的切削角度。为定义、规定不同角度，适应刀具在设计、制造及工作时的多种需要，需选定空间的基准坐标平面作为参考系。其中用于定义刀具设计、制造、刃磨和测量时几何参数的参考系，称为刀具静止参考系，用于规定刀具进行切削加工时几何参数的参考系，称为刀具工作参考系。工作参考系与静止参考系的区别在于用实际的合成运动方向取代假定主运动方向，用实际的进给运动方向取代假定进给运动方向。

（1）刀具静止参考系

它主要包括基面、切削平面、正交平面等，如图 6-5 所示。

① 基面。过切削刃选定点，垂直于该点假定主运动方向的平面。

② 切削平面。过切削刃选定点，与切削刃相切，并垂直于基面的平面。

③ 正交平面。过切削刃选定点，并同时垂直于基面和切削平面的平面。

（2）车刀的主要角度

在车刀设计、制造、刃磨及测量时，需要确定以下几个主要角度，如图 6-6 所示。

① 主偏角 $K_r$。在基面中测量的主切削平面与假定工作平面间的夹角。

② 副偏角 $K_r'$ 。在基面中测量的副切削平面与假定工作平面间的夹角。

③ 前角 $\gamma_0$。在正交平面中测量的前刀面与基面的夹角。根据前刀面和基面相对位置的不同，又分别规定为正前角、零度前角和负前角。

当取较大的前角时，切削刃锋利，切削轻快，即切削层材料变形小，切削力也小。但当前角过大时，切削刃和刀头的强度、散热条件和受力状况变差，将使刀具磨损加快，耐用度降低，甚至崩刃损坏。若取较小的前角，虽切削刃和刀头强度高，散热条件和受力状况也较好，但切削刃变钝，对切削加工也不利。

前角的大小常根据工件材料、刀具材料和加工性质来选择。当工件材料塑性大、强度和硬度低，刀具材料的强度和韧性好，精加工时，取大的前角；反之取较小的前角。例如，用硬质合金车刀切削结构钢件，$\gamma_0$ 可取 10°～20°；切削灰口铸铁件，$\gamma_0$ 可取 5°～15°等。

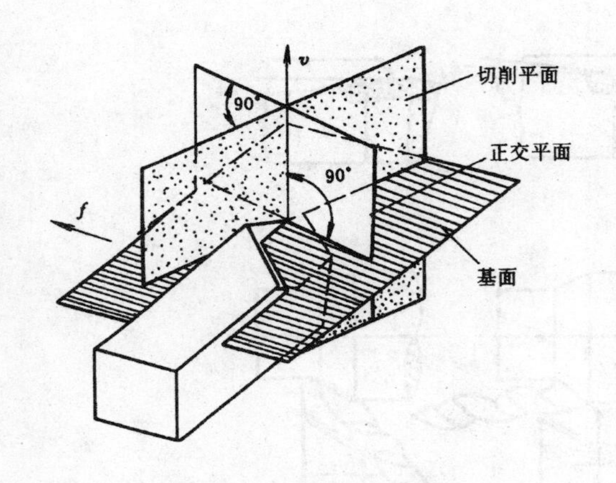


图 6-5　刀具静止参考系的平面

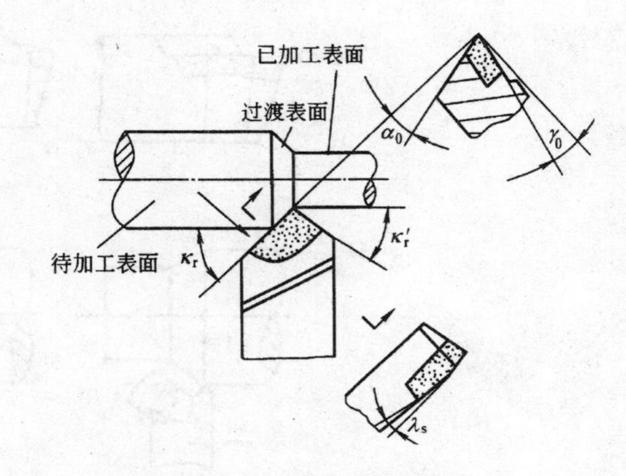


图 6-6　车刀的主要角度

④ 后角 $\alpha_0$。在正交平面中测量的后刀面与切削平面间的夹角。

后角的主要作用是减少刀具后刀面与工件表面间的摩擦，并配合前角改变切削刃的锋利与强度。后角大，摩擦小，切削刃锋利。但后角过大，将使切削刃变弱，散热条件变差，加速刀具磨损。反之，后角过小，虽切削刃强度增加，散热条件变好，但摩擦加剧。

后角的大小常根据加工的种类和性质来选择。例如，粗加工或工件材料较硬时，要求切削刃强固，后角取较小值，$\alpha_0$=6°～8°。反之，对切削刃强度要求不高，主要希望减小摩擦和已加工表面的粗糙度值，后角可取稍大的值，$\alpha_0$=8°～12°。

⑤ 刃倾角 $\lambda_s$。在主切削平面中测量的主切削刃与基面间的夹角。刃倾角有正、负和零值之分（见图 6-7）。

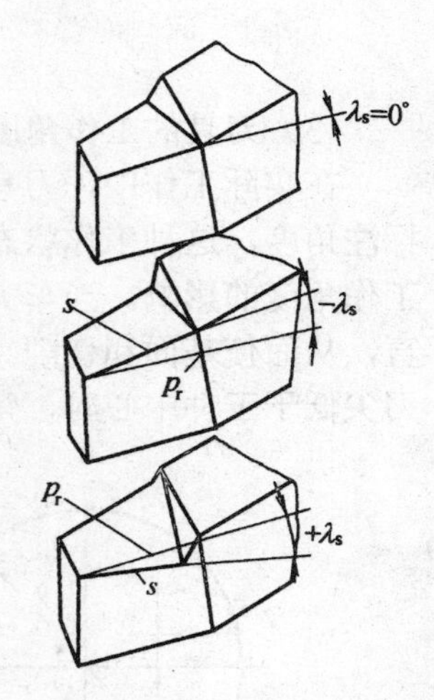


图 6-7　刃倾角

刃倾角主要影响刀头的强度、切削分离和排屑方向（见图 6-8）。负的刃倾角可起到增强刀头的作用，但会使背向力增大，有可能引起振动，而且还会使切屑排向已加工表面，可能划伤、拉毛已加工表面。因此，粗加工时为了增强刀头，$\lambda_s$ 常取负值；精加工时为了保护已加工表面，$\lambda_s$常取正值或零值。车刀的刃倾角一般在-5°～+5°之间选取。有时为了提高刀具的耐冲击能力，$\lambda_s$可取较大的负值。

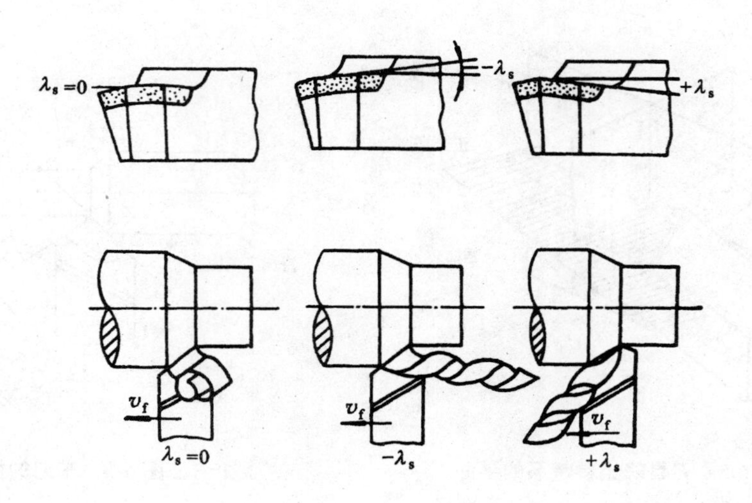


**图 6-8 刃倾角及其对排屑方向的影响**

（3）刀具的工作角度

在实际工作中，刀具安装位置及切削合成运动方向的变化会使刀具的实际角度有别于标注角度，这种工作状态下的刀具角度称为工作角度。如图 6-9 所示，为车刀安装位置对工作角度的影响。当车刀刀尖高于工作中心，切削点处的切削速度方向就不与刀杆底面垂直，从而使基面和切削平面的位置发生变化，工作前角 $\gamma_{oe}$ 增大，而工作后角 $\alpha_{oe}$ 减小。当刀尖低于工件中心时，角度的变化情况相反，工作前角减小，工作后角增大。

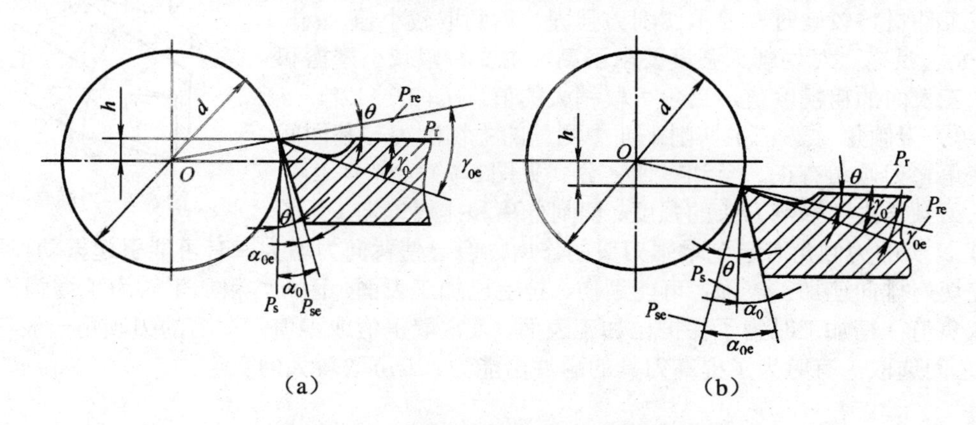


**图 6-9 车刀安装高低对工作角度的影响**

（a）偏高　　（b）偏低

### 6.2.3　刀具结构

刀具的结构形式对刀具的切削性能、切削加工的生产效率和经济效益有着重要的影响。下面仍以车刀为例，说明刀具结构的演变和改进。

车刀的结构形式有整体式、焊接式、机夹重磨式和机夹可转位式等几种。早期使用的车刀，多半是整体结构，对贵重的刀具材料消耗较大。焊接式车刀的结构简单、紧凑、刚性好，而且灵活性较大，可以根据加工条件和加工要求，较方便地磨出所需的角度，应用十分普遍。然而，焊接式车刀的硬质合金刀片经过高温焊接和刃磨后，产生内应力和裂纹，使切削性能下降，对提高生产效率很不利。

为了避免高温焊接所带来的缺陷，提高刀具切削性能，并使刀柄能多次使用，可采用机夹重磨式车刀。其主要特点是刀片与刀柄是两个可拆开的独立元件，工作时靠夹紧元件把它们紧固在一起。

近年来，随着自动机床、数控机床和机械加工自动线的发展，无论焊接式车刀还是机夹重磨式车刀，由于换刀、调刀等造成停机时间损失，都不能适应需要，因此研制了机夹可转位式车刀。实践证明，这种车刀不但在自动化程度高的设备上，而且在通用机床上，都比焊接式车刀或机夹重磨式车刀优越，是当前车刀发展的主要方向。

所谓机夹可转位式车刀，是将压制有一定几何参数的多边形刀片，用机械夹固的方法装夹在标准的刀体上。使用时，刀片上一个切削刃用钝后，只需松开夹紧机构，将刀片转位换成另一个新的切削刃，便可继续切削，如图 6-10 所示。

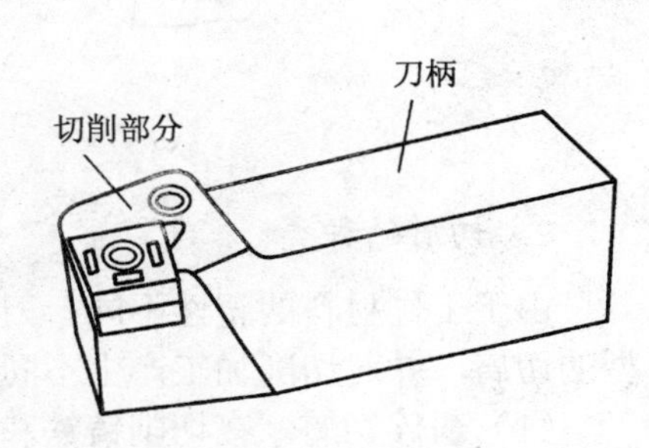


图6-10　机夹可转位车刀

机夹可转位式车刀提高了刀具的切削性能；减少了调刀停机时间，不需重磨，生产效率高。

## 6.3　切削过程中的物理现象

随着切削加工技术的发展和进步，金属切削过程的分析与研究，对保证加工质量，降低生产成本，提高生产率，有着十分重要的意义。因为切削过程中的许多物理现象，如切削力、切削热、刀具磨损以及加工表面质量等。都是以切屑形成过程为基础的，而生产实践中出现的许多问题，如振动、卷屑和断屑等，都同切削过程有着密切的关系。下面对这些现象和规律，作简单的分析和讨论。

### 6.3.1 切屑形成过程及切屑种类

1. 切屑形成过程

金属的切削过程实际上与金属的挤压过程很相似。切削塑性金属时，材料受到刀具的作用以后，开始产生弹性变形。随着刀具继续切入，金属内部的应力、应变继续加大。当应力达到材料的屈服点时，产生塑性变形。刀具再继续前进，应力进而达到材料的断裂强度，金属材料被挤裂，并沿着刀具的前刀面流出而成为切屑，如图 6-11 所示。

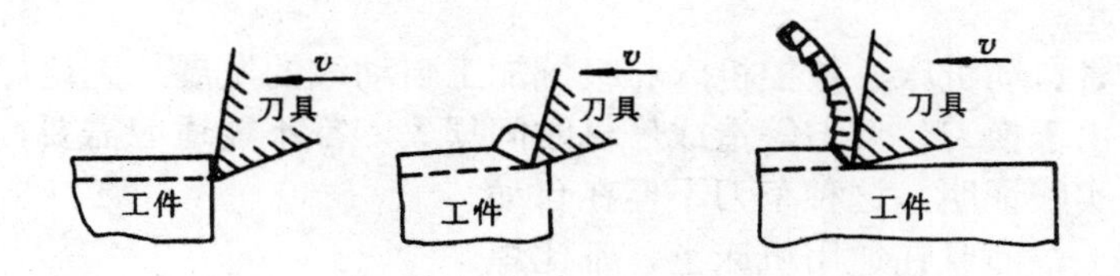


图6-11 切屑形成过程

2. 切屑的种类

由于工件材料的塑性不同、刀具的前角不同或采用不同的切削用量等，会形成不同类型的切屑，并对切削加工产生不同的影响。常见的切屑有如下几种（见图 6-10）。

（1）崩碎切屑。在切削铸铁和黄铜等脆性材料时，切削层金属发生弹性变形以后，一般不经过塑性变形就突然崩落，形成不规则的碎块状屑片，即为崩碎切屑（见图 6-12（a））。产生崩碎切屑时，切削热和切削力都集中在主切削刃和刀尖附近，刀尖容易磨损，并容易产生振动，影响表面质量。

（2）带状切屑。在用大前角的刀具、较高的切削速度和较小的进给量切削塑性材料时，容易得到带状切屑（见图 6-12（b））。形成带状切屑时，切削力较平稳，加工表面较光洁，但切屑连续不断，不太安全或可能刮伤已加工表面，因此要采取断屑措施。

（3）节状切屑。在采用较低的切削速度和较大的进给量粗加工中等硬度的钢材时，容易得到节状切屑（见图 6-12（c））。形成这种切屑时，金属材料经过弹性变形、塑性变形、挤裂和切离等阶段，是典型的切削过程。由于切削力波动较大，工件表面较粗糙。

切屑的形状可以随切削条件的不同而改变。在生产中，常根据具体情况采取不同的措施来得到需要的切屑，以保证切削加工的顺利进行。例如，加大前角、提高切削速度或减小进给量，可将节状切屑转变成带状切屑，使加工的表面较为光洁。

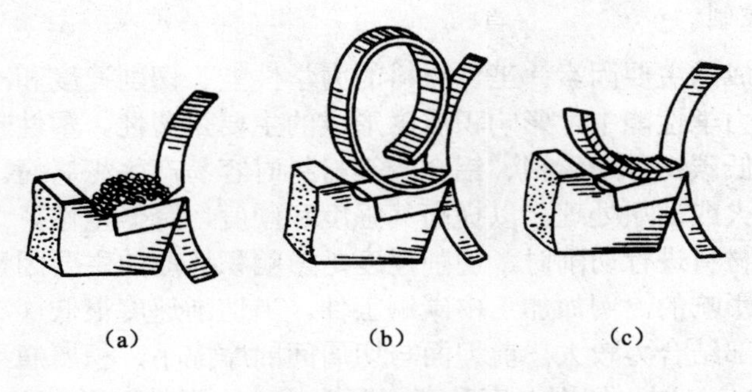


图6-12　切屑种类

## 6.3.2　积屑瘤

在一定范围的切削速度下切削塑性金属时，常发现在刀具前刀面靠近切削刃的部位粘附着一小块很硬的金属，这就是积屑瘤，或称刀瘤，如图 6-13 所示。

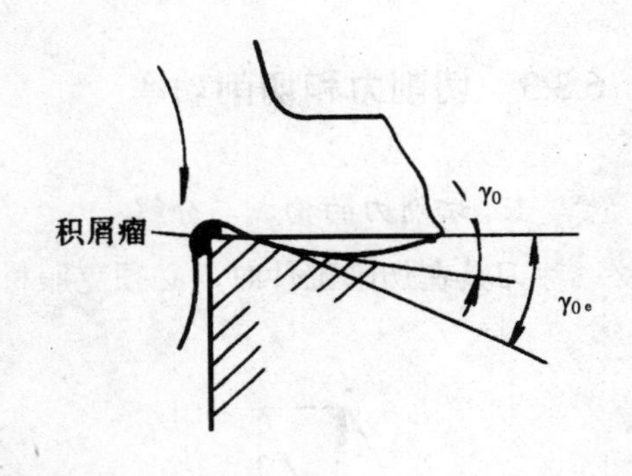


图6-13　积屑瘤

### 1. 积屑瘤的形成

当切屑沿刀具的前刀面流出时，在一定的温度与压力作用下，与前刀面接触的切屑底层受到很大的摩擦阻力，致使这一层金属的流出速度减慢，形成一层很薄的“滞流层”。当前刀面对滞流层的摩擦阻力超过切屑材料的内部结合力时，就会有一部分金属粘附在切削刃附近，形成积屑瘤。

积屑瘤形成后不断长大，达到一定高度又会破裂，而被切屑带走或附在工件表面上。上述过程是反复进行的。

### 2. 积屑瘤对切削加工的影响

在形成积屑瘤的过程中，金属材料因塑性变形而被强化。因此，积屑瘤的硬度比工件材料的硬度高，能代替切削刃进行切削，起到保护切削刃的作用。同时，由于积屑瘤的存在，增大了刀具实际工作前角，使切削轻快。所以，粗加工时希望产生积屑瘤。积屑瘤的顶端伸出切削刃之外，不断地产生和脱落，使切削层公称厚度不断变化，影响尺寸精度。此外，还会导致切削力的变化，引起振动，并会有一些积屑瘤碎片粘附在工件已加工表面上，使表面变得粗糙。精加工时应尽量避免积屑瘤产生。

3. 积屑瘤的控制

影响积屑瘤形成的主要因素：工件材料的力学性能、切削速度和冷却润滑条件等。

在工件材料的力学性能中，影响积屑瘤形成的主要是塑性。塑性越大，越容易形成积屑瘤。例如，加工低碳钢、中碳钢、铝合金等材料时容易产生积屑瘤。要避免积屑瘤，可将工件材料进行正火或调质处理，以提高其强度和硬度，降低塑性。

在对某些工件材料进行切削时，切削速度是影响积屑瘤的主要因素。切削速度是通过切削温度和摩擦来影响的。例如加工中碳钢工件，当切削速度很低（<5 m/min）时，切削温度较低，切屑内部结合力较大，前刀面与切屑间的摩擦小，积屑瘤不易形成；当切削速度增大（5～50 m/min）时，切削温度升高，摩擦加大，则易于形成积屑瘤；切削速度很高（>100 m/min）时，切削温度较高，摩擦较小，则无积屑瘤形成。

因此，一般精车、精铣采用高速切削，而拉削、铰削和宽刀精刨时，则采用低速切削，以避免形成积屑瘤。选用适当的切削液，可有效地降低切削温度，减少摩擦，这也是减少或避免积屑瘤的重要措施之一。

## 6.3.3 切削力和切削功率

1. 切削力的构成与分解

刀具在切削工件时，必须克服材料的变形抗力，克服刀具与工件及刀具与切屑之间的摩擦力，才能切下切屑，这些抗力构成了实际的切削力。

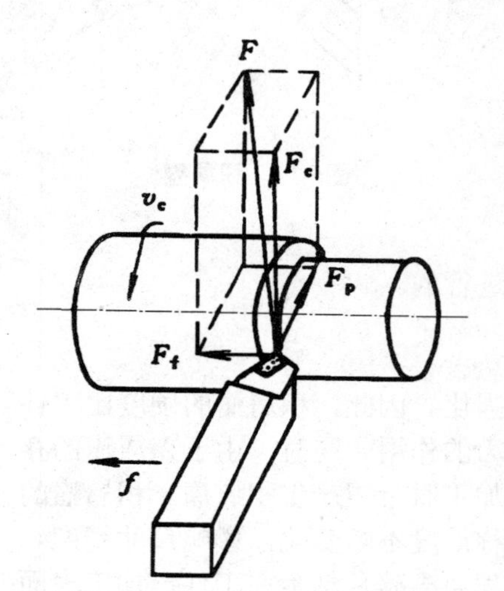

图6-14 外圆切削时力的分解

在切削过程中，切削力使工艺系统（机床—工件—刀具）变形，影响加工精度。切削力还直接影响切削热的产生，并进一步影响刀具磨损和已加工表面质量。切削力又是设计和使用机床、刀具、夹具的重要依据。

实际加工中总切削力的方向和大小都不易直接测定，也没有必要。为了适应设计和工艺分析的需要，一般不是直接研究总切削力，而是研究它在一定方向上的分力。

以车削外圆为例，总切削力 $F$ 一般常分解为以下三个互相垂直的分力，如图 6-14 所示。

（1）切削力 $F_C$。总切削力 $F$ 在主运动方向上的分力，大小约占总切削力的 80 %～90 %。$F_C$ 消耗的功率最多，约占总功率的 90 %以上，是计算机床动力、主传动系统零件和刀具强度及刚度的主要依据。当 $F_C$ 过大时，可能使刀具损坏或使机床发生“闷车”现象。

（2）进给力 $F_f$。总切削 $F$ 在进给运动方向上的分力，是设计和校验进给机构所必需的数据。进给力也作功，但只占总功的 1 %～5 %。

（3）背向力 $F_P$。总切削力 $F$ 在垂直于工作平面方向上的分力。因为切削时这个方向上的运动速度为零，所以 $F_P$ 不消耗功率。但它一般作用在工件刚度较弱的方向上，容易使工件变形，甚至可能产生振动，影响工件的加工精度。因此，应当设法减小或消除 $F_P$ 的影响。例如车削细长轴时，常采用主偏角 $\kappa_r=90°$ 的车刀，就是为了减小背向力。

这三个切削分力与总切削力 $F$ 有如下关系：

$$F^2=F_C^2+F_f^2+F_P^2$$

2. 切削力的估算

切削力的大小是由很多因素决定的，如工件材料、切削用量、刀具角度、切削液和刀具材料等。在一般情况下，对切削力影响比较大的是工件材料和切削用量。

切削力的大小可用经验公式来计算。经验公式是建立在实验基础上的，并综合了影响切削力的各个因素。例如车削外圆时，计算 $F_C$ 的经验公式如下：

$$F_C=C_{Fc}\times\alpha_P^{x_{Fc}}\times f^{y_{Fc}}\times K_{Fc}$$

式中　$C_{Fc}$——与工件材料、刀具材料及切削条件等有关的系数；

$\alpha_P$——背吃力量，单位是 mm;

$f$——进给量，单位是 mm/r；

$x_{Fc}$、$y_{Fc}$——指数；

$K_{Fc}$——切削条件不同时的修正系数。

经验公式中的系数和指数，可从有关资料（如《切削用量手册》等）中查出。例如用 $\gamma_o=15°$、$\kappa_r=75°$ 的硬质合金车刀车削结构钢件外圆时，$C_{Fc}=1609$，$\chi_{Fc}=1$，$y_{Fc}=0.84$。指数 $\chi_{Fc}$ 比 $y_{Fc}$ 大，说明背吃刀量 $\alpha_P$ 对 $F_c$ 的影响比进给量 $f$ 对 $F_c$ 的影响大。

生产中，常用切削层单位面积切削力 $k_c$ 来估算切削力 $F_c$ 的大小。因为 $k_c$ 是切削力 $F_c$ 与切削层公称横截面积 $A_D$ 之比，所以

$$F_c=k_c\times A_D=k_c\times b_D\times h_D\approx k_c\times\alpha_P\times f\ (\text{N})$$

式中　$k_c$——切削层单位面积切削力，单位是 MPa（即 $N/mm^2$）；

$b_D$——切削层公称宽度，单位是 mm;

$h_D$——切削层公称厚度，单位是 mm。

$k_c$ 的数值可从有关资料中查出，表 6-3 摘选了几种常用材料的 $k_c$ 值。若已知实际的背吃力量 $\alpha_P$ 和进给量 $f$，便可利用上式估算出切削力 $F_c$。

表 6-3 几种常用材料的 $k_c$ 值

| 材 料 | 牌 号 | 制造、热处理状态 | 硬度 HBS | $k_c$/MP |
|---|---|---|---|---|
| 结构钢 | 45（40Cr） | 热轧或正火 | 187（212） | 1962 |
| | | 调质 | 229（285） | 2305 |
| 灰铸铁 | HT200 | 退火 | 170 | 1118 |
| 铅黄铜 | HPB59-1 | 热轧 | 78 | 736 |
| 硬铝合金 | LY12 | 淬火及时效 | 107 | 834 |

3. 切削功率

切削功率 $P_m$ 应是三个切削分力消耗功率的总和，但背向力 $F_P$ 消耗的功率为零，进给力 $F_f$ 消耗的功率很小，一般可忽略不计。因此，切削功率 $P_m$ 可用下式计算：

$$P_m=10^{-3}F_c\times v_c\ (\text{kW})$$

式中 $F_c$——切削力，单位是 N；

$v_c$——切削速度，单位是 m/s

机床电机的功率 $P_E$ 可用下式计算：

$$P_E=P_m/\eta\ (\text{kW})$$

式中 $\eta$——机床传动效率，一般取 0.75～0.85。

### 6.3.4 切削热和切削温度

1. 切削热的产生、传出及对加工的影响

在切削过程中，由于绝大部分的切削功都转变成热量，所以有大量的热产生，这些热称为切削热。切削热的主要来源有三个：

（1）切屑变形所产生的热量，是切削热的主要来源；

（2）切屑与刀具前刀面之间的摩擦所产生的热量；

（3）工件与刀具后刀面之间的摩擦所产生的热量。

随着刀具材料、工件材料、切削条件的不同，三个热源的发热量亦不相同。

切削热产生以后，由切屑、工件、刀具及周围的介质（如空气）传出。各部分传出的比例取决于工件材料、切削速度、刀具材料及刀具几何形状等。实验结果表明，车削时的切削热主要是由切屑传出的。用高速钢车刀及与之相适应的切削速度切削钢料时，切削热传出的比例是：切屑传出的热约为 50 %～86 %；工件传出的热约为 40 %～10 %；刀具传出的热约为 9 %～3 %；周围介质传出的热约为 1 %。

传入切屑及介质中的热量越多，对加工越有利。

传入刀具的热量虽不是很多，但由于刀具切削部分体积很小，因此刀具的温度可达到很高（高速切削时可达到 1000℃以上）。温度升高以后，会加速刀具的磨损。

传入工件的热，可能使工件变形，产生形状和尺寸误差。

在切削加工中，如何设法减少切削热的产生、改善散热条件以及减少高温对刀具和工件的不良影响，有着重大的意义。

2. 切削温度及其影响因素

切削温度一般是指切削区的平均温度。切削温度的高低，除了用仪器进行测定外，还可以通过观察切屑的颜色大致估计出来。例如切削碳钢时，随着切削温度的升高，切屑的颜色也发生相应的变化：淡黄色约 200℃，蓝色约 320℃。

切削温度的高低取决于切削热的产生和传出情况，它受切削用量、工件材料、刀具材料及几何形状等因素的影响。

切削速度增加时，单位时间产生的切削热随之增加，对温度的影响最大。进给量和背吃刀量增加时，切削力增大，摩擦也大，所以切削热会增加。但是在切削面积相同的条件下，增加进给量与增加背吃刀量相比，后者可使切削温度低些。原因是当增加背吃刀量时，切削刃参加切削的长度随之增加，将有利于热的传出。

工件材料的强度及硬度愈高，切削中消耗的功愈大，产生的切削热愈多。切钢时发热多，切铸铁时发热少，因为钢在切削时产生塑性变形所需的功大。

导热性好的工件材料和刀具材料，可以降低切削温度。主偏角减小时，切削刃参加切削的长度增加，传热条件好，可降低切削温度。前角的大小直接影响切削过程中的变形和摩擦，前角大时，产生的切削热少，切削温度低。但当前角过大时，会使刀具的传热条件变差，反而不利于切削温度的降低。

### 6.3.5　刀具磨损和刀具耐用度

刀具使用一段时间后，它的切削刃变钝，以致无法再使用。对于可重磨刀具，经过重新刃磨以后，切削刃恢复锋利，仍可继续使用。这样经过使用—磨钝—刃磨锋利若干个循环以后，刀具的切削部分便无法继续使用，而完全报废。刀具从开始切削到完全报废，实际切削时间的总和称为刀具寿命。

1. 刀具磨损的形式与过程

刀具正常磨损时，按其发生的部位不同可分为三种形式，即后刀面磨损（见图 6-15(a)）、前刀面磨损（见图 6-15（b））、前刀面与后刀面同时磨损（见图 6-15（c））。

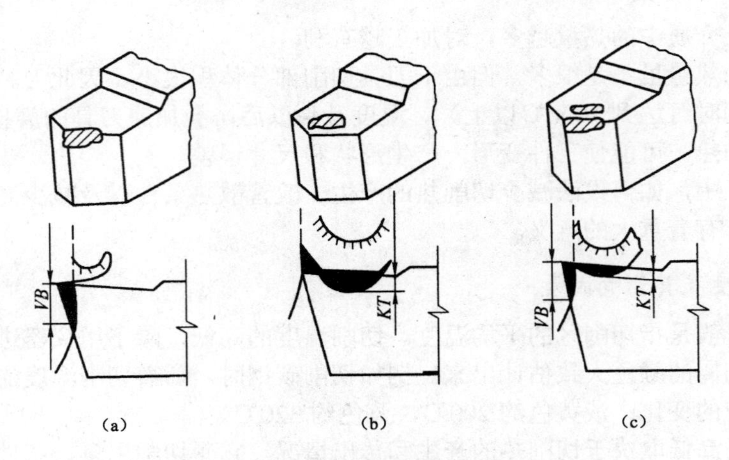


图 6-15 刀面磨损的形式

刀具的磨损过程如图 6-16 所示，可分为三个阶段：

第一阶段（*OA* 段）称为初期磨损阶段；

第二阶段（*AB* 段）称为正常磨损阶段；

第三阶段（*BC* 段）称为急剧磨损阶段。

经验表明，在刀具正常磨损阶段的后期、急剧磨损阶段之前，换刀重磨为最好。这样既可保证加工质量又能充分利用刀具材料。

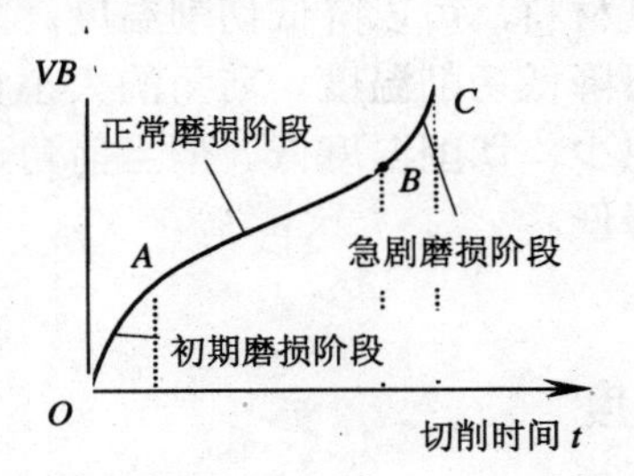


图6-16 刀具磨损的过程

2. 影响刀具磨损的因素

如前所述，增大切削用量时切削温度随之增高，将加速刀具磨损。在切削用量中，切削速度对刀具磨损的影响最大。此外，刀具材料、刀具几何形状、工件材料以及是否使用切削液等，也都会影响刀具的磨损。譬如，耐热性好的刀具材料，就不易磨损；适当加大刀具前角，由于减小了切削力，可减少刀具的磨损。

3. 刀具耐用度

刀具的磨损限度，通常用后刀面的磨损程度作标准。但是，生产中不可能用经常测量后刀面磨损的方法来判断刀具是否已经达到容许的磨损限度，而常是按刀具进行切削的时间来判断。刃磨后的刀具自开始切削直到磨损量达到磨钝标准所经历的实际切削时间，称为刀具耐用度，以 $T$ 表示。

粗加工时，多以切削时间（min）表示刀具耐用度。例如，目前硬质合金焊接车刀的耐用度大致为 60 min，高速钢钻头为 80～120min，硬质合金端铣刀的耐用度为 120～180min，齿轮刀具的耐用度为 200～300min。

精加工时，常以走刀次数或加工零件个数表示刀具的耐用度。

# 6.4　工件材料的切削加工性

## 6.4.1　材料切削加工性的概念和衡量指标

切削加工性是指材料被切削加工的难易程度。它具有一定的相对性。某种材料切削加工性的好坏往往是相对于另一种材料来说的。具体的加工条件和要求不同，加工的难易程度也有很大差别。因此，在不同的情况下，要用不同的指标来衡量材料的切削加工性。常用的指标主要有如下几个。

（1）一定刀具耐用度下的切削速度 $v_T$：即当刀具耐用度为 $T$（min）时，切削某种材料所允许的切削速度。$v_T$ 越高，材料的切削加工性越好。若取 $T$=60min，则 $v_T$ 可写作 $v_{60}$。

（2）相对加工性 $Kr$：即各种材料的 $v_{60}$ 与 45 钢之比值，由于把后者的 $v_{60}$ 作为比较的基准，故写作（$v_{60}$）$_j$，于是

$$Kr = v_{60} / (v_{60})_j$$

常用材料的相对加工性可分为八级（见表 6-4）。凡 $Kr$>1 的材料，其切削加工性比 45 钢（正火）好，反之差。

**表 6-4　材料切削加工性分级**

| 加工性等级 | 名称及种类 | | 相对加工性 $Kr$ | 代表性材料 |
|---|---|---|---|---|
| 1 | 很容易切削材料 | 一般有色金属 | > 3.0 | 5-5-5 铜铅合金，9-4 铝铜合金，铝镁合金 |

（续表）

| 加工性等级 | 名称及种类 | | 相对加工性 $Kr$ | 代表性材料 |
|---|---|---|---|---|
| 2 | 容易切削材料 | 易切削钢 | 2.5～3.0 | 15Cr 退火 $\sigma_b$=380～450 MPa<br>自动机钢 $\sigma_b$=400～500 MPa |
| 3 | | 易切削钢 | 1.6～2.5 | 30 钢正火 $\sigma_b$=450～560 MPa |
| 4 | 普通材料 | 一般钢及铸铁 | 1.0～1.6 | 45 钢、灰铸铁 |
| 5 | | 难加工材料 | 0.65～1.0 | 2Cr13 调质 $\sigma_b$=850 MPa<br>85 钢 $\sigma_b$=900 MPa |
| 6 | 难加工材料 | 难加工材料 | 0.5～0.65 | 45Cr 调质 $\sigma_b$=1050 MPa<br>65Mn 调质 $\sigma_b$=950～1000 MPa |
| 7 | | 难加工材料 | 0.15～0.5 | 50CrV 调质，某些钛合金 |
| 8 | | 很难加工材料 | $<0.15$ | 某些钛合金，铸造镍基高温合金 |

（3）已加工表面质量：凡较容易获得好的表面质量的材料，其切削加工性较好；反之则较差。精加工时，常以此作为衡量指标。

（4）切屑控制或断屑的难易：凡切削较容易控制或易于断屑的材料，其切削加工性较好；反之较差。在自动机床或自动线上加工时，常以此作为衡量指标。

（5）切削力：在相同的切削条件下，凡切削力较小的材料，其切削加工性较好；反之较差。在粗加工中，当机床刚度或动力不足时，常以此作为衡量指标。

$v_T$和 $Kr$ 是最常用的切削加工性指标，对于不同的加工条件都能适用。

### 6.4.2 材料切削加工性的改善

材料的使用要求经常与其切削加工性发生矛盾。加工部门应与设计部门和冶金部门密切配合。在保证零件使用性能的前提下，通过各种途径来改善材料的切削加工性。

直接影响材料切削加工性的主要因素是其物理、机械性能。若材料的强度和硬度高，则切削力大，切削温度高，刀具磨损快，切削加工性较差。若材料的塑性高，则不易获得好的表面质量，断屑困难，切削加工性差。若材料的导热性差，切削热不易散失，切削温度高，其切削加工性也不好。

通过适当的热处理，可以改变材料的机械性能，从而达到改善其切削加工性的目的。例如对高碳钢进行球化退火，可以降低硬度；对低碳钢进行正火，可以降低塑性，都能够改善切削加工性。又如铸铁件在切削加工前进行退火可降低表面硬度，特别是白口铸铁，在 950～1000℃的温度下长时间退火，变成可锻铸铁，能使切削加工较易进行。

改善材料的机械性能，还可以用其他辅助性的加工，例如低碳钢经过冷拔可降低其塑性，也能改善材料的切削加工性。还可以通过适当调整材料的化学成分来改善其切削加工性。例如，在钢中适当添加某些元素，如硫、铅等，可使其切削加工性得到显著改善，这样的钢称为“易切削钢”。需要说明的是，只有在满足零件对材料性能要求的前提下，才能这样做。

# 6.5　金属切削条件的选择

## 6.5.1　切削加工主要技术经济指标

人们在技术发展和生产活动中，都要力争取得最好的技术经济效果，即在一定的生产条件下获得合格的加工质量、最高的生产率和最低的生产成本。下面仅简要介绍切削加工的几个主要技术经济指标，即产品质量、生产率和经济性。

1. 产品质量

零件经切削加工后的质量包括加工精度和表面质量。

（1）加工精度：是尺寸精度、形状精度和位置精度的通称。

① 尺寸精度。指的是表面本身的尺寸精度（如圆柱面的直径）和表面间的尺寸精度（如孔间距离等）。尺寸精度的高低，用尺寸公差的大小来表示。

国家标准 GB/T 1800.2—1998 规定，标准公差分成 20 级，即 IT01、IT0、IT1～IT8，IT 表示标准公差。数字越大，精度越低。IT01～IT13 用于配合尺寸，其余用于非配合尺寸。

② 形状精度。指的是零件表面与理想表面之间在形状上接近的程度，如圆柱面的圆柱度、圆度，平面的平面度等。

③ 位置精度。指的是表面、轴线或对称平面之间的实际位置与理想位置接近的程度，如两圆柱面间的同轴度，两平面间的平行度或垂直度等。

切削加工的加工精度一般与使用的设备精度密切相关。不同种类的机床，采用不同的加工方法，可达到的公差等级也不相同。通常所说某种加工方法所达到的精度，是指在正常操作情况下所达到的精度，故又称为经济精度。

零件的加工精度愈高，加工的工艺过程愈复杂，加工成本也愈高，因此，设计零件时，在保证零件的使用性能符合各尺寸具体要求的前提下，应选用较低精度的公差等级。

（2）表面质量：已加工表面质量包括表面粗糙度、已加工表面的加工硬化、表层残余应力等。

无论用何种加工方法加工，零件表面总会留下微细的凸凹不平的刀痕，出现交错起伏的峰谷现象，粗加工后的表面用眼就能看到，精加工后的表面用放大镜或显微镜也能观察到。这种已加工表面具有的较小间距和微小峰谷的不平度，称为表面粗糙度。

表面粗糙度与零件的配合性质、耐磨性和抗腐蚀性等有着密切的关系，它影响机器或仪器的使用性能和寿命。为了保证零件的使用性能，要限制表面粗糙度的范围，国家标准GB/T 1301—1995 规定了表面粗糙度的评定参数及其数值。

在一般情况下，零件表面的加工精度要求愈高，表面粗糙度的值愈小。但有些零件的表面，出于外观或清洁的考虑，要求光亮，而其精度不一定要求高，例如机床手柄、面板等。

在切削过程中，由于前刀面的推挤以及后刀面的挤压与摩擦，工件已加工表面层的晶粒发生很大的变形，致使其硬度比原来工件材料的硬度有显著提高，这种现象称为加工硬化。切削加工所造成的加工硬化，常常伴随着表面裂纹，因而降低了零件的疲劳强度和耐磨性。另一方面，硬化层的存在加速了后续加工中刀具的磨损。

经切削加工后的表面，由于切削时力和热的作用，在一定深度的表层金属里，常常存在着残余应力和裂纹。这会影响零件表面质量和使用性能。若各部分的残余应力分布不均匀，还会使零件发生变形，影响尺寸和形位精度。这一点对刚度比较差的细长或扁薄零件影响更大。

因此，对于重要的零件，除限制表面粗糙度外，还要控制其表层加工硬化的程度和深度，以及表层残余应力的大小。而对于一般的零件，则主要规定其表面粗糙度的数值范围。

2. 生产率

切削加工中，常以单位时间内生产的合格零件数量来表示生产率，即

$$R_0=1/t_W$$

式中 $R_0$——生产率；

$t_W$——生产 1 个零件所需的总时间。

在机床上加工 1 个零件，所用的总时间包括三个部分，即：

$$t_w=t_m+t_c+t_o$$

式中 $t_m$——基本工艺时间，即加工一个零件所需的总切削时间；

$t_c$——它是工人为了完成切削加工而消耗于各种操作上的时间，例如调整机床、空移刀具、装卸或刃磨刀具、安装和找正工件、检验等时间；

$t_o$——其他时间，即除切削时间之外，与加工没有直接关系的时间，包括擦拭机床、清扫切屑及自然需要的时间等。

所以，生产率又可表示为：

$$R_0=1/(t_m+t_c+t_o)$$

由上式可知，提高切削加工的生产率，实际就是设法减少零件加工的基本工艺时间、辅助时间及其他时间。

综合上述分析，提高生产率的主要途径如下：

（1）采用先进的毛坯制造工艺和方法，减小加工余量；

（2）合理地选择切削用量，粗加工时可采用强力切削，精加工时可采用高速切削；

（3）采用先进的和自动化程度较高的工、夹、量具；

（4）采用先进的机床设备及自动化控制系统，例如在大批大量生产中采用自动机床，多品种、小批量生产中采用数控机床、计算机辅助制造等。

3. 经济性

在制定切削加工工艺方案时，应使产品在保证其使用要求的前提下制造成本最低。产品的制造成本是指费用消耗的总和，它包括毛坯或原材料费用、生产工人工资、机床设备的折旧和调整费用、工夹量具的折旧和修理费用等。若将毛坯成本除外，每个零件切削加工的费用可用下式计算：

$$C_w=t_w M+t_m/T\cdot C_t=(t_m+t_c+t_o)M+t_m/T\cdot C_t$$

式中　$C_w$——每个零件切削加工的费用；

$M$——单位时间分担的全厂开支，包括工人工资、设备和工具的折旧及管理费用等；

$T$——刀具耐用度；

$C_t$——刀具刃磨一次的费用。

由上式可知，零件切削加工的成本，包括工时成本和刀具成本两部分，并且受基本工艺时间、辅助时间、其他时间及刀具耐用度的影响。若要降低零件切削加工的成本，除节约全厂开支、降低刀具成本外，还要设法减少 $t_m$、$t_c$ 和 $t_o$，并保证一定的刀具耐用度 $T$。

切削加工最优的技术经济效果，是指在可能的条件下，以最低的成本高效率地加工出质量合格的零件。要达到这一目标，涉及的问题比较多，下面仅对金属切削条件中切削用量、切削液的选择做一介绍。

### 6.5.2　切削用量的合理选择

合理地选择切削用量，对于保证加工质量、提高生产效率和降低加工成本有着重要的影响。在机床、刀具和工件等条件一定的情况下，切削用量的选择具有较大的灵活性。为了取得最大的技术经济效益，应当根据具体的加工条件确定切削用量三要素（$\alpha_p$、$f$、$v_c$）合理的组合。

1. 选择切削用量的一般原则

为了合理地选择切削用量，首先要了解它们对切削加工的影响

（1）对加工质量的影响。切削用量三要素中，背吃刀量和进给量增大，都会使切削力和工件变形增大，并可能引起振动，降低加工精度和增大表面粗糙度 $R_a$ 值。进给量增大还会使残留面积的高度显著增大，表面更加粗糙。切削速度增大时，切削力减小，并可减小或避免积屑瘤，有利于加工质量的提高。

（2）对生产率的影响。由前面计算基本工艺时间的公式可知，切削用量三要素 $v_c$、$f$ 和 $\alpha_p$ 对 $t_m$ 的影响是相同的，但它们对辅助时间的影响却大不相同。用实验的方法可以求出刀具耐用度与切削用量之间关系的经验公式。例如，用硬质合金车刀车削中碳钢，$f$>0.75mm/r 时：

$$T=C_T/（v_c^5、f^{2.25}、\alpha_P^{0.75}）$$

式中 $C_T$ 为系数。由上式可知，在切削用量中，切削速度对刀具耐用度的影响最大，进给量次之，背吃刀量的影响最小。也就是说，当提高切削速度时，刀具耐用度降低的程度比增大同样倍数的进给量或背吃刀量时大得多。由于刀具耐用度降低，势必增加换刀或磨刀的次数，增加辅助时间，从而降低生产率。

综上所述，粗加工时，从提高生产率的角度出发，一般取较大的背吃刀量和进给量，切削速度并不太高。精加工时主要考虑加工质量，常选用较小的背吃刀量和进给量，较高的切削速度，只有在受到刀具等工艺条件限制不宜采用高速切削时才选用较低的切削速度。例如，用高速钢铰刀铰孔，切削速度受刀具材料耐热性的限制，并为了避免积屑瘤的影响，采用较低的切削速度。

2. 切削用量的选择

综合切削用量三要素对刀具耐用度、生产率和加工质量的影响，选择切削用量的顺序应为：首先选尽可能大的背吃刀量 $\alpha_p$，其次选尽可能大的进给量 $f$，最后选尽可能大的切削速度 $v_c$。

（1）背吃刀量的选择。背吃刀量要尽可能选得大些，不论是粗加工还是精加工，最好一次走刀能把该工序的加工余量切完，若因加工余量太大，一次走刀切除会使切削力太大，机床功率不足，刀具强度不够或产生振动，可将加工余量分为两次或多次切完。这时也应将第一次走刀的背吃刀量取得尽量大些，其后的背吃刀量取得相对的小些。

（2）进给量的选择。粗加工时，一般对工件已加工表面质量要求不太高，进给量主要受机床、刀具和工件所能承受的切削力的限制。这是因为，当选定背吃刀量后，进给量的数值将直接影响切削力的大小。而精加工时，一般背吃刀量较小，切削力不大，限制进给量的因素主要是工件表面粗糙度。实际生产中，可利用《切削用量手册》等资料查出进给量的数。

（3）切削速度的选择。在背吃刀量和进给量选定后，可根据合理的刀具耐用度，用计算法或查表法选择切削速度。粗加工时，由于切削力一般较大，切削速度主要受机床功率的限制。当依据刀具耐用度选定的切削速度使切削功率超过机床许用值时，应适当降低切削速度。精加工时，切削力较小，切削速度主要受刀具耐用度的限制。切削速度的具体数值，可从《切削用量手册》等资料中查出。

### 6.5.3　切削液的选用

用改变外界条件来影响和改善切削过程，是提高产品质量和生产率的有效措施之一，其中应用最广泛的是合理选择和使用切削液。

1. 切削液的作用和种类

切削液主要通过冷却和润滑作用来改善切削过程。它一方面吸收并带走大量切削热，起到冷却作用；另一方面它能渗入到刀具与工件和切屑的接触表面，形成润滑膜，有效地减小摩擦。因此，合理地选用切削液可以降低切削力和切削温度，提高刀具耐用度和加工质量。

常用的切削液有以下两大类。

（1）水类切削液。这类切削液比热容大，流动性好，主要起冷却作用，也有一定的润滑作用，如水溶液（肥皂水、苏打水等）、乳化液等。为了防止机床和工件生锈，常加入一定量的防锈剂。

（2）油类切削液。主要成分是矿物油，少数采用动植物油或复合油。这类切削液比热小、流动性差，主要起润滑作用，也有一定的冷却作用。

为了改善切削液的性能，除防锈剂外，还常在切削液中加入油性添加剂、极压添加剂等。

2. 切削液的选择与使用

切削液的品种很多，性能各异。通常应根据加工性质、工件材料和刀具材料等来选择合适的切削液，才能收到较好的效果。

粗加工时，主要要求冷却，也希望降低一些切削力及切削功率。一般应选用冷却作用较好的切削液，如低浓度的乳化液等。精加工时，主要希望提高表面质量和减少刀具磨损，一般应选用润滑作用较好的切削液，如高浓度的乳化液或切削油等。

加工一般钢材时，通常选用乳化液或硫化切削油。加工铸铁、青铜、黄铜等脆性材料时，为了避免崩碎切屑进入机床运动部件，一般不用切削液。但在低速精加工中，为了提高表面质量，可用煤油作为切削液。

高速钢刀具的耐热性较低，为了提高刀具耐用度，应根据加工的性质和工件材料选用合适的切削液。硬质合金刀具由于耐热性和耐磨性较好，一般不用切削液，如果用切削液，必须连续地、充分地供给，切削中不可断断续续，以免硬质合金刀片骤冷骤热而开裂。

切削液在使用中应注意把切削液尽量注射到切削区，仅仅浇注到刀具上是不恰当的。为了提高其使用效果，可以采用喷雾冷却法或内冷却法。

# 6.6 小 结

本章是金属切削加工的基础理论部分。为以后章节提供必要的基础知识。本章内容以“金属切削刀具”和“金属切削过程及其物理现象”两节为重点。

学习机床的切削运动，要搞清常见机床的主运动和进给运动。为了便于理解和记忆各种机床的加工范围，要分析工件和刀具之间的相对运动与几何表面形成之间的关系。有关零件的精度可参阅《机械制图》或《公差与配合》中有关内容。切削加工的复杂程度和零件的精度、表面粗糙度有极密切的关系，在以后各章的学习中要注意从精度和粗糙度等方面理解各种加工方法的区别。

金属切削刀具的内容包括刀具材料和刀具角度两大部分。刀具材料中以最常用的高速钢和硬质合金为重点，要求掌握其性能特点及应用。刀具角度的定义是本书的难点。学习时首先要搞清确定刀具角度的三个相互垂直的辅助平面。刀具的各个角度都是以坐标平面为基准确定的，刀具的工作角度也是由于刀具在使用时，其坐标平面在空间的位置发生了变化，从而引起刀具角度的改变。“刀具角度”部分的重点是刀具各主要角度的作用及对切削工作的影响。

学习金属的切削过程及其物理现象要深刻理解切屑的形成与变形、摩擦之间的关系。因为切削过程中的一系列物理现象都与变形、摩擦密切相关。对各种物理现象的起因和影响因素要求有一定的了解，但不必深究机理，重点是这些现象对切削加工的影响。

工件材料的切削加工性要在理解其概念的基础上，着重熟悉常用材料切削加工性的好坏，以便在进行设计选择材料时，尽量选择切削加工性好的或比较好的材料。

# 6.7 练习与思考题

1. 试说明下列加工方法的主运动和进给运动：车锥面；在车床上钻孔；在车床上镗孔；在钻床上钻孔。
2. 切削用量包括哪些内容？
3. 高速钢和硬质合金在性能上的主要区别是什么？各适合何种刀具？
4. 试分析机夹可转位车刀的优点。
5. 积屑瘤是如何形成的？它对切削加工有哪些影响？
6. 试分析车外圆时各切削分力的作用和影响。

# 第 7 章　金属切削机床

教学目的：

- 了解金属切削机床的分类方法与型号编制；
- 了解各种切削机床如车床、钻床及镗床、刨床及插床、铣床、磨床的结构，主要部件的作用，主运动传动链和进给运动传动链；
- 各种机床的用途及加工范围。

## 7.1　金属切削机床分类与型号编制

金属切削机床的品种和规格繁多，为了便于区别、使用和管理，需对机床加以分类和编制型号。

### 7.1.1　机床分类

1. 按机床的加工性能和结构特点分类

根据我国制定的机床型号编制方法，将机床分为车床、钻床、镗床、磨床、齿轮加工机床、螺纹加工机床、铣床、刨插床、拉床、锯床及其他机床。在每一类机床中，又按工艺范围、布局形式和结构等分为若干组，每一组又细分为若干系。

2. 按机床的通用程度分类

（1）普通机床。它可用于加工多种零件的不同工序，加工范围较广，通用性较大，但结构比较复杂。这种机床主要适用于单件小批生产，例如，卧式车床、万能升降台铣床等。

（2）专门化机床。它的工艺范围较窄，专门用于加工某一类或几类零件的某一道（或几道）特定工序，例如，曲轴车床、凸轮轴车床等。

（3）专用机床。它的工艺范围最窄，只能用于加工某一种零件的某一道特定工序，适用大批量生产。例如，机床主轴箱的专用镗床、车床导轨的专用磨床等。各种组合机床也属于专用机床。

除上述两种主要分类方法外，还有一些分类方法，如同类型机床按工件精度分，可分为普通精度机床、精密机床和高精度机床；按其自动化程度可分为手动、机动、半自动和自动机床；按机床主要工作部件的数目分，可以分为单轴的、多轴的或单刀的、多刀的机床等。

随着机床的发展，其分类方法也将不断发展。现代机床正向数控化方向发展，数控机床的功能日趋多样化，工序更加集中。现在一台数控机床集中了越来越多的传统机床的功能。例如，数控车床在卧式车床功能的基础上，又集中了转塔车床、仿形车床、自动车床等多种车床的功能。车削中心出现以后，在数控车床功能的基础上，又加入了钻、铣、镗等类机床的功能。有的加工中心的主轴能立式又能卧式，集中了立式加工中心和卧式加工中心的功能。可见，机床数控化引起了机床传统分类方法的变化，这种变化主要表现在机床品种不是越分越细，而是趋向综合化。

## 7.1.2 通用机床型号

### 1. 型号的表示方法

型号由基本部分与辅助部分组成，中间用“/”隔开，读作“之”，前者需统一管理，后者纳入型号与否由企业自定。型号构成如下：

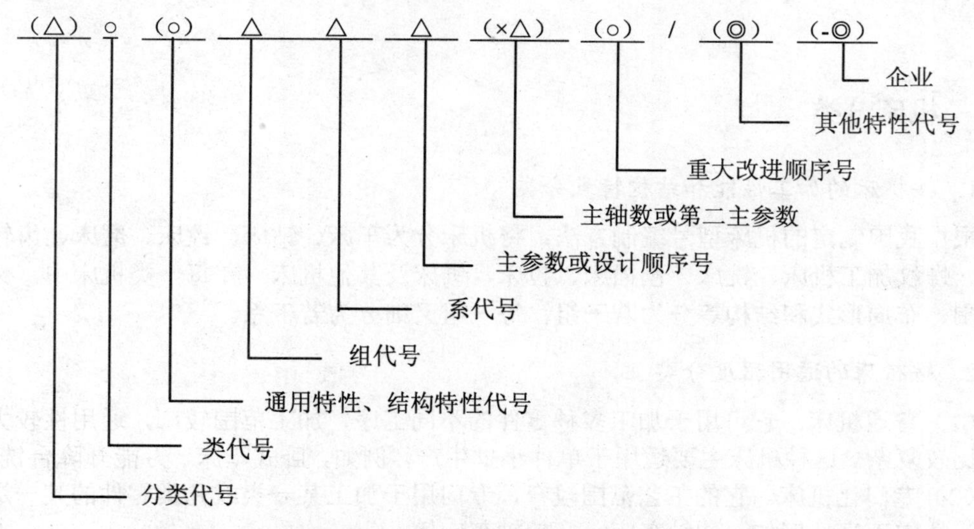


注：① 有“()”的代号或数字，当无内容时，则不表示。若有内容则不带括号；

② 有“○”符号者，为大写的汉语拼音字母；

③ 有“△”符号者，为阿拉伯数字；

④ 有“◎”符号者，为大写的汉语拼音字母或阿拉伯数字或两者兼有之。

2. 机床的分类及类代号

机床的类代号，用大写的汉语拼音字母表示。必要时，每类可分为若干分类。分类代号在类别代号之前，作为型号的首位，并用阿拉伯数字表示。第“1”分类代号的“1”省略，第“2”、“3”分类代号则应予以表示。机床的类别代号，按其对应的汉字字意读音。例如：铣床类代号“X”，读作“铣”。

机床的类别和分类代号见表 7-1。

表 7-1　机床的类别和分类代号

| 类别 | 车床 | 钻床 | 镗床 | 磨床 | | | 齿轮加工机床 | 螺纹加工机床 | 铣床 | 刨插床 | 拉床 | 锯床 | 其他机床 |
|---|---|---|---|---|---|---|---|---|---|---|---|---|---|
| 代号 | C | Z | T | M | 2M | 3M | Y | S | X | B | L | G | Q |
| 读音 | 车 | 钻 | 镗 | 磨 | 二磨 | 三磨 | 牙 | 丝 | 铣 | 刨 | 拉 | 割 | 其 |

3. 通用特性代号、结构特性代号

这两种特性代号，用大写的汉语拼音字母表示，位于类代号之后。

（1）通用特性代号。通用特性代号有统一的固定含义，它在各种机床的型号中，表示的意义相同。

当某类型机床，除有普通型外，还有某种通用特性时，则在类代号之后加通用特性代号予以区分。如果某类型机床仅有某种通用特性，而无普通形式者，则通用特性不予表示。

当一个型号需要同时使用两至三个通用特性代号时，一般按重要程度排列顺序。通用特性代号，按其相应的汉字字意读音。机床的通用特性代号见表 7-2。

表 7-2　机床的通用特性代号

| 通用特性 | 高精度 | 精度 | 自动 | 半自动 | 数控 | 加工中心（自动换刀） | 仿形 | 轻形 | 加重型 | 简式或经济型 | 柔性加工单元 | 数显 | 高速 |
|---|---|---|---|---|---|---|---|---|---|---|---|---|---|
| 代号 | G | M | Z | B | K | H | F | Q | C | J | R | X | S |
| 读音 | 高 | 密 | 自 | 半 | 控 | 换 | 仿 | 轻 | 重 | 简 | 柔 | 显 | 速 |

（2）结构特性代号。对主参数值相同而结构、性能不同的机床，在型号中加结构特性代号予以区分。根据各类机床的具体情况，对某些结构特性代号，可以赋予一定含义。但结构特性代号与通用特性代号不同，它在机床型号中没有统一的含义。只在同类机床中起区分机床结构、性能不同的作用。当型号中有通用特性代号时，结构特性代号应排在通用特性代号之后。结构特性代号，用汉语拼音字母（通用特性代号已用的字母和“I”、“O”两个字母不能用）表示，当单个字母不够用时，可将两个字母组合起来使用，如AD，AE，…，或DA，EA，…。

#### 4. 机床组、系的划分原则及其代号

将每类机床划分为十个组，每个组又划分为十个系，组、系划分的原则如下。

（1）在同一类机床中，主要布局或使用范围基本相同的机床，即为同一组。

（2）在同一组机床中，其主参数相同、主要结构及布局形式相同的机床，即为同一系。

（3）机床的组代号，用一位阿拉伯数字表示，位于类代号或通用特征代号、结构特征代号之后。

（4）机床的系代号，用一位阿拉伯数字表示，位于组代号之后。

#### 5. 主参数的表示方法

机床型号中主参数用折算值表示。位于系代号之后。当折算值大于1时，则取整数。前面不加“0”；当折算值小于1时，则取小数点后第一位数，并在前面加“0”。

#### 6. 主轴数和第二主参数的表示方法

（1）主轴数的表示方法。对于多轴车床、多轴钻床、排式钻床等机床，其主轴数应以实际数值列入型号，置于主参数之后，用“×”分开，读作“乘”。单轴，可省略，不予表示。

（2）第二主参数的表示方法。第二主参数（多轴机床的主轴数除外），一般不予表示，如有特殊情况，需在型号中表示，应按一定手续审批。在型号中表示的第二主参数，一般以折算成两位数为宜，最多不超过三位数。以长度、深度值等表示的，其折算系数为1/100；以直径、宽度值等表示的，其折算系数为1/10；以厚度、最大模数值等表示的，其折算系数为1。当折算值大于1时，则取整数，当折算值小于1时，则取小数点后第一位数，并在前面加“0”。

## 7.2 车 床

车床指的是作进给运动的车刀对作旋转运动的工件进行切削加工的机床。它是各类机

床中生产历史最长、应用最广的一类机床，各类车床约占金属切削机床总数的一半左右，所以，它是机械制造行业中最基本最常用的机床。

车削时工件装夹在与主轴相连的卡盘或顶尖上，由主轴带着卡盘或顶尖连同工件一起作旋转运动；车刀装在刀架上，由刀架的纵向或横向移动（平行于床身导轨方向为纵向，垂直于床身导轨方向为横向），使车刀获得进给运动，从而对工件进行车削加工。

车床的加工范围较广。在车床上主要加工回转表面，其中包括车外圆、车端面、切槽、钻孔、镗孔、车锥面、车螺纹、车成形面、钻中心孔及滚花等，如图 7-1 所示。

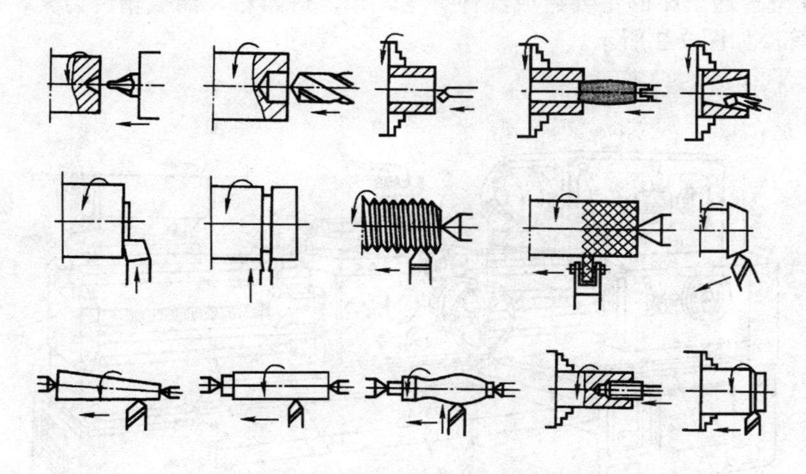

图 7-1　普通车床所能加工的典型表面

车床的种类繁多，按其用途和结构的不同，主要可分为落地及卧式车床、立式车床、仪表车床、单轴自动车床、多轴自动和半自动车床、六角车床等。普通车床又可分为落地车床、卧式车床、马鞍车床、无丝杠车床、卡盘车床、球面车床等。一般车床的加工精度可达 IT10～IT7，表面粗糙度 $R_a$ 值可达 1.6 μm。

## 7.2.1　普通车床

普通车床是车床中应用最广泛的一种，约占车床类总数的 65 %，因其主轴以水平方式放置故为卧式车床。CA6140 型普通车床是比较典型的普通车床。现以 CA6140 型车床为例进行阐述。CA6140 车床属普通级机床，根据车床的精度标准，这种机床应达到的加工精度为：

精车外圆的圆度为 0.01 mm；

精车外圆的圆柱度为 0.01 mm / 100 mm；

精车端面的平面度为 0.025 mm / 400 mm；

精车螺纹的螺距精度为 0.04 mm / 100 mm，0.06 mm / 300 mm；

精车工件表面粗糙度 $R_a$ 值小于 3.2 μm。

由于 CA6140 型车床的加工范围广，所以其结构复杂，而且自动化程度低，适用于单件小批量生产。

1. CA6140 型普通车床的主要结构

CA6140 型普通车床的主要组成部件有主轴箱，进给箱，溜板箱，刀架，尾架，光杠，丝杠和床身等，如图 7-2 所示。

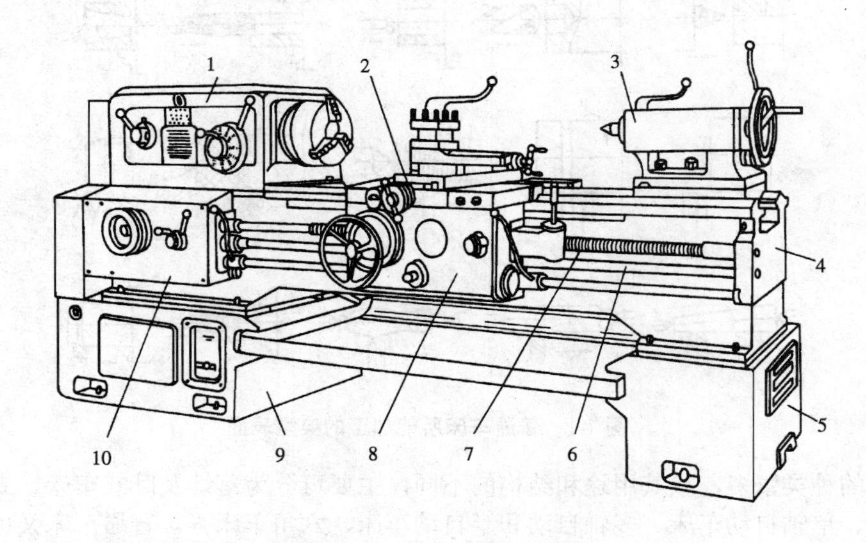


图 7-2 卧式车床

1-主轴箱 2-刀架 3-尾座 4-床身 5，9-床腿 6-光杆 7-丝杆 8-溜板箱 10-进给箱

（1）主轴箱。主轴箱又称床头箱，它用螺钉、压板固定在床身的左上端，如图 7-2 中 1 所示，内装主轴和主轴变速机构，它的主要任务是将主电动机传来的旋转运动经过一系列的变速机构使主轴得到所需的正、反两种转向的不同转速。主轴右端有外螺纹，用以连接卡盘、拨盘等附件，内部有锥孔用以安装顶尖。工件由卡盘夹持或安装在顶尖上随主轴转动。这样当电机起动，经过一系列的传动后，使工件做旋转的主运动，以实现切削加工，同时主轴箱分出部分动力将运动传给进给箱。

主轴箱中的主轴是车床的关键零件，它支承在滚动轴承上，切削时承受切削力。主轴在轴承上运转的平稳性直接影响工件的加工质量，所以要求主轴及其轴承应有很高的精度和刚性，一旦由于某种原因降低了车床主轴的旋转精度，则机床的使用价值就会降低。

（2）进给箱。进给箱又称走刀箱。如图 7-2 中 10 所示，是为了适应不同的加工情况，合理地选择进给量或指定的螺距而设置的。进给箱中装有进给运动的变速机构，调整其变速机构，可得到所需的进给量或螺距，通过光杠或丝杠将运动传给溜板箱带动刀架移动（即切削的进给运动）完成切削加工。

（3）丝杠与光杠。丝杠与光杠如图 7-2 中 7 和 6 所示，用以连接进给箱与溜板箱，并把进给箱的运动和动力传给溜板箱，使溜板箱获得纵向直线运动。

丝杠是专门用来车削各种螺纹的，在进行工件的其他表面车削时，只用光杠，不用丝杠。

（4）溜板箱。溜板箱装在床身的前侧面，上面装有溜板。溜板箱实际上是车床进给运动的操纵箱，其内装有将丝杠和光杠的旋转运动变成刀架直线运动的机构，通过光杠传动实现刀架的纵向进给运动、横向进给运动和快速移动，通过丝杠带动刀架上的车刀作纵向直线移动，以便车削螺纹。

（5）刀架。刀架是用来装夹车刀并使其作纵向、横向或斜向进给运动的，如图 7-3 所示。刀架分为三层，最下层与溜板箱用螺钉紧固在一起，称为纵溜板（或大溜板）。它可在床身导轨上作纵向移动。第二层为横溜板，也叫中溜板，它可沿着纵溜板上的导轨，作垂直于床身导轨的横向移动。第三层上装有转盘，用螺栓与横溜板紧固，当松开螺母后，它可以在水平面内旋转任意角度。转盘上面装有小溜板，它可沿转盘上面的导轨作短距离移动。小溜板上面装有方刀架，车刀用螺钉夹紧在方刀架上，最多可同时安装四把车刀。换刀时，松开手柄，即可转动方刀架，把所需要的车刀转到工作位置上。工作时必须旋紧手柄使方刀架固定住。

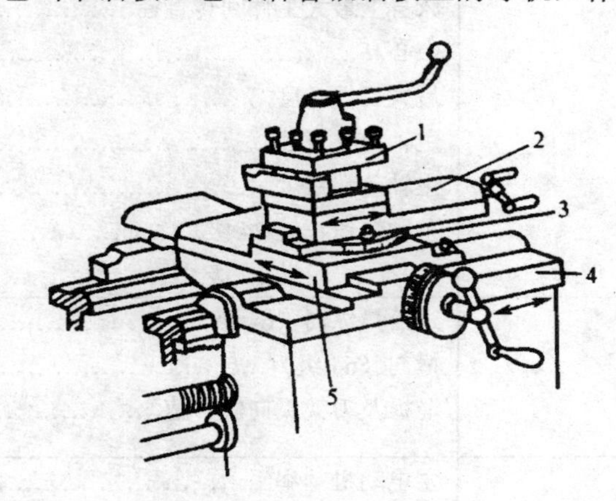

图 7-3　刀架

1-方刀架　2-小溜板　3-转盘　4-纵溜板　5-横溜板

（6）尾架。尾架又称尾座，见图 7-2 中 3，其位置可以根据加工时的需要进行调节。它的主要用途是在加工细长工件时，在尾架内安装顶尖来支承工件的一端，若把顶尖拿掉装上钻头或铰刀等孔加工工具可实现车床上钻孔、扩孔、铰孔和攻螺纹等加工。

（7）床身。用来支承车床上的主轴箱、进给箱、溜板箱、光杠、丝杠、刀架、尾架。机床的左床腿内装有润滑油箱及驱动电机。右床腿内装有冷却液箱及冷却液泵。

2. CA6140 车床的技术规格

机床的技术规格是反映不同品种、不同类别机床的工作性能的技术资料，是选择机床的重要参考依据。一般机床的技术规格由五部分组成。

（1）技术参数。主要是反映机床加工能力的参数，包括主参数和第二主参数。

（2）机床工作速度级数及调整范围。指的是机床主运动和进给运动的速度级数及调整范围。包括机床主轴和刀架（或工作台）的工作运动速度级数及调整范围。

（3）机床主电动机功率。指机床动力部分功率。

（4）机床外形尺寸。机床外形尺寸指的是机床有关运动部件处于中间位置部分的长、宽、高的外形轮廓尺寸，不包括独立的电气柜、液压油箱及特殊附件等的机床最大轮廓尺寸。

（5）机床的重量。机床的重量指的是机床的总重量但不包括独立的电气柜、液压油箱及特殊附件的重量。CA6140 机床的技术规格如表 7-3 所示。

表 7-3 CA6140 机床的技术规格

| 序 号 | 项 目 |
|---|---|
| 1 | 床身上最大工件回转直径……400 mm<br>中心高……205 mm<br>最大工件长度……750、1000、1500、2000 mm<br>主轴内孔直径……48 mm<br>主轴前端锥度……莫氏 6 号<br>主轴转速正转 24 级……10～1400 r/min<br>反转 12 级……14～1580 r/min |
| 2 | 进给量纵向（64 级）……0.028～6.33 mm/ r<br>横向（64 级）……0.014～3.16 mm/ r<br>溜板及刀架纵向快移速……4 m/min |
| 3 | 主电动机功率……7.5 kW<br>溜板快移电动机……0.37 kW |
| 4 | 机床轮廓尺寸（长×宽×高，工件长为 1000 mm…… 2668×1000×1267 mm |
| 5 | 机床重量（工件长度为 1000 mm 时……2070 kg |

## 7.2.2 卧式车床的传动系统

图 7-4 所示为 CA6140 型卧式车床的传动系统图，由图可知，卧式车床的传动系统由

主运动传动链和进给运动传动链组成。

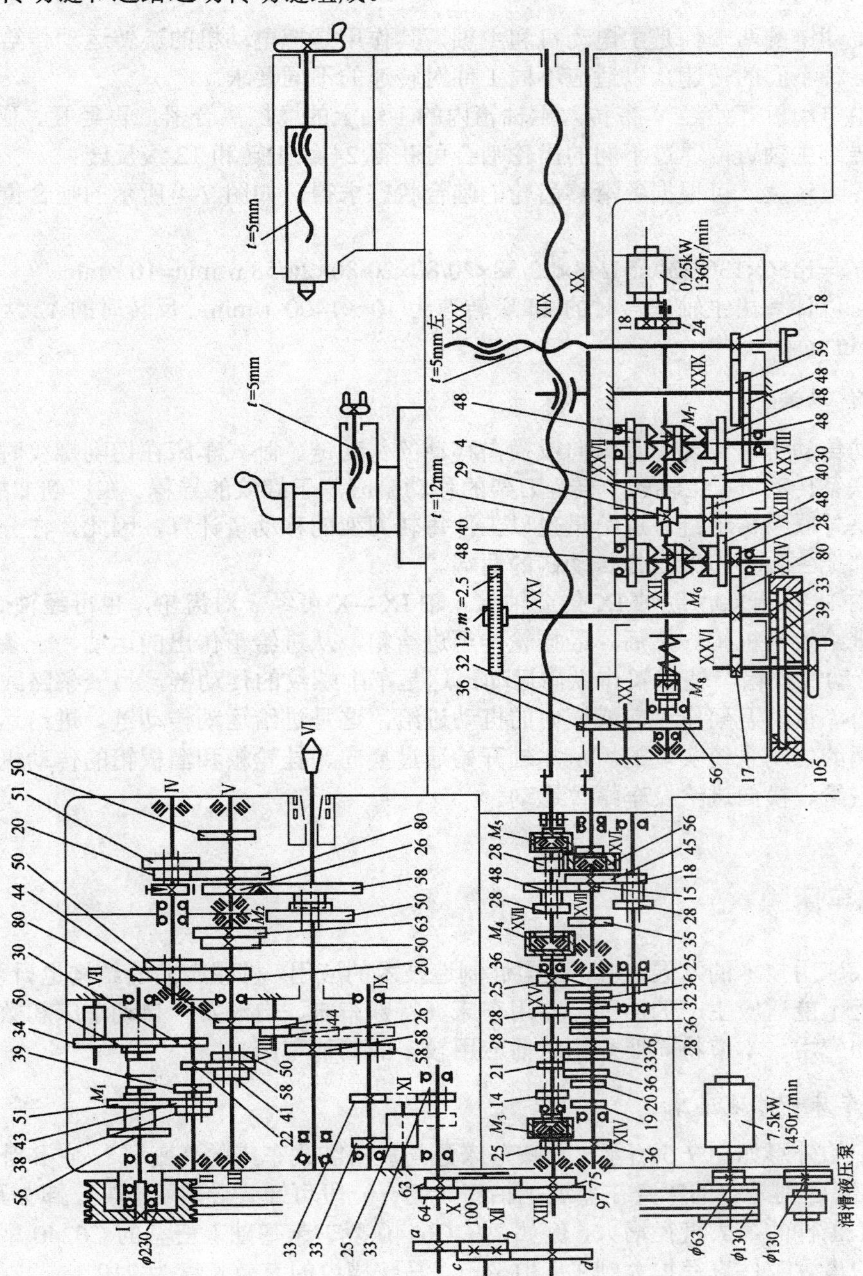


图 7-4　CA6140 型卧式车床的传动系统

#### 1. 主运动传动链

主运动传动链的两端件是主电动机和主轴，其作用是把电动机的旋转运动传给主轴，并使其获得各种不同的转速，以适应不同工件对转速的不同要求。

主运动由电动机开始经 V 带传入主轴箱内的 I 轴上的摩擦离合器，再经Ⅱ、Ⅲ、Ⅳ、Ⅴ轴把动力传给主轴Ⅵ，通过不同的齿轮啮合可获得 24 级正转和 12 级反转。

主轴的各级转速，可根据各滑移齿轮的啮合状态求得。如图 7-4 所示的啮合位置时，主轴转速为：

$$n_{主}=1450\times130/230\times51/43\times22/58\times20/80\times20/80\times26/58\ \text{r/min}=10\ \text{r/min}$$

同理，可以计算出主轴正转时的 24 级转速为 10～1400 r/min；反转时的 12 级转速为 14～1580 r/min 。

#### 2. 进给传动链

进给运动传动链是实现刀具纵向或横向移动的传动链。卧式车床在切削螺纹时，进给传动链是内联系传动链，主轴转一转，刀架的移动量应等于螺纹的导程。在切削非螺纹时，进给传动链是外联系传动链。进给量也以工件每转刀架的移动量计算，因此，在分析进给传动链时，都把主轴和刀架当作传动链的两端。

运动从主轴 VI 开始，经轴 IX 传至轴 X。轴 IX—X 可经一对齿轮，也可经轴 XI 上的惰轮。这是进给换向机构。然后，经挂轮传至进给箱，从进给箱传出的运动，一条路线经丝杠 XIX 带动溜板箱，使刀架作纵向运动，这是车削螺纹的传动链，另一条路线经光杠 XX 和溜板箱，带动刀架作纵向或横向的机动进给，这是进给运动传动链。进给运动是由主轴至刀架间的传动系统实现的。从主轴开始通过换向、挂轮箱和溜板箱的传动机构，分别实现纵向进给、横向进给及车螺纹运动。

### 7.2.3 其他车床

随着现代应用技术的发展，尤其是柔性制造技术的应用，机械产品的结构也日益复杂。卧式车床已远不能适应生产的需要，专用车床、特殊车床、自动及半自动车床和数控车床得到了广泛的应用。本节将简要介绍目前应用较多的其他车床。

#### 1. 马鞍车床和落地车床

马鞍车床的外形如图 7-5 所示。马鞍车床是同规格卧式车床的“变型”。它和卧式车床基本相同，主要区别是它的床身在靠近主轴箱一侧有一段可卸式导轨（马鞍）。卸去马鞍后，就可以使加工工件的最大直径增大，例如，在 C6140 型车床基础上变型的 C6240 型马鞍车床，其加工的最大工件直径扩大到了 630 mm（马鞍槽内的有效长度为 210 mm）。由于马鞍要经常装卸，马鞍车床床身导轨的工作精度和刚度都不如卧式车床，所以，这种车床主要应用在设备较少的单件、小批生产的小工厂及修理车间。

落地车床的外形如图 7-6 所示，因其主轴箱和刀架滑座直接安装在地基和落地板上而得名。主轴和刀架往往由单独的电动机驱动，工件装夹在主轴前端的花盘上。为了适应特大零件的加工，有时在花盘下方挖有地坑，这种车床没有床身和床尾，刀架 1 和刀架 2 可作横向移动，刀架 3 和刀架 4 可作纵向移动。当转盘旋转一定角度时，可利用刀架 1 或刀架 4 车削圆柱面。刀架 2 和刀架 3 可以单独由电机驱动，进行连续的进给切削，也可以经丝杠和棘轮机构，由主轴周期地拨动，作间歇的进给切削运动。

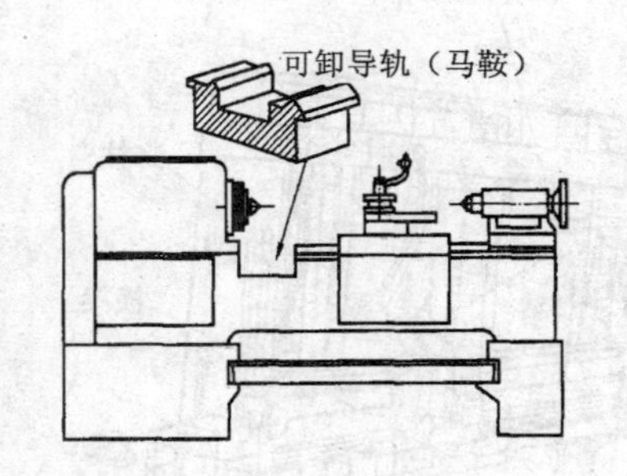


图 7-5　马鞍车床的外形

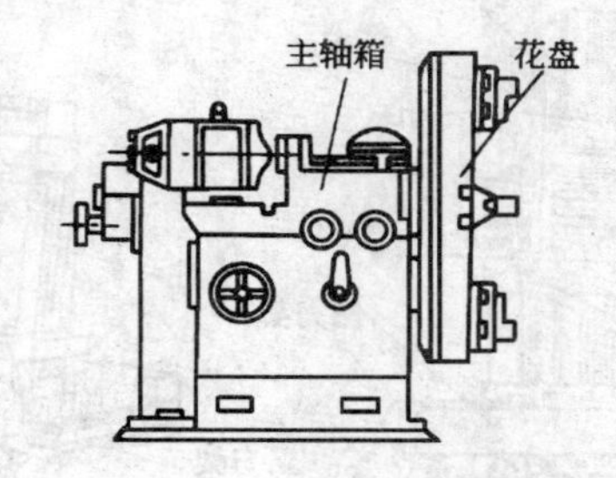


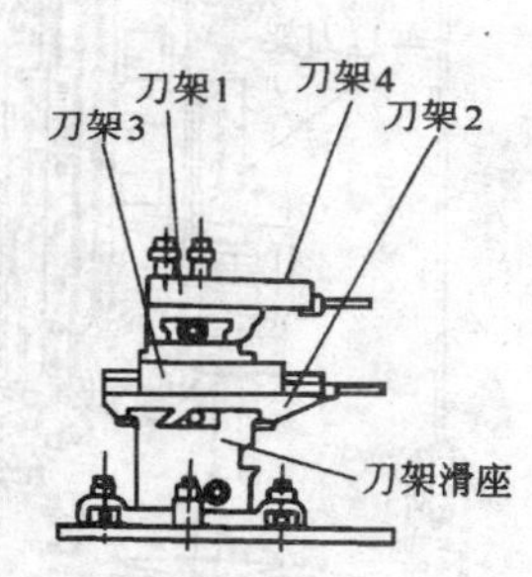


图 7-6　落地车床的外形

2. 立式车床

立式车床的外形如图 7-7 所示。立式车床的主轴轴线竖直布置，工作台的台面处于水平面内，使工件的装夹和找正变得比较方便。立式车床主要用于加工直径大，长度短的大型和重型工件的外圆柱面、端面、圆锥面、圆柱孔或圆锥孔等。也可以借助辅助装置完成车螺纹、车球面、仿形、铣削和磨削等加工。与卧式车床相比，立式车床装夹工件方便。工作平稳性好，较易保证加工精度，可较长时间保证车床的工作精度。

立式车床分为单柱式和双柱式两类。单柱式立式车床最大加工直径较小，一般为 800～1600 mm；双柱式立式车床最大加工直径较大，目前常用的已达 2500 mm 以上。

单柱式立式车床如图 7-7（a）所示，它的工作台面装在底座上，工件装夹在工作台面上，并由工作台带动完成主运动。

进给运动由垂直刀架和侧刀架实现。侧刀架可以在立柱的导轨上作竖直进给移动，还可以沿着刀架底座的导轨作横向进给。垂直刀架可在横梁的导轨上移动作横向进给，垂直刀架的滑板可沿刀架滑座的导轨作竖直进给，中小型立式车床的垂直刀架上通常有转塔刀架，在转塔刀架上可以安装几组刀具（一般为 5 组），轮流进行切削。横梁可根据主件的高度沿立柱导轨调整位置。双柱式立式车床如图 7-7（b）所示。有左右两根立柱，并与顶梁组成封闭式机架，因此，具有较高的刚度。横梁上有两个立刀架，其中一个主要用来加工孔，另一个主要用来加工端面。立刀架同样具有水平进给和沿刀架滑板的垂直进给运动。在底盘上安装工作台，工作台的回转运动是车床的主运动。

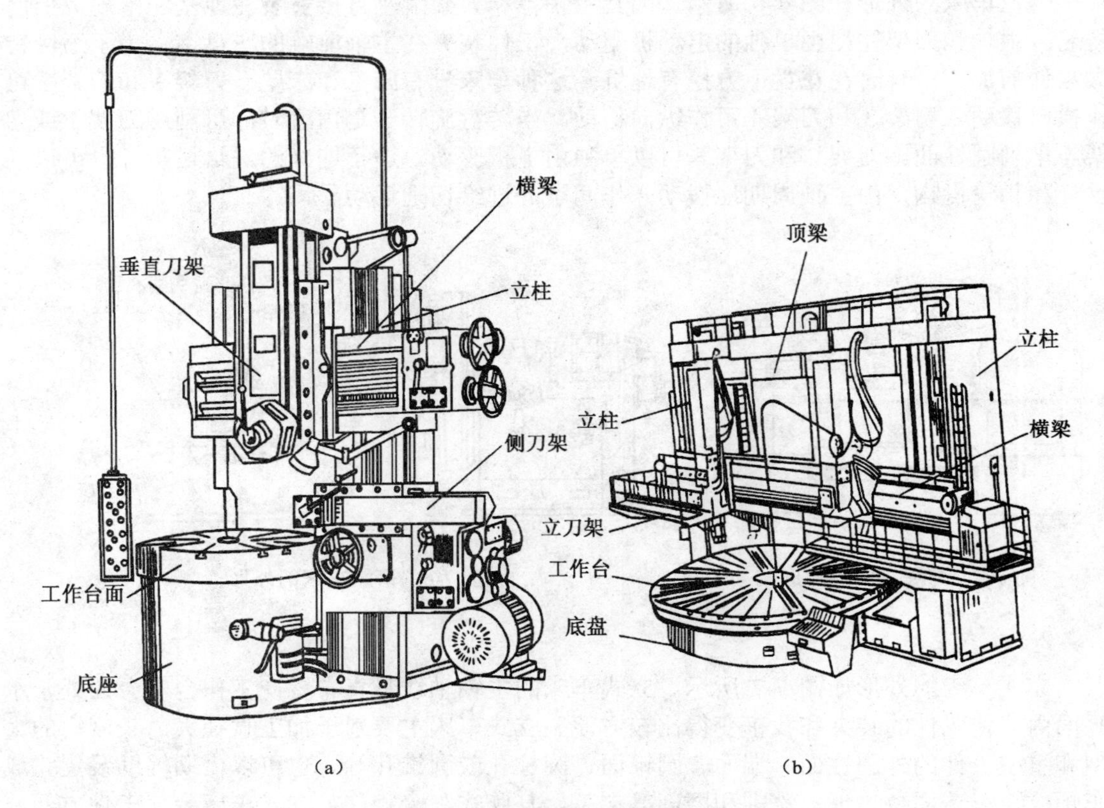


图 7-7 立式车床的外形

3. 转塔车床

工件的形状比较复杂，特别是加工有内孔和内、外螺纹的工件时，如各种台阶小轴、套筒、螺钉、螺母、接头、连接盘和齿轮毛坯等，往往需要较多的刀具和工序。由于卧式车床的刀架只能安装四把刀具，尾座上也只能安装一把孔加工刀具，而且还没有机动进给，因此，在加工中需要频繁地更换刀具、对刀、移动尾座、试切和测量尺寸等，使得辅助时间较长，生产效率低，工人的劳动强度较重。为了解决上述问题，产生了转塔车床。转塔车床是在卧式车床的基础上发展起来的，即将卧式车床的尾座换成能做机动进给的转塔刀架，在转塔刀架上可安装多组刀具。

转塔车床按刀架的结构不同，可以分为滑鞍转塔车床和回轮车床两种。

滑鞍转塔车床的转塔刀架，如图 7-8 所示。可绕垂直轴线转位，并且只能作纵向进给，用于车削外圆柱面及使用孔加工刀具进行孔的加工，或使用丝锥、板牙等加工内外螺纹。前刀架可作纵、横向进给，用于加工大圆柱面、端面以及切槽、切断等。前刀架去掉了转盘和小溜板，不能用于切削圆锥面。溜鞍转塔车床常用前刀架和转塔上的刀具同时进行加工，与卧式车床相比生产效率较高。尽管转塔车床在成批加工复杂零件时能有效地提高生产效率，但在单件、小批生产中受到限制。将逐步被自动及半自动车床、数控车床所代替。

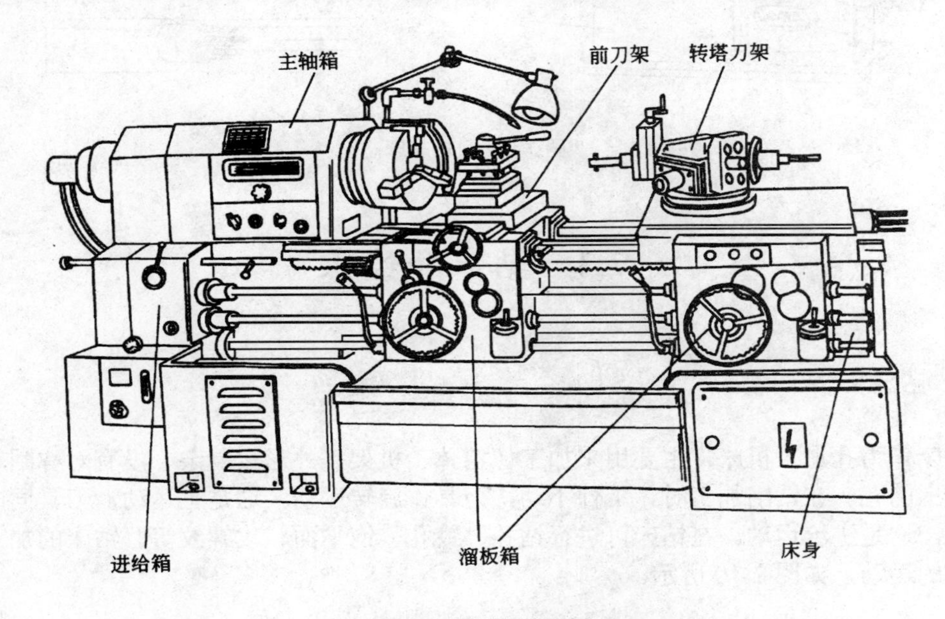


图 7-8　滑鞍转塔车床

回轮车床中没有前刀架，如图 7-9 所示。只有一个轴线与主轴中心线平行的回轮刀架。在回轮刀架的端面上有许多安装刀具的孔，通常有 12 个或 16 个。当刀具孔转到最上端位置时，与主轴中心线正好同轴。回轮刀架可沿床身导轨作纵向进给运动。工件的切断切槽需作横向进给运动，横向进给是由回轮刀架缓慢转动来实现的。在横向进给过程中，刀尖的运动轨迹是圆弧的，刀具的前角和后角是变化的。但由于工件的直径较小，而回轮刀架的回转直径相对大得多，所以刀具前、后角的变化较小，对切削过程的影响不大。回轮车床主要用于加工直径较小的工件，它所用的毛坯通常为棒料。

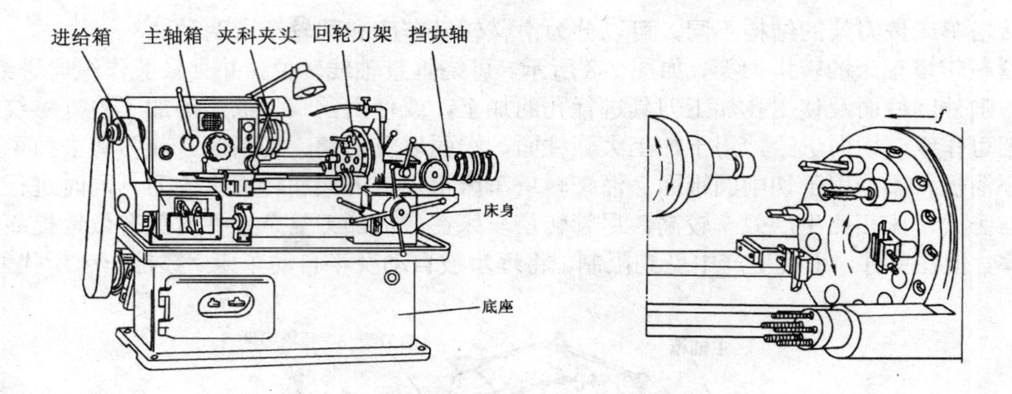


图 7-9 回轮车床

# 7.3 钻床和镗床

## 7.3.1 钻床

钻床作为孔加工机床，主要用来加工像箱体、机架等外形较复杂、没有对称回转轴线的工件上的孔。在钻削加工时，工件不动，刀具作旋转运动，这是主运动，刀具同时沿轴向进刀，这是进给运动。在钻床可进行钻孔、铰孔、锪平面、攻螺纹等。钻床的加工方法及所需的运动，如图 7-10 所示。

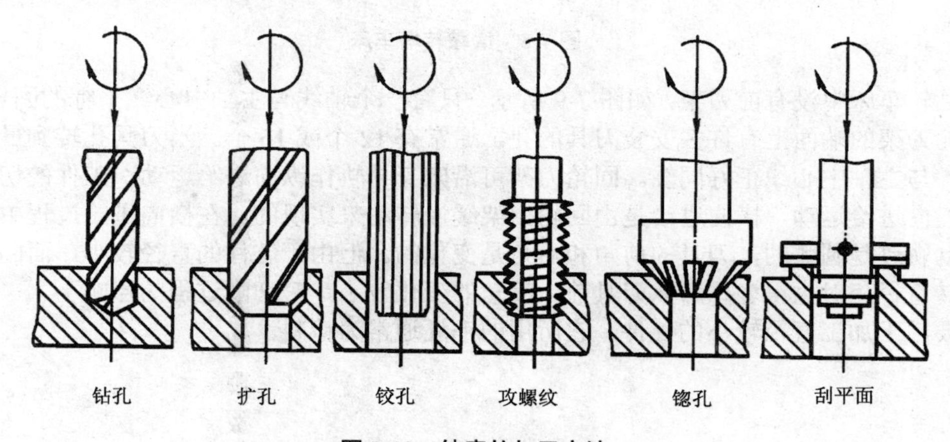


图 7-10 钻床的加工方法

钻床按其结构形式可分为立式钻床、台式钻床、摇臂钻床和专门化钻床，如深孔钻床等。钻床的主要参数是最大钻孔直径。

1. 台式钻床

台式钻床，简称“台钻”，它的外形如图 7-11 所示。

台钻的钻孔直径一般小于 15 mm，最小可达零点几毫米。因此，台钻主轴的转速很高。台钻的自动化程度较低，通常用操纵手柄手动进给，但其结构简单，使用灵活方便。

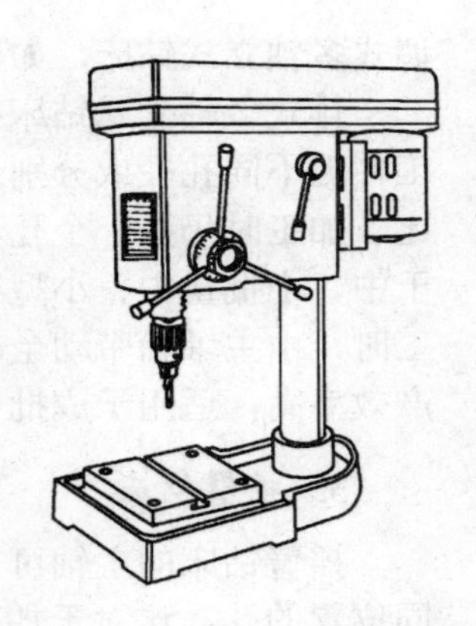

图 7-11　台式钻床

2. 立式钻床

如图 7-12（a）所示为立式钻床的外形。它由主轴箱、进给箱、工作台、立柱和底座等组成。电动机经主轴箱驱动主轴旋转，形成主运动。进给运动可以机动也可以手动。机动进给是由进给箱传出，通过小齿轮驱动主轴套筒上的齿条，使主轴套筒齿条作轴向进给运动。若断开机动进给，扳动手柄驱动小齿轮，则同样可以带动齿条上下移动，实现手动进给，如图 7-12（b）所示。

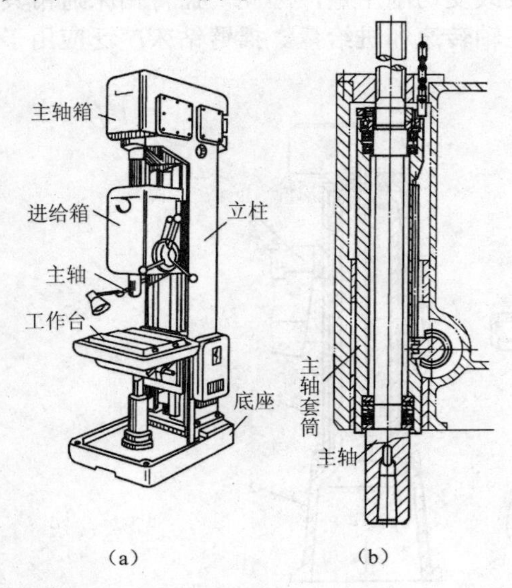


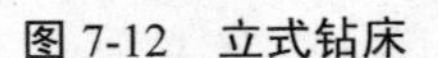

图 7-12　立式钻床

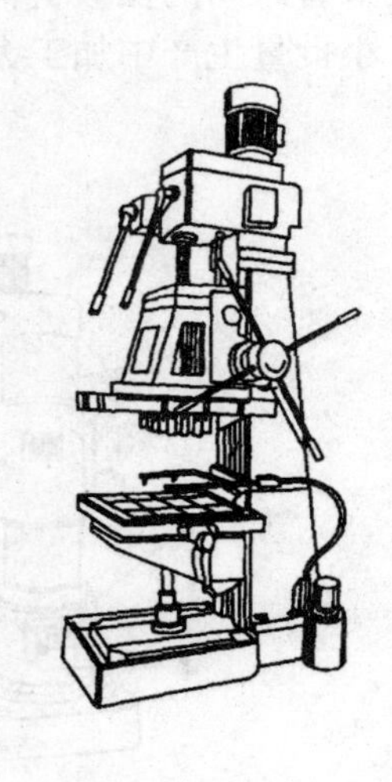

图 7-13　可调式多轴立式钻床

在立式钻床上，钻完一个孔后再钻另一个孔时，需要移动工件，使刀具与另一个孔中心对准，对于大而重的工件，操作很不方便。因此，立式钻床仅适用于在单件、小批生产中加工中、小型零件。立式钻床还有一些变形品种，常见的有排式多轴立式钻床和排式可调式多轴立式钻床，如图 7-13 所示。

排式多轴立式钻床相当于几台单轴立式钻床的组合，它的多个主轴可顺次地加工同一工件的不同孔径或分别进行各种孔加工工序（钻、扩、铰、螺纹等）。它和单轴立式钻床相比，加工时仍是一个孔一个孔地加工，但可节省更换刀具的时间。因此，这种机床主要用于中、小批量中、小型零件的加工。可调式多轴钻床的主轴可根据加工需要调整位置。加工时，由主轴箱带动全部主轴转动，进给运动则由进给箱带动。可多孔同时进行加工，生产效率高，适用于成批生产。

### 3. 摇臂钻床

摇臂钻床的主轴可在空间任意调整位置，因此能做到工件不动而方便地加工工件上不同位置的孔，这对于加工大而重的工件更为适用。图 7-14（a）所示为摇臂钻床的外形。摇臂钻床的主轴 6 可沿摇臂 5 的导轨横向调整位置，摇臂可沿外立柱 3 上下调整位置。

此外，摇臂 5 及外立柱 3 可绕内立柱 2 转动至不同的位置，如图 7-14（b）所示。因此，加工时就可使工件不动而方便地调整主轴 7 位置。为了使主轴在加工时保持准确位置，摇臂钻床上具有立柱、摇臂及主轴箱的夹紧机构。当主轴的位置调整到恰当位置后，就可快速地将它们夹紧。由于摇臂钻床在加工时经常要改变切削用量，因此，摇臂钻床通常具有既方便又节省时间的操纵机构，可快速地改变主轴转速和进给量。摇臂钻床广泛应用于单件和中、小批量生产中加工大、中型零件。

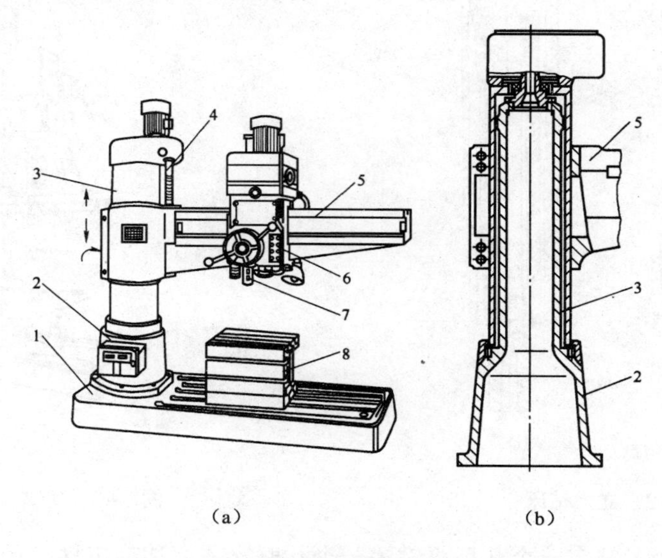


图 7-14　摇臂钻床外形

1-底座　2-内立柱　3-外立柱　4-摇臂升降丝杆　5-摇臂　6-主轴箱　7-主轴　8-工作台

## 7.3.2　镗床

镗床的主要功能是用镗刀进行镗孔，按其结构形式可分为卧式镗床、坐标镗床和金刚镗床等。

1. 卧式镗床

卧式镗床除镗孔外，还可以用各种孔加工刀具进行钻孔、扩孔和铰孔；可安装端面铣刀铣削平面；可利用其上的平旋盘安装车刀车削端面和短的外圆柱面；利用主轴后端的交换齿轮可以车削内、外螺纹等。因此，卧式镗床能对工件一次安装后完成大部分或全部的加工工序。卧式镗床主要用于对形状复杂的大、中型零件如箱体、床身、机架等加工精度、孔距精度、形位精度都要求较高的零件进行加工，其主要加工方法如图 7-15 所示。

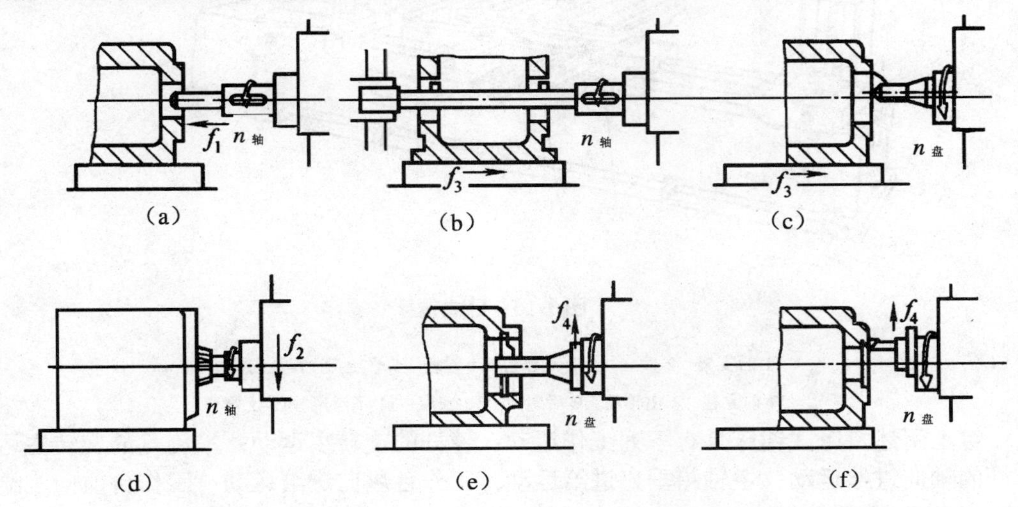


图 7-15　卧式镗床的典型加工方法

卧式镗床如图 7-16 所示，由底座 10、主轴箱 8、前立柱 7、后支架 1、后立柱 2、下滑座 11、上滑座 12、工作台 3 等部件组成。主轴箱 8，可沿前立柱 7 的导轨上下移动。在主轴箱中，装有主轴部件、主运动和进给运动变速机构以及操纵机构。根据不同的加工情况，刀具可以装在镗杆 4 上或平旋盘 5 上。加工时，镗杆 4 旋转完成主运动，并可沿轴向移动完成进给运动；平旋盘只能作旋转主运动。装在后立柱 2 上的后支架 1，用于支承悬伸长度较大的镗杆的悬伸端，以增加刚性。后支架可沿后立柱上的导轨与主轴箱同步升降，以保持其上的支承孔与镗轴在同一轴线上。后立柱可沿底座 10 的导轨左右移动，以适应镗杆不同长度的需要。工件安装在工作台 3 上，可与工作台一起随下滑座 11、上滑座 12 作纵向或横向移动。工作台还可绕上滑座的圆导轨在水平面内转动，以便加工相互成一定角度的平面或孔。当镗刀装在平旋盘 5 的径向刀架上时，径向刀架可带着刀具作径向进给，以镗削端面。

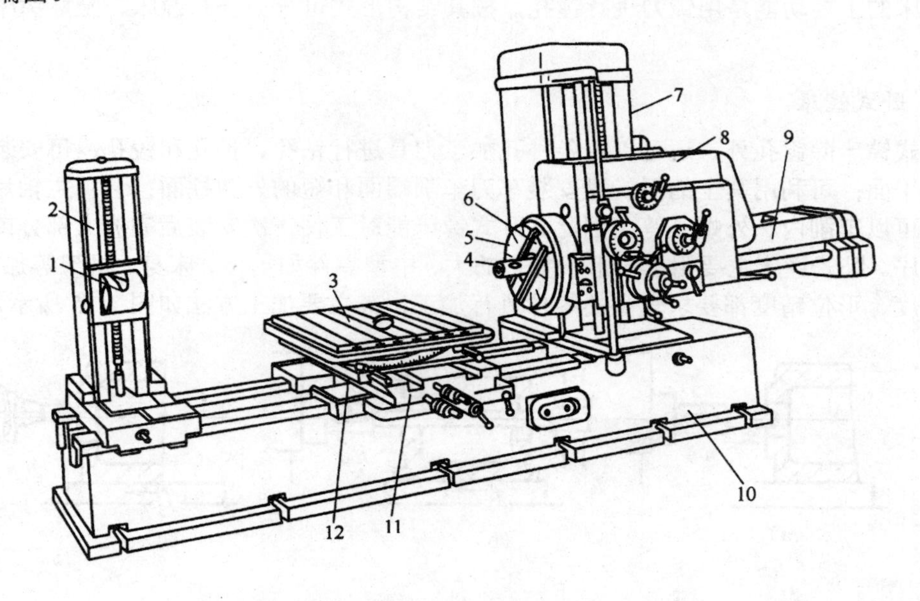


图 7-16 卧式镗床

1-后支架 2-后立柱 3-工作台 4-镗杆 5-平旋盘 6-径向滑板

7-前立柱 8-主轴箱 9-后尾筒 10-底座 11-下滑座 12-上滑座

综上所述，卧式镗床具有下列工作运动：镗杆的旋转主运动；平旋盘的旋转主运动；镗杆的轴向进给运动；主轴箱垂直进给运动；工作台纵向进给运动；工作台横向进给运动和平旋盘径向刀架进给运动。

辅助运动：主轴箱、工作台在进给方向上的快速调位运动；后立柱纵向调位运动；后支架垂直调位运动；工作台的转位运动。这些辅助运动由快速电动机传动。

2. 坐标镗床

坐标镗床是一种高精度机床。由于它装有精密光学仪器——坐标测量装置，且机床的主要零部件的制造和装配精度很高，并有良好的刚度和抗震性。因此，它主要用来镗削精密的孔（IT5 级或更高）和位置精度要求很高的孔系（定位精度达 0.002～0.01 mm），如钻模、镗模等精密孔。

坐标镗床的加工范围较广，除镗孔、钻孔、扩孔、铰孔、精铣平面和沟槽外，还可进行精密刻线和划线，以及孔距和直线尺寸的精密测量等工作。坐标镗床的主参数是工作台的宽度。

坐标镗床有立式单柱、立式双柱和卧式等主要类型。图7-17所示为立式单柱坐标镗床，图7-18所示为立式双柱坐标镗床。立式单柱坐标镗床的主轴在水平面上的位置是固定的，镗孔坐标位置由工作台1沿床鞍5导轨的纵向移动和床鞍5沿床身6导轨的横向移动来确定。主轴箱3安装在立柱4的垂直导轨上，可上下调整位置以适应加工不同高度的工件。主轴由精密轴承支承在主轴套筒中（旋转精度和刚度都有很高的要求），主轴的旋转运动是由立柱4内的电动机经带轮和变速箱传动，以完成主运动。当进行镗孔、钻孔、扩孔、铰孔等加工时，主轴由主轴套筒带动，在垂直方向做机动或手动进给运动。

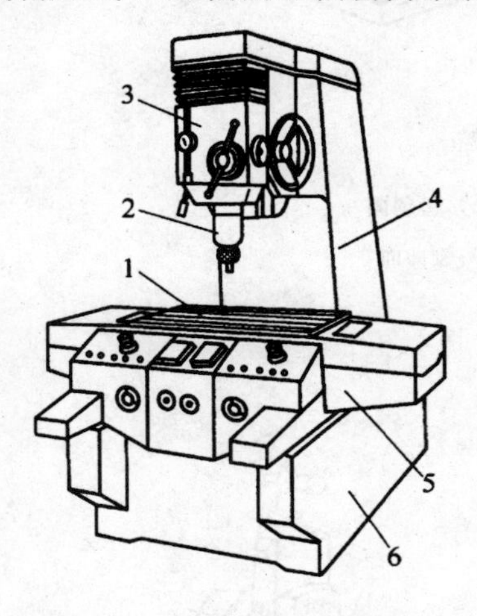


**图7-17　立式单柱坐标镗床**

1-工作台　2-主轴　3-主轴箱

4-立柱　5-床鞍　6-床身

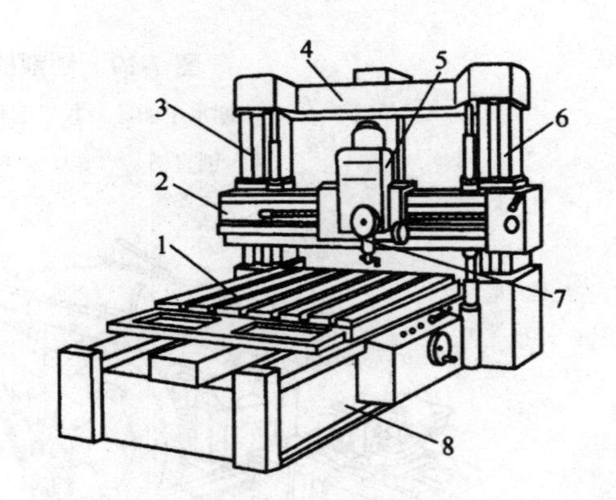


**图7-18　立式双柱坐标镗床**

1-工作台　2-横梁　3，4-顶梁

5-主轴箱　6-立柱　7-主轴　8-床身

## 7.4　刨床、插床

### 7.4.1　刨床

刨床主要用于加工各种平面（水平面、垂直面和斜面）、沟槽（T型槽、V型槽和燕尾槽等）和利用加工直线加工成型表面，如图7-19所示。刨床所用刀具构造简单，在单件小批量生产条件下，加工狭长平面比其他刀具经济，且生产准备省时，此外，用宽度刨刀以大进给量加工狭长平面时生产效率高，它适用于中小批量生产和维修车间。

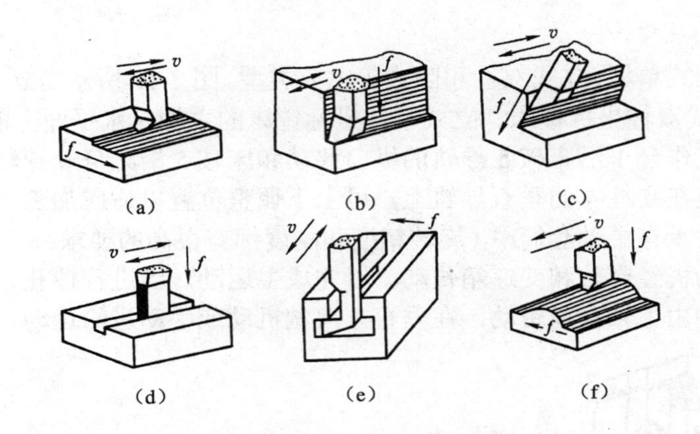


**图 7-19 刨削的主要工作**

（a）刨水平面 （b）刨垂直面 （c）刨斜面

（d）刨直槽 （e）刨 T 形槽 （f）刨曲面

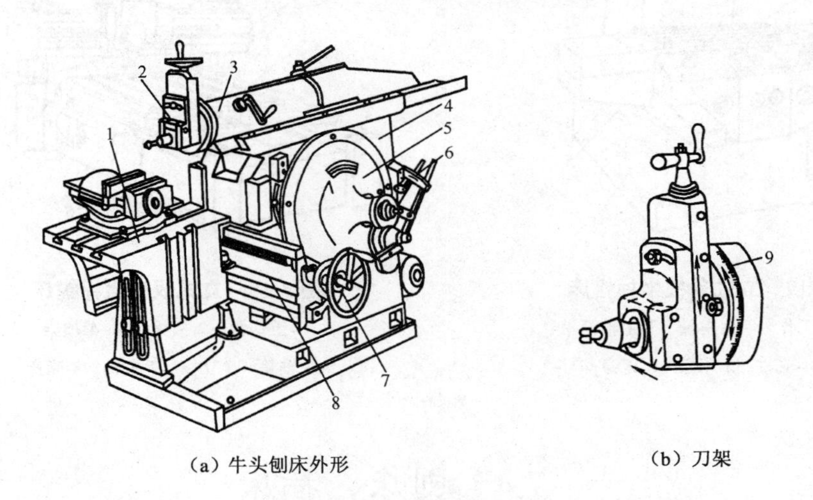


**图 7-20 牛头刨床**

1-工作台 2-刀架 3-滑枕 4-床身 5-摇臂机构 6-变速机构 7-进给机构 8-横梁 9-转盘

刨床的主运动和进给运动均为直线移动。当工件尺寸和重量较小时，由刀具的往复直线运动实现主运动，由工件的间歇移动实现进给运动，如牛头刨床。而龙门刨床则是采用工作台带着工件作往复直线运动为主运动，刀具作间歇的横向运动为进给运动。

刨床主要有牛头刨床、龙门刨床和单臂刨床。

### 1. 牛头刨床

牛头刨床是刨削类机床中应用较广的一种，因其滑枕、刀架形似牛头而得名。它适用于刨削长度不超过 1 000 mm 的中小型零件。

牛头刨床主要由床身、滑枕、刀架、工作台、滑板、底座等部分组成，见图 7-20。

（1）床身。床身用来支承和连接刨床各部件。

（2）滑枕。滑枕主要用来带动刨刀作直线往复运动（即主运动），其前端有刀架。

（3）刀架。刀架用以夹持刨刀。转动刀架手柄时，滑板便可沿转盘上的导轨带动刨刀作上、下移动。松开转盘上的螺母，将转盘扳转一定角度后，就可使刀架斜向进给。刀架上还装有抬刀板，在刨刀回程时能将刨刀抬起，以防擦伤工件。

（4）工作台。工作台是用来安装工件的，它可随横梁作上、下调整，并可沿横梁作水平方向移动或作横向间歇进给。工作时，滑枕在床身的水平导轨上作往复运动（主运动），工作台在横梁的导轨上作水平横向的间歇进给运动，横梁和工作台一起可沿床身的垂直导轨运动，以适应不同厚度工件的加工，调整切削深度，刨垂直面时的垂直进给则靠刀架的移动来实现。

牛头刨床调整方便，但由于是单刃切削，而且切削速度低，回程时不工作，所以生产效率低，适用于单件小批量生产。

刨削精度一般为 IT9～IT7，表面粗糙度 $R_a$ 值为 6.3～3.2 μm，牛头刨床的主参数是最大刨削长度。

### 2. 龙门刨床

龙门刨床主要用来刨削大形工件，特别适合于刨削各种水平面、垂直面以及由各种平面组合的导轨面。如加工中小零件，可以在工作台上一次安装多个工件。另外，龙门刨床还可以用几把刨刀同时对工件刨削，其加工精度和生产率均较高。

（1）组成

图 7-21 所示为龙门刨床。它的主运动是工作台 9 沿床身 10 水平导轨所作的直线往复运动，床身 10 的两侧固定有左右立柱 3 和 7，立柱顶部通过顶梁 4 连接，形成刚性较好的龙门框架。横梁 2 上装有两个垂直刀架 5 和 6，可分别作横向或垂向的进给运动和快速移动。横梁可沿左右立柱的导轨作垂直升降，以调整垂直刀架位置，适应不同高度工件的加工需要。加工时，横梁由夹紧机构夹持在两个立柱上。左右两个立柱上分别装有左侧刀架 1 和右侧刀架 8，可分别沿垂直方向作自动工作进给和快速移动。各刀架的自动进给运动是在工作台一次往复直线运动后，由刀架沿水平或垂直方向移动一定距离，使刀具能逐次刨削出所需的表面。

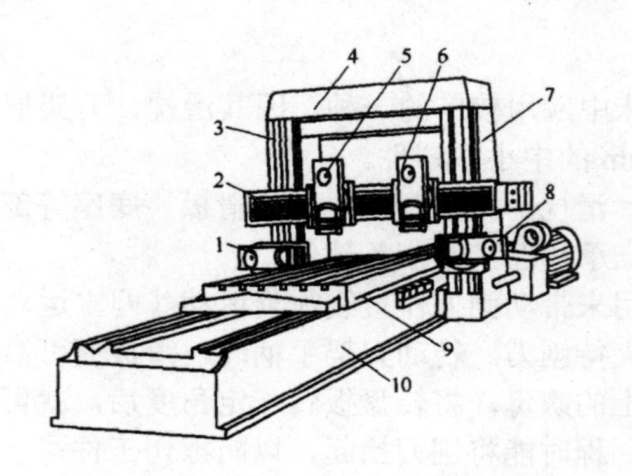


图 7-21　龙门刨床

1-左侧刀架　2-横梁　3-左立柱　4-顶梁

5，6-垂直刀架　7-右立柱　8-右侧刀架　9-工作台　10-床身

（2）机床调整

① 工作台行程长度和起始位置的调整。工作台行程长度和起始位置，应按工件长度、刀具空刀和超程长度之和，以及工件安装在工作台上的前后位置来调整。其方法是先松开位于机床工作台侧面 T 形槽内固定两行程挡块的螺母，然后调整两者的相对位置至所需。完毕后，应将螺母旋紧。

② 工作台行程速度的调整。当短行程工作时，为防止床身中的斜齿轮因换向频繁而疲劳破坏，工作台行程速度一般不宜超过 35 m / min（当行程长度小于 80 mm 时）。当采用最大工作行程时，为防止工作台因高速、惯性大可能使其下面的齿轮与齿条脱离，造成“飞车”事故，因此，工作台行程速度应适当降低，超程不超过 100 mm 为宜。

③ 横梁位置的调整。调整前需将左垂直刀架移到横梁最左端，将右垂直刀架移到横梁右端，使横梁的两条升降丝杠的受力处于平衡状态，再按压悬挂按钮盒上的横梁“上升”或“下降”按钮。按下按钮后，需等十几秒钟，待横梁的夹紧机构放松后，才能移动。松开按钮，夹紧机构又会自动夹紧。

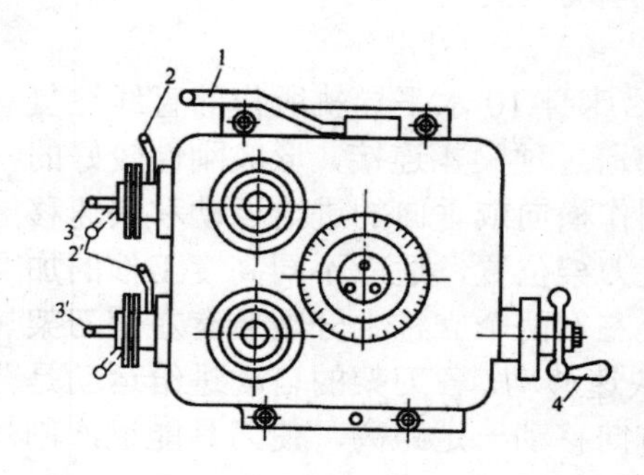


图 7-22　垂直刀架进给箱外形

1、2、3、4-手柄

④ 刀架快速移动和自动进给的变换。快速移动前，先将进给箱上面的手柄 1 扳到“快速移动”位置上，手柄 2 扳到Ⅱ挡位置上，手柄 3 扳到所需方向上，再按悬挂按钮上的刀架快速移动按钮，刀架即可快速移动。如图 7-22 所示，图中 2、3 和 2′、3′，是分别控制两个垂直刀架的手柄。

## 7.4.2　插床

插床实质上是一种立式刨床，其结构原理与牛头刨床相同，只是在结构形式上略有区别。它的主运动是滑枕带动插刀沿垂直方向所作的直线往复运动。图 7-23 所示为插床，滑枕 2 向下移动为工作行程，向上为空行程。滑枕导轨座 3 可绕轴 4 在小范围内调整角度，以便加工倾斜面和沟槽。床鞍 6 和溜板 7 可分别作横向及纵向进给，圆工作台 1 可绕垂直轴线回转以进行圆周进给或分度。圆工作台在上述各方向的进给运动也是在滑枕空行程结束后的短时间内进行的。圆工作台的分度是依靠分度装置 5 实现的。插床主要用于加工键槽、花键孔、多边形孔之类的内表面，有时也用于加工成型内、外表面。插齿机主要用于加工直齿圆柱齿轮，尤其适用于加工内齿轮和多联齿轮，若配上特殊的附件，可以加工齿条，但不可以加工蜗轮。

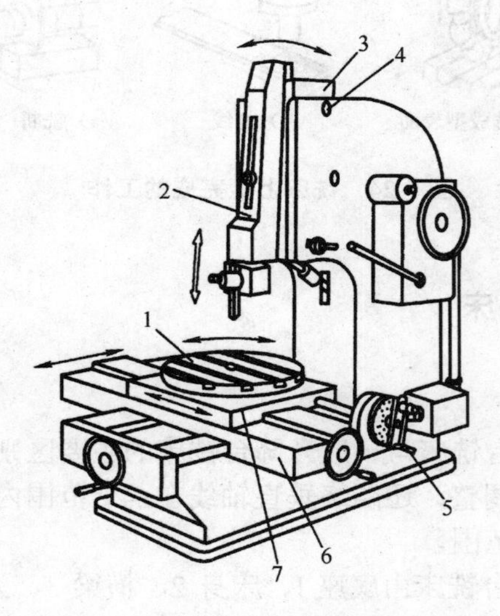


**图 7-23　插床**

1-圆工作台　2-滑枕　3-滑枕导轨座 4-轴　5-分度装置　6-床鞍　7-溜板

# 7.5　铣　床

铣床是用铣刀进行铣削加工的机床。铣床的主运动是铣刀的旋转运动，进给运动是工件的直线运动。与其他机床相比，铣床切削速度高，又是多刃连续切削，所以生产率较高。

铣床的加工范围极广，可以加工的表面类型也很多，图 7-24 所示为在铣床上能完成的工作。

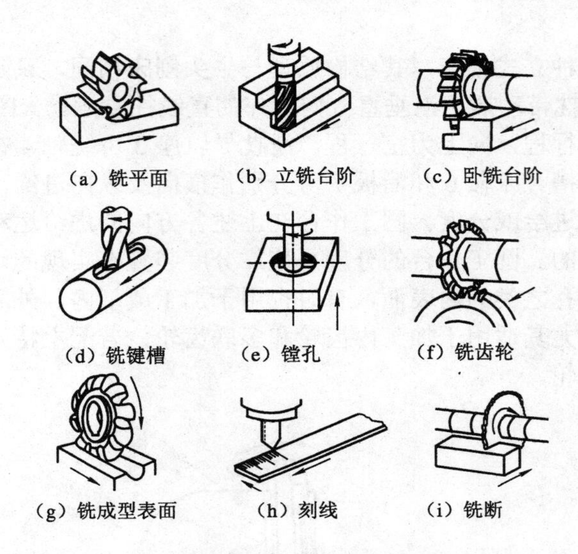


图 7-24 铣床上能完成的工作

## 7.5.1 卧式万能升降台铣床

### 1. X6132 铣床的组成

X6132 型卧式万能升降台铣床与一般升降台铣床的主要区别在于其工作台不仅能在相互垂直的三个方向作进给和调整，还能绕垂直轴线在±45°范围内回转，并且还能安装万能立铣头，扩大了机床的工艺范围。

X6132 型卧式万能升降台铣床由底座 1、床身 2、横梁 3、刀杆支架 4、主轴 5、工作台 6、床鞍 7、升降台 8 及回转盘 9 等组成，如图 7-25 所示。床身固定在底座上，用来安装和支撑其他部件；床身内装有主传动装置及其变速装置、主轴部件，完成铣刀旋转主运动。横梁安装在床身顶部，可沿着燕尾导轨调整前后位置。横梁前端装有刀杆支架，用来安装刀杆，以提高其刚性。床身前侧面导轨上装有升降台，可沿导轨作上、下移动。升降台内部装有进给运动传动系统及其操纵机构，完成各个方向的进给变速。水平导轨上装有床鞍，可完成横向进给运动。床鞍上装有回转盘，回转盘的燕尾型导轨上装有工作台，由工作台作纵向进给运动，并可通过回转盘绕垂直轴线在±45°范围内调整角度，以便加工出斜面和螺旋槽。

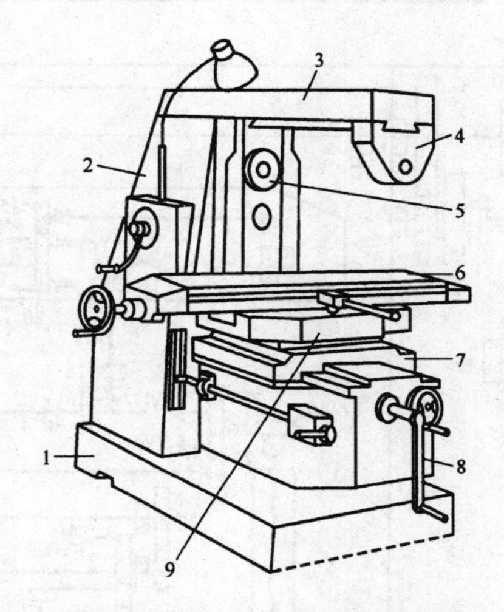


**图 7-25　X 6132 型万能卧式升降台铣床外形**

1-底座　2-床身　3-横梁　4-刀杆支架　5-主轴

6-工作台　7-床鞍　8-升降台　9-回转盘

2. X6132 铣床的传动系统

（1）主传动传动系统

图 7-26 所示为 X6132 型万能升降台铣床的传动系统。主运动由主电动机驱动，经一组皮带轮传至轴Ⅱ，再经轴Ⅱ—Ⅲ间、Ⅲ—Ⅳ间的滑移齿轮变速组，及轴Ⅳ—Ⅴ间的双联滑移齿轮变速组，使主轴Ⅴ获得从 30～1500 r / min 的 18 级转速。主轴的换向由电动机正、反转控制。安装在轴Ⅱ上的电磁制动器 M 控制主轴的快速制动。主运动传动路线表达式为：

$$\text{电动机（7.5 kW，1450 r/min）} \to \phi150/\phi290 \to \text{II} \to \begin{Bmatrix} 19/36 \\ 22/33 \\ 16/38 \end{Bmatrix} \to \text{III} \to \begin{Bmatrix} 27/37 \\ 17/46 \\ 38/28 \end{Bmatrix} \to \text{IV} \to$$

$$\begin{Bmatrix} 80/40 \\ 18/71 \end{Bmatrix} \to \text{V（主轴）}$$

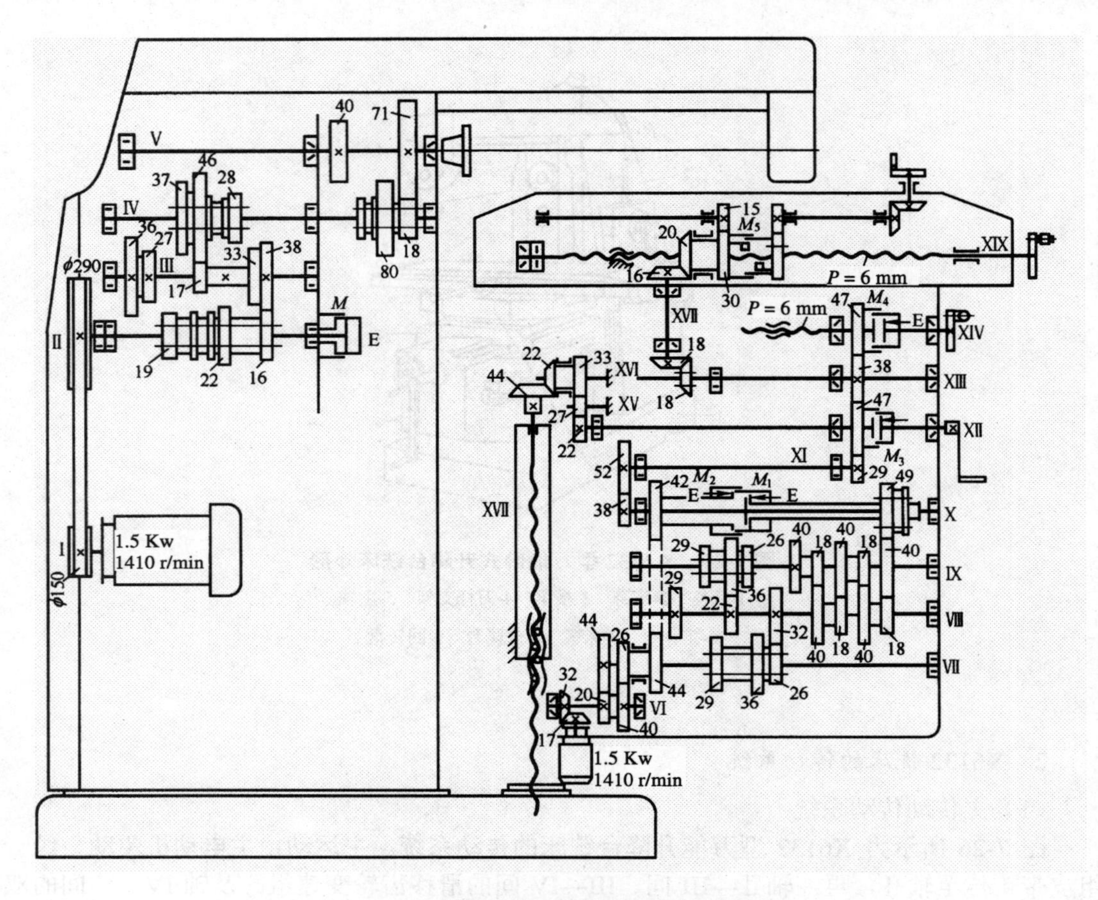


图 7-26 X 6132 型万能升降台铣床传动系统

（2）进给运动传动系统

X6132 型万能升降台铣床的工作台由进给电动机（1.5 kW，1410 r / min）驱动，作纵向、横向、垂向三个方向的进给运动及快速移动。

电动机的运动经一对圆锥齿轮 17/32 传至轴Ⅵ，然后根据轴 X 上的电磁摩擦离合器 $M_1$、$M_2$ 的结合情况，分两条路线传动。当轴 X 上的离合器 $M_1$ 脱开、$M_2$ 结合时，轴 XI 的运动经齿轮副 40/26、44/42 及离合器 $M_2$ 传至轴 X，使工作台快速移动；如果轴 X 上的离合器 $M_2$ 脱开、$M_1$ 结合，轴Ⅵ的运动经齿轮副 20/44 传至轴 VII，再经轴 VII—VIII 和轴 VIII—IX 间的两组三联滑移齿轮变速组及轴 VIII—IX 间的曲回机构、离合器 $M_1$，将运动传至轴 X，再经离合器 $M_3$、$M_4$、$M_5$ 及相应的后续传动路线，使工作台分别得到垂向、横向、纵向的移动，完成工作台的工作进给。

进给运动的传动路线表达式如下：

$$\text{进给电动机}-\frac{17}{32}-\text{VI}-\left\{\begin{array}{l}\dfrac{20}{44}-\text{VII}-\left[\begin{array}{c}\dfrac{29}{29}\\ \dfrac{36}{22}\\ \dfrac{26}{32}\end{array}\right]-\text{VIII}-\left[\begin{array}{c}\dfrac{29}{29}\\ \dfrac{22}{36}\\ \dfrac{32}{26}\end{array}\right]-\\ \\ \dfrac{40}{26}\times\dfrac{44}{42}-M_2\text{合（快速进给）}\end{array}\right.$$

$$-\text{IX}-\left[\begin{array}{l}\dfrac{40}{49}\text{（左）}\\ \dfrac{18}{40}\times\dfrac{18}{40}\times\dfrac{18}{40}\times\dfrac{18}{40}\times\dfrac{40}{49}\\ \dfrac{18}{40}\times\dfrac{18}{40}\times\dfrac{40}{49}\text{（中）}\end{array}\right]-\text{（右）}-M_1\text{合（工作进给）}\left.\right]-\text{X}-\frac{29}{47}-\text{XI}$$

$$-\text{X}-\frac{38}{52}-\text{XI}-\frac{29}{47}\left\{\begin{array}{l}\dfrac{47}{38}-\text{XIII}-\left\{\begin{array}{l}\dfrac{18}{18}-\text{XVIII}-\dfrac{16}{20}-M_5\text{合}-\text{XIX（纵向进给）}\\ \dfrac{38}{47}-M_4\text{合}-\text{XIV（横向进给）}\end{array}\right.\\ \\ M_3\text{合}-\text{XII}-\dfrac{22}{27}-\dfrac{27}{33}-\dfrac{22}{44}-\text{XVII（垂直进给）}\end{array}\right.$$

由上述传动路线表达式可知，铣床在三个进给方向上均应获得 3×3×3＝27 种进给量，但由于轴Ⅶ—Ⅸ间的两组三联滑移齿轮变速组的 3×3＝9 种传动比中，有三种是相等的，即

$$\frac{26}{32}\times\frac{32}{26}=\frac{29}{29}\times\frac{29}{29}=\frac{36}{33}\times\frac{22}{36}=1$$

所以实际上在Ⅶ—Ⅸ轴间只有 7 种传动比。因此轴 X 上的滑移齿轮 Z49 实际只有 21 种不同转速。可见，X6132 型铣床的纵、横、垂向的进给量都是 21 级，其中纵向、横向的进给量范围为 10～1000 mm / min，垂向进给量范围为 3.3～333 mm / min。

### 7.5.2　其他铣床

铣床的类型很多，除以上介绍的卧式铣床外还有立式铣床、龙门铣床、工具铣床、仿

形铣床、仪表铣床及数控铣床等。

1. 万能工具铣床

万能工具铣床的基本布局与万能升降台铣床相似，但配有多种附件，因而扩大了机床的加工范围。图 7-27 所示为万能工具铣床。图为安装着主轴座 1、固定工作台 2、升降台 3 的工具铣床。此时，机床的功能与卧式升降台铣床很相似，只是横向进给运动由主轴座的水平移动来实现，纵向进给运动及垂直进给运动分别由工作台 2 和升降台 3 实现。

万能工具铣床常用于工具车间，加工形状复杂的切削刀具、夹具、模具等的零件。

2. 立式铣床

立式升降台铣床也是通用机床，通常适用于单件及成批生产。它与卧式铣床的主要区别在于主轴是竖直安装的，也就是用立铣头代替卧式铣床的水平主轴、横梁、刀杆及其支撑部分，如图 7-28 所示，主轴安装在立铣头内，可沿其轴线方向进给或调整位置。立铣头可根据加工要求在垂直平面内±45°范围回转，使主轴与工作台面倾斜成所需角度，以扩大机床加工范围。立铣床的其余部分（如工作台 3、床鞍 4、升降台 5 等）和卧式升降台铣床相似。

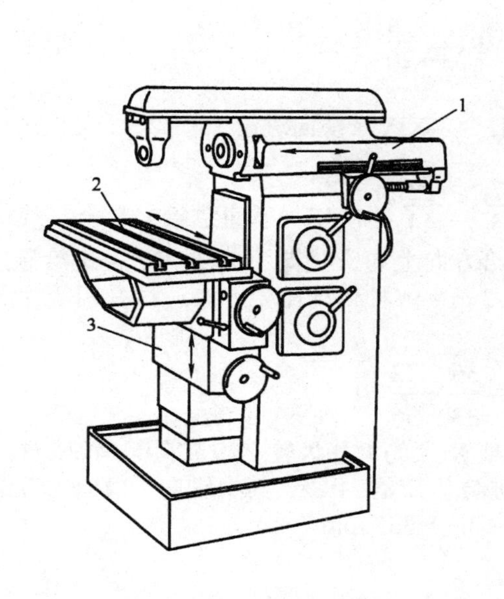


图 7-27 万能工具铣床

1-主轴座 2-固定工作台 3-升降台

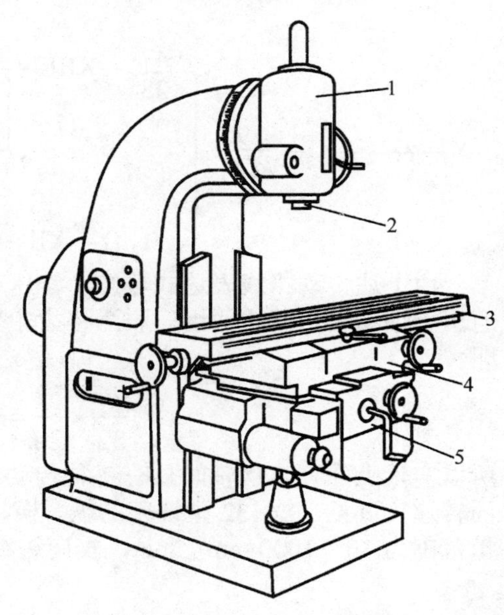


图 7-28 立式升降台铣床

1-立铣头 2-主轴 3-工作台 4-床鞍 5-升降台

## 7.5.3　铣床附件——万能分度头

万能分度头是铣床常用附件。它安装在铣床工作台上，用来支撑工件，并通过分度头完成工件的分度、回转角度、连续回转等一系列动作，从而在工件上加工出方头、六角头、花键、齿轮、斜面、螺旋槽、凸轮等多种表面，扩大了铣床的工艺范围。本节介绍万能分度头的结构及使用。

### 1. FW250 型万能分度头的结构和传动系统

图 7-29 所示为 FW250 型万能分度头的结构及传动系统。

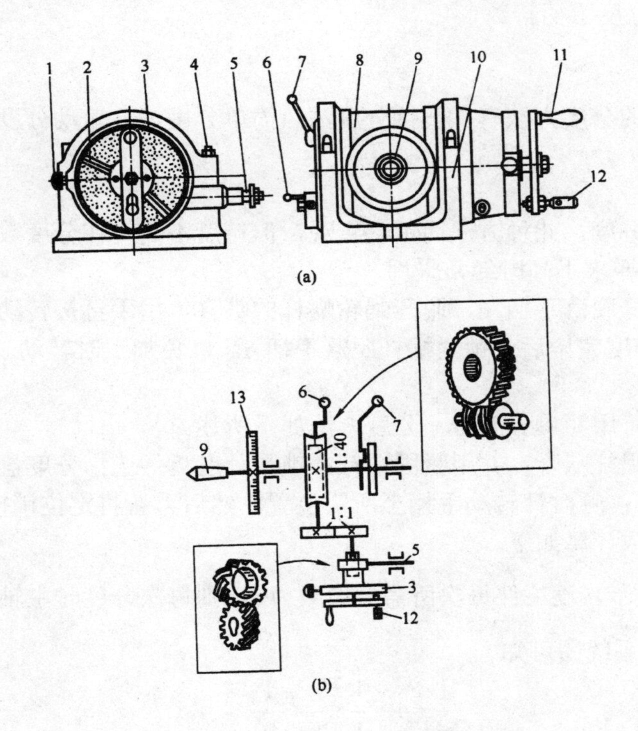


**图 7-29　FW250 型万能分度头**

1-紧定螺钉　2-分度叉　3-分度盘　4-螺母　5-侧轴　6-蜗杆脱落手柄

7-主轴紧定手柄　8-回转体　9-主轴　10-底座　11-分度手柄　12-分度定位销　13-刻度盘

分度头主轴 9 安装在回转体 8 内，回转体 8 以两侧轴颈支撑在底座 10 上，可绕其轴线沿底座的环形导轨在−6°～90°范围内转动，并能在铅垂面内调整主轴轴线的角度。主轴前端有莫氏锥孔和一个较短的定位锥面，可以安装顶尖或三爪自定心卡盘，用来安装工件。分度头侧轴 5 可以安装挂轮，与工作台丝杠建立内联系传动链。分度头侧面装有分度盘，其上不同的圆周上均布着不同数目的等分孔，均布小孔的圆周称为孔圈，分度数由分度定位销 12 所对孔圈的孔数来计算。转动分度手柄 11，经传动比 1:1 的螺旋齿轮副、1:40 的蜗杆蜗轮副带动主轴 9 回转到所需角度，进行分度。

FW250 型万能分度头的传动系统如图 7-29（b）。传动链平衡方程式为

$$n_0=n_k\times\frac{1}{1}\times\frac{1}{1}\times\frac{1}{40}$$

式中 $n_0$——分度头主轴转数；

$n_k$——分度头分度手柄转数。

2. 分度方法

万能分度头常用的分度方法有：直接分度法、简单分度法、差动分度法、角度分度法等。

（1）直接分度法

直接采用刻度盘分度。此种方法简单、直观，但精度不高，在分度数不多，如 2、3、4、6 等分且分度精度要求不高时经常采用。

分度时，松开蜗杆脱落手柄 6，脱开蜗轮蜗杆的啮合，用手直接转动主轴，所需转角由刻度盘 13 读出。分度完毕后，锁紧蜗杆脱落手柄 6，以免加工时转动。

（2）简单分度法

分度数较多时，可用简单分度法，分度方法如下所述。

分度前，使蜗轮蜗杆啮合，并用紧固螺钉 1 锁紧分度盘；选择分度盘的孔圈，调整定位销 12 对准所选孔圈；顺时针转动手柄至所需位置，然后重新将定位销插入对应孔中。

分度时手柄的转数计算如下。

如图 7-29（b）所示，设工件每次所需分度数为 $z$，则每次分度时主轴应转 $\frac{1}{z}$ 转，手柄应转 $n_k$ 转，根据传动系统图可知

$$\frac{1}{z}=n_k\times\frac{1}{1}\times\frac{1}{1}\times\frac{1}{40}$$

上式可写成

$$\frac{1}{z}\times\frac{40}{1}\times\frac{1}{1}=\alpha+\frac{p}{q}\ \text{(r)}$$

式中 $\alpha$——每次分度时，手柄应转过的整圈数（$z$>40 时，$\alpha$=0）；

$P$——所选用孔圈的孔数；

$q$——分度定位销 12 在 $q$ 个孔的孔圈上应转的孔距数。

# 7.6 磨 床

磨削加工是一种常用的金属加工方法，用磨具（如砂轮、砂块及砂带）或磨料（研磨剂）进行切削加工称为磨削，磨削所采用的机床就称为磨床。磨削加工的机床都属于磨床，磨床的工具是高速旋转的砂轮。经过磨削的工件，可以获得较高的精度和较小的表面粗糙度值。磨削加工的范围很广，如图 7-30 所示。

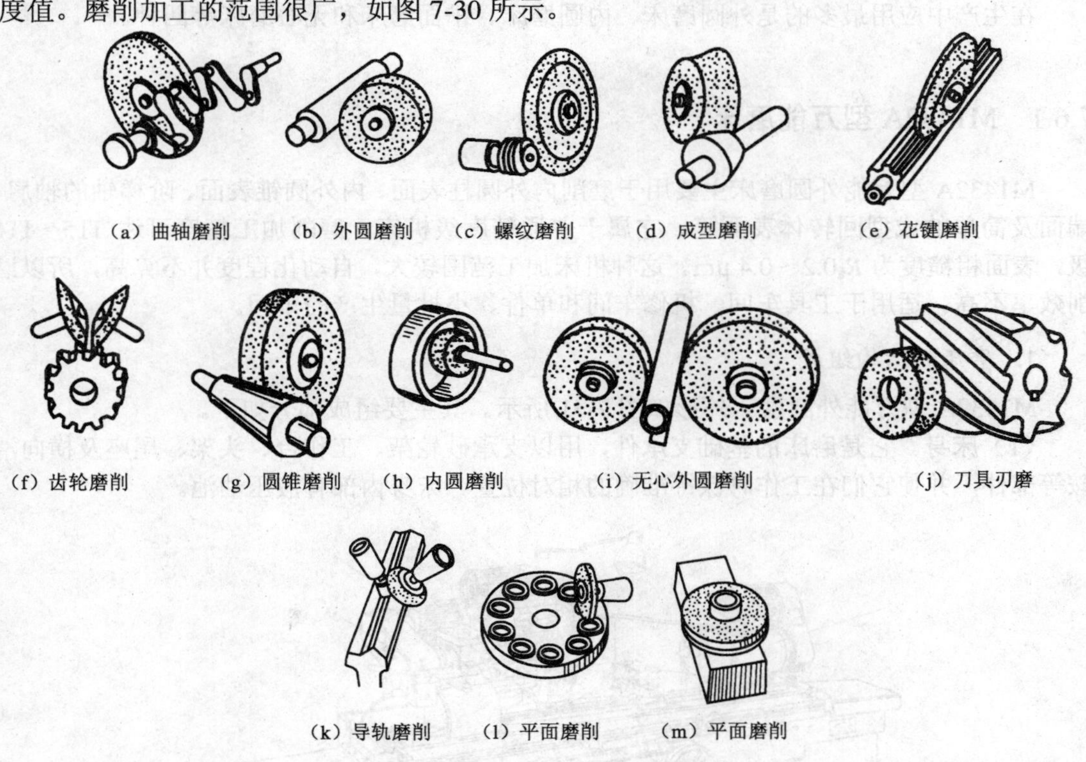


图 7-30 磨削的加工范围

由于磨削加工容易获得较高加工精度和较好的表面质量，所以磨床主要用于零件精加工。随着现代科学技术的发展，机械零件的精度和表面质量要求愈来愈高，各种高硬度材料的应用日益增多，磨削加工的优势也日益显现。另外，高速磨削和强力磨削工艺进一步提高了磨削效率，从而使磨床的使用范围日益扩大，目前在工业发达国家中，磨床已占机床总数的 30 %～40 %。为了适应磨削各种加工表面、各种形状工件和生产批量的要求，磨床有了多种类型，主要有以下几种。

（1）外圆磨床。包括万能外圆磨床、外圆磨床、无心磨床等。

（2）内圆磨床。包括普通内圆磨床、无心内圆磨床、行星式内圆磨床等。
（3）平面磨床。包括卧轴矩台、立轴矩台平面磨床，卧轴圆台、立轴圆台平面磨床等。
（4）工具磨床。包括工具曲线磨床、钻头沟槽磨床、丝锥沟槽磨床等。
（5）刀具刃磨磨床。包括万能工具磨床，车刀、拉刀、滚刀磨床等。
（6）各种专门化磨床。包括曲轴磨床、凸轮轴磨床、花键轴磨床等。
（7）其他磨床。如研磨机、珩磨机、抛光机、砂轮机等。
在生产中应用最多的是外圆磨床、内圆磨床、平面磨床和无心磨床等四种。

### 7.6.1 M1432A 型万能磨床

M1432A 型万能外圆磨床主要用于磨削内外圆柱表面、内外圆锥表面、阶梯轴的轴肩、端面及简单的成型回转体表面等。它属于普通精度级机床，磨削加工精度可达 IT5～IT6 级，表面粗糙度为 $R_a$0.2～0.4 μm。这种机床加工范围较大，自动化程度并不算高，所以磨削效率不高。适用于工具车间、机修车间和单件、小批量生产的车间。

**1. 磨床的结构组成**

M1432A 型万能外圆磨床外形如图 7-31 所示。其主要组成部分如下。
（1）床身。它是磨床的基础支承件，用以支承砂轮架、工作台、头架、尾座及横向滑鞍等部件，并使它们在工作时保持准确的相对位置。床身内部有液压油池。

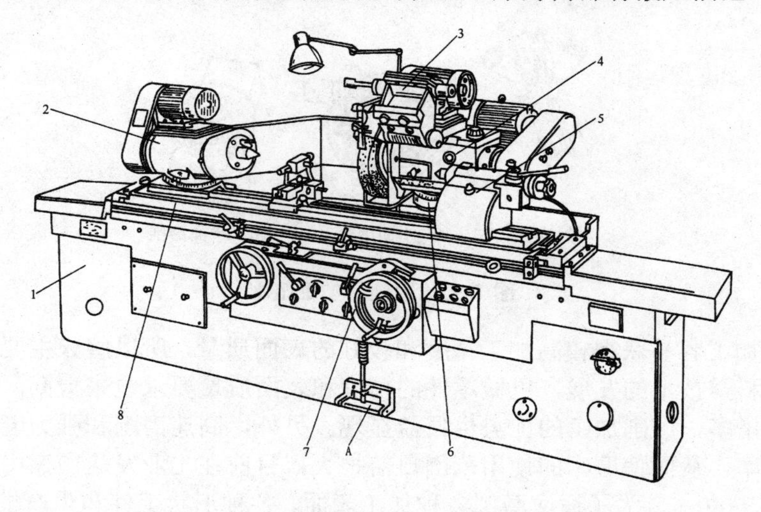


**图 7-31 M1432A 型万能外圆磨床外形**

1-床身 2-头架 3-内圆磨具 4-砂轮架 5-尾座 6-滑鞍 7-手轮 8-工作台

（2）头架。头架主轴上可安装顶尖和卡盘，它用以安装工件并带动工件转动。当头架回转一个角度，可磨削短圆锥面。当头架逆时针回转 90°时，可磨削小平面。

（3）砂轮架。它用以支承并带动砂轮主轴高速旋转。砂轮架安装在滑鞍上，回转角度为±30°。当需要磨削短圆锥面时，砂轮架可调至所需的角度。

（4）尾座。尾座上的后顶尖和头架上的前顶尖一起，实现工件两顶尖装夹的安装。

（5）工作台。工作台由上、下两部分组成。上工作台可绕下工作台在水平面内回转一个角度，用以磨削锥度不大的长圆锥面。上工作台的台面上有 T 形槽，通过螺栓将头架和尾架固定在上工作台面上。工作台底面导轨与床身纵向导轨配合，由液压传动装置或机械操纵机构带动作纵向运动。在下工作台前侧面的 T 形槽内，装有两块行程挡铁，通过调整挡铁位置可控制工作台的行程和位置。

（6）内圆磨具。它是在砂轮架上增设的一个装置，用于支承磨内孔的砂轮主轴。正因为有了内圆磨具装置，使这种磨床具备了磨内圆孔的功能。内圆磨具装置设置在砂轮架的顶前方，磨内圆孔时才翻转下来。

（7）滑鞍及横向进给机构。可转动手轮通过横向进给机构带动滑鞍及砂轮架作横向移动，也可利用液压装置，使滑鞍和砂轮架作快速进退或周期性切入进给。

#### 2. 磨床的机械传动

（1）主运动　主运动由两个电动机分别驱动，并设有互锁装置。

① 磨外圆砂轮的旋转运动 $n_{砂}$。

② 磨内孔砂轮的旋转运动 $n_{内}$。

（2）进给运动

① 工件旋转（周向进给）运动 $f_{周}$。

② 工件纵向往复直线运动或手动纵向进给运动 $f_{纵}$。

③ 砂轮横向进给运动 $f_{横}$，往复纵磨时是周期性切入运动；切入磨削时是连续进给运动。

（3）辅助运动包括砂轮架快速进退、工作台手动移动以及尾架套筒的退回等。

### 7.6.2　其他磨床简介

#### 1. 普通外圆磨床与半自动宽砂轮外圆磨床

（1）普通外圆磨床

普通外圆磨床与万能外圆磨床在结构上存在的差别是：普通外圆磨床的头架和砂轮都不能绕竖直轴调整角度；头架主轴固定不动；没有内圆磨具。因此，普通外圆磨床只能用于磨削外圆柱面、台肩端面以及锥度不大的外圆锥面。

普通外圆磨床的结构比万能外圆磨床简化，刚度提高。尤其是头架主轴是固定不动的，工件支撑在“死顶尖”上，提高了头架主轴组件的刚度和工件的回转精度。

（2）半自动宽砂轮外圆磨床

机床在加工工件时，工作台不作纵向往复运动（可以纵向调整位置），砂轮架作连续的横向切入进给。为了降低工件的表面粗糙度值，可使工作台有小幅度纵向往复抖动运动。

切入磨削时，作连续的横向进给，即可磨出整个加工表面，所以生产率较高。近年来，由于进一步提高了自动化程度，并配备了自动测量仪控制磨削尺寸，特别适用于短件大批量生产，生产率明显提高。因此，这类机床得到了很大的发展。

2. 无心外圆磨床

（1）无心外圆磨床外形如图 7-32 所示。砂轮架 3 固定在床身 1 的左边，砂轮主轴由装在床身内的电动机经带传动作高速旋转。导轮架装在床身右边的滑板 9 上，它由转动体 5 和座架 6 组成。转动体可在垂直平面内相对座架转位，使装在其上的导轮主轴相对水平线偏转加工所需的角度。导轮能有级或无级变速，其传动装置在座架内。利用快速进给手柄 10 或微量进给手柄 7，可使滑板 9 连同导轮架和工件托架沿底座 8 的燕尾形导轨移动，实现横向运动。

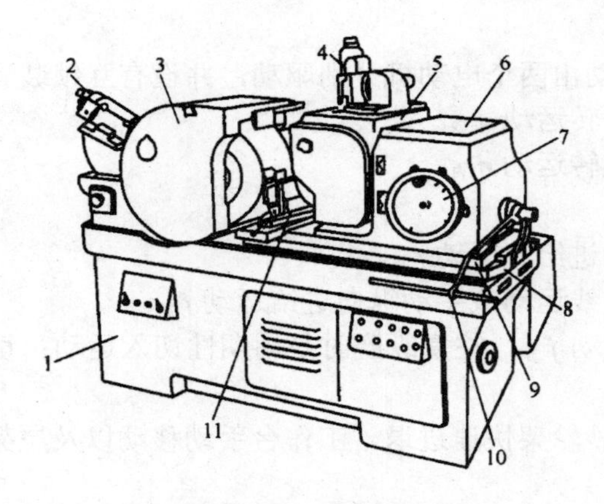


**图 7-32 无心外圆磨床的外形**

1-床身 2-砂轮修整器 3-砂轮架 4-导轮修整器 5-转动体

6-座架 7，10-进给手柄 8-底座 9-滑板 11-托架

在无心外圆磨床上磨削外圆表面，工件上不需打中心孔，这样，既排除了因中心孔偏心而带来的误差，又可以节省装卸工件的时间。由于导轮和托板沿全长支承工件，刚度差的工件也可用较大的切削用量进行磨削，故生产率较高，但机床调整时间较长，不适用于单件、小批量生产。此外，圆周方向不连续的表面（如有键槽）或外圆和内孔的同轴度要

求很高的表面，不宜采用无心外圆磨削。

（2）磨削原理与磨削方法

在无心外圆磨床上加工工件，不用顶尖定心和支承，而由工件的被磨削外圆面本身作定位面。如图 7-33 所示，工件 2 放在磨削砂轮 1 和导轮 3 之间，由托板 4 支承进行磨削。导轮是用树脂或橡胶为粘结剂制成的刚玉砂轮，它与工件之间的摩擦系数较大，所以工件由导轮的摩擦力带动作圆周进给。导轮的线速度通常在 10～50 m / min 左右，工件的线速度基本上等于导轮的线速度。磨削砂轮就是一般的砂轮，线速度很高，所以，在磨削砂轮与工件之间有很大的相对速度，这就是磨削工件的切削速度。

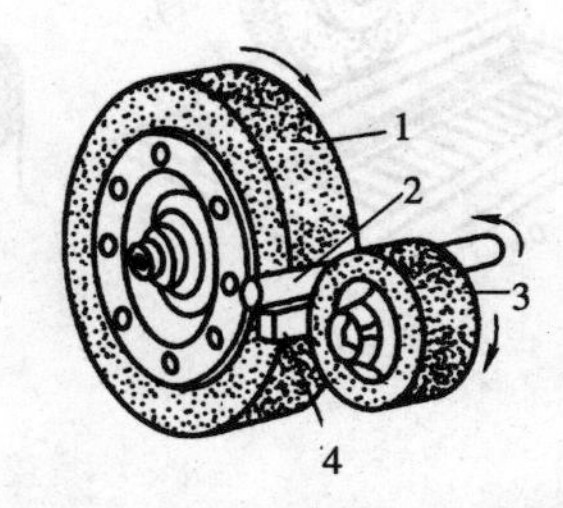


图 7-33　无心磨削加工示意图
1-磨削砂办　2-工件　3-导轮　4-托板

进行无心外圆磨削时，工件的中心应高于磨削砂轮和导轮的中心连线，工件才能被磨圆。如果托板的顶面是水平的，而且调整后工件中心与磨削砂轮及导轮的中心处于同一高度，当工件上有一凸起的点与导轮相接触，则凸起的点的对面就被磨成一凹坑，其深度等于凸起点的高度，如图 7-34（a）所示。工件回转 180°后，凸起的点转到与磨削砂轮相接触，此时凹坑也正好与导轮相接触，工件被推向导轮，凸起的点无法被磨去。此时，虽然工件各个方向上直径都相等，但工件不是一个圆形，而是一个等直径的棱圆。

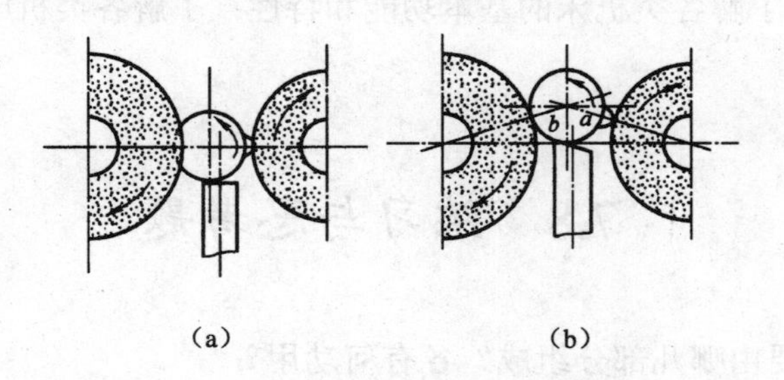


图 7-34　无心磨床加工原理

贯穿磨削法（纵磨法）和切入磨削法（横磨法）是无心外圆磨床上磨削工件两种常用方法。

## 3. 平面磨床

平面磨床用于磨削各种零件的平面。根据砂轮工作面和工作台形状的不同，普通平面磨床可分为卧轴矩台式平面磨床、卧轴圆台式平面磨床、立轴圆台式平面磨床、立轴矩台式平面磨床四大类，如图 7-35 所示。

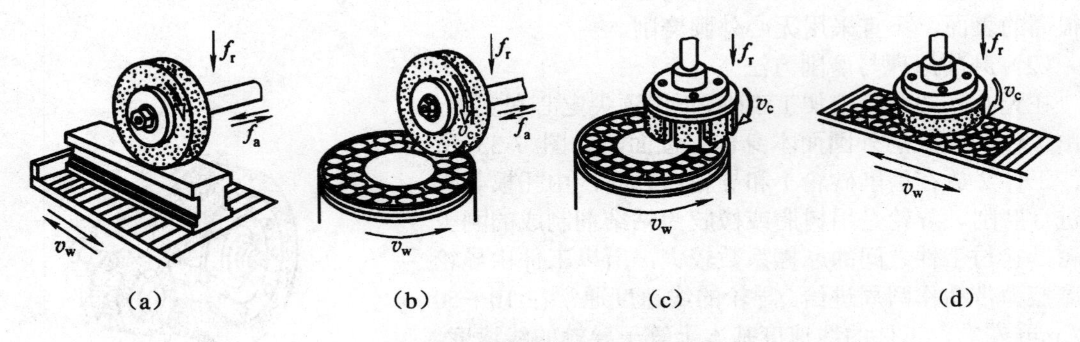


图 7-35 平面磨削的型式

在这四种平面磨床中，用的较多的是卧轴矩台式平面磨床，其次是立轴圆台式平面磨床。

## 7.7 小 结

本章介绍了切削机床的分类、组成、切削运动特点等内容。通过学习应掌握以下内容：熟练掌握机床分类，了解各类机床的基本功能和特性；了解各类机床的基本组成和切削运动特点。

## 7.8 练习与思考题

1．卧式车床主要由哪几部分组成？各有何功用？
2．分析牛头刨床和插床在结构及工艺范围方面的主要区别？
3．铣床的主运动是什么？进给运动是什么？
4．为什么铣削加工比刨削加工生产率高？
5．磨床有哪些功用和运动？
6．解释下列机床型号含义：
CA6140；Z5135；Z3040；T6113A；B6050；X6132。
7．常用的平面磨床有哪些？
8．插床和刨床在结构上的主要区别是什么？

# 第 8 章 机械零件表面加工

**学习目的：**

- 熟悉各类表面切削加工方法的特点；
- 熟悉零件结构切削加工工艺性的一般原则；
- 熟悉精密加工方法。

机械零件的结构如果从形体上分析，都是由外圆表面、内圆表面、平面和各种成形表面组成的。每一种基本表面的形成有多种不同的加工方法，采用什么方法进行加工，需要根据表面加工精度、表面粗糙度的要求来决定。

## 8.1 外圆表面加工

外圆表面是轴类、盘套类零件的主要组成表面。外圆表面的主要技术要求包括表面尺寸精度、形状精度、位置精度和表面粗糙度等。加工时需要根据外圆表面的主要技术要求合理选择不同的车削、磨削及光整加工等外圆表面加工方法。

### 8.1.1 外圆表面车削加工

1. 车外圆、端面和台阶

工件外圆和端面的加工是车削中最基本的加工方法。

（1）工件在车床上的装夹

车床上装夹工件的基本要求是定位准确、夹紧可靠。车床上常用的装夹方法有以下几种。

① 用三爪自定心卡盘装夹工件

三爪自定心卡盘对中性好，自动定心准确度为 0.05～0.15 mm。

② 用四爪单动卡盘装夹工件

四爪单动卡盘装夹，装夹时须用百分表找正，精度可达 0.01 mm。

③ 用双顶尖装夹工件

在车床上常用双顶尖装夹轴类零件，工件利用其中心孔被顶在前后顶尖之间，通过拨盘和卡头随主轴一起转动。

（2）外圆表面的车削加工

将工件车削成圆柱形外圆表面的方法称为车外圆，外圆车削的几种情况如图 8-1 所示。

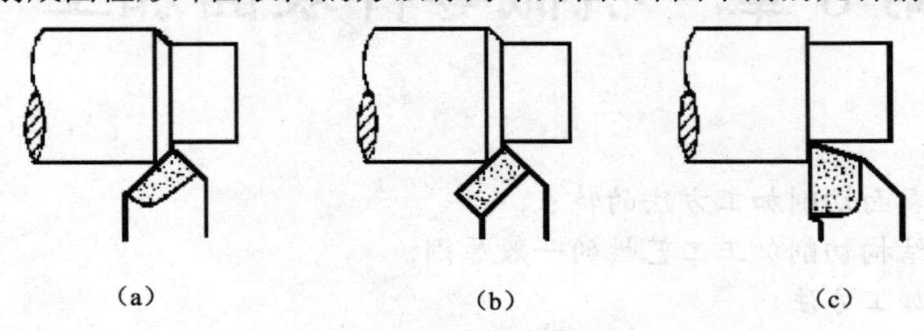


**图 8-1　外圆车削**

（a）尖刀车外圆　（b）弯头刀车外圆　（c）偏刀车外圆

外圆表面的车削加工可以划分为荒车、粗车、半粗车、精车和精细车等各加工阶段。

对于自由锻件或大型铸件毛坯，为减少外圆表面的形状误差，使后续工序的加工余量均匀，需要荒车加工，加工后的尺寸精度可以达到 IT15～IT18 级。对中小型锻件可以直接进行粗车加工，加工后的尺寸精度可达 IT10～IT13 级，表面粗糙度值 $R_a$ 为 30～20 μm 。半精车后工件的尺寸精度可达 IT9～IT10 级，表面粗糙度值 $R_a$ 为 6.3～3.2 μm，可以作为中等精度表面的最终加工，也可以作为磨削或其他精加工工序的预加工。精车后工件的尺寸精度可达 IT7～IT8 级，表面粗糙度值 $R_a$ 为 1.6～0.8 μm。精细车后的工件加工精度可达 IT6～IT7 级，表面粗糙度值 $R_a$ 为 0.4～0.2 μm，尤其适宜加工有色金属。

精车时为了保证工件的尺寸精度和减小表面粗糙度应该采取下列几项措施。

① 合理选择精车刀的几何角度及形状。如加大前角使刃口锋利，减小副偏角和刀尖圆弧使已加工表面残留面积减小，前后刀面及刀尖圆弧用油石磨光。

② 合理选择切削用量。在加工钢等塑性材料时，采取高速或低速切削可防止出现积屑瘤。另外，采用较小的进给量和背吃刀量可减小已加工表面的残留面积。

③ 合理使用切削液。在低速精车钢件时使用乳化液润滑，低速精车铸件时可以使用煤油润滑。

④ 采用试切方法切削。试切法就是通过试切—调整—再试切反复进行的方法使工件尺寸达到符合要求为止的加工方法。采用这种方法可以消除机床制造误差引起的工件尺寸误差。

⑤ 如果零件的加工精度要求很高，例如，加工精度要求为 IT6～IT5，则必须使用高精度车床在高切削速度、小进给量及小背吃刀量情况下进行加工。

（3）车端面

对工件端面进行车削加工称为车端面。

车端面使用端面车刀，当工件旋转时，移动床鞍或小滑板控制吃刀量，图 8-2 为端面车削时的二种情形。

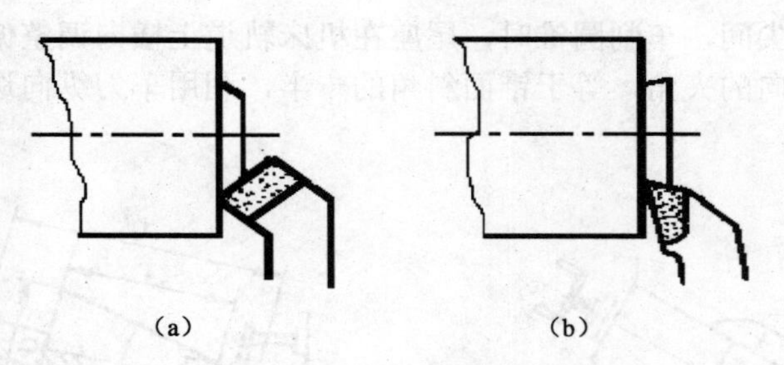


图 8-2　车端面

（a）弯头车刀车端面　（b）偏刀车端面

**注意：刀尖要对准工件中心，以免车出的端面留下小凸台，由于车削时，被切部分直径不断变化，从而引起切削速度的变化，所以车大端面时要适当调整转速，在切削工件靠近中心处时转速高一些，靠近工件外圆处转速要低一些。**

（4）车台阶

车削台阶处外圆和端面的方法称为车台阶。车台阶常用主偏角大于 90°的偏刀车削，在车削外圆的同时车出台阶端面。台阶高度小于 5 mm 时可以一次走刀切出，高度大于 5 mm 时可以多次走刀后再横向切出，如图 8-3 所示。

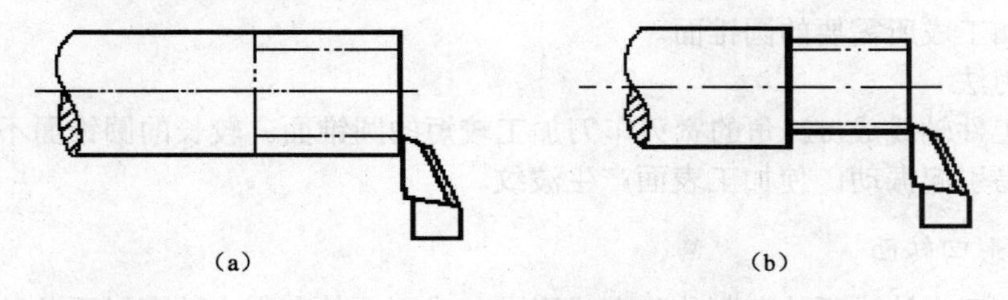


图 8-3　车台阶

（a）一次走刀　（b）多次走刀

## 2. 车外圆锥面

工件上所形成的圆锥表面是通过车刀相对于工件轴线斜向进给实现的。根据这一原理，常用的车圆锥方法有以下几种。

（1）小滑板转位法

如图 8-4 所示使刀架小滑板绕转盘转动一半圆锥斜角后固定，然后用手转动小滑板手柄实现斜向进给。这种方法调整简单，操作方便，但不能自动进给，加工后表面比较粗糙。

另外小滑板进给量有限，只能加工长度小于 100 mm 的大锥度圆锥表面。

（2）偏移尾座法

工件装夹在双顶尖间，车削圆锥时，尾座在机床轨道上横向调整偏移，使工件旋转轴线与刀具纵向进给方向的夹角，等于锥面斜角的一半，利用车刀纵向进给，车出所需要的锥面，如图 8-5 所示。

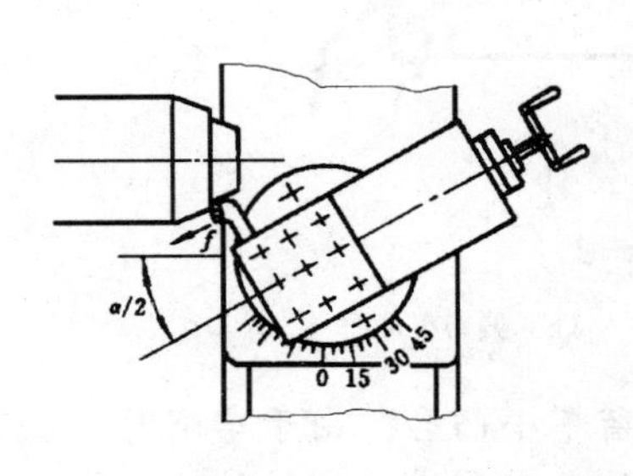


**图 8-4　小滑板转位车锥面图**

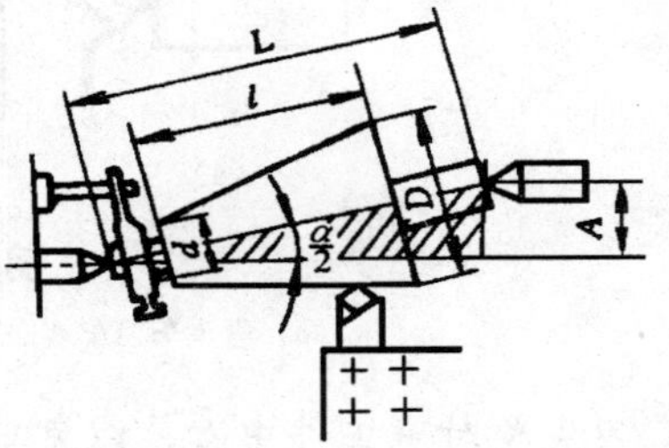

**图 8-5　小滑板转位车锥面**

（3）靠模法

锥度靠模装在床身上，可以方便地调整圆锥斜角。加工时卸下中滑板的丝杠与螺母，使中滑板能横向自由滑动，中滑板的接长接杆用滑块铰链与锥度靠模连接。当床鞍纵向进给时，中滑板带动刀架一面作纵向移动，一面作横向移动。从而使车刀运动的方向平行于锥度靠模，加工成所需要的圆锥面。

（4）宽刀法

使用与工件轴线成$\alpha/2$ 角的宽刃车刀加工较短的圆锥面。较长的圆锥面不适于采用此法，因为容易引起振动，使加工表面产生波纹。

### 3. 车成形回转面

用成形加工方法进行的车削称为车成形面。成形面的车削方法有以下几种。

（1）用普通车刀车削成形面

该方法称为双手摇法，它是靠双手同时摇动纵向和横向进给手柄进行车削，得到所需要的成形表面。这种方法简单易行，但生产率低，对操作者的技术要求高。

（2）成形车刀车成形面

这种方法是利用与工件轴向剖面形状完全相同的车刀进行加工的方法，也称样板刀法，主要用于车削尺寸不大且要求精度不高的成形面。这种方法操作简单，生产率高。但刀刃与工件的接触面大，容易引起振动。

（3）靠模法

这种方法与靠模车削圆锥体的方法相同。只需要把锥度靠模换上一个有曲面的靠模，曲面形状与被加工的成形表面形状相同。这种方法操作简单，生产率高，多用于大批量生产。图 8-6 为靠模法加工手柄的工作过程。

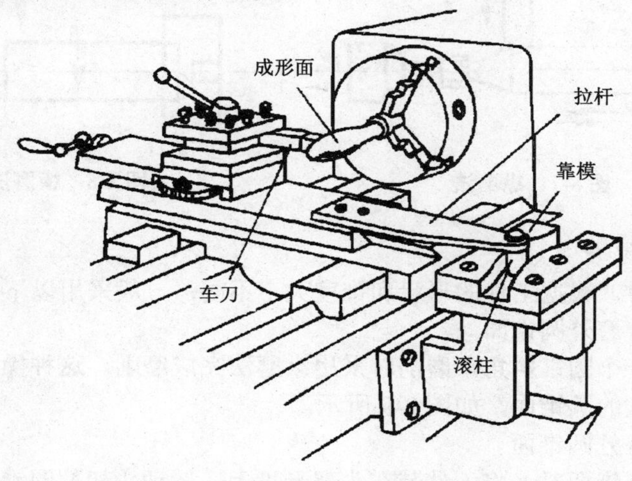


**图 8-6　靠模法车成形面**

## 8.1.2　外圆表面的磨削加工

磨削是指用磨具以较高的线速度对工件表面进行加工的方法。磨削属于精加工，可以看成是用砂轮代替刀具的切削加工。

### 1. 外圆柱面的磨削

外圆柱面的磨削通常在普通外圆磨床或万能外圆磨床上进行，磨削方法有以下两种。

（1）纵磨法磨削

纵磨法磨削时，砂轮作高速旋转运动，工件旋转并和工作台一起作纵向往复运动，完成圆周和纵向进给运动，工作台每往复一次行程终了时，砂轮均作一次横向进给，每次磨削深度较小，通过多次往复行程将余量逐渐磨去，如图 8-7 所示。纵磨法的磨削深度小、磨削力小、温度低、加工精度高，但加工时间长，生产率低，适于单件批量生产和加工细长工件。

（2）横磨法磨削

横磨法又称为切入法，当工件被磨削长度小于砂轮宽度时，砂轮以很慢的速度作横向进给运动，直到磨去全部磨削余量，如图 8-8 所示。横磨法充分发挥了砂轮所有磨粒的切削作用，生产效率高，但磨削时径向力比较大，工件刚性不好容易弯曲变形。另外，由于无纵向进给运动，砂轮表面的修整精度将直接影响工件表面质量。

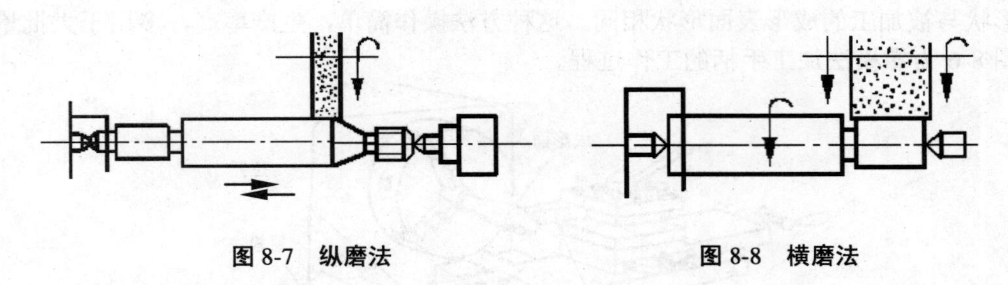

图 8-7　纵磨法　　　　图 8-8　横磨法

2. 外圆锥面的磨削

磨削外圆锥面时，根据工件的形状和锥度大小不同，一般采用以下三种磨削方法。

（1）转动工作台磨外圆锥面

将工作台转过一个圆锥斜角，磨削时采用纵磨法完成磨削。这种操作方法适用于磨削锥度较小而长度较大的圆锥面，如图 8-9 所示。

（2）转动头架磨外圆锥面

当磨削较短外圆锥面时，将工件装在头架卡盘上，转动头架使圆锥面的母线平行于砂轮的轴线，采用纵磨法磨削。此法适用于磨削锥度大而长度小的工件，如图 8-10 所示。

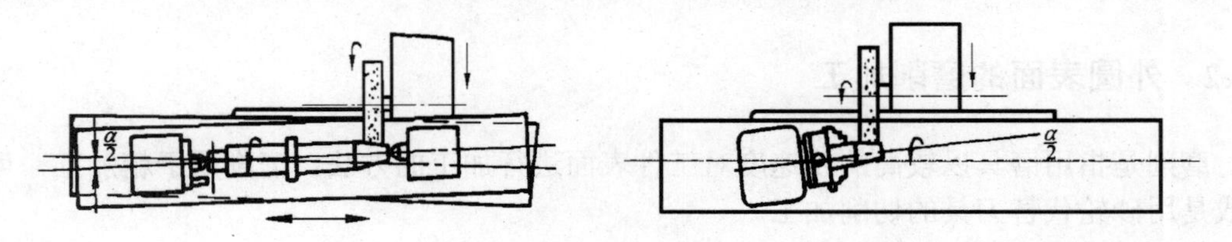


图 8-9　转动工作台磨削外圆锥面　　　　图 8-10　转动头架磨削外圆锥面

（3）转动砂轮架磨削外圆锥面

当磨削锥度较大、锥面较短而工件又比较长的工件时，可以转动砂轮架，使砂轮轴线平行于工件圆锥面的母线进行磨削。如图 8-11 所示。

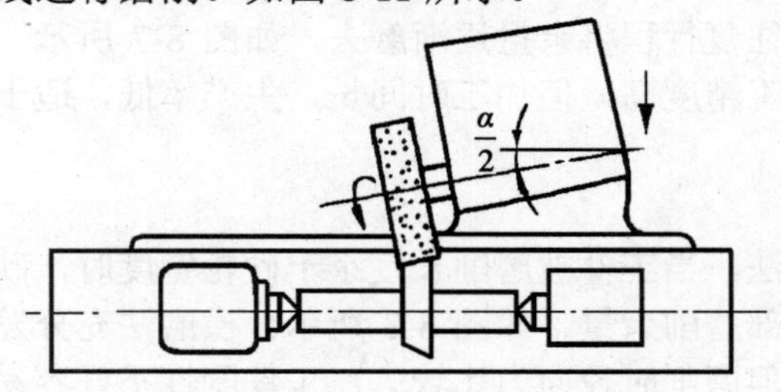


图 8-11　转动砂轮架磨削外圆锥面

# 8.2 孔的加工

孔是盘套类支架箱体类零件的主要几何表面。按照它和其他零件的连接关系来区分，可以分为非配合孔和配合孔。其主要技术要求与外圆表面基本相同。但是内圆表面的加工难度较大，要达到与外圆表面同样的技术要求需要更多的工序。这主要是由于孔加工刀具具有以下特点。

（1）大部分孔加工刀具为定尺寸刀具。刀具本身的尺寸精度和形状精度不可避免地对孔的加工精度有着重要的影响。

（2）孔加工刀具切削部分和夹持部分的有关尺寸受着被加工孔尺寸的限制，致使刀具的刚性差，容易产生弯曲变形和对正确位置的偏离，也容易引起振动。孔的深径比（孔的深度与直径比值）越大，这种消极影响越显著。

（3）孔加工时，刀具是被封闭在一个狭小的空间内进行的。切屑的排出较困难，散热条件不好，对刀具的寿命有影响。

基于上述原因，在机械设计过程中经常把孔的公差等级定的比轴低一级。

孔的加工方法很多，主要有钻孔、镗孔、铰孔、磨孔等。

## 8.2.1 钻削加工

用钻头作回转运动，并使其与工件作相对轴向进给运动，在工件上加工孔的方法称为钻孔。钻削可以在各种钻床上进行，也可以在车床、镗床、铣床和加工中心上进行，但大多数情况下，尤其是大批量生产时，主要还是在钻床上进行。

### 1. 钻孔的方式

（1）钻头旋转，工件固定

在钻床、铣床、镗床上钻孔均是钻头旋转做主运动。这种钻削方式易产生的质量问题是，当钻头的刚性不足时，钻头进给容易产生偏斜，进而引起孔轴线的偏斜，但孔径无明显变化，如图 8-12 所示。

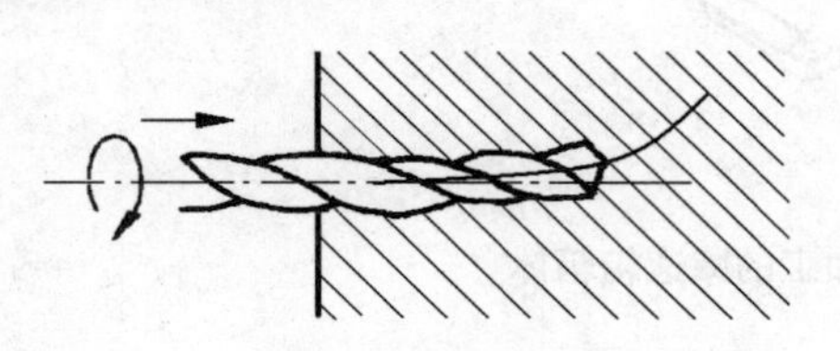

图 8-12　钻头旋转工件固定

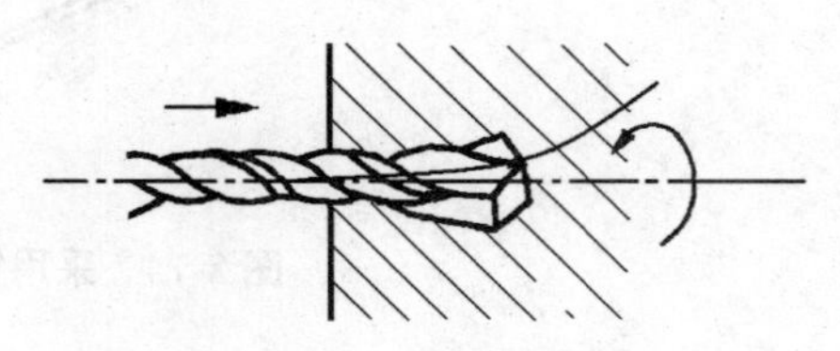

图 8-13　工件旋转钻头固定

（2）工件旋转，钻头固定

在车床上钻孔时，工件旋转做主运动。这种钻削方式易产生的质量问题是，当钻头切削刃受力不均匀时会产生摆动，导致加工孔径变化，形成锥形或腰鼓形加工孔，如图 8-13 所示。

2. 钻孔质量分析

钻孔时在加工质量方面的主要问题有孔径扩大和孔轴线偏斜，产生原因如下：

（1）钻头左右两条切削刃不对称，是产生孔径扩大和孔轴线偏斜的主要原因；

（2）工件待钻孔处的平面不平整，导致工件表面与钻头轴线不垂直；

（3）钻头的横刃太长，导致进给力很大，容易产生钻头的引偏；

（4）夹具上配合间隙过大，引起回转误差与振动，也会产生钻头的引偏或孔径扩大。

### 8.2.2 镗削

除了在车床、钻床上加工孔以外，用镗孔刀具在镗床上也可以加工孔。对于直径较大的孔、内成形面以及有一系列位置精度要求的孔等，镗孔是主要的切削加工方法。镗孔加工有以下特点。

（1）镗削可以加工机座、箱体、支架等外形复杂的大型零件上的直径较大的孔以及有位置精度要求的孔和孔系，如图 8-14 所示。特别是有位置精度要求的孔和孔系，在一般机床上加工很困难，在镗床上利用坐标装置和镗模则很容易做到。

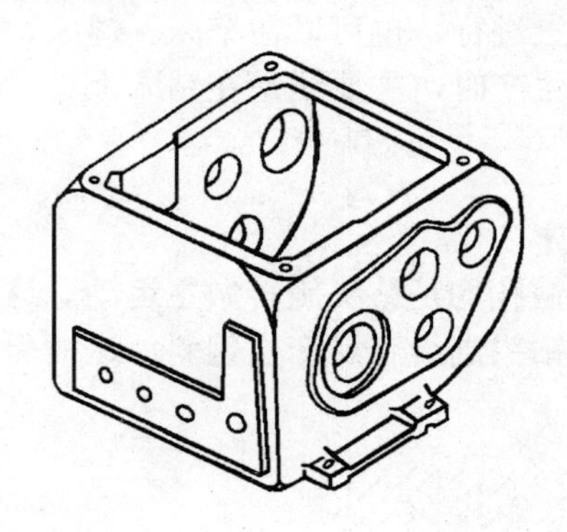

图 8-14 采用镗削加工的减速箱箱体

（2）镗削加工灵活性大，适应性强。加工尺寸可大可小，对于不同的生产类型和精度要求的孔都可以采用这种加工方法。

（3）镗削加工能获得较高的精度和较小的表面粗糙度，一般尺寸公差等级为 IT8～IT7，$R_a$ 值为 1.6～0.8 μm。

（4）镗削加工操作技术要求高，生产率低。要保证工件的尺寸精度和表面粗糙度，除取决于所用的设备外，更主要的是与工人的技术水平有关，同时花在机床、刀具上的调整时间亦较多。镗削加工时参加工作的切削刃少，所以一般情况下，镗削加工生产效率较低，若使用镗模可以提高生产率，但一般用于大批量生产。

（5）对于相对位置不精确的孔系加工，也可以使用铣床镗孔。

### 8.2.3　铰削

铰孔是用铰刀对已经粗加工的孔进行精加工，以提高尺寸精度和减小表面粗糙度值的半精加工或精加工方法。它的加工精度为 IT9～IT6，表面粗糙度为 $R_a$1.6～0.4 μm。它可以加工圆柱孔、圆锥孔、通孔和盲孔，可以在机床上进行，也可以手工操作。直径 1.00～100.00 mm 都可以铰削，所以铰削是一种应用非常广泛的孔加工方法。

#### 1. 铰孔操作方法

（1）工件装夹位置要方便观察和操作，对薄壁零件的夹紧力不要过大，以免将孔夹扁，在铰后产生椭圆度。

（2）手动铰孔操作时，两手用力要平衡，旋转铰杠的速度要均匀，铰刀不得摇摆，保持铰削的稳定性，避免在孔的进口处出现喇叭口或将孔径扩大。

（3）注意变换铰刀每次停歇的位置，避免铰刀常在同一位置停歇而造成的振痕。

（4）铰刀进给时要均匀，不要用力过猛，保证良好的表面粗糙度。

（5）铰刀不能反转，退出时也要顺转。反转会使切屑轧在孔壁和铰刀的后面之间，将孔壁刮毛。同时铰刀也容易磨损，甚至崩刃。

（6）机铰时要在铰刀退出后在停车，否则孔壁会有刀痕，退出时孔壁将被拉毛。

#### 2. 铰孔质量分析

（1）孔径的扩大与收缩。铰削时的振动，刀齿的径向跳动，刀具与工件的安装误差，积屑瘤等原因会产生铰出的孔直径大于铰刀直径的扩展现象。另外，有时也会因工件的弹性变形或热恢复，出现铰出的孔直径小于铰刀直径的收缩现象。

（2）刀刃崩齿。产生刀刃崩齿的主要原因如下。

① 铰削余量过大，实际切削力超过刀齿的最大应力。

② 工件材料硬度过高，切削前角相对偏大。

③ 排屑通道不通畅，造成切屑阻塞，尤其在加工深孔或盲孔时更为显著。

④ 刀具磨损超过磨钝标准或主偏角过小，造成扭矩急剧上升。

(3) 表面粗糙度过大。主要原因有以下几条。

① 切削余量过大或过小，都会引起表面粗糙度过大。

② 进给速度过大或过小，都会引起表面粗糙度过大。

③ 切削速度过高。

④ 产生积屑瘤。

⑤ 产生切屑阻塞现象。

⑥ 粗加工的精度和表面精度太低。

铰孔是孔的一种精加工方法，此外还可以使用内圆磨床进行孔的精细加工。

## 8.3 平面加工

### 8.3.1 平面刨削加工

刨削是指用刨刀对工件作相对直线往复运动的切削加工方法。

1. 刨床的工艺范围

刨床以刨刀的直线往复主运动和工件与刨刀间相对间歇移动的进给运动为成形运动。刨削时，刨刀刀尖与工件之间的相对直线往复运动形成直线母线，刀具与工件之间的相对移动使直线母线沿直线运动形成平面。刨床的主要工艺范围是刨削平面（水平面、垂直面、斜面等）和沟槽 （直槽、T 形槽、V 形槽、燕尾槽等）。

2. 刨削加工的方法

（1）刀具与工件的安装

工件的装夹应根据工件的大小、形状及加工面的位置进行正确选择。对于小型工件，一般都选用机床用平口虎钳装夹；对于大中型工件可用螺钉压板直接安装在工作台上。

（2）垂直面

刨垂直面是用刨刀垂直进给加工平面，如图 8-15 所示。刨削时，把刀架转盘对准零线，调整刀座使刨刀相对于加工表面偏转一角度，让刀具上端离开加工表面，减小切削刃对加工面的摩擦，手摇刀架上的手柄作垂直间歇进给，即可加工垂直表面。

（3）斜面的刨削

刨斜面与刨垂直面相似，只需把刀架转盘转过一个要求的角度即可。如刨工件上的斜面，调整刀架转盘，如图 8-16 所示，然后手摇刀架上的手柄，即可加工出斜面。

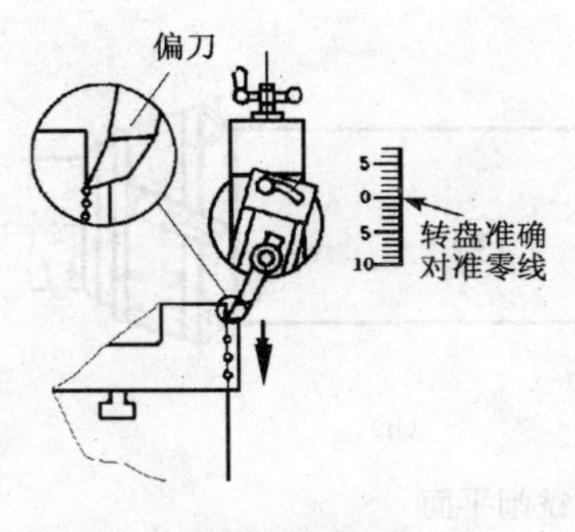


图 8-15　垂直面的刨削

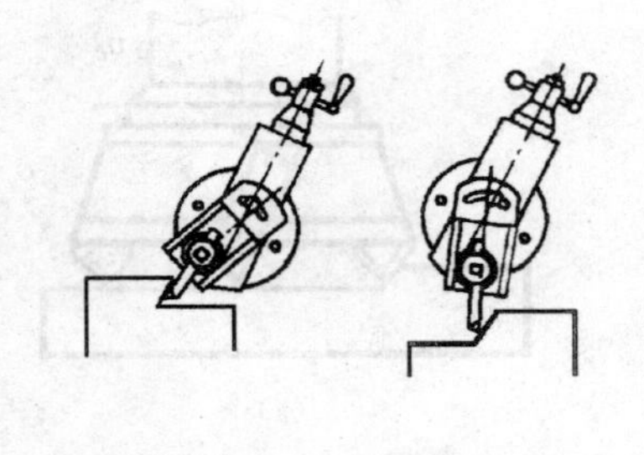

图 8-16　斜面的刨削

3. 刨削的工艺特点

刨削加工可以获得公差等级 IT9～IT7，表面粗糙度参数 $R_a$6.3～1.6 μm 的加工精度，加工成本低，生产率低。

## 8.3.2　平面铣削加工

铣削是指由铣刀旋转做主运动，由工件作进给运动的切削加工方法。铣削加工以回转运动代替了刨削加工的直线往复运动，以连续进给代替间歇进给，以多齿铣刀代替刨刀，铣削加工范围广，生产率高。铣床的主要工艺范围是铣削平面、沟槽及成形面等。

1. 铣平面

（1）用圆柱铣刀铣平面

铣水平面用圆柱铣刀在卧式铣床上铣削。铣削时圆柱铣刀刀齿逐渐切入、切离工件，切削力变化小，因此切削过程平稳，加工质量较高，包括顺铣和逆铣两种进给方式如图 8-17 所示。

（2）用端铣刀铣平面

在卧式和立式铣床上用铣刀端面齿刃进行的铣削称为端面铣削，简称端铣，如图 8-18 所示。端面铣刀刀杆短、强度高、刚性好所以加工中震动小，因此用端面铣刀可以进行高速铣削加工，目前端铣已经被广泛应用。

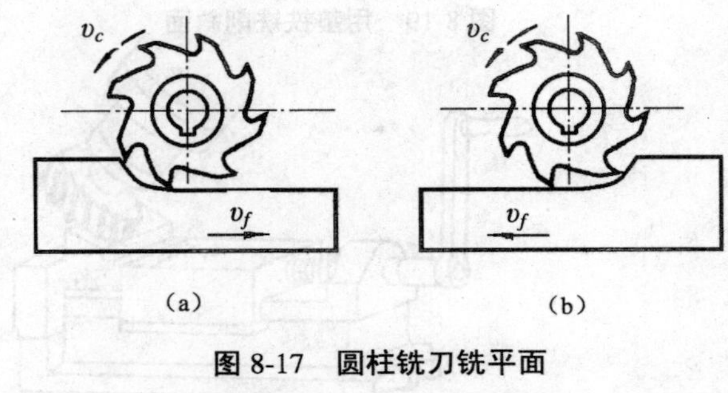


图 8-17　圆柱铣刀铣平面

（a）顺铣　（b）逆铣

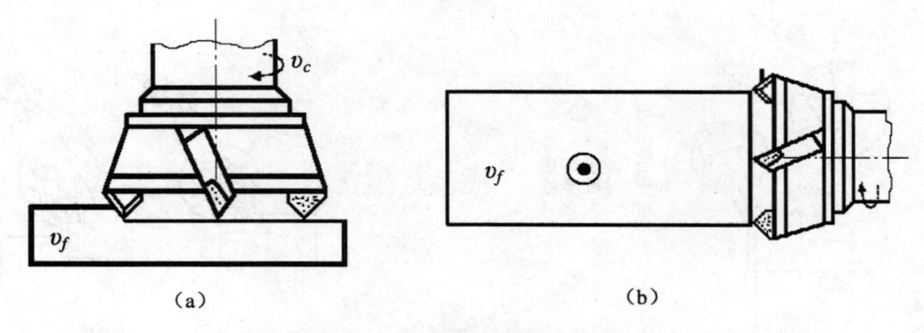


(a) (b)

图 8-18 用端铣刀铣削平面
（a）在立铣上铣平面 （b）在卧铣上铣削平面

## 2. 铣斜面

铣斜面常用的方法有以下三种。

（1）使用垫铁铣斜面，如图 8-19 所示。

（2）使用分度头铣斜面，如图 8-20 所示。

（3）把刀具转动一个角度铣斜面，如图 8-21 所示。

## 3. 铣台阶面

在铣床上，使用三面盘铣刀或立铣刀铣削台阶面。在批量生产中，经常采用组合铣刀同时铣削几个台阶面，如图 8-22 所示。

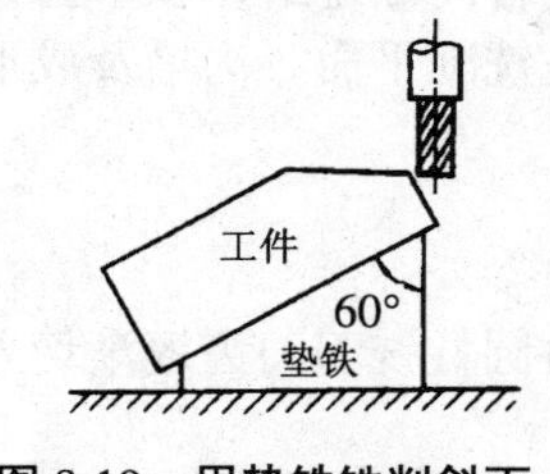


图 8-19 用垫铁铣削斜面

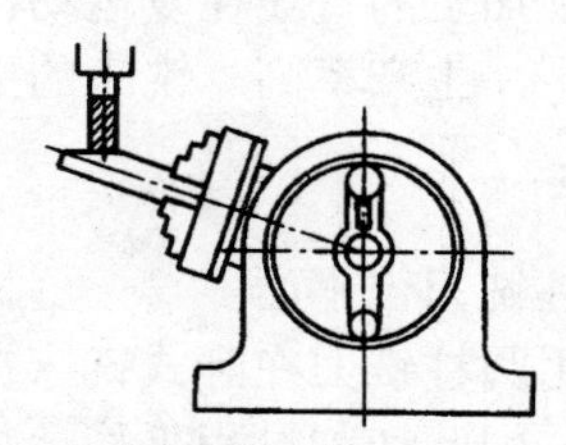

图 8-20 用分度头铣削斜面

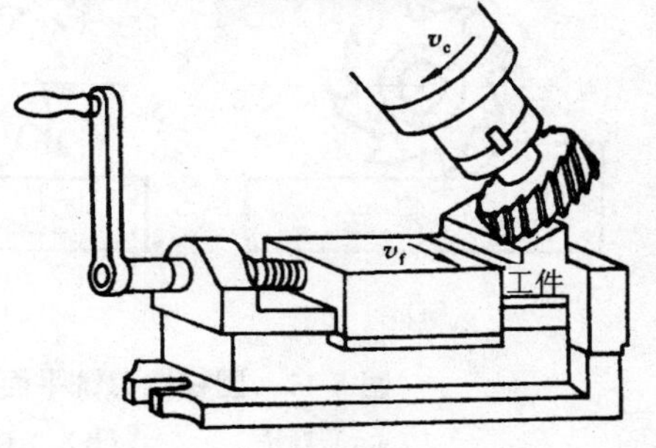


图 8-21 用立铣头铣削斜面

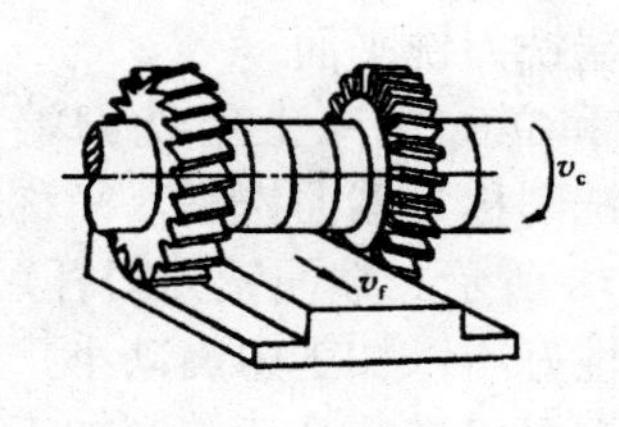


图 8-22 铣台阶面

### 8.3.3　平面磨削加工

平面磨削加工是在平面磨床上进行平面加工的，一般都作为铣削和刨削后的精加工工序。磨削平面的方式有两种：用砂轮的周边进行磨削称为周边磨削；用砂轮的端面进行磨削称为端面磨削，如图 8-23 所示。

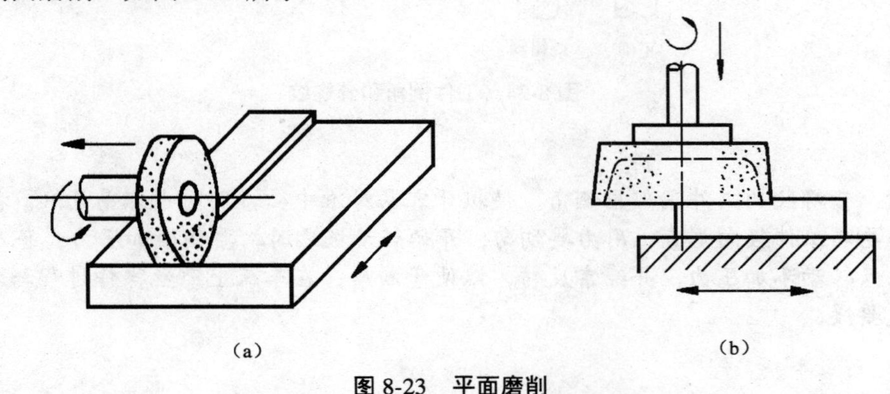

（a）　（b）

图 8-23　平面磨削

（a）周边磨削　（b）端面磨削

周边磨削时砂轮与工件是线接触，切削力小，磨削效率低，砂轮圆周上的磨损基本相同，加工精度高。端面磨削时砂轮与工件进行面接触，磨削效率高，但砂轮的各点磨损不同，加工精度低。

平面磨削是平面精加工的主要方法。

## 8.4　螺 纹 加 工

工件圆柱表面上的螺纹称为外螺纹，工件圆柱孔内侧面上的螺纹称为内螺纹。

内螺纹的生产，主要在各种钻床上攻丝完成内螺纹的加工，对于深径比合适的内螺纹也可以使用车削加工。外螺纹的加工方法主要有板牙套丝、车削、铣削和磨削的加工方法。

### 8.4.1　套丝

在车床、铣床上都可以进行套丝操作，对于小直径螺纹可以采用手工套丝，如图 8-24 所示。

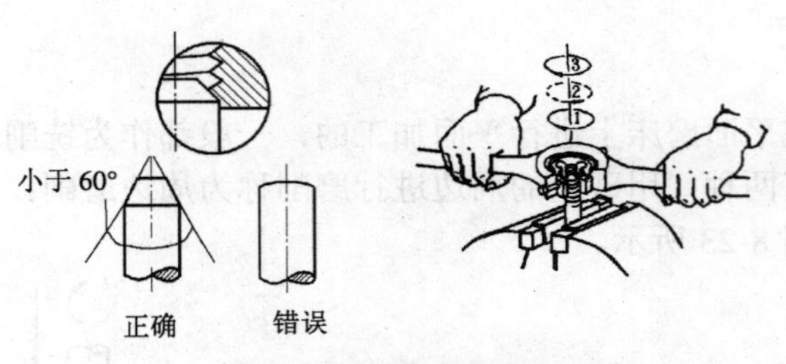


图 8-24 工件倒角和套螺纹

注意：套螺纹的工件端部应倒角，使板牙容易对准中心，同时也容易切入。操作时，板牙端面要与工件径向垂直，用力要均匀；开始转动板牙时，要稍微加压力；套入3～4扣后，可以只转动不加压力，并经常反转，以便于断屑。在车床上套丝操作过程与之类似，车床转速要慢。

## 8.4.2 螺纹车削

将工件表面车削成螺纹的加工方法称为螺纹车削，螺纹车削要使用与螺纹牙型配合的车刀，以外车削为例，如图 8-25 所示，这种操作方法称为正反车法。

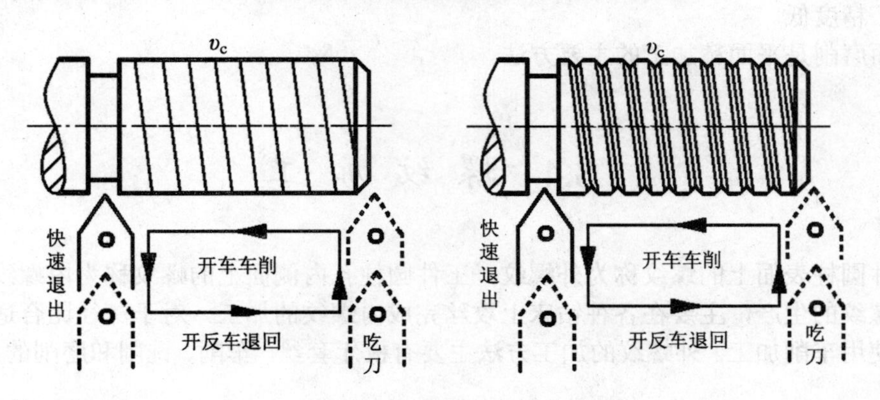


图 8-25 螺纹车削方法

车内螺纹的方法与车外螺纹基本相同，只是横向进给进刀和退刀操作方向不同。对于直径较小的内外螺纹可以使用丝锥或板牙攻丝加工。车削螺纹是最常用的螺纹加工方法，所用刀具简单，适应性强，可以得到较高的加工精度，但效率比较低适用于单件小批生产。

### 8.4.3　螺纹铣削

铣削螺纹广泛应用在生产批量较大的场合，生产效率比车削螺纹高，但加工精度低。加工螺纹的铣刀有盘形螺纹铣刀和梳形螺纹铣刀，图 8-26 所示为铣削螺纹的加工示意图。

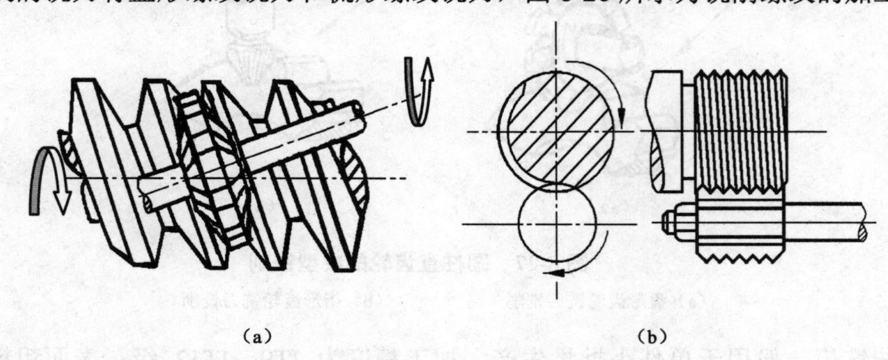

图 8-26　螺纹铣削方法

（a）用螺纹盘铣刀铣削螺纹　（b）用螺纹梳形铣刀铣削螺纹

## 8.5　齿轮的齿形加工

齿轮是机械传动中的重要零件，它具有传动比准确、传动力大、效率高、结构紧凑、可靠性好等优点，应用极为广泛。随着加工技术的发展，对齿轮的传动精度和圆周速度等方面的要求越来越高，因此，齿轮加工在机械制造业中占有重要的地位。本节介绍齿轮齿面的各种加工方法。

### 8.5.1　概述

齿轮加工的主要方法可以分为无屑加工和切削加工两大类。无屑加工包括热轧、冷轧、压铸、注塑、粉末冶金等方法。无屑加工具有生产率高、材料消耗小和成本低等优点，但由于受材料塑性等因素的影响，加工精度不够高。精度较高的齿轮主要是通过切削加工来获得。按齿面切削加工原理的不同又可分为成形法和展成法两大类。

1. 成形法

它是利用与被加工齿轮齿槽法面截形相同的刀具齿形，在齿坯上加工出齿面。成形铣削齿轮一般是在铣床上进行的，如图 8-27 所示。铣削时工件安装在分度头上，铣刀旋转对工件进行切削加工，工件台作直线进给运动，加工完一个齿槽将工件转过一个齿，再加工另一个齿槽，依次加工出所有齿槽。

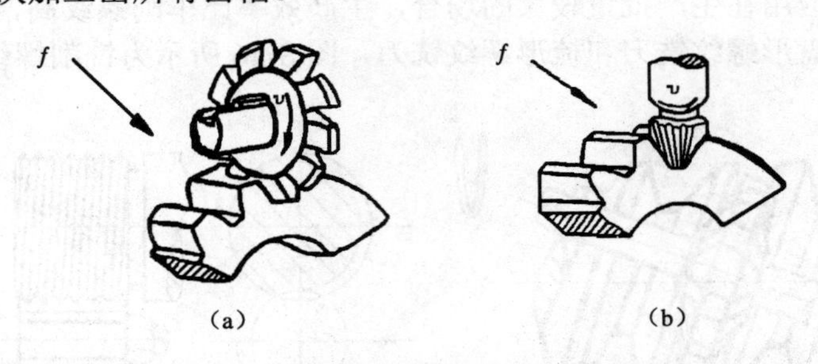


**图 8-27　圆柱直齿轮的成型铣削**

(a) 盘形齿轮铣刀铣削　　(b) 指形齿轮铣刀铣削

成形法铣齿一般用于单件小批量生产，加工精度为 IT9～IT12 级，表面粗糙度值为 $R_a$6.3～3.2 μm 的直齿、斜齿和人字齿圆柱齿轮。

2. *展成法*

加工齿面时刀具与工件模拟一对齿轮（或齿轮与齿条）做啮合运动（展成运动），在运动过程中，刀具齿形的运动轨迹逐步包络出工件的齿形。刀具的齿形可以和工件齿形不同，所以可以使用直线齿廓的齿条式工具来制造渐开线齿轮刀具，例如用修整得非常精确的直线齿廓的砂轮来刃磨渐开线齿廓的插齿刀。这为提高齿轮刀具的制造精度和高精度齿轮的加工提供了有利条件。此外展成法可以用一把刀具切出同一模数而齿数不同的齿轮；而且加工时能连续分度，具有较高的生产率。但是展成法需在专门的齿轮机床上加工，而且机床的调整、刀具的制造和刃磨都比较复杂，一般用于成批和大量生产。滚齿、插齿等都属于展成法切齿。

## 8.5.2　滚齿

1. *滚齿加工原理*

滚齿是在滚齿机上进行的，滚齿过程中，刀具与工件模拟一对交错轴螺旋齿轮的啮合传动。齿轮滚刀本质上是一圆柱斜齿轮，当滚刀与工件按如图 8-28 所示完成所规定的连续的相对运动，即可依次切出齿坯上全部齿槽。

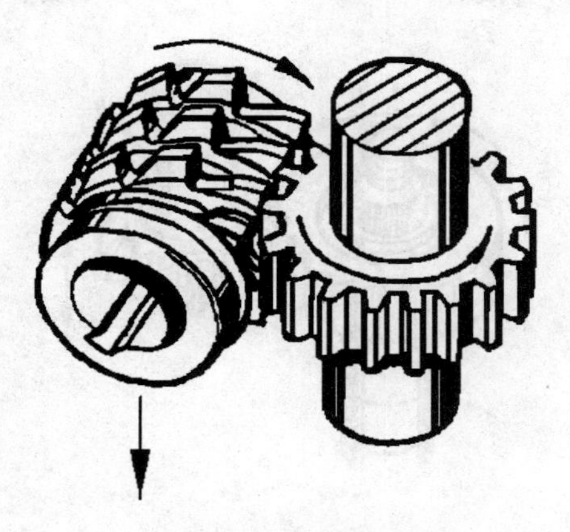

图 8-28　滚齿加工

2. 滚齿加工特点及应用

滚齿加工主要有以下特点。

（1）适应性好，用一把铣刀可以加工相同模数、齿形但齿数不同的齿轮。

（2）生产效率高，滚齿加工属于连续切削，没有空行程损失，并且可以采用多线铣刀来提高滚齿的效率，从而提高生产率。

（3）滚齿加工的齿轮齿距偏差小。

（4）滚齿加工的齿轮表面粗糙度大。

（5）滚齿加工主要用于生产圆柱直齿轮、圆柱斜齿轮和涡轮，不能加工内齿轮和多联齿轮。

### 8.5.3 插齿

在展成法中，插齿加工也是一种应用非常广泛的方法。它一次可完成齿槽的粗加工和半精加工，其加工精度一般为 7～8 级，表面粗糙度值为 $R_a$1.6 μm。

1. 插齿原理

插齿的加工过程是模拟一对直齿圆柱齿轮的啮合过程。插齿刀所模拟的那个齿轮称为产形齿轮。产形齿轮用刀具材料来制造，并使它形成必要的切削参数，就变成了一把插齿刀。插齿时，刀具沿工件轴向作高速往复直线运动，形成切削加工的主运动，同时还与工件作无间隙的啮合运动，从而在工件上加工出全部轮齿齿廓。在加工过程中，刀具每往复运动一次仅切出工件齿槽的很小一部分。工件齿槽的齿形曲线是由插齿刀刀刃多次切削的包络线形成的，如图 8-29 所示。

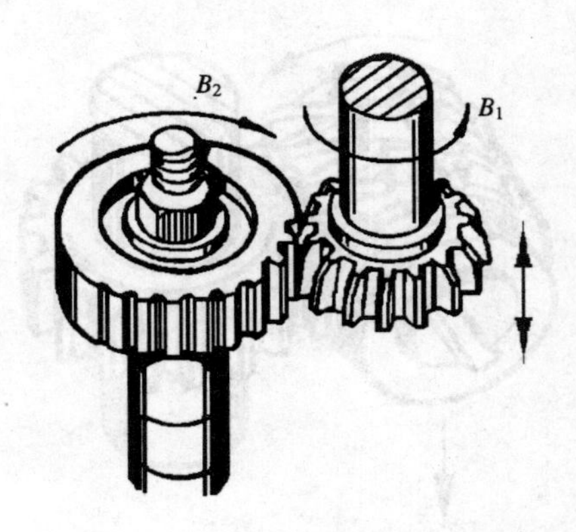


图 8-29 插齿加工原理

齿加工时，机床必须具备以下运动。

（1）主运动

插齿刀作上、下往复运动，向下为切削运动，向上为返回的退刀运动。

（2）展成运动

在加工过程中，必须使插齿刀和工件保持一对齿轮的啮合关系，即刀齿转过一个齿，工件应准确地转过一个齿，刀具和工件二者的运动组成一个复合运动——展成运动。

（3）径向进给运动

为使刀具逐渐切至工件的全齿深，插齿刀必须作径向进给。径向进给量是插齿刀每往复运动一次径向移动的距离，当达到全齿深后，机床便自动停止径向进给运动。这时工件必须再转动一周，才能加工出全部完整的齿形。

（4）圆周进给运动

圆周进给运动是插齿刀的回转运动。插齿刀每往复行程一次，同时回转一个角度。

（5）让刀运动

为了避免插齿刀在回程时擦伤已加工表面和减少刀具磨损，向上行程刀具和工件之间应让开一段距离，而在插齿刀重新开始向下工作行程时，应立刻恢复到原位。这种让开和恢复的动作称为让刀运动。

**2. 插齿加工的特点和应用**

与滚齿相比插齿具有以下特点。

（1）齿形加工精度高。

（2）齿面的表面粗糙度值小。

（3）插齿加工的齿轮齿距偏差高于滚齿加工。

（4）齿向偏差比滚齿加工大。

（5）插齿的生产效率比滚齿低。插齿刀的切削速度受往复运动惯性限制难以提高，此外插齿有空行程损失。

（6）插齿非常适合加工内齿轮、双联或多联齿轮、齿条、扇形齿轮，而滚齿加工无法实现。

### 8.5.4 齿面精加工

对于 6 级精度以上的齿轮或者淬火后的硬齿面加工，往往要在滚齿或插齿后进行热处理，再进行齿面的精加工。常用的齿面精加工方法有剃齿、珩齿和磨齿等。

1. 剃齿

剃齿常用于未淬火圆柱齿轮的精加工。生产效率很高，是软齿面精加工的最常用的方法之一。

（1）剃齿原理

剃齿是软齿面精加工最常见的加工方法，剃齿是由剃齿刀带动工件自由转动并模拟一对螺旋齿轮作双面无间隙啮合的过程。剃齿刀与工件的轴线交错成一定角度。剃齿过程如图 8-30 所示。

从剃齿原理分析可知，两齿面是点接触，但因工件材料的弹、塑性变形而成为小面积接触。工件转过一转后，齿面上只留下接触点斑痕。为了使工件整个齿面都能得到加工，工件尚需作往复直线运动，同时在往复运动一次后剃齿刀还应径向进给一次，使加工余量逐渐被切除以达到工件图样要求。所以，剃齿应具备以下运动。

① 剃齿刀的正反旋转运动（工件由剃齿刀带动旋转）。

② 工件沿轴向的往复直线运动。

③ 工件每往复运动一次后的径向进给运动。

（2）剃齿的工艺特点及应用

① 剃齿加工效率高，一般只要 2～4 min 便可完成一个齿轮的加工。剃齿加工的成本也是很低的，平均要比磨齿低 90％。

② 剃齿加工对齿轮的切向误差的修正能力差。

③ 剃齿加工对齿轮的齿形误差和基节误差有较强的修正能力，因而有利于提高齿轮的齿形精度。

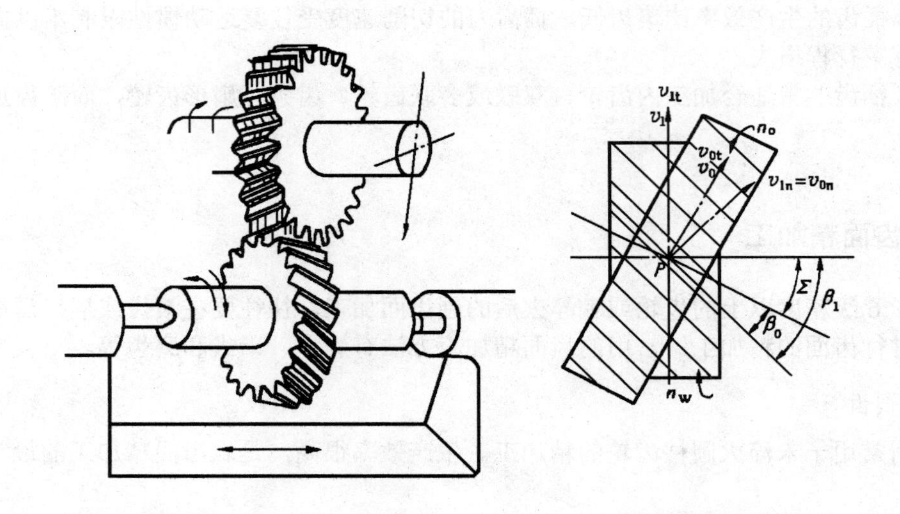


图 8-30 剃齿刀及剃齿工作原理

2. 珩齿

（1）珩齿原理

珩齿是一种用于加工淬硬齿面的齿轮精加工方法。工作时，它与工件之间的相对运动关系与剃齿相同，所不同的是作为切削工具的珩磨轮为一个用金刚砂磨料加入环氧树脂等材料作结合剂浇铸或热压而成的塑料齿轮，而不像剃齿刀有许多切削刃。

（2）珩齿特点

① 与剃齿刀相比，珩轮的齿形简单，容易获得高精度的造型。

② 生产率高，一般为磨齿和研齿的 10～20 倍。刀具耐用度也很高，珩轮每修整一次，可加工齿轮 60～80 件。

3. 磨齿

齿轮磨削主要用于对淬硬齿轮的齿面进行精加工，主要方法有成形法和展成法磨齿。

（1）成形法磨齿

成形法磨齿所采用的齿轮截面形状，与工件齿间轮廓形状相同，磨齿加工如图 8-31 所示。

成形法磨齿的特点是，砂轮与工件接触面大，生产效率高；但砂轮修正容易产生误差，砂轮在工作时磨损不均匀，该方法用于大量生产磨削精度要求不高的齿轮或用于磨削内齿轮。

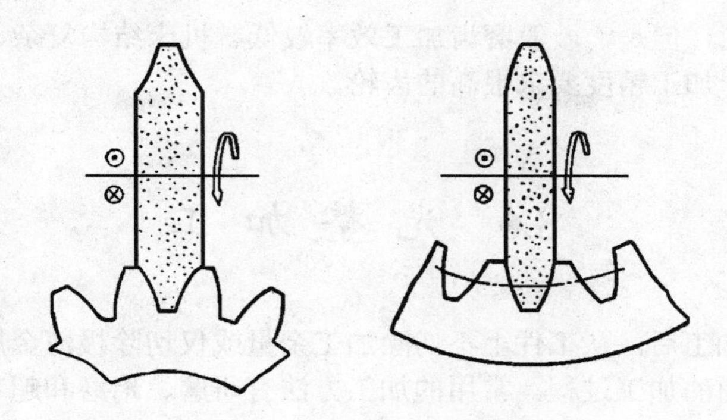

图 8-31　成形法磨齿

（2）展成法磨齿

一般磨齿机都采用展成法来磨削齿面。常见的磨齿机有大平面砂轮磨齿机、碟形砂轮磨齿机、锥面砂轮磨齿机和蜗杆砂轮磨齿机。其中，大平面砂轮磨齿机的加工精度最高，可达 4～3 级，但效率较低；蜗杆砂轮磨齿机的效率最高，加工精度达 6 级。

图 8-32 是双碟形砂轮磨齿机的工作原理图。在磨削过程中，砂轮高速旋转形成磨削加工的主运动，工件则严格按齿轮与齿条的啮合原理作展成运动，使工件被砂轮磨出渐开线齿形。这种加工方法的生产效率较低。

目前，在批量生产中正日益采用蜗杆砂轮磨齿机。它的工作原理与滚齿加工相同，蜗杆砂轮相当于滚刀。加工时，砂轮与工件相对倾斜一定的角度，两者保持严格的啮合传动关系，砂轮还须沿工件轴向进给。由于砂轮的转速很高（约 2000 r / min），工件相应的转速也较高，所以磨削效率高。

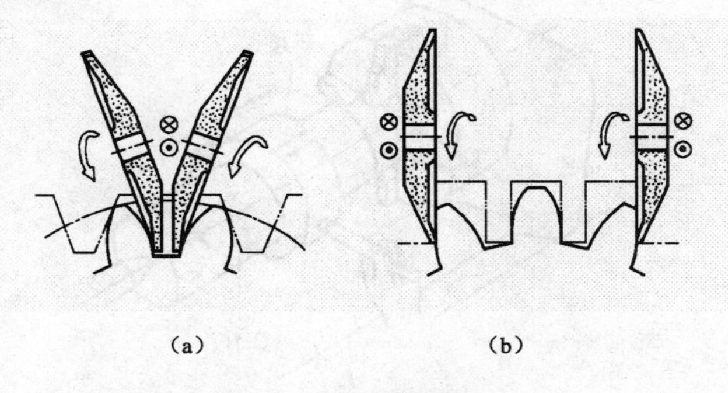


图 8-32　展成法磨齿

（3）磨齿加工特点及应用

磨齿加工的主要特点是：加工精度高，一般条件下加工精度可达 6～4 级，表面粗糙度值为 $R_a$0.8～0.2 μm。由于采取强制啮合方式，不仅修正误差的能力强，而且，可以加工表面硬度很高的齿轮。但是，一般磨齿加工效率较低、机床结构复杂、调整困难、加工成本高，目前主要用于加工精度要求很高的齿轮。

## 8.6 光 整 加 工

光整加工是精加工后，从工件上不切除加工余量或仅切除极薄金属层，用以减小表面粗糙度或强化其表面的加工过程。常用的加工方法有研磨、珩磨和超精加工等。

### 8.6.1 研磨

研磨是在研具和工件之间放入研磨剂，对工件表面进行光整加工的方法。研磨时，研磨剂受到工件或研具的压力作复杂的相对运动，部分磨粒被不规则地嵌入研具和工件表面。通过研磨剂的机械和化学作用，即可从工件表面切除一层极薄的金属，从而获得很高的精度和很小的表面粗糙度。

1. 手工研磨

手工研磨是手持研具或工件进行研磨。例如研磨外圆时，工件装在车床卡盘或顶尖上，由主轴带动作低速旋转，如图 8-33 所示，研具套在工件上用手推动研具作往复直线运动。手工研磨方法简便，不需特殊设备，但生产效率低，适用单件小批量生产。

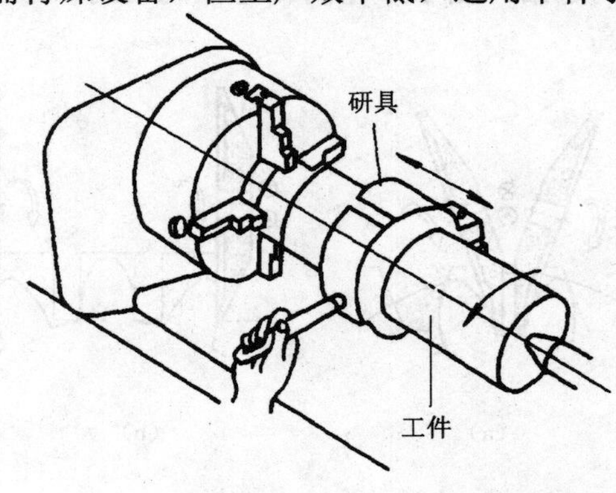


图 8-33 手工研磨

2. 机械研磨

图 8-34 为机械研磨圆盘形工件的装置。

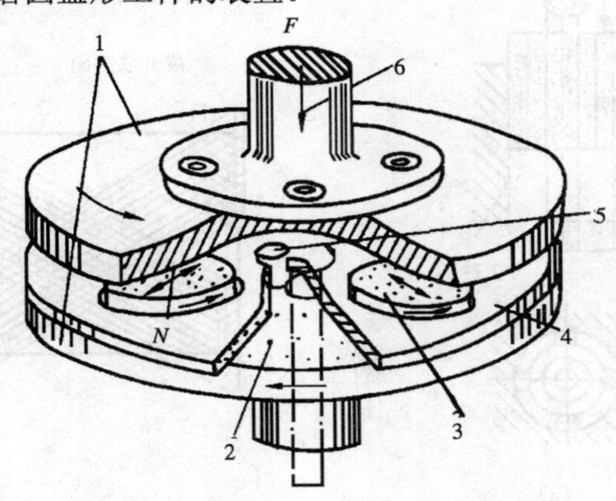


图 8-34　研磨工作原理

1–研磨盘　2–研磨剂　3–工件　4–隔板　5–偏心销　6–法兰

工件置于隔板上的槽内互相隔开。研磨时，上、下研盘的转动方向相反，转速不等。隔板 4 由下研磨盘上的偏心销 5 带动旋转，从而使置于隔板槽内的工件既转动又沿着图中 $N$ 的方向作径向往复滑动，使磨料的研磨轨迹不重复，从而保证了工件表面研磨均匀。研磨时压力的大小，通过作用于法兰 6 上的力 $F$ 大小来调节。机械研磨具有生产率高、劳动强度小的优点。但需专用生产设备，仅用于大批量生产。

研磨一般可获得工件的尺寸公差等级为 IT6～IT4，形状精度高（圆度为 0.003～0.001 mm），表面粗糙度为 $R_a$0.1～0.08 μm，但是不能改善工件的位置精度。

## 8.6.2　珩磨

### 1. 珩磨方法

珩磨主要用于孔的光整加工，图 8-35（a）为珩磨加工示意图。珩磨头上的油石磨条在一定的压力下与工件孔壁接触，由机床主轴带动其旋转并作轴向往复直线运动。这样磨条便从工件表面切去一层极薄的金属层。为避免磨条磨料的轨迹互相重复，珩磨头的转速必须与其每分钟往复行程数互为质数。图 8-35（b）表示磨条的运动轨迹成交叉而不重复的网状。

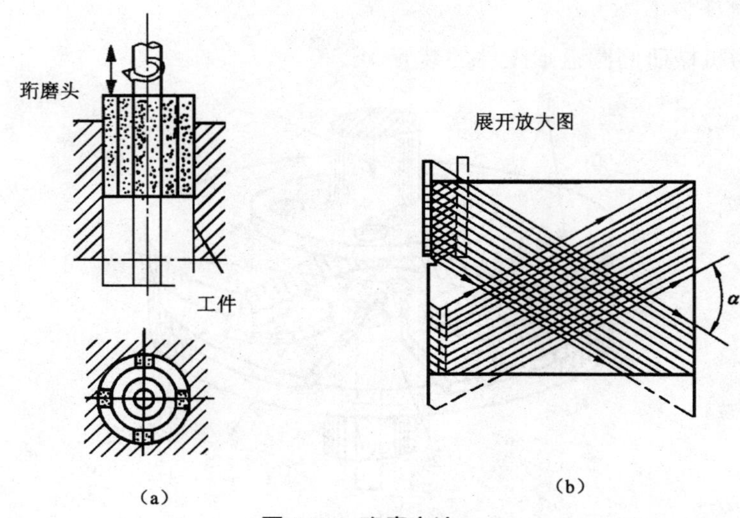


图 8-35 珩磨方法

2. 珩磨的应用

通过珩磨加工可获得工件的尺寸公差等级为 IT5～IT4，表面粗糙度为 $R_a$0.25～0.1 μm，但是它不能提高孔的位置精度。由于珩磨头的圆周速度较低，油石磨条与孔的接触面积大，往复运动速度大，因而有较高的生产率。在大批量生产中广泛应用于精密孔系的终加工工序，孔径范围一般为 5～500 mm 或更大，孔的深径比可达 10 以上，例如发动机的气缸孔和液压缸孔的精加工。但是，珩磨不适于加工软而韧的有色合金材料的孔，也不能加工带键槽的孔和花键孔等断续表面。

## 8.6.3 超级光磨

超级光磨，如图 8-36 所示，是用细粒度的磨具（油石）对工件施加很小的压力，并作短行程往复振动，沿工件径向缓慢进给，以实现微量磨削的一种光整加工方法。超级光磨又称为超精加工。

超级光磨切削量微小，难以修正加工尺寸、形状和相互位置误差，它的主要作用在于提高表面质量。

超级光磨的生产率高，所用设备简单，操作简便，适宜于加工轴类外圆柱表面。

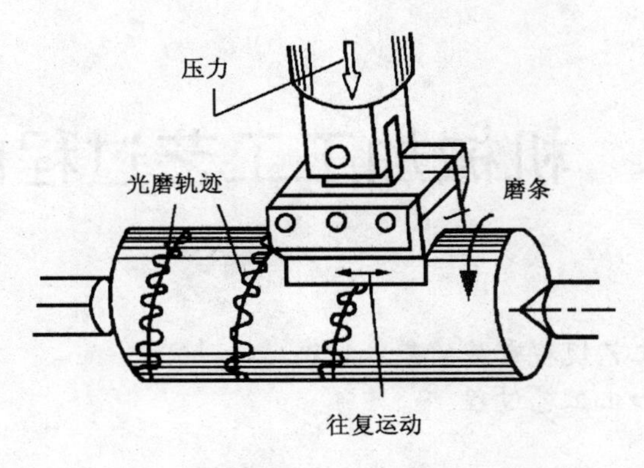


图 8-36　超级光磨

## 8.7　小　　结

本章主要介绍了零件各类表面加工的特点、切削加工结构工艺性及精密加工方法等内容。在学习之后，要了解各类表面加工的特点，特别是外圆表面和圆锥表面的车削加工要重点掌握和学习。另外，要学会灵活运用加工工艺，并结合实习中遇到的工件进行综合分析。

## 8.8　练习与思考题

1．零件由哪些基本表面组成？
2．外圆表面的磨削方法有哪些？应用特点是什么？
3．钻孔加工质量缺陷有啊些？各自产生的原因是什么？
4．平面加工有哪些方法？
5．平面磨削有哪些方法？各自有什么特点？
6．齿轮加工方法具体有那些方法？
7．试比较滚齿与插齿的加工特点及应用场合。
8．光整加工主要包括哪些加工方法？光整加工主要解决加工中的什么工艺问题？

# 第 9 章　机械加工工艺过程的制定

教学目的：

- 掌握机械加工工艺规程有关的基本知识；
- 学会制定机械加工工艺过程。

## 9.1　机械加工工艺过程概述

将原材料转变为成品的全过程称为生产过程。生产过程包括原材料购买、运输、管理、生产准备、毛坯制造、机械加工、热处理、检验、装配、试车、油漆、包装等。生产过程分为工艺过程和辅助过程两部分。

工艺过程是指改变生产对象的形状、尺寸、相对位置和性能等，使其变为成品或半成品的过程。例如铸造、锻压、热处理、机械加工、装配等，均属于工艺过程。如果是采用机械加工方法直接改变毛坯的形状、尺寸和表面质量，使之成为产品零件，则此过程称为机械加工工艺过程。工艺过程是生产过程的主要过程。辅助过程是指与原材料改变为成品间接有关的过程，如运输、保管、检验、设备维修、购销等。本章将介绍机械加工工艺过程的基本知识。

### 9.1.1　工艺过程是生产过程的主要过程

为了便于分析说明机械加工的情况和制定工艺规程，必须了解机械加工工艺过程的组成。零件的机械加工工艺过程是由一系列工序、工步、安装和工位等单元组成的。

1. 工序

工序是指一个或一组工人，在一个工作地点，对一个或同时对几个工件加工所连续完成的那一部分工艺过程。划分工序的主要依据是零件在加工过程中的工作地点（机床）是否变动，或该工序的工艺过程是否连续完成.。

如图 9-1 所示，加工小轴通常是先车端面和钻中心孔，其加工过程有两种做法：做法一，在卧式车床上逐件车一端面，钻一中心孔，放在一边，加工一批后，在另一个车床上再逐件调头安装，车另一端面，钻另一中心孔，直至加工完毕，这是两道工序（图 9-1（a））；做法二，逐件车一端面，钻一中心孔，立即调头安装，车另一端面，钻另一中心孔，如此加工完一件再继续加工第二件，这是一道工序（见图 9-1（b））。

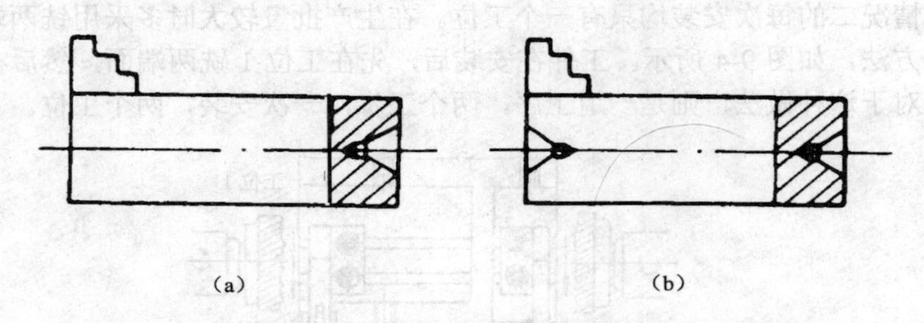


图 9-1　车小轴端面和钻中心孔

2. 工步

工序可划分为工步。工步是指在加工表面（或装配时的连接表面）和加工（或装配）工具都不变的情况下，所连续完成的那一部分工序。划分工步的目的是为了合理安排工艺过程。一道工序可由多个工步组成，如图 9-2 所示，在钻床上进行台阶孔的加工工序时，此道工序则由 3 个工步组成，即钻孔工步、扩孔工步和锪平工步。多次重复进行的工步，例如，在法兰上依次钻 4 个 15 mm 的孔（见图 9-3），习惯上算作一个工步。

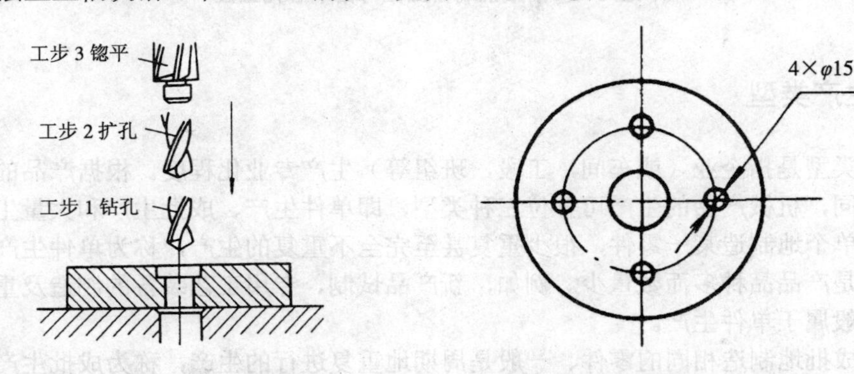


图 9-2　台阶孔加工工序中的 3 个工步　　图 9-3　多次重复进行的工步

3. 安装

安装包括定位和夹紧两项内容。定位是在加工前使工件在机床上（或在夹具中）处于某一正确的位置。工件定位之后还需要夹紧，使它不因切削力、重力或其他外力的作用而变动位置。工件（或装配单元）经一次装夹后所完成的那一部分工序叫安装。对于加工图 9-1 的小轴，做法一是每道工序安装一次，做法二则是一道工序内有两次安装。

4．工位

工位是指为了完成一定的工序部分，一次装夹工件后，工件（或装配单元）与夹具或设备的可动部分一起相对刀具或设备的固定部分所占据的每个位置。对于图 9-1 的小轴，情况一和情况二的每次安装均只有一个工位。在生产批量较大时多采用铣两端面，钻中心孔的加工方法，如图 9-4 所示。工件在安装后，先在工位 1 铣两端面，然后在工位 2 钻两中心孔。对于这种做法，则是一道工序，两个工步，一次安装，两个工位。

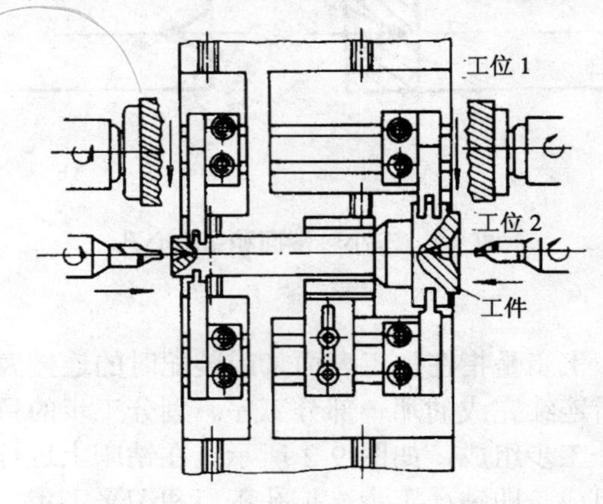


图 9-4 小轴铣端面工位与钻中心孔工位

## 9.1.2 生产类型

生产类型是指企业（或车间，工段，班组等）生产专业化程度。根据产品的品种和年产量的不同，机械产品的生产可分位三种类型，即单件生产、成批生产和大量生产。

（1）单个地制造某一零件，很少重复甚至完全不重复的生产，称为单件生产。单件生产的特点是产品品种多而数量少。例如，新产品试制、专用工艺装备的制造及重型机器制造等，一般属于单件生产。

（2）成批地制造相同的零件、一般是周期地重复进行的生产，称为成批生产。在成批生产中一次投入或产出的同一产品（或零件）的数量，称为生产批量。根据生产批量的大小和产品的特征，又可分为小批生产、中批生产和大批生产。机床制造厂的生产多属成批生产。

（3）产品的制造数量很大，多数工作地点经常重复地进行一种零件的某一工序的生产，称为大量生产。汽车制造厂、拖拉机制造厂、自行车制造厂、轴承制造厂等的生产属于大量生产。

各种生产类型的典型规范见表 9-1；各种生产类型的工艺特征见表 9-2。

表 9-1　生产类型的典型规范

| 生产类型 | | 同类零件的年产量/件 | | |
|---|---|---|---|---|
| | | 重型（30 kg 以上） | 中型（4～30 kg） | 轻型（4 kg 以下） |
| 单件生产 | | 5 以下 | 10 以下 | 100 以下 |
| 成批生产 | 小批生产 | 5～100 | 10～200 | 100～500 |
| | 中批生产 | 100～300 | 200～500 | 500～5000 |
| | 大批生产 | 300～1000 | 500～5000 | 5000～50000 |
| 大量生产 | | 1000 以上 | 5000 以上 | 50000 以上 |

表 9-2　生产类型的工艺特征

| 项　目 | 单件生产 | 成批生产 | 大量生产 |
|---|---|---|---|
| 加工对象 | 经常变换 | 周期性变换 | 固定不变 |
| 毛坯 | 木模制造或自由锻 | 部分采用金属型或模锻 | 广泛采用金属型、机器造型、模锻及其他高生产率方法 |
| 设备 | 通用机床 | 通用机床或部分专用机床 | 广泛使用高效率专用机床和自动机床 |
| 工艺装备 | 一般刀具，通用量具和万能夹具 | 广泛使用专用夹具，部分采用专用刀具和量具 | 广泛使用高效率专用夹具、专用刀具和量具 |
| 对工人的技术要求 | 需要技术熟练的工人，边试切、边度量 | 需要比较熟练的工人，在调整好的机床上工作 | 操作工技术要求低，使用调整好的自动化机床或自动线 |
| 工艺文件 | 编写简单工艺过程卡 | 详细编写工艺卡 | 详细编写工艺卡和工序卡 |

## 9.2　工件的安装和夹具

在进行机械加工时，必须把工件放在机床上，使它在夹紧之前就占有一个正确的位置，称为定位。在加工过程中，为了使工件能承受切削力，并保持其正确的位置，还必须把它夹紧或夹牢，称为夹紧。从定位到夹紧的整个过程，称为安装。

### 9.2.1　工件的安装

安装的正确与否直接影响加工精度。安装是否方便和迅速，又会影响辅助时间的长短，从而影响到加工的生产率。因此，工件的安装对于加工的经济性、质量和效率有着重要的作用，必须给以足够的重视。

在不同的生产条件下加工时，工件可能有不同的安装方法，但归纳起来大致可以分为直接安装法和利用专用夹具安装法两类。

1. 直接安装法

工件直接安放在机床工作台或者通用夹具（如三爪卡盘、四爪卡盘、平口钳、电磁吸盘等标准附件）上，有时不另行找正即夹紧，例如，利用三爪卡盘或电磁盘安装工件；有时则需要根据工件上某个表面或划线找正工件，再行夹紧，例如在四爪卡盘或在机床工作台上安装工件。

用这种方法安装工件时，找正比较费时，且定位精度的高低主要取决于所用工具或仪表的精度，以及工人的技术水平，定位精度不易保证，生产率较低，所以通常仅适用于单件小批生产。

2. 利用专用夹具安装法

工件安装在为其加工专门设计和制造的夹具中，无需进行找正，就可以迅速而可靠地保证工件对机床和刀具的正确相对位置，并可迅速夹紧。但由于夹具有设计、制造和维修，需要一定的投资，所以只有在成批生产或大批量生产中，才能取得比较好的效益。对于单件小批生产，当采用直接安装法难以保证加工精度，或非常费工时，也可以考虑采用专用夹具安装。例如，为了保证车床床头箱箱体各纵向孔的位置精度，在镗纵向孔时，若单靠人工找正，既费事，又很难保证精度要求，因此，有条件的话可考虑使用镗模夹具，如图 9-5 所示。

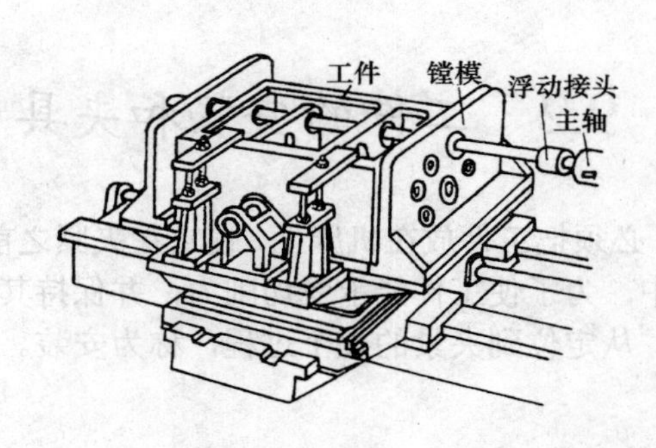


图 9-5　用镗模镗孔

### 9.2.2　夹具简介

夹具是加工工件时，为完成某道工序，用来正确迅速安装工件的装置。它对保证加工精度，提高生产效率和减轻工人劳动量有很大作用。

1. 夹具的种类

夹具一般按用途分类，有时也可按其他特征进行分类。按用途的不同，机床夹具通常可以分为两大类。

（1）通用夹具　是指加工两种或两种以上工作的同一夹具，一般已经标准化，不需特殊调整就可以用于加工不同的工件。它们的适应性较强，对于充分发挥机床的技术性能、扩大机床的使用范围起着重要作用。

（2）专用夹具　是指为某一零件的加工而专门设计制造的夹具，没有通用性。利用专用夹具加工工件，既可保证加工精度，又可提高生产效率。

此外，还可以按夹紧力源的不同，将夹紧分成手动夹具、气动夹具、电动夹具和液态夹具等。

单件小批生产中主要使用手动夹具，而成批和大量生产中则广泛采用气动、电动或液态夹具等。

2. 夹具的主要组成部分

图 9-6 所示是在轴上钻孔所用的一种简单的专用夹具。钻孔时，工件 4 以外圆面定位在夹具的长 V 形块 2 上，以保证所钻孔的轴线与工件轴线垂直相交，轴的端面与夹具上的挡铁 1 接触，以保证所钻孔的轴线与工件端面的距离。

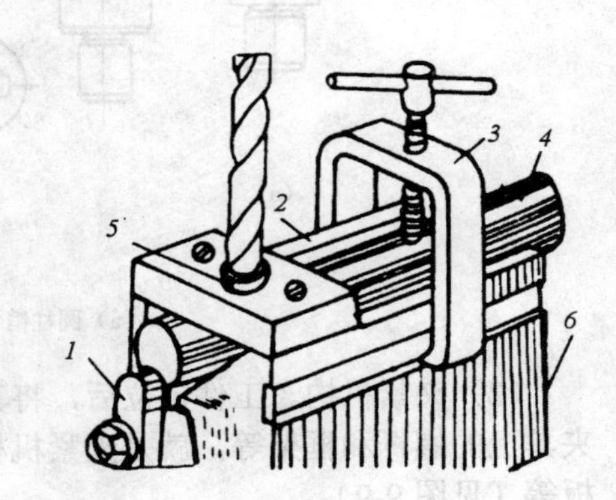


图 9-6　在轴上钻孔的夹具

1–挡铁　2–V 形块　3–夹紧机构　4–工件　5–钻套　6–夹具体

工件在夹具上定位之后，拧紧夹紧机构 3 的螺杆，将工件夹牢，即可开始钻孔。钻孔时，利用钻套 5 定位并引导钻头。

尽管夹具的用途和种类各不相同，结构也各异，但其主要组成与上例相似，可以概括为如下几个部分。

（1）定位元件。夹具上用来确定工件正确位置的零件，例如图 9-6 所示夹具上的 V 形块和挡铁。常用的定位元件还有平面定位用的支承钉和支承板（如图 9-7 所示），内孔定位用的心轴和定位销（如图 9-8 所示）等。

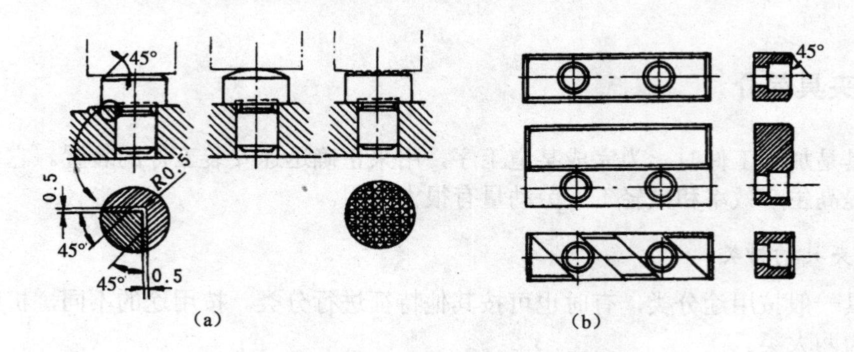


图 9-7 平面定位用的定位元件

（a）支承钉 （b）支承板

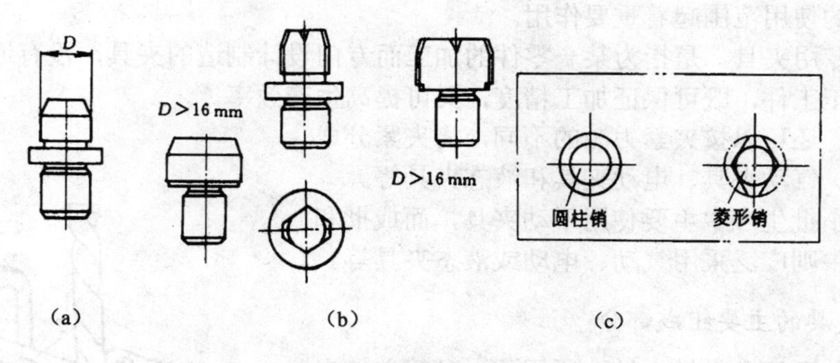


图 9-8 定位销

（a）圆柱销 （b）菱形销 （c）应用示意图

（2）夹紧机构。工件定位后，将其夹紧以承受切削力等作用的机构。例如图 9-6 所示夹具上的螺杆和框架等，就是夹紧机构中的一种。常用的夹紧机构还有螺钉压板和偏心压板等（见图 9-9）。

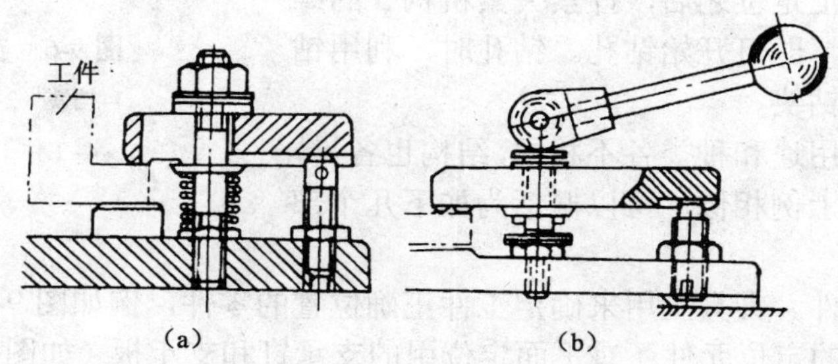


图 9-9 夹紧机构

（a）螺钉压板 （b）偏心压板

（3）导向元件。用来对刀和引导刀具进入正确加工位置的零件，例如图 9-6 所示夹具上的钻套。其他导向元件还有导向套、对刀块等。钻套和导向套主要用在钻床夹具（习惯上称钻模）和镗床夹具（习惯上称镗模，如图 9-5 所示）上，对刀块主要用在铣床夹具上。

（4）夹具体和其他部分。夹具体是夹具的基准零件，用它来连接并固定定位元件、夹紧机构和导向元件等，使之成为一个整体，并通过它将夹具安装在机床上。

根据加工工件的要求，有时还在夹具上设有分度机构、导向键、平衡铁和操作件等。

工件的加工精度在很大程度上决定于夹具的精度和结构，因此整个夹具及其零件都要具有足够的精度和刚度，并且结构要紧凑，形状要简单，装卸工件和清除切屑要方便等。

## 9.3　工艺规程的拟定

为了保证产品质量、提高生产效率和经济效益，把根据具体生产条件拟定的较合理的工艺过程，用图表（或文字）的形式写成文件，就是工艺规程。它是生产准备、生产计划、生产组织、实际加工及技术检验等的重要技术文件，是进行生产活动的基础资料。根据生产过程中工艺性质的不同，又可以分为毛坯制造、机械加工、热处理及装配等不同的工艺规程。本节仅介绍拟定机械加工工艺规程的一些基本问题。

### 9.3.1　零件的工艺分析

首先要熟悉整个产品（如整台机器）的用途、性能和工作条件，结合装配图了解零件在产品中的位置、作用、装配关系以及其精度等技术要求对产品质量和使用性能的影响。然后从加工的角度，对零件进行工艺分析，主要内容如下。

#### 1. 检查零件的图纸是否完整和正确

例如，视图是否足够正确，所标注的尺寸、公差、粗糙度和技术要求是否齐全、合理。并要分析零件主要表面的精度、表面质量和技术要求等在现有的生产条件下能否达到，以便采用适当的措施。

#### 2. 审查零件材料的选择是否恰当

零件材料的选择应立足于国内，尽量采用我国资源丰富的材料，不要轻易地选用贵重材料。另外，还要分析所选的材料会不会使工艺变得困难和复杂。

3. 审查零件结构的工艺性

零件的结构是否符合工艺性一般原则的要求，现有生产条件能否经济地、高效地、合格地加工出来。

如果发现有问题，应与有关设计人员共同研究，按规定程序对原图纸进行必要的修改与补充。

## 9.3.2 毛坯的选择及加工余量的确定

机械加工的加工质量、生产效率和经济效益，在很大程度上取决于所选用的工件毛坯。常用的毛坯类型有型材、铸件、锻件、冲压件和焊接件等。影响毛坯选择的因素很多，例如，生产类型，零件的材料、结构和尺寸，零件的力学性能要求，加工成本等。毛坯结构的设计已在上册中作了介绍，本节仅简要介绍与毛坯结构尺寸有密切关系的加工余量。

1. 加工余量的概念

为了加工出合格的零件，必须从毛坯上切去的那层材料，称为加工余量。加工余量分为工序余量和总余量。某工序中所需切除的那层材料，称为该工序的工序余量。从毛坯到成品总共需要切除的余量，称为总余量，它等于相应表面各工序余量之和。

在工件上留加工余量的目的，是为了切除上一道工序所留下来的加工误差和表面缺陷，例如，铸件表面的硬质层、气孔、夹砂层，锻件及热处理件表面的氧化皮、脱炭层、表面裂纹，切削加工后的内应力层和表面粗糙度等，以保证获得所需要的精度和表面质量。

2. 工序余量的确定

毛坯上所留的加工余量不应过大或过小。过大则费料、费工、增加工具的消耗，有时还不能保留工件最耐磨的表面层。过小则不能保证切去工件表面的缺陷层，不能纠正上一道工序的加工误差，有时还会使刀具在不利的条件下切削，加剧刀具的磨损。

决定工序余量的大小时，应考虑在保证加工质量的前提下使余量尽可能地减小。由于各工序的加工要求和条件不同，余量的大小也不一样。一般说来，越是精加工，工序余量越小。

目前，确定加工余量的方法有如下几种。

（1）估计法。由工人和技术人员根据经验和本厂具体条件，估计确定各工序余量的大小。为了不出废品，往往估计的余量偏大，仅适用于单件小批生产。

（2）查表法。根据各种工艺手册中的有关表格，结合具体的加工要求和条件，确定各工序的加工余量。由于手册中的数据是大量生产实践和试验研究的总结和积累，所以对一般的加工都能适用。

（3）计算法。对于重要零件或大批大量生产的零件，为了更精确地确定各工序的余量，则要分析影响余量的因素，列出公式，计算出余量的大小。

### 9.3.3　定位基准的选择

在机械加工中，无论采用哪种安装方法，都必须使工件在机床或夹具上正确地定位，以便保证加工面的精度。

任何一个没受约束的物体，在空间都具有六个自由度，即沿三个互相垂直坐标轴的移动（用 $\vec{X}$ 、$\vec{Y}$ 、$\vec{Z}$ 表示）和绕这三个坐标轴的转动（用 $\widehat{X}$ 、$\widehat{Y}$ 、$\widehat{Z}$ 表示），如图 9-10 所示。因此，要使物体在空间占有确定的位置（即定位），就必须约束这六个自由度。

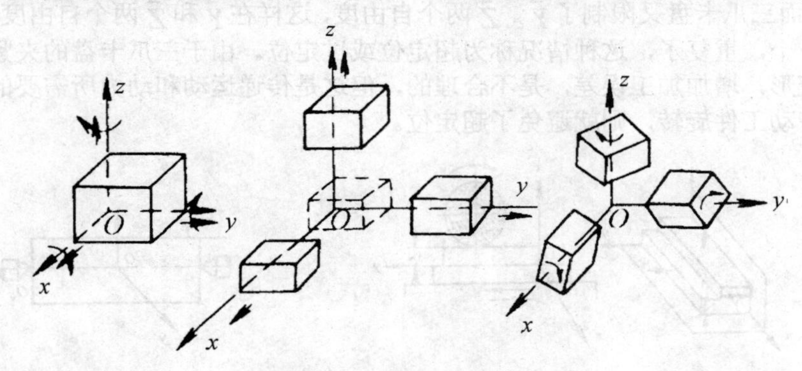


图 9-10　物体的六个自由度

#### 1. 工件的六点定位原理

在机械加工中，要完全确定工件的正确位置，必须有六个相应的支承点来限制工件的六个自由度，称为工件的“六点定位原理”。如图 9-11 所示，可以设想六个支承点分布在三个互相垂直的坐标平面内。其中三个支承点在 $xOy$ 平面上，限制 $\widehat{X}$，$\widehat{Y}$ 和 $\vec{Z}$ 三个自由度；两个支承点在 $xOz$ 平面上，限制 $\vec{Y}$ 和 $\widehat{Z}$ 两个自由度；最后一个支承点在 $yOz$ 平面上，限制 $\vec{X}$ 一个自由度。

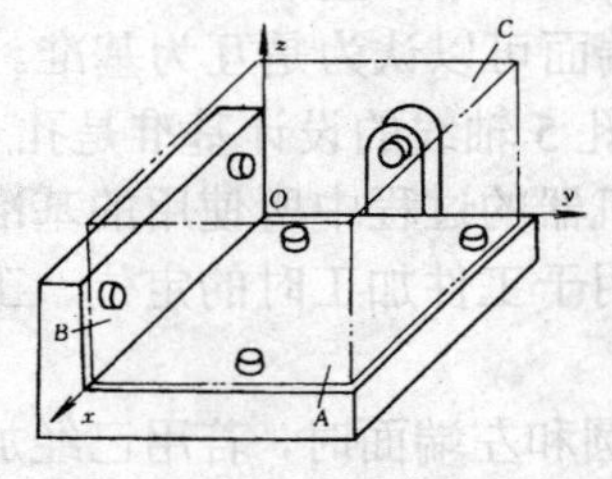


图 9-11　六点定位简图

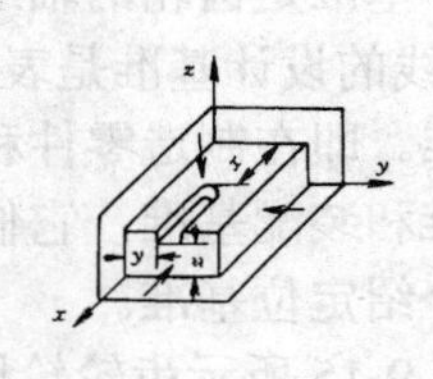


图 9-12　完全定位

如图 9-12 所示，在铣床上铣削一批工件上的沟槽时，为了保证每次安装中工件的正确位置，保证三个加工尺寸 *X*、*Y*、*Z*，就必须限制六个自由度，这种情况称为完全定位。

有时，为保证工件的加工尺寸，并不需要完全限制六个自由度。如图 9-13 所示，图（a）为铣削一批工件的台阶面，为保证两个加工尺寸 *Y* 和 *Z*，只需限制$\vec{Y}$、$\vec{Z}$、$\hat{X}$、$\hat{Y}$、$\hat{Z}$五个自由度即可；图（b）为磨削一批工件的顶面，为保证一个加工尺寸 *Z*，仅需限制$\hat{X}$、$\hat{Y}$、$\vec{Z}$三个自由度，这种没有完全限制六个自由度的定位，称为不完全定位。

有时，为了增加工件在加工时的刚度，或者为了传递切削运动和动力，可能在同一个自由度的方向上，有两个或更多的定位支承点。如图 9-14 所示，车削光轴的外圆时，若用前后顶尖及三爪卡盘（夹住工件较短的一段）安装，前后顶尖已限制$\vec{X}$、$\vec{Y}$、$\vec{Z}$、$\hat{Y}$、$\hat{Z}$五个自由度，而三爪卡盘又限制了$\vec{Y}$、$\vec{Z}$两个自由度，这样在$\vec{Y}$和$\vec{Z}$两个自由度的方向上，定位点多于一个，重复了，这种情况称为超定位或过定位。由于三爪卡盘的夹紧力，会使顶尖和工件变形，增加加工误差，是不合理的，但这是传递运动和动力所需要的。若改用卡箍和拨盘带动工件旋转，则就避免了超定位。

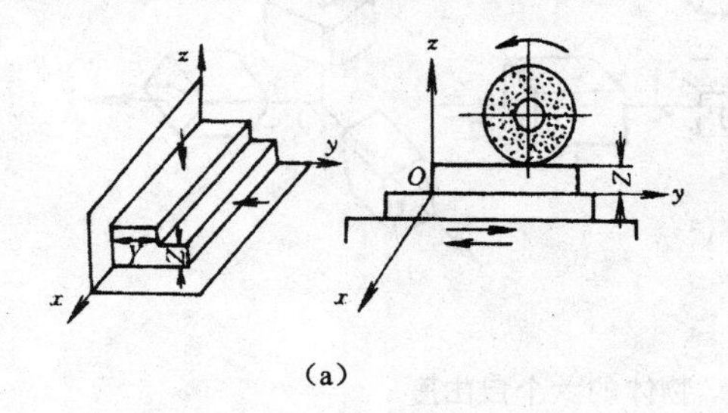


图 9-13 不完全定位

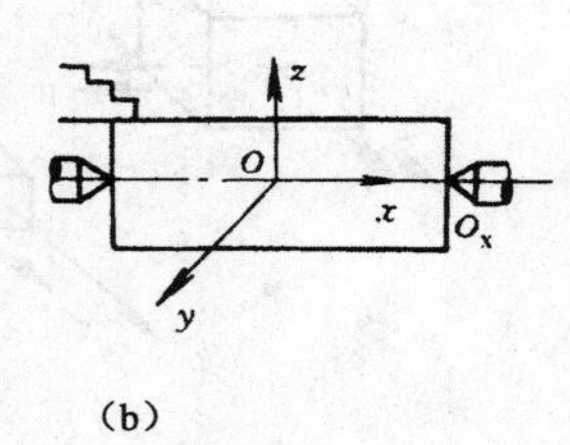


图 9-14 超定位

2. 工件的基准

在零件的设计和制造过程中，要确定一些点、线或面的位置，必须以一些指定的点、线或面作为依据，这些作为依据的点、线或面称为基准。按照作用的不同，常把基准分为设计基准和工艺基准两类。

（1）设计基准。即设计时在零件图纸上所使用的基准。如图 9-15 所示，齿轮内孔、外圆和分度圆的设计基准是齿轮的轴线，两端面可以认为是互为基准。又如图 9-16 所示，表面 2、3 和孔 4 轴线的设计基准是表面 1；孔 5 轴线的设计基准是孔 4 的轴线。

（2）工艺基准。即在制造零件和装配机器的过程中所使用的基准。工艺基准又分为定位基准、度量基准和装配基准，它们分别用于工件加工时的定位、工件的测量检验和零件的装配。本节仅介绍定位基准。

例如，车削图 9-15 所示齿轮轮坯的外圆和左端面时，若用已经加工过的内孔将工件安装在心轴上，则孔的轴线就是外圆和左端面的定位基准。

必须指出的是，工件作为定位基准的点或线，总是由具体表面来体现的，这个表面称为定位基准面。例如，图9-15所示齿轮孔的轴线并不具体存在，而是由内孔表面来体现的，所以确切地说，上例中的内孔是加工外圆和左端面的定位基准面。

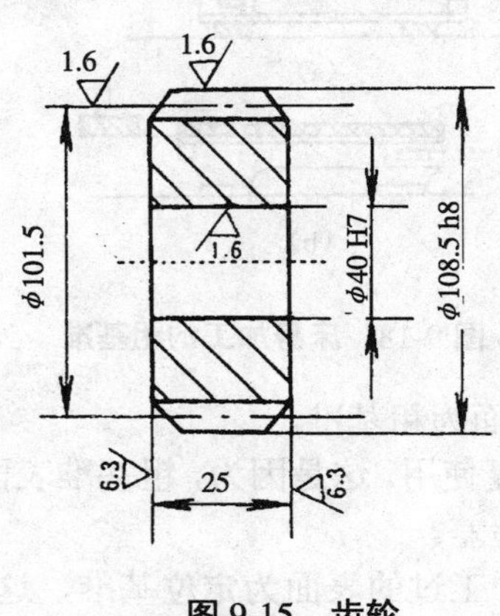


图9-15　齿轮

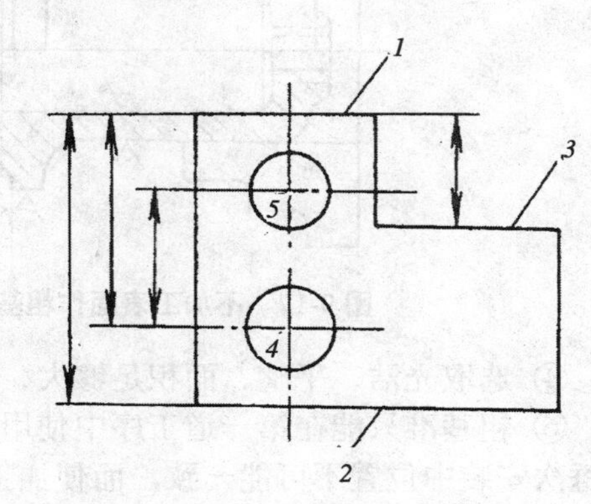


图9-16　机座简图

3. 定位基准的选择

合理选择定位基准，对保证加工精度、安排加工顺序和提高加工生产率有着重要的影响。从定位的作用来看，它主要是为了保证加工表面的位置精度。因此，选择定位基准的总原则，应该是从有位置精度要求的表面中进行选择。

（1）粗基准的选择。对毛坯开始进行机械加工时，第一道工序只能以毛坯表面定位，这种基准表面称为粗基准(或毛基准)。它应该保证所有加工表面都有具有足够的加工余量，而且各加工表面对不加工表面具有一定的位置精度。其选择的具体原则如下。

① 选取不加工的表面作粗基准。如图9-17所示，以不加工的外圆表面作为粗基准，既可在一次安装中把绝大部分要加工的表面加工出来，又能够保证外圆面与内孔同轴以及端面与孔轴线垂直。

如果零件上有好几个不加工的表面，则应选择与加工表面相互位置精度要求高的表面作粗基准。

② 选取要求加工余量均匀的表面为粗基准。这样可以保证作为粗基准的表面加工时，余量均匀。例如，车床床身（见图9-18），要求导轨面耐磨性好，希望在加工时只切去较小而均匀的一层余量，使其表层保留均匀一致的金相组织和物理力学性能。若先选择导轨面作粗基准，加工床腿的底平面（见图9-18（a）），然后再以床腿的底平面为基准加工导轨面（见图9-18（b）），就能达到此目的。

③ 对于所有表面都要加工的零件，应选择余量和公差最小的表面作粗基准，以避免余量不足而造成废品。

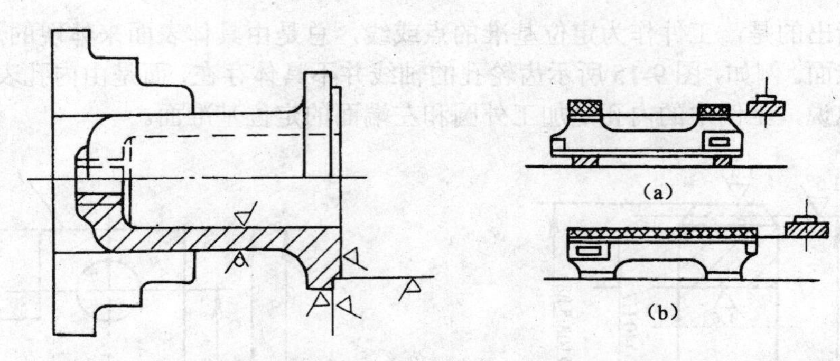


**图 9-17　不加工表面作粗基准**　　　**图 9-18　床身加工的粗基准**

④ 选取光洁、平整、面积足够大、装夹稳定的表面为粗基准。

⑤ 粗基准只能在第一道工序中使用一次，不应重复使用。这是因为，粗基准表面粗糙，在每次安装中位置不可能一致，而使加工表面的位置超差。

（2）精基准的选择。在每一道工序之后，应当以加工过的表面为定位基准，这种定位基准称为精基准（或光基准）。其选择原则如下所述。

① 基准重合原则，就是尽可能选用设计基准作为定位基准，这样可以避免定位基准与设计基准不重合而引起的定位误差。

例如，图 9-19(a)是轴承座简图。加工 $D$ 孔时，要求轴线与 $K$ 面之间的位置尺寸 $A^{+\delta}_{0}{}_{A}$。$M$、$H$ 和 $K$ 面已精加工过。

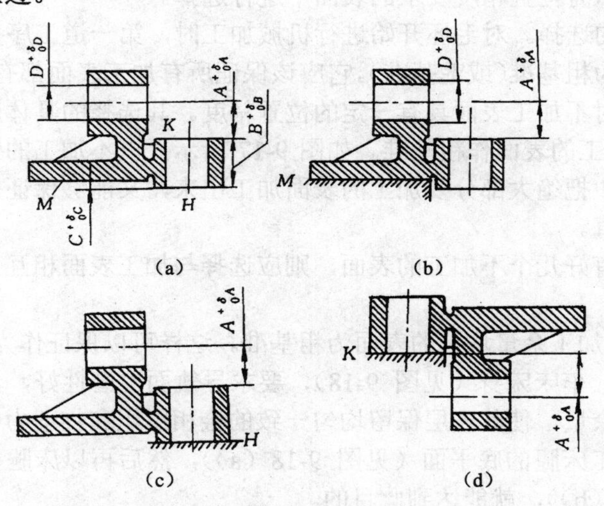


**图 9-19　定位误差与定位基准选择的关系**

（a）零件简图　（b）以 $M$ 面定位　（c）以 $H$ 面定位　（d）以 $K$ 面定位

如用 $M$ 面作定位基准（见图 9-19（b）)，则因 $M$ 面与 $H$ 面之间尺寸有公差 $\delta_C$，而 $H$ 面与 $K$ 面之间尺寸又有公差 $\delta_B$。所以，加工一批零件时，在 $D$ 孔轴线与 $K$ 面之间尺寸 $A$ 的误差中，除了因其他原因产生的加工误差外，还包括由于定位基准与设计基准不重合而引起的定位误差。这项误差可能的最大值为

$$\varepsilon_{\text{定位}}=\delta_B+\delta_C$$

如果用 $H$ 面作为定位基准（图 9-19（c）)，则因基准不重合而引起的定位误差为

$$\varepsilon_{\text{定位}}=\delta_B$$

若用 $K$ 面作为定位基准（图 9-19（d）)，则

$$\varepsilon_{\text{定位}}=0$$

由上述分析可知，选择定位基准时，应尽量使它与设计基准重合，否则必然会因基准不重合而产生定位误差，增加加工的困难，甚至造成零件尺寸超差。

② 基准同一原则。位置精度要求较高的某些表面加工时，尽可能选用同一的定位基准，这样有利于保证加工表面的位置基准。例如，加工较精密的阶梯轴时，往往以中心孔为定位基准车削其他各表面，并在精加工之前还要修研中心孔，然后以中心孔定位，磨削各表面。这样有利于保证各表面的位置精度，如同轴度、垂直度等。

③ 选择精度较高、安装稳定可靠的表面作精基准，而且所选的基准应使夹具结构简单，安装和加工工件方便。但是，在实际工作中，定位基准的选择要完全符合上述所有的原则，有时是不可能的。因此，应根据具体情况进行分析，选出最有利的定位基准。

### 9.3.4　工艺路线的拟定

拟定工艺路线，就是把加工工件所需的各个工序按顺序合理地排列出来，它主要包括以下内容。

#### 1. 确定加工方案

确定加工方案即根据零件每个加工表面（特别是主要表面）的技术要求，选择较合理的加工方案（或方法）。在确定加工方案（或方法）时，除了表面的技术要求外，还要考虑零件的生产类型、材料性能以及本单位现有的加工条件等。

#### 2. 安排加工顺序

安排加工顺序即较合理地安排切削加工工序、热处理工序、检验工序和其他辅助工序的先后次序。次序不同，将会得到不同的技术经济效果，甚至连加工质量也难以保证。

（1）切削加工工序的安排。切削加工工序应遵循如下几项原则。

① 基准面先加工。精基准面应在一开始就加工，因为后续工序加工其他表面时，要用它定位。

② 主要表面先加工。主要表面一般是指零件上的工作表面、装配基面等，它们的技术要求较高，加工工作量较大，应先安排加工。其他次要表面如非工作面、键槽、螺钉孔、螺纹孔等，一般可穿插在主要表面加工工序之间，或稍后进行加工，但应安排在主要表面最后精加工或精整加工之前。

（2）划线工序的安排。形状较复杂的铸件、锻件和焊件等，在单件小批生产中，为了给安装和加工提供依据，一般在切削加工之前要安排划线工序。有时为了加工的需要，在切削加工工序之间，可能还要进行第二次或多次划线。但是在大批大量生产中，由于采用专用夹具等，可免去划线工序。

（3）热处理工序的安排。根据热处理工序的性质和作用不同，一般可以分为以下几部分。

① 预备热处理。是指为改善金属的组织和切削加工性而进行的热处理，如退火、正火等，一般安排在切削加工之前。调质也可以作为预备热处理，但若是以提高材料的力学性能为主要目的，则应放在粗加工之后、精加工之前进行。

② 时效处理。在毛坯制造和切削加工的过程中，都会有内应力残留在工件内，为了消除它对加工精度的影响，需要进行时效处理。对于大而结构复杂的铸件，或者精度要求很高的非铸件类工件，需在粗加工前后各安排一次人工时效。对于一般铸件，只需在粗加工前或后进行一次人工时效。对于要求不高的零件，为了减少工件的往返搬运，有时仅在毛坯铸造以后安排一次时效处理。

③ 最终热处理。是指为了提高零件表层硬度和强度而进行的热处理，如淬火、氮化等，一般安排在工艺过程的后期。淬火一般安排在切削加工之后、磨削之前，氮化则安排在粗磨和精磨之间。应注意在氮化之前要进行调质处理。

（4）检验工序的安排。为了保证产品的质量，除了加工过程中操作者的自检外，在下列情况下还应安排检验工序：

① 粗加工阶段之后；

② 关键工序前后；

③ 特种检验（如磁力探伤、密封性试验、动平衡试验等）之前；

④ 从一个车间转到另一车间加工之前；

⑤ 全部加工结束之后。

（5）其他辅助工序的安排。

① 零件的表面处理，如电镀、发蓝、油漆等，一般均安排在工艺过程的最后。但有些大型铸件的内腔不加工面，常在加工之前先涂防锈油漆等。

② 去毛刺、倒棱边、去磁、清洗等，应适当穿插在工艺过程中进行。这些辅助工序不能忽视，否则会影响装配工作，妨碍机器的正常运行。

### 9.3.5　工艺文件的编制

工艺过程拟定之后，要以图表或文字的形式写成工艺文件。工艺文件的种类和形式有多种多样，其繁简程度也有很大不同，要视生产类型而定，通常有如下几种。

1. 机械加工工艺过程卡

用于单件小批生产，格式如表 9-3 所示，它的主要作用是概略地说明机械加工的工艺路线。实际生产中，工艺过程卡片内容的简繁程度也不一样，最简单的只列出各工序的名称和顺序，较详细的则附有主要工序的加工简图等。

2. 机械加工工序卡片

大批大量生产中，要求工艺文件更加完整和详细，每个零件的各加工工序都要有工序卡片。它是针对某一工序编制的，要画出该工序的工序图，以表示本工序完成后工件的形状、尺寸及其技术要求，还要表示出工件的装夹方式、刀具的形状及其位置等。工序卡片的格式和填写要求可参阅原机械工业部指导性技术文件“工艺规程格式及填写规则”（JB/Z 187.3—82）。生产管理部门，按零件将工序汇装成册，以便随时查阅。

3. 机械加工工艺（综合）卡片

主要用于成批生产，它比工艺过程卡片详细，比工序卡片简单且较灵活，是介于两者之间的一种格式。工艺卡片既要说明工艺路线，又要说明各工序的主要内容。原机械工业部指导性技术文件未规定工艺卡片格式，仅规定了幅面格式，各单位可根据需要参考文件要求自定。

## 9.4　典型零件工艺过程

### 9.4.1　轴类零件

现以图 9-20 所示传动轴的加工为例，说明在单件小批生产中一般轴类零件的工艺过程。

1. 零件各主要部分的作用及技术要求

（1）在 $\phi30_{-0.014}^{\ 0}$ 和 $\phi20_{-0.014}^{\ 0}$ 的轴段上装滑动齿轮，为传递运动和动力开有键槽；

$\phi24_{-0.04}^{-0.02}$ 和 $\phi22_{-0.04}^{-0.02}$ 的两段为轴颈，支承于箱体的轴承体轴孔中。表面粗糙度 $R_a$ 值皆为 0.8 μm。

（2）各圆柱配合表面对轴线的径向圆跳动公差为 0.02 mm。

（3）工件材料为 45 钢，淬火硬度为 40～45HRC。

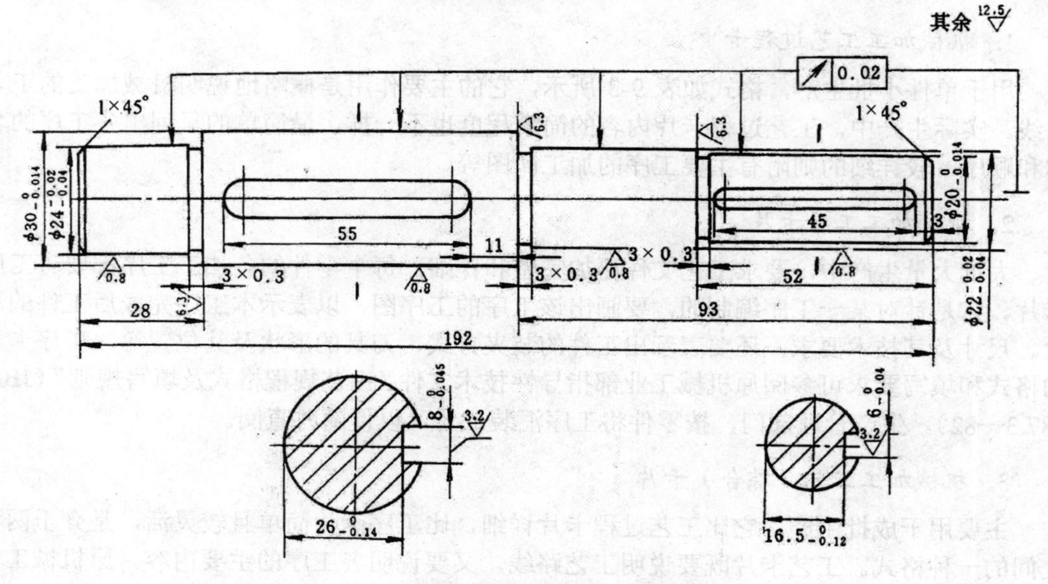


图 9-20 传动轴

2. 工艺分析

该零件的各配合表面除本身有一定的精度（相当于 IT7）和粗糙度要求外，对轴线的径向圆跳动还有一定的要求。

根据对各表面的具体要求，可采用如下的加工方案：

粗车—半精车—热处理—粗磨—精磨。

轴上的键槽，可以用键槽铣刀在立式铣床上铣出。

3. 基准选择

为了保证各配合表面的位置精度，用轴两端的中心孔作为粗、精加工的定位基准。这样，既符合基准同一和基准重合的原则，也有利于生产率的提高。为了保证定位基准的精度和粗糙度，热处理后应修研中心孔。

4. 工艺过程

该轴的毛坯用 $\Phi35$ mm 圆钢料。在单件小批生产中，其工艺过程可按表 9-3 安排。

表 9-3　单件小批生产轴的工艺过程

| 工序号 | 工序名称 | 工序内容 | 加工简图 | 设备 |
|---|---|---|---|---|
| I | 车 | 1．车一端面，钻中心孔<br>2．切断，长 194<br>3．车另一端面至长 192，钻中心孔 | | 卧式车床 |
| II | 车 | （1）粗车一端外圆分别至 $\phi32\times104$，$\phi26\times27$<br>（2）半精车该端外圆分别至 $\phi30.4_{-0.1}^{\ 0}\times105$，$\phi24.4_{-0.1}^{\ 0}\times28$<br>（3）切槽 $\phi23.4\times3$<br>（4）倒角 $1.2\times45°$<br>（5）粗车另一端外圆分别至 $\phi24\times92$，$\phi22\times51$<br>（6）半精车该端外圆分别至 $\phi22.4_{-0.1}^{\ 0}\times93$，$\phi20.4_{-0.1}^{\ 0}\times52$<br>（7）切槽分别至 $\phi21.4\times3$，$\phi19.4\times3$<br>（8）倒角 C1.2 | | 卧式车床 |
| III | 铣 | 粗—精铣键分别至<br>$8_{-0.045}^{\ 0}\times26.2_{-0.09}^{\ 0}\times55$<br>$6_{-0.040}^{\ 0}\times16.7_{-0.07}^{\ 0}\times45$ | | 立式铣床 |
| IV | 热 | 淬火回火 40～45HRC | | |

（续表）

| 工序号 | 工序名称 | 工序内容 | 加工简图 | 设备 |
|---|---|---|---|---|
| Ⅴ | （钳） | 修研中心孔 | | 钻床 |
| Ⅵ | 磨 | （1）粗磨一端外圆分别至<br>$\phi 30.06_{-0.04}^{\ 0}$，$\phi 24.06_{-0.04}^{\ 0}$<br>（2）精磨该端外圆分别至<br>$\phi 30_{-0.014}^{\ 0}$，$\phi 24_{-0.04}^{-0.02}$<br>（3）粗磨另一端外圆分别至<br>$\phi 22.06_{-0.04}^{\ 0}$，$\phi 20.06_{-0.04}^{\ 0}$<br>（4）精磨该端外圆分别至<br>$\phi 22_{-0.04}^{-0.02}$，$\phi 20_{-0.014}^{\ 0}$ | | 外圆磨床 |
| Ⅶ | 检 | 按图纸要求检验 | | |

注：① 加工简图中粗实线为该工序加工表面；

② 加工简图中“ ”符号所指为定位基准。

## 9.4.2 套类零件

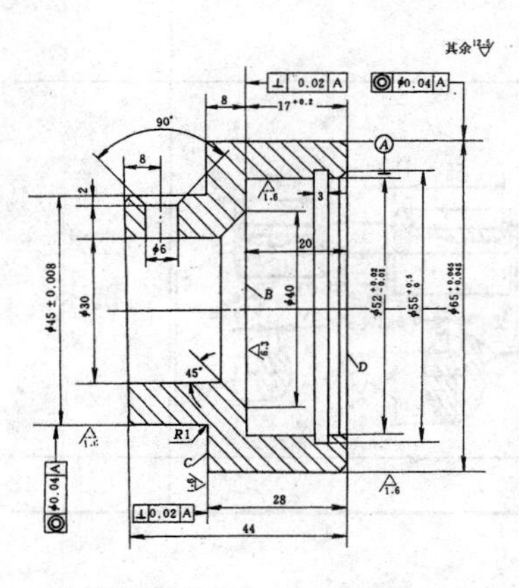

图 9-21 轴套

现以图 9-21 所示轴套的加工为例，说明在单件小批生产中套类零件的工艺过程。

### 1. 零件的主要技术要求

（1）$\phi 65_{+0.045}^{+0.065}$ 和 $\phi 45 \pm 0.008$ 对 $\phi 52_{-0.01}^{+0.02}$ 轴线的同轴度公差 $\phi 0.04$；

（2）端面 B 和 C 对 $\phi 52_{-0.01}^{+0.02}$ 轴线的垂直度公差 0.02 mm；

（3）工件材料为 HT200，铸件。

### 2. 工艺分析

该轴套要求较高的表面是孔 $\phi 52_{-0.01}^{+0.02}$，外圆面 $\phi 65_{+0.045}^{+0.065}$ 和 $\phi 45 \pm 0.008$，以及内端面 B 和台阶端面 C。

孔和外圆面不仅本身尺寸精度（相当于 IT7）和粗糙度有较高要求，位置精度也有一定的要求。端面 B 和 C 的粗糙度和位置精度都有一定要求。

根据工件材料性质和具体尺寸精度、粗糙度的要求，可以采用粗车—精车的工艺来达到。大端外圆面 $\phi65^{+0.065}_{+0.045}$ 对孔 $\phi52^{+0.02}_{-0.01}$ 轴线的同轴度，以及内端面 B 对孔 $\phi52^{+0.02}_{-0.01}$ 轴线的垂直度要求，可以用在一次安装中车出来保证。本例所要求的位置精度在一般的卧式车床上加工是可以达到的。

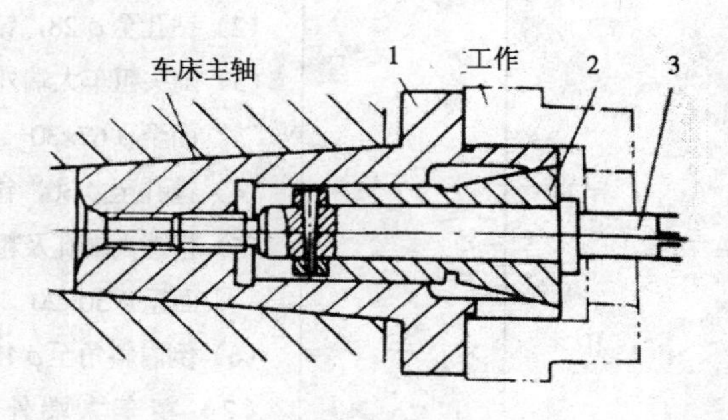

图 9-22　可胀心轴

1–可胀心轴体　2–夹头芯　3–螺杆

小端外圆面 $\phi45\pm0.008$ 对孔 $\phi52^{+0.02}_{-0.01}$ 轴线的同轴度，台阶端面 C 对孔 $\phi52^{+0.02}_{-0.01}$ 轴线的垂直度，可以在精车小端时，以孔和与孔在一次安装中车出的大端端面 D 定位来保证。这就要用定位精度较高的可胀心轴（见图 9-22）装夹工件，可胀心轴的定心精度可达到 0.01 mm，定位端面对轴线的垂直度也比较高，装夹工件时只要使大端面贴紧可胀心轴的定位端面，就可以保证所要求的相互位置精度。

### 3. 基准选择

为了给粗车—精车大端时提供一个精基准，先以工件毛坯大端外圆作粗基准，粗车小端外圆面和端面。这样也保证了加工大端时余量均匀一致。然后，以粗车后的小端外圆面和台阶端面 C 为定位基准（精基准），在一次安装中加工大端各表面，以保证所要求的位置精度。精车小端时，则利用可胀心轴，以孔 $\phi52^{+0.02}_{-0.01}$ 和大端端面 D 为定位基准。

### 4. 工艺过程

在单件小批生产中，该轴套的工艺过程可按表 9-4 进行安排。

**表 9-4　单件小批生产轴套的工艺过程**

| 工序号 | 工序名称 | 工序内容 | 加工简图 | 设　备 |
|---|---|---|---|---|
| I | 铸 | 铸造，清理 | φ71　50　34　φ51 | |

（续表）

| 工序号 | 工序名称 | 工序内容 | 加工简图 | 设 备 |
| --- | --- | --- | --- | --- |
| II | 车 | （1）粗车小端外圆和两端面至$\phi$ 47×16<br>（2）钻孔至$\phi$ 28，钻通<br>（3）倒头粗车大端外圆和端面至$\phi$ 67×30<br>（4）镗孔至$\phi$ 30，镗通<br>（5）粗镗大端孔及粗车内端面至$\phi$ 50×20<br>（6）倒内斜角至$\phi$ 41×45°<br>（7）精车大端外圆和端面至$\phi 65_{-0.045}^{+0.065}\times 29$<br>（8）精镗大端孔和精车内端面至$\phi 52_{-0.01}^{+0.02}\times 20$<br>（9）车槽$\phi 55_{0}^{+0.5}\times 3$，并保证尺寸$17_{0}^{+0.2}$<br>（10）外圆及孔口倒角 C1 | 12.5<br>$\phi$28<br>$\phi$47<br>16<br>其余 12.5<br>1.6<br>倒角C1<br>1.6<br>1.6<br>$\phi$30<br>3.2<br>$\phi$40<br>$\phi 52_{-0.01}^{+0.02}$<br>$\phi 55_{0}^{+0.5}$<br>$\phi 65_{+0.045}^{+0.065}$<br>45°<br>3<br>$17_{0}^{+0.2}$<br>20<br>29 | 卧式车床 |
| III | 车 | （1）精车小端外圆至45± 0.008<br>（2）精车两端面保证尺寸44、28和R1<br>（3）倒角 C1 | $R_1$<br>1.6<br>$\phi$45±0.008<br>12.5<br>$C_1$<br>1.6<br>28<br>44 | 卧式车床（可胀心轴） |

（续表）

| | | | | |
|---|---|---|---|---|
| Ⅳ | 钳 | 划$\phi$6孔中心线，保证尺寸8 | | |
| Ⅴ | 钳 | （1）钻$\phi$6孔<br>（2）锪2×90°倒角 | | 钻床 |
| Ⅵ | 检 | 按图纸要求检验 | | |

## 9.4.3　箱体类零件

现以卧式车床床头箱箱体的加工为例，不说明单件小批生产中箱体类零件的工艺过程。

### 1. 床头箱箱体的结构特点和主要技术要求

卧式车床床头箱箱体是车床床头箱部件装配时的基准零件，在它上面装入由齿轮、轴、轴承和拨叉等零件组成的主轴、中间轴和操纵机构等“组件”，以及其他一些零件，构成床头箱部件。装配后，要保持各零件间正确的相互位置，保证部件正常地运转。

床头箱箱体的结构特点是壁薄、中空、形状复杂。加工面多为平面和孔，它们的尺寸精度、位置精度要求较高，表面粗糙度较小。因此，其工艺过程是比较复杂的，下面仅就其主要平面和孔的加工，说明它的工艺过程。

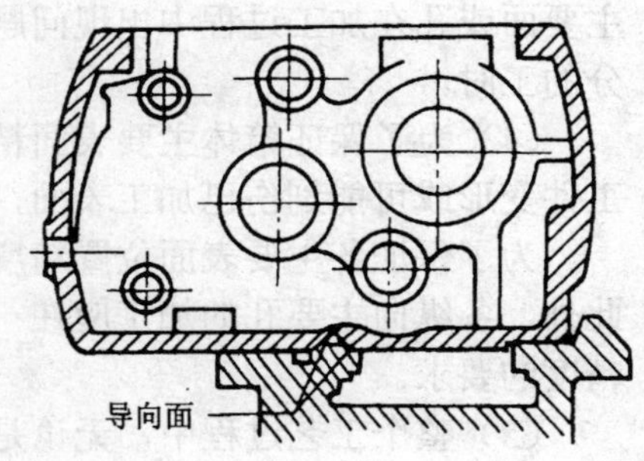


图 9-23　床头箱箱体剖面图

图 9-23 所示为卧式车床床头箱箱体的剖面图，主要的技术要求如下。

（1）作为装配基准的底面和导向面的平面度公差为 0.02～0.03 mm，粗糙度 $R_a$ 值为 0.8 μm。顶面和侧面平面度公差为 0.04～0.06 mm，粗糙度 $R_a$ 为 1.6 μm。顶面对底面的平行度公差为 0.1 mm；侧面对底面的垂直度公差为 0.04～0.06 mm。

（2）主轴轴承孔孔径精度为 IT6，粗糙度 $R_a$ 值为 0.8 μm；其余轴承孔的精度为 IT7～IT6，粗糙度 $R_a$ 值为 1.6 μm；非配合孔的精度较低，粗糙度 $R_a$ 值为 6.3～12.5 μm。孔的圆度和圆柱度公差不超过孔径公差的 1/2。

（3）轴承孔轴线间距离尺寸公差为 0.05～0.1 mm，主轴轴承孔轴线与基准面距离尺寸公差为 0.05～0.1 mm。

（4）不同箱壁上同轴孔的同轴度公差为最小孔径公差的 1/2；各相关孔轴线间平行等度公差为 0.06～0.1 mm。端面对孔轴线的垂直度公差为 0.06～0.1 mm。

（5）工件材料 HT200。

2. 工艺分析

工件毛坯为铸件，加工余量为：底面 8 mm，顶面 9 mm，侧面和端面 7 mm，铸孔 7 mm。

在铸造后机械加工之前，一般应经过清理和退火处理，以消除铸造过程中产生的内应力。粗加工后，会引起工件内应力的重新分布，为使内应力公布均匀，也应经适当的时效处理。

在单件小批生产的条件下，该床头箱箱体的主要工艺过程可作如下考虑。

（1）底面、顶面、侧面和端面可采用粗刨—精刨工艺。因为底面和导向面的精度和粗糙度要求较高，又是装配基准和定位基准，所以在精刨后还应进行精细加工—刮研。

（2）直径小于 40～50 mm 的孔，一般不铸出，可采用钻—扩（或半精镗）—铰（或精镗）的工艺。对于已铸出的孔，可采用粗镗—半精镗—精镗（用浮动镗刀片）的工艺。由于主轴轴承孔精度和粗糙度的要求皆较高，故在精镗后还要用浮动镗刀片进行精细镗。

（3）其余要求不高的螺纹孔、紧固孔及油孔等，可放在最后加工。这样可以防止由于主要面或孔在加工过程中出现问题（如发现气孔、夹杂物或加工超差等）时，浪费这一部分的工时。

（4）为了保证箱体主要表面精度和粗糙度的要求，避免粗加工时由于切削量较大引起工件变形或可能划伤已加工表面，整个工艺过程分为粗加工和精加工两个阶段。

为了保证各主要表面位置精度的要求，粗加工和精加工时都应采用同一的定位基准。此外，各纵向主要孔的加工应在一次安装中完成，并可采用镗模夹具，这样可以保证位置精度的要求。

（5）整个工艺过程中，无论是粗加工阶段还是精加工阶段，都应遵循“先面后孔”的原则，就是先加工平面，然后以平面定位再加工孔。这是因为：第一，平面常常是箱体的装配基准；第二，平面的面积较孔的面积大，以平面定位零件装夹稳定、可靠。因此，以平面定位加工孔，有利于提高定位精度和加工精度。

3. 基准选择

（1）粗基准的选择。在单件小批生产中，为了保证主轴轴承孔的加工余量分布均匀，并保证装入箱体中的齿轮、轴等零件与不加工的箱体内壁间有足够的间隙，以免互相干涉，常常首先以主轴轴承孔和与之相距最远的一个孔为基准，兼顾底面和顶面的余量，对毛坯进行划线和检查。之后，按划线找正粗加工顶面。这种方法，实际上就是以主轴轴承孔和与之相距最远的一个孔为粗基准。

（2）粗基准的选择。以该箱体的装配基准——底面和导向面为统一的精基准，加工各纵向孔、侧面和端面，符合基准同一和基准重合的原则，利于保证加工精度。

为了保证精基准的精度，在加工底面和导向面时，以加工后的顶面为辅助的精基准。并且在粗加工和时效之后，又以精加工后的顶面为精基准，对底面和导向面进行精刨和精细加工（刮研），进一步提高精加工阶段定位基准的精度，利于保证加工精度。

4. 工艺过程

根据以上分析，在单件和小批生产中，该床头箱箱体的工艺过程可按表 9-5 进行安排。

**表 9-5　单件小批生产箱体的工艺过程**

| 工序号 | 工序名称 | 工序内容 | 加工简图 | 设备 |
|---|---|---|---|---|
| Ⅰ | 铸 | 清理，退火 | | |
| Ⅱ | 钳 | 划各平面加工线 | 以主轴轴承孔和与之相距最远的一个孔为基准，并照顾底面和顶面的余量 | |
| Ⅲ | 刨 | 粗刨顶面，留精刨余量 2 mm | 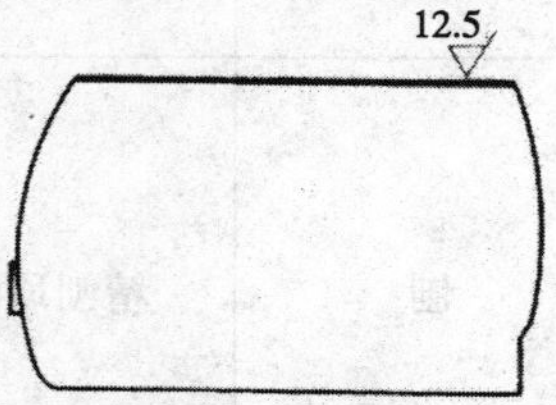 12.5 | 龙门刨床 |
| Ⅳ | 刨 | 粗刨底面和导向面，留精刨和刮研余量 2～2.5 mm | 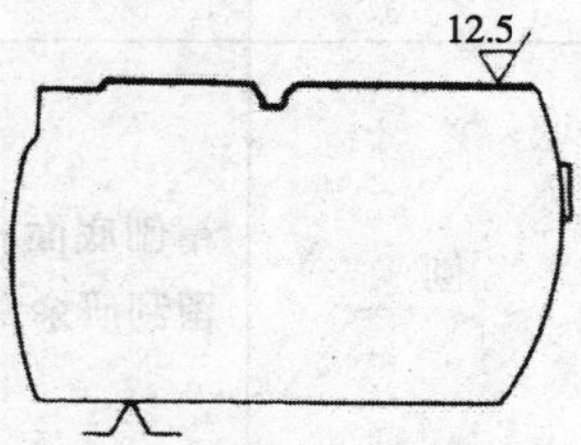 12.5 | 龙门刨床 |

（续表）

| 工序号 | 工序名称 | 工序内容 | 加工简图 | 设备 |
| --- | --- | --- | --- | --- |
| Ⅴ | 刨 | 粗刨侧面和两端面，留精刨余量 2 mm | 12.5 | 龙门刨床 |
| Ⅵ | 镗 | 粗加工纵向各孔，主轴轴承孔，留半精镗、精镗和精细镗余量 2～2.5 mm，其余各孔留半精、精加工余量 1.5～2 mm（小直径孔钻出，大直径孔用镗刀加工） | 12.5 | 卧式镗床（镗模） |
| Ⅶ | | 时效 | | |
| Ⅷ | 刨 | 精刨顶面至尺寸 | 1.6 | 龙门刨床 |
| Ⅸ | 刨 | 精刨底面和导向面，留刮研余量 0.1 mm | 0.8 | 龙门刨床 |

（续表）

| 工序号 | 工序名称 | 工序内容 | 加工简图 | 设备 |
|---|---|---|---|---|
| X | 钳 | 刮研底面和导向面至尺寸 | （25 mm×25 mm 内 8～10 个点） | |
| XI | 刨 | 精刨侧面和两端面至尺寸 | 同工序Ⅴ（$R_a$ 值为 1.6 μm） | 龙门刨床 |
| XII | 镗 | （1）半精加工各纵向孔，主轴轴承孔留精镗和精细镗余量 0.8～1.2 mm，其余各孔留精加工余量 0.05～0.15 mm（小孔用扩孔钻，大孔用镗刀加工）<br>（2）精加工各纵象孔，主轴轴承孔留精细镗余量 0.1～0.25 mm，其余各孔至尺寸（小孔用铰刀，大孔用浮动镗刀片加工）<br>（3）精细镗主轴轴承孔至尺寸（用浮动镗刀片加工） | 同工序Ⅵ（$R_a$ 值为 1.6 μm 或 $R_a$ 值为 0.8 μm | 卧式镗床 |
| XIII | 钳 | 1．加工螺纹低孔、紧固孔及油孔等至尺寸<br>2．攻丝、去毛刺 | 底面定位（$R_a$ 值为 12.5～6.3 μm） | 钻床 |
| XIV | 检 | 按图纸要求检验 | | |

## 9.5　小　结

本章主要介绍了机械加工、工步、工位、定位基准、装夹以及工艺路线确定等内容。

在学习之后：第一，要联系实习中的感性认识、加深对基本概念的了解；第二，通过典型实例的学习，熟悉典型零件的加工工艺路线，在头脑中建立比较全面的机械零件生产过程，树立经济、合理、科学的工程意识。

## 9.6 练习与思考题

1．什么是生产过程、工艺过程、工序？
2．生产类型有哪几种？不同生产类型对零件的工艺过程有哪些主要影响？
3．机械加工中，工件的安装方法有哪几类？各适用于什么场合？
4．一般夹具由哪几个组成部分？各起什么作用？
5．什么是工序余量、总余量？它们之间是什么关系？
6．什么是工件的“六点定位原理”？加工时，工件是否要完全定位？
7．什么是基准？根据作用的不同，基准分为哪几种？
8．切削加工工序安排的原则是什么？
9．加工轴类零件时，常以什么作为统一标准？为什么？
10．如何保证套类零件外圆面、内孔及端面的位置精度？
11．安排箱体类零件的工艺是，为什么一般要依据“先面后孔”的原则？

# 第10章 特 种 加 工

教学目的：

- 掌握电火花成型加工、电火花线切割加工、电解加工、电铸加工、电解磨削、电子束加工、离子束加工、激光加工、超声波加工等特种加工方法的基本原理；
- 了解特种加工的基本设备、主要特点及适用范围。

直接利用电能、光能、声能、热能、化学能等能量或其组合施加在工件的被加工部位上，从而实现材料被去除、变形、改变性能或被镀覆等的非传统性加工方法统称为特种加工。它不同于使用刀具、磨具等直接利用机械能切除多余材料的传统加工方法。

特种加工的特点及应用范围如下。

(1) 特种加工不是主要利用机械能，而是主要用热能、化学能、光能等，如激光加工、电火花加工、电解加工等，加工中不存在机械应变或大面积的热应变，可获得较低的表面粗糙度，其热应力、残余应力、冷作硬化等都比较小，尺寸稳定性好。

(2) 特种加工中工具的硬度和强度可以比工件低。因为加工时工具与工件不直接接触，工件和工具之间无明显的切削力，同时工具的损耗很小，甚至无损耗，如激光加工、电子束加工、离子束加工等。这些加工方法与工件的硬度、强度等机械性能无关，故可加工难切削材料（如高强度、高硬度、高脆性、耐高温、磁性材料等）以及精密细小、形状复杂、低刚度、薄壁等零件。

(3) 特种加工是微细加工，工件表面质量高，有些特种加工，如电解加工、超声波加工，加工余量都是微细进行，故不仅可加工尺寸微小的孔或狭缝，还能获得高精度、极低粗糙度的加工表面。

(4) 特种加工的内容包括去除和结合等加工，综合加工效果明显，便于推广使用。特种加工是近几十年发展起来的新工艺，在民用、国防生产部门和科学研究中已经获得广泛应用，成为不可缺少的加工方法。与其他先进制造技术一样，特种加工正在研究、开发和应用之中，具有很好的发展潜力和应用前景。

特种加工的方法较多，一般按能量来源和作用原理可分为以下几种。

(1) 物理加工是利用电能转化为机械能、热能、光能等进行加工，如电火花成型加工（EDM）、电火花线切割加工（WEDM）、电子束加工（EBM）、等离子体加工（PAM）、离子束加工（IBM）。

(2) 电化学加工是利用电能转化为化学能进行加工，如电解加工（ECM）、电铸加工

（ECM）、涂镀加工（EPM）。

（3）激光加工是利用激光光能转化为热能进行加工，如激光加工（LBM）。

（4）力学加工是利用机械能或声能转化为机械能进行加工，如超声波加工（USM）、水射流切割（WJC）。

（5）化学加工是利用化学溶液与金属发生化学反应产生化学能进行加工，化学加工（CHM）。

（6）复合加工是同时在加工部位上组合两种或两种以上的不同类型能量去除工件材料的加工方法，如电解磨削（ECG）、电解珩磨等（ECH）。

## 10.1 电火花加工

电火花加工是利用浸在工作液中的两极间脉冲放电时产生的电蚀作用蚀除导电材料，以满足一定的尺寸要求的特种加工方法，又称放电加工或电蚀加工，20 世纪 40 年代开始研究并逐步应用于生产。在特种加工中电火花加工的应用最为广泛。

### 10.1.1 电火花加工的原理

在如图 10-1 所示的电火花加工系统中，进行电火花加工时，脉冲电源的一极接工具电极，另一极接工件电极。两极均浸入具有一定绝缘度的工作液（常用煤油或矿物油）中。通过间隙自动控制系统控制工具电极向工件进给，以保证在正常加工时工具与工件间的放电间隙，这时在两电极间施加的脉冲电压将工作液击穿，形成放电通道。在放电的微细通道中瞬时集中大量的热能，温度可高达 10000～12000℃，压力也有急剧变化，从而使这一点工作表面局部微量的金属材料立刻熔化、气化，爆炸式地飞溅到工作液中，并迅速冷却凝固成金属微粒，被工作液冲走。这时在工件表面上便留下一个微小的凹坑痕迹，放电短暂停歇，两电极间工作液恢复绝缘状态。

第一次脉冲放电结束之后，经过很短的间隔时间，下一个脉冲电压又在两电极相对接近的另一点处击穿，产生火花放电，重复上述过程。这样，虽然每次脉冲放电蚀除的金属量极少，但因每秒有成千上万次脉冲放电作用，就能蚀除较多的金属，具有一定的生产率。

在保持工具电极与工件之间恒定放电间隙的条件下，随着工具电极不断进给，材料逐渐被蚀除，工具电极的轮廓即可精确地复印在工件上达到加工的目的。因此，只要改变工具电极的形状和工具电极与工件之间的相对运动方式，就能加工出各种复杂的型面，整个加工表面将由无数个小凹坑组成。

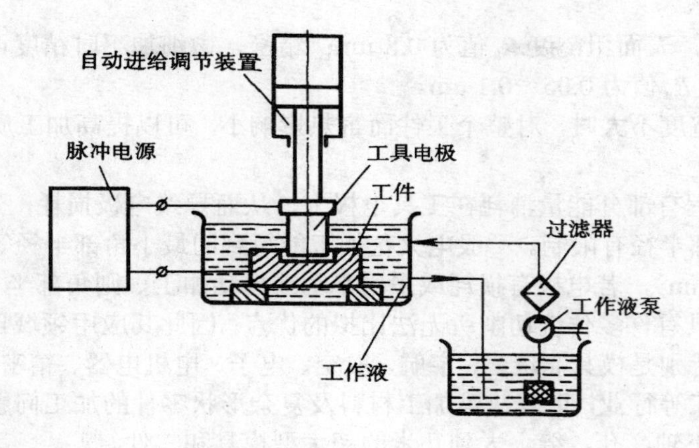


图 10-1　电火花加工原理示意图

从上面的叙述中可以看出，进行电火花加工必须具备下列三个条件。

（1）必须采用脉冲电源，以形成瞬时的脉冲式放电，放电延续一段时间后，需停歇一段时间，放电延续时间一般为 $10^{-7}$～$10^{-3}$s。这样才能使能量集中于微小区域，而不致扩散到邻近的材料中；否则，像持续电弧放电那样，使表面烧伤而不能保证零件的尺寸和表面质量。

（2）必须使工具电极和工件被加工表面之间经常保持一定的放电间隙，这一间隙随加工条件而定，通常约为几微米至几百微米。

（3）火花放电必须在有一定绝缘性能的液体介质中进行，液体介质又称工作液。工作液作为放电介质，在加工过程中除了有利于产生脉冲式的火花放电外，还起着排除放电过程产生的电蚀产物，冷却电极及工件表面的作用。常用的工作液是粘度较低、闪点较高、性能稳定的介质，如煤油、去离子水和皂化液等。

## 10.1.2　电火花加工的特点

（1）适合加工难切削材料。主要用于加工包括硬、脆、韧、软、高熔点的金属导电材料，在一定条件下，还可以加工半导体材料及非导电材料，如不锈钢、钛合金、淬火钢、硬质合金、导电陶瓷和人造聚晶金刚石的加工。

（2）可以加工特殊及复杂形状的零件。加工时无切削力，且可以简单地将工具电极的形状复制到工件上，因此适宜加工低刚度工件及微细加工，特别适用于复杂表面形状工件的加工。如小孔、窄槽、各种复杂截面的型孔、曲线孔、型腔、薄壁工件的加工。

（3）脉冲参数可以任意调节，能在同一台机床上连续进行粗、半精、精加工。精加工精度为 0.005 mm，表面粗糙度 $R_a$ 值为 0.8 μm；精密、微细加工时精度可达 0.002～0.001 mm，表面粗糙度 $R_a$ 值为 0.05～0.1 μm。

（4）当脉冲宽度不大时，对整个工件而言热影响小，可以提高加工质量，适于加工热敏性强的材料。

（5）放电过程有部分能量消耗在工具电极上，从而导致电极损耗，影响成型精度。

（6）最小角部半径有限制。一般电火花加工能得到的最小角部半径等于加工间隙（通常为 0.02～0.03 mm），若电极有损耗或采用平动或摇动加工，则角部半径还要增大。

电火花加工具有许多传统切削所无法比拟的优点，因此其应用领域日益扩大，目前已广泛用于机械（特别是模具制造）、宇航、航空、电子、电机电器、精密机械、仪器仪表、汽车拖拉机、轻工等行业，以解决难加工材料及复杂形状零件的加工问题。加工范围已达到小至几微米的小轴、孔、缝，大到几米的超大型模具和零件。

### 10.1.3 电火花加工的类型及应用

按照工具电极的形式及其与工件之间相对运动的特征，可将电火花加工方式分为五类：电火花成型加工；电火花线切割加工；利用金属丝或成型导电磨轮作工具电极，进行小孔磨削或成型磨削的电火花磨削；利用导向螺母使工具电极在旋转的同时作轴向进给加工螺纹环规、螺纹塞规、齿轮等的电火花共轭回转加工；刻印、表面合金化、表面强化等其他种类的加工。前四类属电火花成形、尺寸加工，是用于改变零件形状或尺寸的加工方法；后者则属表面加工方法，用于改善或改变零件表面性质。这里仅介绍应用最为广泛的电火花成型加工和电火花线切割加工。

#### 1. 电火花成型加工

电火花成型加工是利用成型工具电极，相对工件作简单进给运动，将工件电极的形状和尺寸复制在工件上，从而加工出所需要零件的工艺方法。

电火花成型加工包括电火花型腔加工和穿孔加工两种。

（1）电火花型腔加工主要用于加工各类热锻模、压铸模、挤压模、塑料模等型腔模和型腔零件，这种加工比较困难，主要因为均是盲孔加工，工作液循环和电蚀产物排除条件差，工具电极损耗后无法靠进给补偿精度，金属蚀除量大；其次是加工面积变化大，加工过程中电规准的调节范围也较大，并由于型腔复杂，各处深浅不一，电极损耗不均匀，对加工精度影响很大。为了便于排除加工产物和冷却，以提高加工的稳定性，有时在工具电极中间开有冲油孔，如图 10-2 所示。

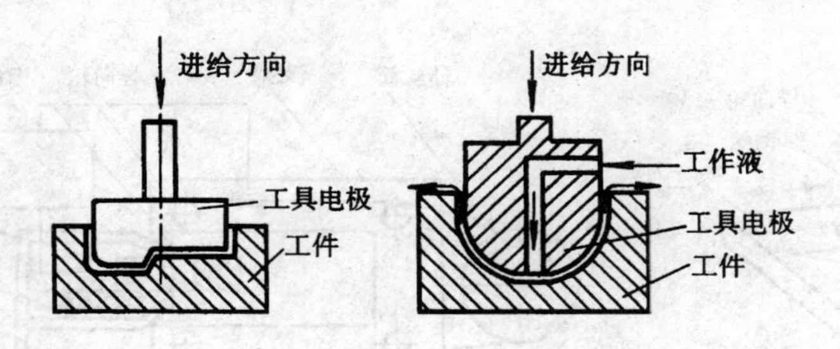


图 10-2 电火花型腔加工

（2）穿孔加工主要用于加工冲模（包括凸凹模及卸料板、固定板）、粉末冶金模、挤压模（型孔）、型孔零件和小孔（一般为 $\phi$0.01～ $\phi$3 mm 小圆孔和异形孔）。

近年来，在电火花穿孔加工中发展了高速小孔加工，解决了小孔加工中电极截面小，易变形，孔的深径比大，排屑困难等问题，取得了良好的经济效益。其工作原理是采用管状电极，加工时电极作回转和轴向进给运动，管电极中通入高压工作液。高压工作液能迅速将电极产物排除，且能强化火花放电的蚀除作用。这种加工方法适合于 0.3～3 mm 左右的小孔。其加工速度可达 60 mm/min，远远高于小直径麻花钻头钻孔，这种加工方法还可以在斜面和曲面上打孔，且孔的尺寸精度和圆柱度均很好。

2. 电火花线切割加工

电火花线切割加工是利用轴向移动的金属丝作工具电极，工件按所需形状和尺寸作轨迹运动以切割导电材料的工艺方法，有时简称线切割。

（1）电火花线切割加工的原理

图 10-3 为电火花线切割原理示意图。用细钼丝或铜丝（工具电极）作阴极，储丝筒使电极丝作正反向往复移动，工件为阳极，两极通以直流高频脉冲电源。在电极丝和工件之间浇注工作液介质，机床工作台带动工件在水平面两个坐标方向按各自预定的控制程序，根据火花间隙状态作伺服进给运动，从而合成各种曲线轨迹，把工件切割成一定形状和尺寸。

电火花线切割加工按电极丝的运行速度分为高速走丝电火花线切割和低速走丝电火花线切割。高速走丝线切割是我国独有的电火花线切割加工模式，国外一般采用低速走丝线切割，近几年我国正在发展低速走丝线切割。高速走丝线切割时，工具电极是直径为 0.02～0.3 mm 的高强度钼丝，钼丝往复运动的速度为 8～10 m/s。低速走丝时，多采用铜丝，工具电极以低于 0.2 m/s 的速度作单方向低速运动。

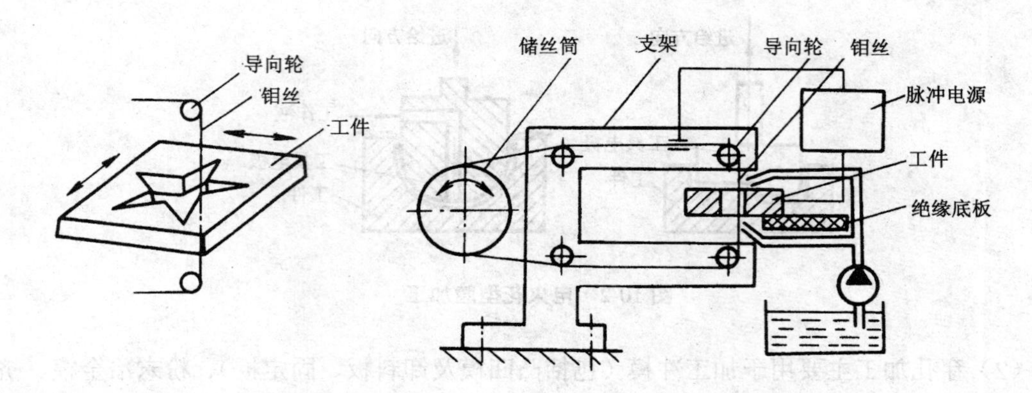


图 10-3 电火花线切割原理示意图

（2）电火花线切割加工的特点

① 电火花线切割加工不用成型的工具电极，而是采用金属丝作工具电极，降低了成型工具电极的设计和制造费用，且由于是线切割，使加工过程中实际金属去除量很少，材料的利用率高，降低了加工成本。

② 电火花线切割加工的电极丝比较细，特别适用于加工微细异形孔、窄缝和复杂形状的工件。

③ 电火花线切割加工的电极丝单位长度上损耗很少，电蚀量小，加工精度和生产率较高。其平均加工精度可达 0.01 mm，大大高于电火花成型加工。

④ 电火花线切割加工不能加工空间曲线。

电火花线切割加工已广泛用于生产和科研工作中，用于试制新产品；加工各种难加工材料、复杂表面和有特殊要求的零件、刀具和模具；加工电火花成型加工用的电极等。

## 10.1.4 电火花加工机床简介

电火花加工在特种加工中是比较成熟的工艺，相应的机床设备类型较多，其中应用最广、数量较多的是电火花成型加工机床和电火花线切割机床。目前国内外绝大多数的线切割机床都已采用数控化，而且还采用不同水平的微机数控系统。

### 1. 电火花成型加工机床

电火花成型加工机床主要由脉冲电源、主机（包括自动调节系统的执行机构）、间隙自动调节器、工作液及其循环过滤系统几部分组成。

（1）脉冲电源。是放电产生电蚀作用的供能装置。主要有 RC、RLC 线路脉冲电源、闸流管式和电子管式脉冲电源、可控硅式脉冲电源等。

（2）间隙自动调节系统。自动调节级间距离和工具电极的进给速度，维持一定的放电间隙，使脉冲放电正常进行。主要由测量环节、比较环节、放大环节、执行环节等几个主要环节组成。

（3）主机（包括自动调节系统的执行机构）。用来实现工件和工具电极的装夹固定、调整其相对位置精度等的机械系统。主要包括主轴头、床身、立柱、工作台及工作液槽几部分，油箱与电源箱放入机床内部成为整体。如图 10-4 所示，机床的整体布局有分离式（见图 10-4（a））和整体式（见图 10-4（b））两种。

主轴头是电火花成型机床中最关键的部件，是自动调节系统中的执行机构，对加工工艺指标的影响极大。

工具电极常用导电性良好、熔点较高、易加工的耐电蚀材料，如铜、石墨、铜钨合金和钼等。在加工过程中，工具电极也有损耗，但小于工件金属的蚀除量，甚至接近于无损耗。

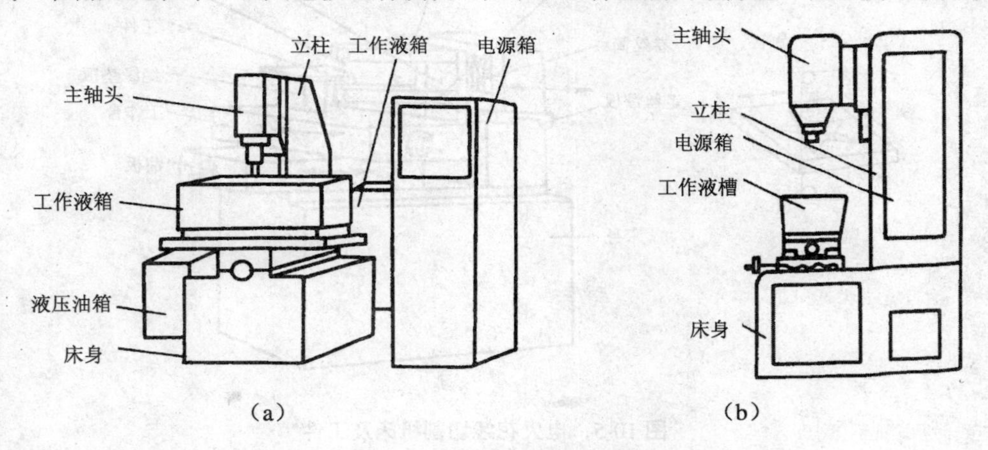


图 10-4　电火花成型加工机床

（4）工作液及其循环过滤系统。工作液及其循环过滤系统由工作液、工作液箱、电动机、液泵、过滤装置、工作液槽、阀门、管路及测量仪表等组成。

工作液即工作介质，多采用煤油或矿物油。

液泵用来实现提高工作液的压力，并强制性地加快其循环流动，保证其可靠工作。

过滤装置用来过滤掉工作液中杂质，降低系统中工作液的污染度，保证系统正常工作。

2. 电火花线切割加工机床

电火花线切割加工机床主要由脉冲电源、控制系统、机床、工作液及其循环过滤系统几部分组成。

（1）脉冲电源。放电产生电蚀作用的供能装置。主要有晶体管矩形波脉冲电源、高频分组脉冲电源、并联电容型脉冲电源和低损耗电源等。

（2）控制系统。主要作用是在电火花切割加工过程中，按加工要求自动控制电极丝相对工件的运动轨迹和进给速度，实现对工件的形状和尺寸的加工。

（3）机床。主要包括床身、坐标工作台、走丝机构、丝架、工作液箱、附件和夹具等几部分组成，如图 10-5 所示。

床身是基础骨架，坐标工作台、运丝机构、丝架均安装和固定在床身上。床身内部可安置电源和工作液箱。

坐标工作台用于与电极丝作相对运动，完成零件的加工。

走丝机构用于使电极丝保持一定程度的张紧并以一定的速度运动。

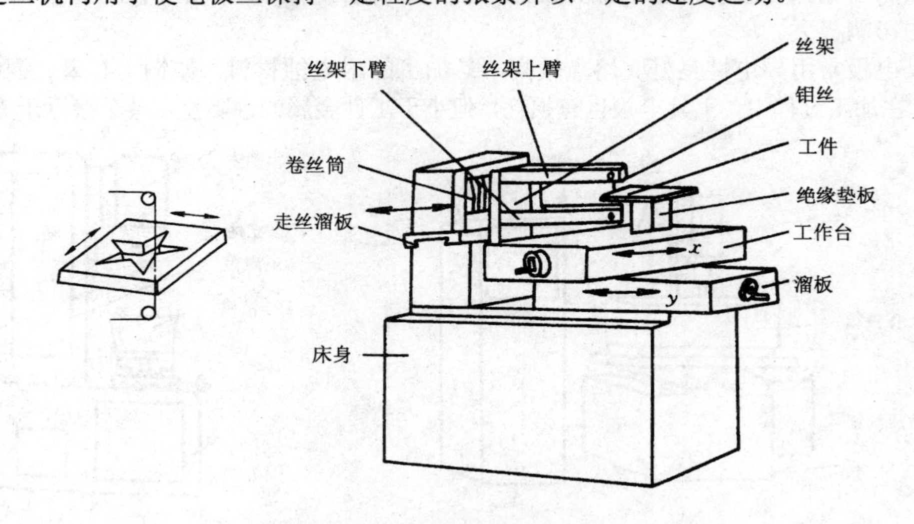


图 10-5 电火花线切割机床及工件

（4）工作液及其循环过滤系统。工作液及其循环过滤系统由工作液、工作液箱、电动机、液泵、过滤装置、工作液槽、流量控制阀、管路及测量仪表等组成。

高速走丝线切割机床采用专用乳化液作为工作液。低速走丝线切割机床大多数采用去离子水工作液，在特殊精加工时采用绝缘性能较高的煤油。

## 10.2 电 解 加 工

电解加工是电化学加工中的一种重要方法。电解加工是利用金属在电解液中产生阳极溶解的原理将工件加工成型。它是继电火花加工之后发展较快、应用较广泛的一项新工艺。

### 10.2.1　电解加工的原理

图 10-6 为电解加工原理示意图。加工时，工件接直流电源正极，工具接负极，两极间保持 0.1～1 mm 的间隙，具有一定压力（0.5～2.5 MPa）的电解液从两极间隙中高速（5～60 m/s）流过。加工过程中，工具阴极的凸出部分与工件阳极的电极间隙最小，此处的电阻最小，通过的电流密度最大，工件阳极溶解得最快。随着溶解的进行，工具阴极不断缓慢地向工件进给，工件则逐渐按工具的形状溶解，高速流动的电解液不断带走电解产物，最终工具的形状就“复制”在工件上。

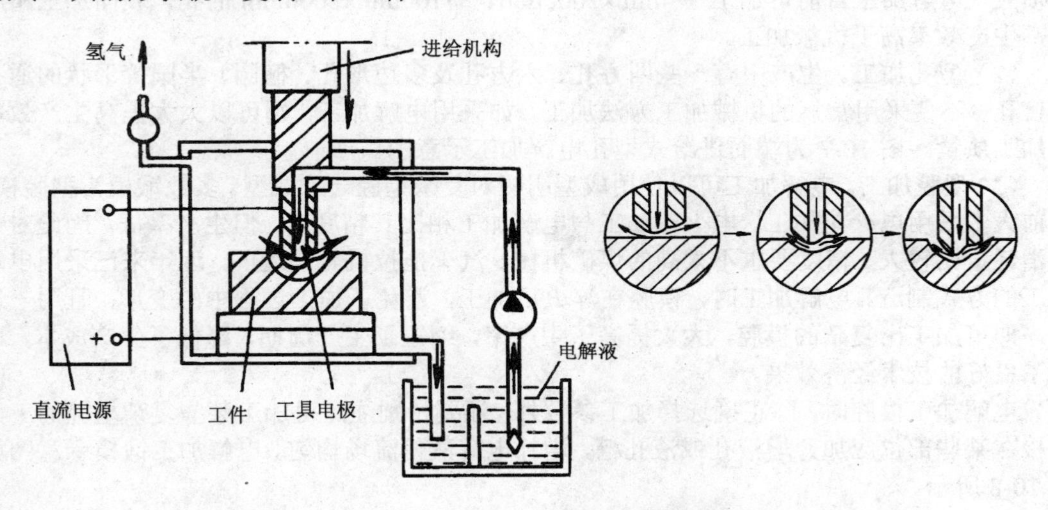


图 10-6　电解加工原理示意图

### 10.2.2　电解加工的特点和应用

1. 电解加工的特点

（1）能以简单的进给运动一次加工出形状复杂的型面或型腔（如锻模、叶片等）。

（2）不受材料本身强度、硬度和韧性限制，可加工高硬度、高强度和高韧性等难切削的金属材料，如淬火钢、高温合金、钛合金等。

（3）加工中无机械切削力，所以零件没有切削力和切削热的影响，加工后零件表面质量好，无塑性变形、飞边毛刺，无残余应力、冷作硬化或烧伤退火层等，因此适合于易变形或薄壁零件的加工，表面粗糙度 $R_a$ 值为 1.25～0.2 μm，平均加工精度为± 0.1 mm 左右。

（4）电解加工的生产率较高，约为电火花加工的 5～10 倍，在某些情况下，比切削加工的生产率还高。

（5）加工过程中阴极工具在理论上不会损耗，可长期使用。

（6）由于影响电解加工的因素较多，加工工艺复杂，加工精度和加工稳定性不够高。

（7）电解加工附属设备多，造价高。电解液对机床有腐蚀作用，电解产物的处理和回收困难，易造成环境污染。

2. 电解加工的应用

（1）深孔扩孔加工。深径比大于 5:1 时，若用普通机械加工，效率低，质量差，刀具磨损大。电解加工目前可加工 $\phi$4mm×2000mm、$\phi$100mm×8000mm 的孔，表面加工精度高，生产效率高于机械加工。

（2）型孔加工。生产中有一些四方孔、六方孔及多边形孔、椭圆、半圆等形状的通孔和盲孔，不便采用常规的机械加工方法加工，如采用电解加工，则可以大大提高生产效率及加工质量。图 10-7 为端面进给式型孔电解加工示意图。

（3）型腔加工。电解加工可以使用成型阴极对复杂型腔一次成型。多数锻模为型腔模，目前大多采用电火花加工。电火花加工与电解加工相比其精度高，但生产率低。因此对锻模消耗量比较大、精度要求不太高的煤矿机械、汽车拖拉机等制造厂，近年来已采用电解加工的方式制造。电解加工时，模腔在淬火后加工，避免了加工过程中的变形，且用一道工序即可加工出复杂的模腔，大大提高了生产率，缩短了生产周期，降低了生产成本，取得了良好的技术经济效果。

电解加工模腔时，除正确选择加工参数外，还要特别注意对加工某些复杂型腔的工具阴极在某些部位应加开增液孔或液孔槽，增补电解液使流场均匀。电解加工锻模示意图如图 10-8 所示。

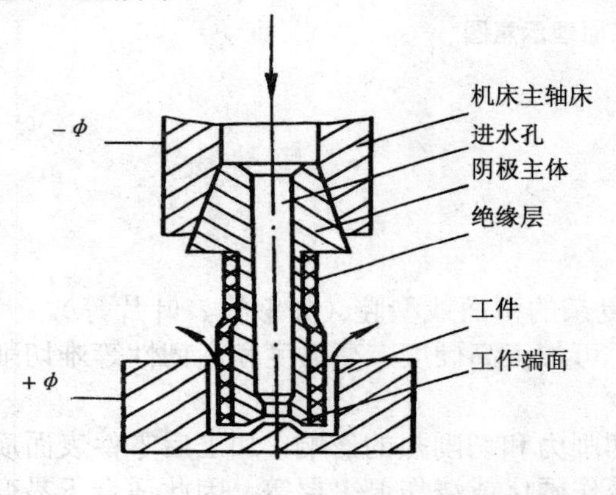


图 10-7 端面进给式型孔电解加工示意图

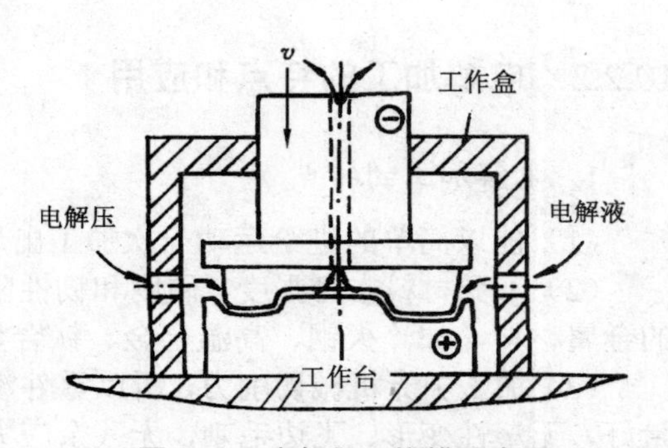


图 10-8 电解加工锻模示意图

（4）叶片加工。航空喷气发动机上涡轮叶片，材质为硬而韧的高强度高温合金；压气机叶片及钛合金制风扇叶片，薄壁且扭曲度大。这两种工件用传统方法如仿形铣加工难以完成，现多用电解加工完成。电解加工整体叶轮在我国已得到普遍应用。

（5）电解去毛刺和倒圆。机械加工中去毛刺的工作量很大，尤其是去除硬而韧的金属毛刺，需占用很多人力，耗费许多时间。电解去毛刺可以大大提高工效和节省费用，且可避免机械方式或手工方式去毛刺对已加工表面产生的损坏，极适宜于汽车、仪表、航空等行业。图 10-9 是齿轮电解去毛刺装置。工件齿轮套在绝缘柱上，环形电极工具也靠绝缘柱定位安放在齿轮上面，保持约 3～5 mm 间隙（根据毛刺大小而定），阴极和工件间通上 20V 以上的电压，电解液在阴极端部和齿轮端面齿面间流过，约 1 分钟就可去除毛刺。

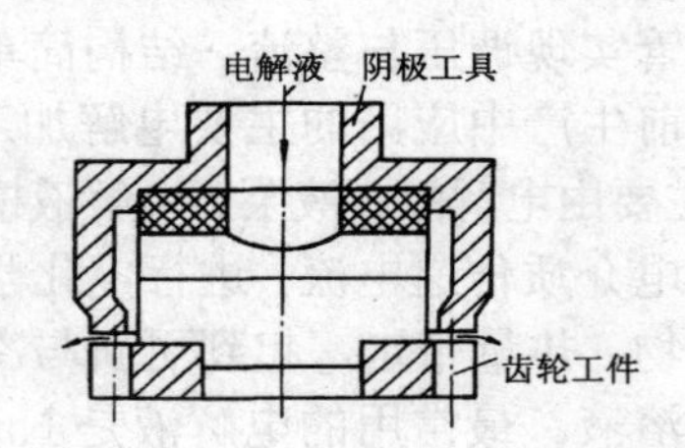


图 10-9　齿轮电解去毛刺装置

（6）套料加工。用于加工等截面的大面积异形孔或用于等截面薄形零件的下料。

（7）电解刻字。机械加工中，经常需要在产品表面上打上标志，一般由机械打字来完成。但这种方法不可以对热处理后已淬硬的零件，壁厚特薄的零件，精度很高、表面不允许破坏的零件进行加工。利用电解刻字可以完成这项工作。

电解刻字时，字头接阴极，工件接阳极，二者之间保持大约 0.1 mm 的电解间隙，中间滴注少量的钝化型电解液，在大约 1～2 s 的时间内完成工件表面的刻字工作。

（8）电解抛光。电解抛光是一种表面光整加工方法，它是利用金属在电解液中的电化学阳极溶解原理进行腐蚀抛光的。它用于改善工件的表面粗糙度和表面物理力学性能，而不改变工件的形状和尺寸。

电解抛光与电解加工的区别是工件和工具之间的加工间隙大，电流密度比较小，电解液一般不流动，必要时加以搅拌即可。因此，电解抛光设备及阴极结构比较简单，不需要电解加工那样昂贵的机床及电解液流动和过滤系统。

电解抛光比机械抛光效率高，并且抛光后的表面生成致密牢固的氧化膜，提高了工件的耐蚀能力，不产生加工变质层和表面应力，不受被加工材料的强度和硬度限制，因而在生产中获得广泛的应用。

### 10.2.3 电解加工机床简介

电解加工机床主要由机床本体、直流稳压电源、电解液系统等三大部分组成。

(1) 机床本体。用于安装夹具、工件和阴极工具，保证它们之间的正确相对运动关系，以获得良好的加工精度，同时传送直流电和电解液。

机床主要有卧式和立式两类。卧式机床主要用于加工叶片、深孔及其他长筒形零件。立式机床主要用于加工模具、齿轮、型孔、短的花键及其他扁的零件。

(2) 直流稳压电源。电解加工中所采用的电源必须是低电压的直流电，常用电压一般在 8～24V 之间连续选择。电解加工中常用的直流电源为硅整流电源及晶闸管整流电源。晶闸管整流电源是利用晶闸管实现调压与整流，结构简单，制造方便，反应灵敏，可靠性好，稳压精度高，是国内目前生产中应用的主要电解加工电源。

(3) 电解液系统。系统主要由电解液、液泵、电解液槽、过滤装置、管道和阀门等组成。

电解液主要用于作为导电介质传递电流，进行电化学反应使阳极溶解，并且能及时地把加工间隙内产生的电解产物、热量带走，起到更新与冷却作用。电解液可分三大类：中性盐溶液、酸性溶液和碱性溶液。最常用的电解液是 $NaCl$、$NaNO_3$、$NaClO_3$ 三种。这几种电解液都有一定的缺点，为改善其工作性能，可在电解液中使用少量的添加剂。

过滤装置用于净化电解加工过程中电解液中的电解产物。电解液的净化方法主要有自然沉淀法、介质过滤法及离心过滤法。这几种净化方法各有优缺点，用得比较多的是自然沉淀法。

### 10.2.4 电解磨削

电解磨削属于电化学机械加工的范畴。电解磨削是电解作用（占 95%～98%）和机械磨削（占 2%～5%）作用相结合的一种复合加工方法。

#### 1. 电解磨削加工原理

电解磨削原理如图 10-10 所示。直流电源的阴极与导电砂轮相接，直流电源的阳极与被加工工件相接，在导电砂轮与被加工工件的间隙中送入电解液。电流从工件通过电解液流向砂轮，形成电流通路，于是工件表面的金属在电流和电解液的作用下发生电解作用，被氧化成为一层极薄的钝化膜，接着刚形成的钝化膜迅速被砂轮中的磨料刮除，在工件上又露出新的金属表面并继续发生电解作用。电解作用和机械磨削作用交替进行，便加工出具有一定加工精度和表面质量的工件。

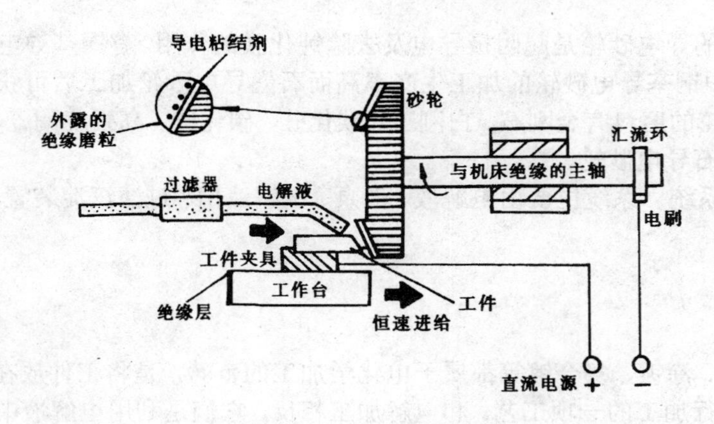


图 10-10　电解磨削原理图

2. 电解磨削的特点和应用范围

（1）电解磨削加工中工件的尺寸或形状是靠砂轮刮除钝化膜获得，砂轮并不主要磨削金属，不会产生磨削毛刺、裂纹、烧伤等现象，故电解磨削加工比机械磨削具有较高的加工精度和表面质量，表面粗糙度低（$R_a$ 值低于 0.16 μm）。

（2）电解磨削主要是靠电化学作用腐蚀并去除金属，所以可加工高硬度、高韧性金属材料且加工效率高。

（3）电解磨削加工是用砂轮刮除硬度较低的钝化膜，与机械磨削相比磨削力和磨削热小，消耗功率小，加工工具（砂轮）的磨损量小。

（4）与机械磨削相比，在电解磨削加工中需有抽风吸雾装置、电解液循环过滤装置等辅助设备，并需对机床、夹具等采取防蚀防锈措施。

电解磨削适合于磨削高强度、高硬度、热敏性和磁性材料，例如硬质合金、高速钢、不锈钢、钛合金、镍基合金等，也可用于内孔、外圆、小孔、深孔、平面、成形面等各种磨削加工中。

3. 电解磨削设备简介

电解磨削的设备主要由直流电源、电解磨床和电解液系统几部分组成。

（1）直流电源　电解磨削加工中直流电源一般可以与电解加工中的直流稳压电源通用。

（2）电解磨床　电解磨床可分为电解工具磨床、电解外圆磨床、及电解内圆磨床等。结构与一般磨床相似，如无专用磨床，也可用其他磨床改装。电解磨床与普通磨床的区别是：带有直流电源及电解液供给系统，夹具、工件和机床之间绝缘，机床有防腐处理及抽风装置。

电解磨削用的导电砂轮是起阴极导电及去除钝化膜的作用。有铜基导电砂轮和石墨导电砂轮两种，其中铜基导电砂轮的加工生产率高而石墨导电砂轮加工后可获得较好的表面粗糙度。导电砂轮的磨料有金刚石、白刚玉、碳化硅、碳化硼、高强度陶瓷、人造宝石等，最常用的是金刚石导电砂轮。

（3）电解液系统 系统主要由电解液、液泵、电解液槽、过滤沉淀装置、管道等组成。

### 10.2.5 电铸

电铸和电镀、涂镀、复合镀等都属于电化学加工的范畴，是将工件放在电解液中，利用电化学反应进行加工的一项工艺。和电解加工相反，它们是利用电解液中阴极工件上金属正离子在外加电场力的作用下沉积到阴极的过程对工件进行加工的方法。

1. 电铸加工的原理

电铸加工的原理如图 10-11 所示。用可导电的芯模作阴极，电铸材料作阳极，电铸材料的金属盐溶液作电铸镀液，在直流电源的作用下，溶液中金属离子（正离子）在阴极（工件）上获得电子成为金属原子而沉积镀覆在阴极芯模表面，阳极上的金属原子交出电子成为正金属离子进入电镀液中，对溶液中的金属离子的消耗进行补充，以保持其浓度基本不变。阳极芯模上电铸层逐渐加厚，当达到预定厚度时即可取出，设法与芯模分离，即可获得与芯模型面凹凸相反、粗糙度相同的电铸件。

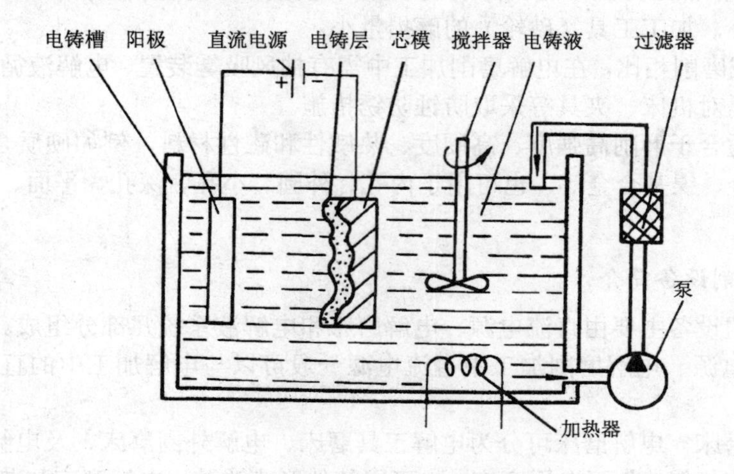


图 10-11 电铸加工原理示意图

2. 电铸加工的特点和应用

（1）通常工件成型，需经过画线、切割、打孔、机械加工、焊接等工序。若用电铸加工，则可以一步成型，大大减少加工步骤。

（2）电铸件是靠在芯模表面沉积金属离子而成，由于电铸件与模具表面不存在间隙，电铸件与芯模的尺寸误差可控制在±0.25 μm，所以可以准确复制芯模的表面细节，如花纹等；而且电铸件具有良好的表面质量，电铸复制品内表面粗糙度 $R_a$ 值低于 0.01 μm，雕刻件的电铸复制品表面粗糙度 $R_a$ 值低于 0.1 μm。

（3）因电铸加工过程对芯模无任何损伤，所以永久性芯模可重复使用，使铸造的工件具有良好的重复精度，芯模的铸件尺寸误差可达微米数量级，如原版录音带。

（4）借助石膏、石蜡、环氧树脂等作为芯模材料，可把复杂零件的内表面复制为外表面，外表面复制为内表面，然后再电铸复制，适应性广泛。

（5）芯模的制造技术要求高，往往要精密机械加工或照相制版等技术。

（6）加工时间长，效率低。如电铸 1 mm 厚制品，简单形状的要 3～4 小时，复杂形状的要几十小时。

（7）有时存在一定程度的脱模困难。

电铸加工主要应用于复制精细的表面轮廓花纹，如唱片模，工艺美术品模，纸币、证券的印刷模；复制注塑模、冲压模、电火花型腔加工用的电极工具；制造表面粗糙度标准样块、精密光学仪器上的反光镜、表盘、异形孔喷嘴等特殊零件；制造复杂、高精度的空心零件和薄壁零件，如激光上用的波导管；制造金属箔片、有各种形状孔眼的筛网、滤网，如电动剃须刀的网罩。

3. 电铸的基本设备

电铸加工的基本设备包括直流电源、电铸槽、搅拌和循环过滤系统、加热或冷却装置等。

（1）直流电源。与电解加工一样，一般常采用低电压、大电流的直流电源。电压一般为 3～20V（可调），电流密度为 15～30 $A/dm^2$。常用硅整流电源或晶闸管直流电源。

（2）电铸槽。电铸槽的材料应以不与电铸液发生反应为原则。一般外框用钢板焊接，衬里用内衬铅板、橡胶、聚氯乙烯或其他塑料等耐腐蚀材料。小型电铸槽可用陶瓷、玻璃、搪瓷等材料制作。大型电铸槽可用耐酸砖衬里的水泥制作。

（3）搅拌和循环过滤系统。其作用为降低浓差极化，加大电流密度，提高电铸质量。搅拌方法有压缩空气法、机械法、循环过滤法和超声波法。最简单的机械法是用桨叶搅拌，也可令阴极作水平、垂直振动，圆周旋转或左右摆动。循环过滤法的特点是不仅对溶液进行搅拌，而且在溶液反复流动的同时对溶液进行过滤。过滤器的作用是除去溶液中的固体杂质微粒，常用玻璃棉、丙纶丝、泡沫塑料或滤纸芯筒等过滤材料，过滤速度以每小时能更换循环 2～4 次电镀液为宜。

（4）加热或冷却装置等。电铸时间长，为保证电铸过程中电铸液温度恒定，需加热或冷却装置。加热方式有蒸汽、热水、电热或煤气加热。冷却方式有吹风、水冷或冷冻机冷冻。

4. 电铸加工的工艺过程

电铸加工的工艺过程为：

芯模表面处理→电铸至规定厚度→衬背处理→脱模→清洗干燥→成品。

## 10.3 激光加工

激光加工是利用光能经过透镜聚焦后达到很高的能量密度，依靠光热效应来加工各种材料的。它是 20 世纪 60 年代初发展起来的一门新兴科学，是涉及到光、机、电、材料及检测等多门学科的一门综合技术。激光加工是利用高能束加工，不需要加工工具，加工速度快、表面变形小，可加工各种金属和非金属材料，已广泛应用于切割、焊接、表面处理、打孔及微加工等各个领域。

### 10.3.1 激光加工的原理

激光是一种通过入射光子的激发使处于亚稳态的较高能级的原子、离子或分子跃迁到低能级时完成受激辐射所发出的光。激光具有亮度高、单色性好、相干性好和方向性好四个特征，通过光学系统可将激光束聚焦到面积直径小于 0.01 mm 的小斑点上，其焦点处的功率密度可达 $10^7$～$10^{11}$ W/cm$^2$。当激光照射到工件表面，光能被工件吸收并迅速转化为热能，光斑区域的温度可达 1 万度以上，使任何坚硬的材料都将在千分之几秒甚至更短的时间内被急骤熔化和蒸发。随着激光能量的不断吸收，材料凹坑内部材料中就能达到比表面气化温度更高的温度，使材料内部气化压力加大，促使材料外喷，把熔融状的材料也一起喷出。

### 10.3.2 激光加工的特点和应用

1. 激光加工的特点

（1）激光加工的功率密度高达 $10^7$～$10^{11}$ W/cm$^2$，几乎可以加工任何金属和非金属材料，如高硬、耐热合金、陶瓷、石英、玻璃、金刚石等硬脆材料。

（2）激光可以通过聚集形成微米级的光斑，输出功率的大小可以调节，可用于精密微细加工。加工精度可以达到 0.001 mm；表面粗糙度 $R_a$ 值可达 0.4～0.1 μm。

（3）激光加工属于无接触加工，不存在工具的磨损，加工时无明显的机械力，所以加工速度快、无噪声、热影响区小，容易实现加工过程自动化。

（4）激光加工所用的工具是激光束，能通过透明介质对密闭容器内的工件进行加工，如对真空管内部进行焊接加工等。

（5）激光加工不受电磁干扰，与电子束加工相比，激光加工装置比较简单，不需要复杂的抽真空装置，也不会产生 X 射线，是一种无公害加工。

2. 激光加工的应用

（1）激光打孔。激光打孔的功率密度一般为 $10^7$～$10^8$ W/cm$^2$。激光可以在几乎所有的硬、脆、软等各类材料上打微型小孔（直径可小于 $\phi$0.01 mm），既适于金属材料，也适于一般难以加工的非金属材料。孔的深径比可达到 50 : 1，可在难加工材料倾斜面上加工小孔，可加工与工件表面成 6°～90° 角的小孔。激光打孔适合数量多、密度高的群孔加工，且打孔速度快，效率高。

目前，国外激光打孔主要应用在航空航天、汽车制造、电子仪表、化工等行业。国内目前比较成熟的激光打孔的应用是在火箭发动机和柴油机的燃料喷嘴孔加工、化学纤维的喷丝板孔加工、手表宝石轴承孔加工、人造金刚石和天然金刚石拉丝模及其他模具的加工。

（2）激光切割。激光切割的功率密度一般为 $10^5$～$10^7$ W/cm$^2$，它可切割加工金属材料和非金属材料（木材、纸张、布匹、塑料等）。由于激光对被切割材料几乎不产生机械冲击和压力，所以适宜于切割玻璃、陶瓷和半导体等易碎、脆、软、硬材料和合成材料，也能多层层叠切割纤维织物。激光加工光斑小、切缝窄（宽度一般为 0.1～0.5 mm）、节省切割材料，可切不穿透的盲槽。切割速度一般超过机械切割，速度快、热影响区小、工件变形小、切割噪音低。激光能透过玻璃切割真空管内的灯丝，这是任何机械加工难以达到的。激光切割能实现多工位操作，易于数控或计算机控制。

目前激光切割已是激光加工中发展最为成熟、应用最广的一种新技术。对于厚度在 4 mm、6 mm，甚至 10 mm 以下的钢板，采用激光切割最为有利。

（3）激光焊接。激光焊接是利用激光的能量把工件上加工区的材料熔化使之粘合在一起。当激光的功率密度为 $10^5$～$10^7$ W/cm$^2$，照射时间约为 0.01 s 左右，即可进行激光焊接，由于激光焊接过程极为迅速，所以被焊材料不易氧化，热影响区小，适合于热敏性很强的晶体管元件焊接。激光焊接一般无需焊料和焊剂，只需将工件的加工区域“热熔”在一起就可以，因此无焊渣。激光焊接速度快，热影响区小，焊缝质量高。可以实现同种材料、不同种材料的焊接甚至金属与非金属的焊接。激光还可以透过玻璃进行焊接。特别适用于集成电路、晶体管元件等的微型焊接。

（4）激光热处理。当激光的功率密度约为 $10^3 \sim 10^5$ W/cm$^2$，通过激光束的照射，金属表面吸收光能迅速形成极高的温度，使金属产生相变甚至熔融，随着激光束离开零件表面，零件表面的热量迅速向内部传递而形成极高的冷却速度，实现了表面的硬化。降温越快，金属的硬度也就越高。采用激光热处理不需淬火介质、硬化均匀、变形小、速度快，节省能源；加热快，热影响区小，工件变形小，处理后不需修磨或只需精磨；硬化深度可精确控制。适于铸铁、中碳钢、甚至低碳钢等材料的表面淬火，淬火层的深度一般为 0.7～1.1 mm。

## 10.3.3 激光加工的基本设备

激光加工的基本设备包括激光器电源、激光器、光学系统和机械系统等。

（1）激光器电源。为激光器提供所需要的能量及控制功能。常用有射频电源、直流电源、交流电源和脉冲电源。

（2）激光器。是激光加工中的重要设备，是将电能转变为光能、产生激光束的器件。激光器的种类很多，并且不断地涌现新的激光器。按激活介质的种类可以分为固体激光器和气体激光器。

气体激光器以气体或蒸气为工作介质，包括原子、分子、离子、准分子、金属原子蒸汽等激光器，常用于材料加工的是 $CO_2$ 激光器。气体激光器效率高、寿命长、连续输出功率大，因而广泛用于切割、焊、热处理等加工。

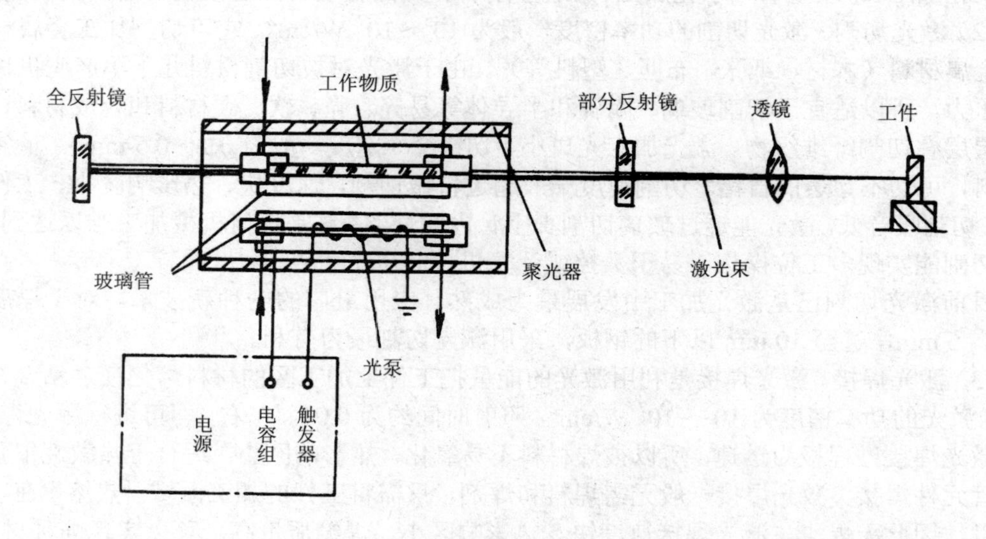


图 10-12　固体激光器加工原理示意图

固体激光器是指以被掺入激活离子的晶体和玻璃基质为工件物质的激光器。图 10-12

是固体激光器加工原理示意图。当激光工作物质（如红宝石、钕玻璃或掺钕钇铝石榴石等具有亚稳态能级结构的物质）受到光泵的激发后，便产生受激辐射跃迁，造成光放大，并通过由全反射镜和部分反射镜组成的谐振腔产生振荡，由谐振腔一端输出激光，经过透镜将激光束聚焦到工件的待加工表面上，进行激光加工。固体激光器具有单色性好、聚集性好、加工精度高等特点，但因能量转化环节多，所以效率低，且较少采用连续工作方式。

（3）光学系统。作用是将光束聚集并能观察和调整焦点位置，以及将加工位置在投影仪上显示等。

（4）机械系统。包括床身、能在三维坐标范围内移动的工作台及机电控制系统等。

## 10.4　电子束加工

电子束加工和离子束加工是近年来得到较大发展的新兴特种加工。它在精密微细加工方面，尤其是在微电子学领域中得到较多的应用。

### 10.4.1　电子束加工的原理

电子束加工是在真空条件下，由电子枪射出的高速电子束，经电磁透镜聚焦后形成能量密度极高的电子束（$10^6$～$10^9$ W/cm$^2$），它以极高的速度轰击工件被加工部位，使该部位材料的温度在几分之一微秒内升到摄氏几千度以后，迅速熔化、气化及蒸发，从而达到去除材料的目的。

### 10.4.2　电子束加工的特点和应用

1. 电子束加工的特点

（1）电子束能够极其微细的聚焦（达到 0.1 μm），故轰击点瞬时温度高达摄氏几千度，使材料瞬时熔化和气化，加工面积可以很小，且加工中不存在工具损耗，一般用来加工微孔或窄缝、半导体电路等，加工精度高，表面质量好，是一种微细加工方法。

（2）电子束的能量密度高，利用热能加工，作用时间短（几分之一微秒），作用面积小，故加工部位热影响区很小；且电子束加工去除材料、属非接触式加工，工件不受机械力的作用，不产生宏观应力和变形，加工材料范围很广，对脆性、韧性、导体、非导体及半导体材料均可加工。

（3）电子束加工在真空度为$10^{-2}$～$10^{-4}$ Pa 的真空室内进行，不受杂质污染，加工点能防止空气氧化产生的杂质，尤其适合加工易氧化的金属及其合金材料，特别是纯度要求极高的半导体材料。

（4）电子束的能量密度高，如果配合自动控制加工过程，加工效率非常高，每秒钟可在 0.1 mm 厚的钢板上加工出 3000 个直径为 0.2 mm 的孔。

（5）可以通过磁场或电场对电子束的强度、位置、聚焦等进行直接控制，位置控制准确度可达 0.1 μm 左右，强度和电子束斑点大小控制误差可达 1%以下，且可以使电子束以任意速度在工件上运行，所以整个加工过程可以由计算机控制，便于实现自动化。

（6）电子束加工需要一整套专用设备和真空系统，价格较贵，加工成本高，其应用受到一定限制。

2. 电子束的应用

控制电子束能量密度的大小和能量注入时间，就可以达到不同的加工目的。

（1）电子束打孔。提高电子束能量密度，使材料熔化和气化，可进行打孔、切割等加工。

电子束打孔的特点主要有以下几个方面。

① 利用电子束实现高速打孔，生产率高。如喷气发动机套上的冷却孔、机翼吸附屏上的孔，这类孔数目达几百万个，密度连续分布且孔径也有变化；在人造革、塑料上打大量微孔，可使其具有如真皮一样的透气性。目前我国已生产出速度达 50000 个/s 孔，孔径为 120～40 μm 的专用塑料打孔机。

② 利用电子束能打异形孔、斜孔、锥孔等，能打深孔。目前电子束打孔的最小孔径为 0.003 mm，孔深为 0.05～5 mm，孔的内侧壁斜度约 1°～2°，孔的深径比可达 12∶1（见图 10-13（a））。

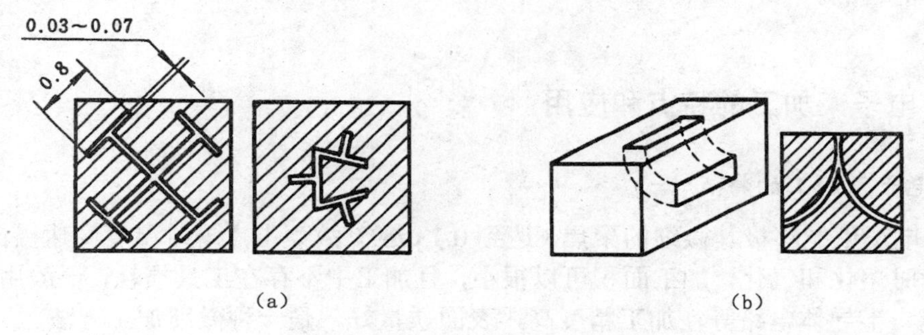


图 10-13 电子束加工的应用

③ 利用电子束加工各种金属和非金属材料，如玻璃、陶瓷、宝石、人造革等。但在加工玻璃、陶瓷等脆性材料时，一定要用电子束或电阻炉预热材料，以防因受热不均造成

变形甚至破裂。

④ 打孔电子束功率密度必须大于 $10^4$ W/cm$^2$ 时才能保证电子束轰击处材料迅速熔解、气化。在不同材料上打孔时，电子束的功率密度相同，其材料的去除率也不同。

⑤ 借助于偏转器磁场的变化，可以使电子束在工件内部偏转方向，故可利用电子束加工直的型面、曲面和弯孔（见图 10-13（b））。可以切割各种复杂型面，切口宽度为 3～6 μm，边缘表面粗糙度可控制在± 0.5 μm。

（2）电子束热处理。适当控制电子束的能量密度，使材料局部加热到相变温度以上，再快速冷却以达到热处理的目的。电子束热处理的加热速度和冷却速度都很高，奥氏体转化时间短，只有几分之一秒乃至千分之一秒，可获得一种超细晶粒组织，其硬度超过常规热处理，硬化深度可达 0.3～0.8 mm。

电子束热处理功率利用率可达 90 %，激光热处理的功率利用率只有 7 %～10 %；且电子束热处理在真空中进行，可防止空气氧化产生的杂质，故电子束热处理质量优于激光热处理。

利用电子束热处理时，如金属加热到表面熔化，在熔化区加入添加元素，可以使金属表面形成具有更好机械物理性能的合金层。

（3）电子束焊接。利用具有高能量密度的电子束（$10^{10}$ W/cm$^2$），使材料局部熔化就可进行电子束焊接。

电子束焊接的特点如下。

① 由于电子束的能量密度高，焊接速度快，所以电子束焊接的焊缝深而窄（100 : 1），焊件热影响区小（几微米），变形小，可进行微细精密焊接。

② 电子束焊接在真空中进行，焊接一般无需焊料和焊剂，因此无焊渣产生，焊缝质量高，焊缝强度往往高于母材。

③ 电子束焊接可焊接材料范围广。可用电子束焊接普通碳钢、不锈钢、合金钢、铜、铝等各种金属；也可焊接难熔金属如钽、铌、钼、钨等，及钛、锆、铀等活泼金属。它可焊接很薄的工件，也可焊接几百毫米厚的工件。电子束焊接还能进行异种金属焊接，如铜和不锈钢的焊接，银和白金的焊接，钢和硬质合金的焊接，铬、镍和钼的焊接等。此外，还有半导体材料及陶瓷等绝缘材料的焊接。

（4）电子束光刻。利用较低能量密度的电子束轰击高分子材料时产生化学变化的原理，即可进行电子束光刻加工。

### 10.4.3　电子束加工装置

图 10-14 是电子束加工装置示意图。电子束加工装置一般由电子枪、真空室及抽真空系统、电子束控制系统及工作台系统等四个部分组成。

（1）电子枪。是用来发射高速电子流，完成电子的预聚焦和强度控制的装置。它包括电子发射阴极、控制栅极和加速阳极等。阴极经电流加热发射电子，带负电荷的电子高速飞向高电位的阳极，在飞向阳极的过程中，经过加速极加速，又通过电磁透镜把电子束聚焦成很小的束斑。阴极一般用纯钨或纯钽制成，在工作时损耗大，每 10～30 h 更换一次。

（2）真空室及抽真空系统。抽真空的目的是为了保证电子束加工时维持 $1.33\times10^{-2}$～$1.33\times10^{-4}$ Pa 的真空度，以保证电子的高速运动；消除电子束加工过程中由于金属蒸气的影响而产生电子发射不稳定的现象；减少加工表面的污染。

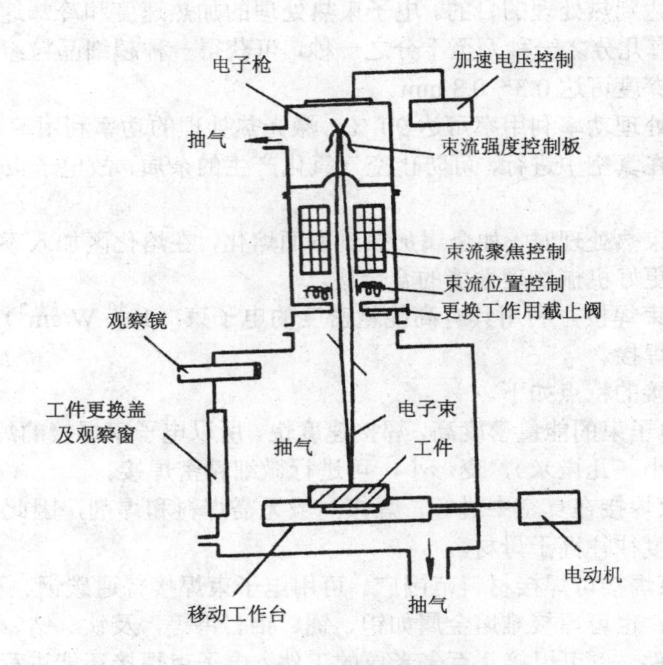


图 10-14 电子束加工装置示意图

（3）电子束控制系统。电子束控制系统包括束流强度控制、束流聚焦控制、束流位置控制。

束流强度控制的作用是控制电子束的强度。

束流聚焦控制的作用是提高电子束的能量密度，使电子束聚焦成很小的束斑。它基本上决定着加工点的孔径或缝宽。

束流位置控制的作用是通过一定程序改变偏转电压或电流，使电子束按某种规律运动。

（4）工作台系统。在加工过程中控制工作台的位置。因电子束的偏转（或移动）只能在数毫米范围之内，移动过大则降低加工精度，故需工作台移动与之配合。

# 10.5　离子束加工

## 10.5.1　离子束加工的原理

离子束加工的原理和电子束加工基本类似，也是在真空条件下，将离子源产生的离子束经过加速聚焦，使之打到工件表面，引起材料变形、破坏和分离。

离子束加工与电子束加工的区别在于离子束加工的离子带正电荷，而电子束加工依靠的是高速电子，离子质量是电子的数千、数万倍，当离子加速到较高速度时，离子束比电子束具有更大的撞击动能；离子束加工是靠微观的机械撞击使工件变形、破坏，而电子束加工是靠动能转化为热能来加工的。

图 10-15 为离子束加工原理示意图。惰性气体（氩气）由入口注入电离室。灼热的灯丝发射电子，电子在阳极的吸引和电磁线圈的偏转作用下，向下作高速螺旋运动。惰性气体在高速电子的撞击下被电离成等离子体。阳极和引出电极（阴极）上各有 300 个直径为 0.3 mm 的小孔，上下位置对齐。在引出电极的作用下，使通过的离子流形成 300 条准直的离子束，均匀分布在直径为 50 mm 的圆面积上。通过调整加速电压，可得到不同速度的离子束，以进行不同的加工。

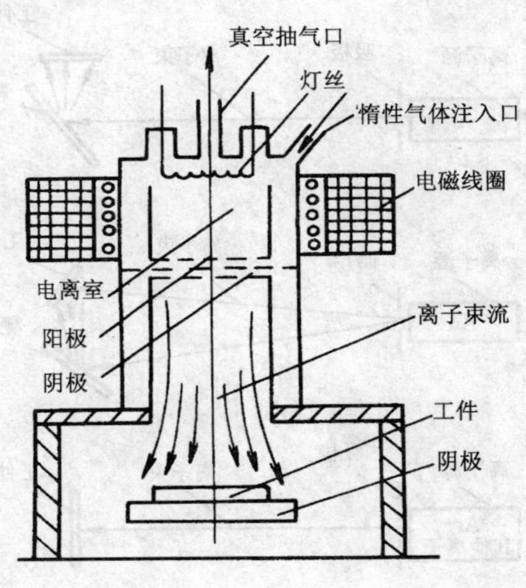


图 10-15　离子束加工原理示意图

1. 离子束加工的特点

(1) 离子束加工易于精确控制。离子束可以通过电子光学系统进行聚焦扫描，离子束流轰击材料是逐层去除原子，可精确控制离子束聚焦光斑大小、离子束流密度及能量。它可实现毫微米（0.001 μm）级的加工，是超精密加工和微细加工方法。

(2) 离子束加工是靠离子束流轰击材料进行加工，宏观压力小，故加工应力及热变形极小，加工表面质量非常高。对脆性、极薄、半导体、高分子等材料都可以加工，材料适应性强。

(3) 离子束加工是在真空中用机械碰撞能量加工，污染少。特别适用于加工易氧化的金属、合金和高纯度半导体材料。

(4) 离子束加工易于实现自动化，但设备费用高，成本高，加工效率低。

2. 离子束加工的应用

根据用途的不同，离子束加工可分为离子刻蚀加工、离子溅射沉积加工、离子镀及离子注入四个领域。图 10-16 为各类离子束加工示意图。

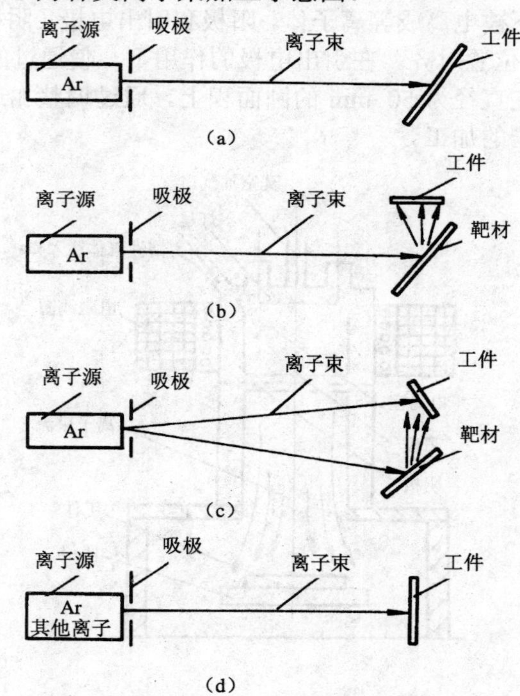


图 10-16 各类离子束加工示意图

(a) 离子刻蚀 (b) 溅射沉积 (c) 离子镀 (d) 离子注入

（1）离子刻蚀加工。离子束刻蚀是通过用能量为 0.5～5 keV[①]的离子斜向轰击工件，将工件材料表面的原子撞击出来，使之逐个剥离的工艺过程，这是一个撞击和溅射的过程（见图 10-16（a））。为了避免入射离子与工件材料发生化学反应，必须用惰性元素的离子。因氩气价格便宜，所以通常用氩离子轰击刻蚀。离子刻蚀可以达到毫微米（0.001 μm）级的加工精度，其实质是一种原子尺度的切削加工，又称离子铣削。

目前，离子束刻蚀在高精度加工、表面抛光、图形刻蚀、电镜试样制备、石英晶体振荡器以及各种传感器件制作等方面应用较为广泛。

（2）离子溅射沉积加工。通过用能量为 0.5～5 keV 的离子斜向轰击某种材料制成的靶，离子将靶材原子撞击出来，溅射到靶材附近的工件表面而被溅射沉积吸附上，使工件表面镀上一层薄膜（见图 10-16（b））。

离子溅射沉积加工适合于合金膜和化合物膜等的镀制。离子溅射沉积加工还可用于制造薄壁零件，且不受材料限制，可以制成陶瓷和多元合金的薄壁零件。

（3）离子镀。通过用能量为 0.5～5 keV 的的离子斜向轰击靶材和工件表面，完成镀膜。膜层不易脱落、附着力强（见图 10-16（c））。

离子镀可镀材料广泛，可在金属或非金属表面上镀制金属或非金属材料，各种合金、化合物、某些合成材料、半导体材料、高熔点材料均可镀覆。目前，离子镀技术已广泛用于镀制耐热膜、耐磨膜、耐蚀膜、润滑膜和装饰膜等。

（4）离子注入。通过用能量为 5～500 keV 的离子束，直接垂直轰击工件表面，由于离子能量相当大，离子就钻进工件的表面层（见图 10-16（d））。离子注入加工可以注入任何离子，而且注入量可以精确控制。注入的离子固溶于工件材料中，含量可达 10 %～40 %，注入深度可达 1 μm 甚至更深。

离子注入在半导体方面可以制作半导体器件和大面积集成电路，在光学方面可以制造光波导。工件表面层含有注入离子后，就改变了化学成分，从而改变了工件表面层的机械物理性能。离子注入可以改善金属材料的耐磨性能、润滑性能，提高金属材料的硬度、耐腐蚀性能。但因其生产率低，加工成本高，目前尚处于研究阶段。

## 10.5.2　离子束加工的基本设备

离子束加工设备与电子束加工设备相似，包括离子源、真空系统、控制系统和电源等四个部分。但对于不同的用途，离子束加工设备有所不同。

离子源又称离子枪，用以产生离子束流。其基本工作原理是将待电离气体（如氩等惰性气体）注入电离室，然后使气态原子与电子发生碰撞被电离为等离子体。等离子体是多

① $5keV=8.01088231\times10^{-6}J$。

种离子的集合体，正离子数和负离子数相等，在宏观上呈电中性。采用一个相对于等离子体为负电位的电极，就可从等离子体中引出离子束流，而后使其加速射向工件或靶材。

据离子束产生的方式和用途的不同，离子源有很多型式，常用的有考夫曼型离子源和双等离子管型离子源。

## 10.6 超声波加工

超声加工是利用超声振动的工具在有磨料的液体介质中或干磨料中，产生磨料的冲击、抛光、液压冲击及由此产生的气蚀作用来去除被加工部位的材料，以及超声振动使工件相互结合的加工方法。超声波加工不仅能加工硬质合金、淬火钢等硬脆金属材料，而且更适合玻璃、陶瓷、半导体硅片、锗片等不导电的非金属硬脆材料的精密加工和成形加工。超声波还可用于清洗、探伤和焊接等工作，在农业、国防、医疗等方面的用途十分广泛。

### 10.6.1 超声波加工的原理

声波是人耳能感受的一种纵波，它的频率在16～16000 Hz范围内。当声波的频率低于16 Hz时就叫作次声波，而频率超过16000 Hz则称为超声波。超声波可在气体、液体和固体介质中传播，波长短，能量大（能量密度达100 $W/cm^2$以上），传播过程中会产生反射、折射、干涉、共振现象，在液体介质中传播时，可在界面上产生强烈的冲击和空化现象。

超声波加工是利用工具端面作超声频振动，通过磨料悬浮液加工脆硬材料的一种成型加工方法。加工原理如图10-17所示。加工时，工具以一定的静压力$F$压在工件上，并在工具和工件之间加入液体（水和煤油等）和磨料混合的悬浮液。超声波发生器产生16000 Hz以上的超声频电振动，通过超声换能器将其转变为超声频机械振动，并借助变幅杆把振幅放大到0.05～0.1mm左右，使变幅杆下端的工具端面作超声振动，被加工表面的材料被工作液中悬浮的磨粒以很大的速度和加速度不断地撞击、抛磨、粉碎成很细的微粒，从工件上被打击下来。虽然每次打击下来的材料很少，但由于每秒钟打击的次数多达16000次以上，所以仍有一定的加工速度。同时，悬浮液受工具端面超声振动作用而产生的高频、正负交变的液压冲击和“空化”作用，加剧了被加工表面的机械破坏作用。磨料悬浮液不断循环流动，使变钝了的磨粒及时更新，并带走被粉碎下来的材料微粒。工件连续进给，加工持续进行，工具的形状便“复印”在工件上，直到达到要求的尺寸。

所谓空化作用，是指当工具端面以很大的加速度离开工件表面时，加工间隙中的工作液由于负压和局部真空形成很多微空腔，当工具端面以很大的加速度接近工件表面时，空腔的瞬时闭合产生强烈的液压冲击，强化了机械抛磨工件材料的作用。空化作用有利于加工区磨料悬浮液的均匀搅拌和加工产物的排除。

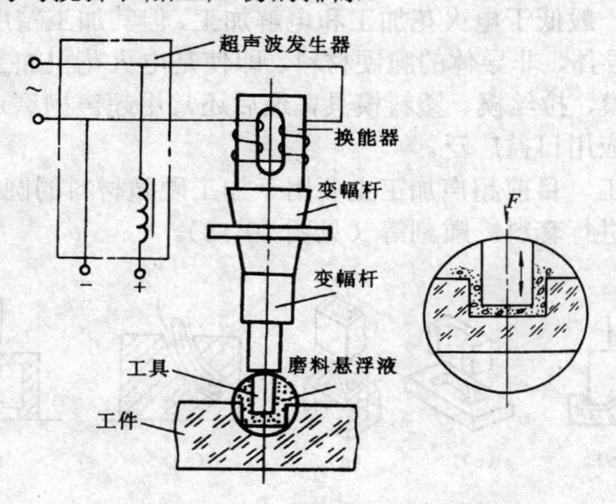


图 10-17　超声波加工原理示意图

## 10.6.2　超声波加工的特点和应用

### 1. 超声波加工的特点

（1）超声加工是磨粒在超声振动作用下的机械撞击和抛磨作用以及超声空化作用的综合结果，其中磨粒的冲击作用是主要的。所以超声波加工特别适合于加工各种硬脆材料，尤其是电火花、电解等难以加工的不导电非金属材料，如玻璃、陶瓷、玛瑙、金刚石、宝石和半导体等。对于导电的硬质金属材料如淬火钢、硬质合金等，也能进行加工，但加工生产率较低。

（2）因为材料去除是靠磨料的直接作用，故磨料硬度一般应比加工材料高，而工具材料的硬度可以低于加工材料的硬度，故工具可用较软的材料制成较复杂的形状。且工具通常不需要旋转，因此，易于加工出各种复杂形状的型孔、型腔、成形表面。采用中空形状工具，还可以实现各种形状的套料。

（3）超声波加工过程中，工具对加工材料的宏观作用力小，热影响小，加工表面无残余应力及烧伤等现象，因此能获得良好的加工精度和表面粗糙度。尺寸精度可达 0.02～0.01 mm；表面粗糙度 $R_a$ 值可达 0.8～0.1 μm。特别对于加工某些不能承受较大机械应力的零件比较有利，可加工薄壁、窄缝、低刚度零件。

（4）超声波加工不需要使工具和工件作比较复杂的相对运动，因此普通的超声波加工设备结构较简单，只需一个方向轻压进给，操作、维修比较方便。

2. 超声波加工的应用

超声加工的生产率一般低于电火花加工和电解加工，但其加工精度和表面质量都优于后两者，而且能加工半导体、非导体的脆硬材料。即使是电火花粗加工或半精加工后的一些淬火钢、硬质合金冲模、拉丝模、塑料模具，最后还常用超声抛磨进行光整加工。随着科技的发展，超声加工应用日益广泛。

（1）型孔和型腔加工。目前超声加工主要用于加工硬脆材料的圆孔、型孔、异形孔、沟槽和各种型腔，以及进行套料、雕刻等（见图 10-18）。

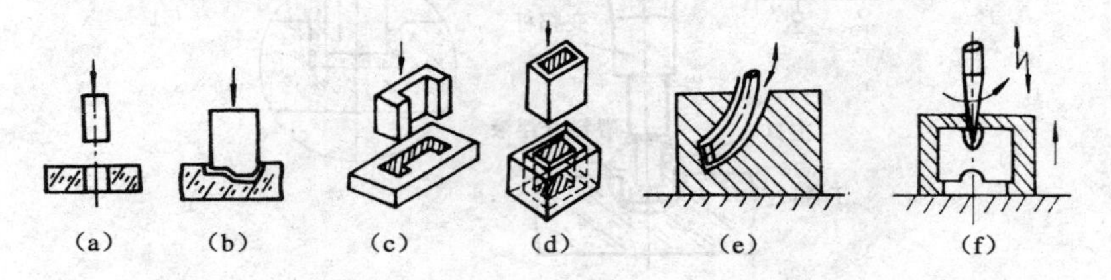


图 10-18 超声型孔、型腔加工示意图

（a）加工圆孔 （b）加工型腔 （c）加工异形孔 （d）套料加工 （e）加工弯曲孔 （f）加工微细孔

（2）切割加工。超声精密切割锗、硅等半导体、铁氧体、石英、宝石、金刚石等硬脆材料，比用金刚石刀具切割具有切片薄、切口窄、精度高、经济性好等优点。如图 10-19 所示为超声加工法切割单晶硅片示意图。用锡焊或铜焊将工具（薄钢片或磷青铜片）焊接在变幅杆的端部。加工时喷注磨料液，一次可以切割 10～20 片。

（3）超声清洗。由于超声频振动在液体中会产生交变冲击波和空化现象，这两种作用的强度达到一定值时，产生的微冲击波就使被清洗物表面的污渍、被清洗物上的细小深孔、弯孔、窄缝中的污物遭到破坏并脱落下来（见图 10-20）。目前，超声波清洗不但用于机械零件或电子器件的清洗，也用于医疗器皿，如生理盐水瓶、葡萄糖水瓶的清洗。利用超声振动去污原理，国外已生产出超声波洗衣机。

（4）超声焊接。超声焊接是利用高频振动产生的撞击能量，去除工件表层的氧化膜杂质，使工件露出新的本体表面，并在两个被焊工件表层分子的高速撞击下摩擦生热，粘接在一起。它不仅可以焊接表面易生成氧化物的难焊接金属，如铝制品等以及尼龙、塑料等高分子制品。此外，利用超声波化学镀工艺可以使陶瓷等非金属材料表面挂上锡、银及涂覆熔化的金属薄层。

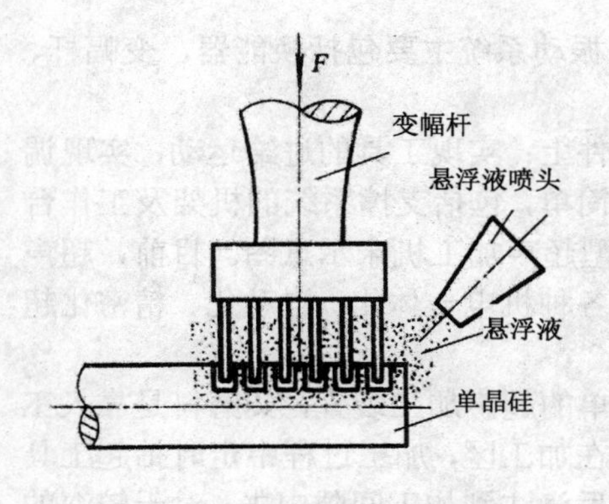


图 10-19　超声加工法切割单晶硅片

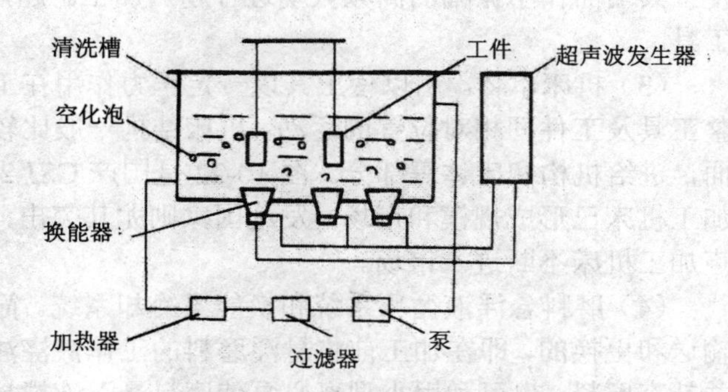


图 10-20　超声波清洗装置示意图

（5）超声切削加工。超声波加工与传统的切削加工技术相结合，即在车、铣、磨、钻、镗孔等切削加工时，令刀具产生超声振动，如超声波车削、超声波磨削、超声波钻孔等（见图 10-21）。这样会使切削力下降，刀具与工件相对摩擦力减小，刀具寿命延长，从而提高加工速度、加工精度，改善表面质量。利用超声切削加工在金属材料、特别是难加工材料的加工中已取得良好的效果。

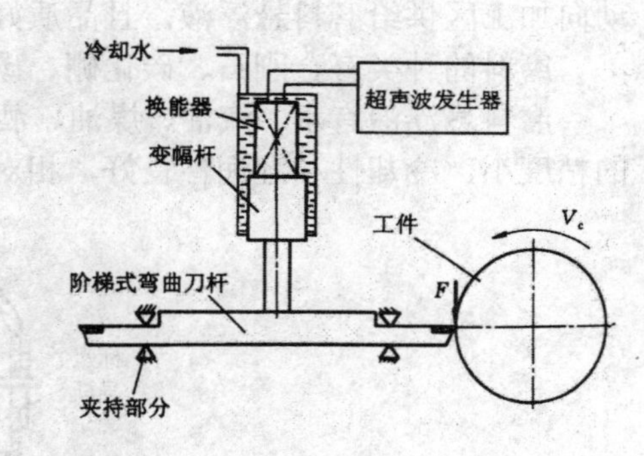


图 10-21　超声波振动车削加工示意图

（6）复合特种加工。超声波加工与其他特种加工工艺相结合形成复合特种加工技术，如超声电火花加工、超声线切割、超声电解加工等。复合加工可以提高加工速度及降低工具损耗，可以加工各种型孔、型腔，获得较好的加工质量，一般尺寸精度可达 0.01～0.05 mm，表面粗糙度 $R_a$ 值可达 0.4～0.1 μm。

## 10.6.3　超声波加工的基本设备

超声加工设备主要由超声发生器、超声振动系统、机床本体和磨料悬浮液循环系统四部分组成。

（1）超声发生器（又叫超声频发生器或超声波电源）。将 50 Hz 的交流电转变为功率为 20～4000W 的超声频振荡，以供给工具端面往复运动和去除工件材料所需的能量。超声波发生器的电路由振荡级、电压放大级、功率放大级及电源组成。

（2）超声振动系统。将超声发生器输出的高频电信号转变为机械振动能，通过变幅杆使工具端面作小振幅的高频振动进行超声加工。超声振动系统主要包括换能器、变幅杆、工具。

（3）机床本体。用以使工具以一定压力作用在工件上；实现工具的进给运动；实现调整工具及工件间相对位置的运动。机床结构一般比较简单，包括支撑系统的机架及工作台面，进给机构和床体等部分。图 10-22 是国产 CSJ-2 型超声加工机床示意图。目前，超声加工机床已形成规模和市场，发达国家则尤其突出，各种机电一体化、自动化、精密化超声加工机床不断进入市场。

（4）磨料悬浮液循环系统和换能器冷却系统。简单的超声加工装置，其磨料是靠人工输送和更换的，即在加工前将悬浮磨料的工作液浇注在加工区，加工过程中定时抬起工具并补充磨料。也可利用小型离心泵使磨料悬浮液搅拌后浇注到加工间隙中去。对于较深的加工表面，应将工具定时抬起以利磨料的更换和补充。大型超声加工机床都采用流量泵自动向加工区供给磨料悬浮液，且品质好，循环良好。

磨料的种类有金刚石、碳化硼、碳化硅、氧化铝等。

磨料悬浮液有水、汽油、煤油、酒精、机油、亚麻仁油、变压器油和甘油等。其中水的粘度小，冷却性和湿润性良好，相对生产率最高，其次是汽油或煤油。

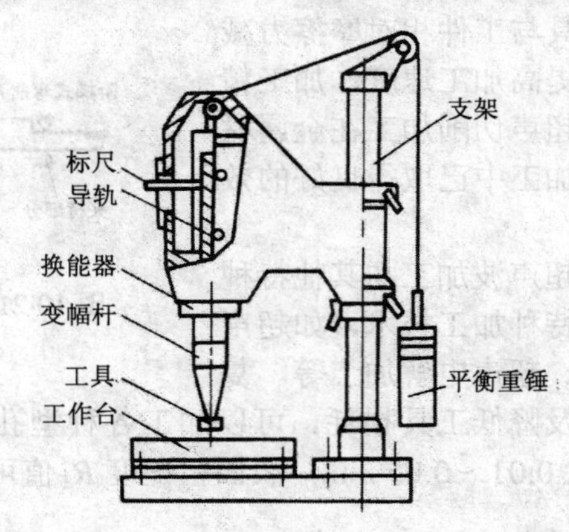


图 10-22　国产 CSJ-2 型超声加工机床示意图

## 10.7　小　　结

特种加工是直接利用电能、热能、声能、光能、化学能和电化学能，有时也结合机械能对工件进行的加工。特种加工不用成型的工具，而是利用密度很高的能量束流进行加工，适合加工高硬度、脆性大的材料（如硬质合金、钛合金、不锈钢、淬火钢、耐热钢、陶瓷、玻璃、宝石、石英等）和精密微细、形状复杂或有特殊工艺要求的零件（如喷气涡轮机叶片、喷油嘴、喷丝头上的小孔窄缝等）。特种加工技术广泛应用于航天、电子、电机、电器、仪表、工具、透平机械、汽车、拖拉机及轻工制造等工业部门。

## 10.8　练习与思考题

1．试述特种加工的种类、特点与应用范围。
2．试述电火花加工的原理，必须具备的条件及特点。
3．试述电火花线切割加工的原理及特点。
4．试述电解加工的成型原理、特点及应用范围。
5．试述电解磨削加工原理。
6．试分析比较电解加工和电铸加工的原理和特点。
7．试述激光加工的原理和特点。
8．试分析比较电子束与离子束的加工原理、特点及应用范围。
9．试述超声波加工的原理、特点及应用。
10．分析超声加工的工具材料的硬度可以比工件材料低的原因。

# 第 11 章　先进制造技术

**教学目的：**

- 了解数控机床的组成、分类及工作原理；
- 了解快速成形技术的工艺方法、特点及用途；
- 了解柔性制造技术；了解成组技术。

## 11.1　数控加工技术

### 11.1.1　数字控制与数控机床的概念

数字控制（Numerical Control）是用数字化信号对机械设备的运动及加工过程进行控制的一种方法，简称数控（NC）。它是一种自动控制技术。它所控制的一般是位置、角度、速度等机械量，也可以控制温度、压力、流量等物理量。

数控机床，就是采用了数控技术的机床，或者说是装备了数控系统的机床。国际信息处理联盟（IFIP）第五技术委员会，对数控机床作了如下定义：数控机床是一个装有程序控制系统的机床，该系统能够逻辑地处理具有使用号码或其他符号编码指令规定的程序（定义中所提的程序控制系统，就是所说的数控系统）。

进一步说，数控机床是一种以数字量作为指令信息形式，通过电子计算机或专用电子计算装置，对这种信息进行处理而实现自动控制的机床。数控机床是电子技术、计算机技术、自动控制、精密测量、伺服驱动和精密机械结构等新技术综合应用的成果，是一种柔性好、效率高的自动化机床。

### 11.1.2　数控机床的基本组成及工作原理

如图 11-1 所示，数控机床加工零件的工作过程可分成以下几个步骤实现。

（1）根据被加工零件的图样与工艺方案，用规定的代码和程序格式编写加工程序。

（2）所编程序指令输入机床数控装置中。

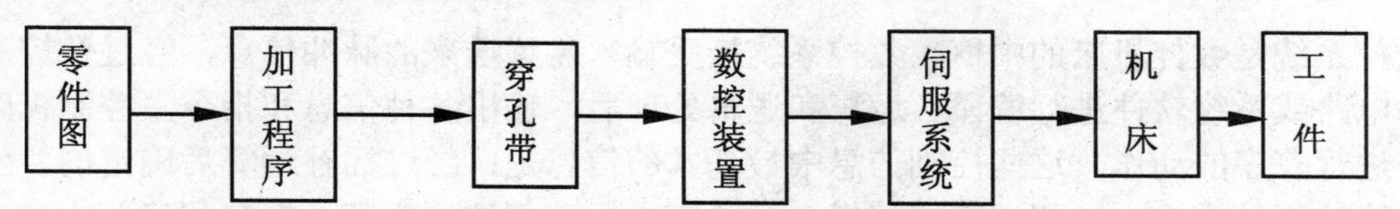


图 11-1　数控机床加工零件的工作过程

（3）数控装置对程序（代码）进行译码，运算之后，向机床各坐标轴的伺服驱动机构和辅助控制装置发出信号，驱动机床各运动部件，并控制所需的辅助动作。

（4）机床加工出合格的零件。

分析数控机床的工作过程可知，数控机床的基本组成包括加工程序、输入装置、数控系统、伺服系统和辅助控制装置、检测装置及机床本身，见图 11-2。

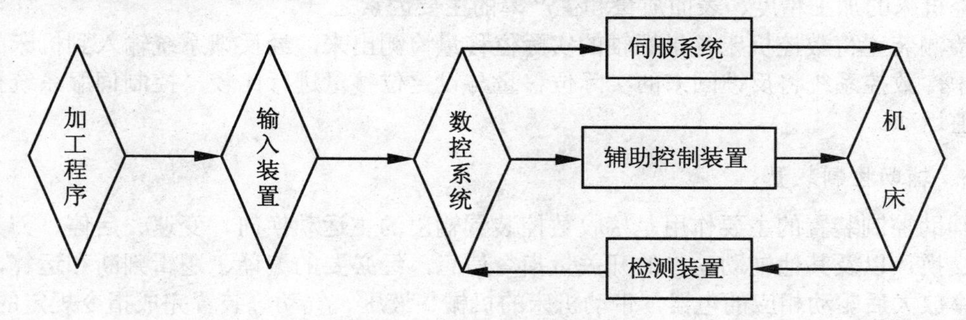


图 11-2　数控机床的基本组成

1. 加工程序

数控机床工作，不需要工人直接去操作机床，要对数控机床进行控制，必须编制加工程序。加工程序上存储着加工零件所需的全部操作信息和刀具相对工件位移信息等。加工程序可存储在控制介质（也称信息载体）上，常用的控制介质有穿孔带、磁带、磁盘等。

信息是以代码的形式按规定格式存储的，代码分别表示十进制的数字（0～9）、字母（A～Z）或符号。目前国际上通常使用 EIA 代码和 ISO 代码，我国规定使用 ISO 代码作为标准代码。

2. 输入装置

输入装置的作用是将控制介质（信息载体）上的数控代码变成相应的电脉冲信号，传递并存入数控系统内。根据控制介质的不同，输入装置可以是光电阅读机、磁带机或磁盘驱动器等。数控加工程序也可通过键盘，用手工方式（MDI 方式）直接输入数控系统，或者将数控加工程序由编程计算机用通讯方式传送到数控系统中。

#### 3. 数控系统

数控系统是数控机床的中枢。数控系统接受输入装置送来的脉冲信息，经过数控系统的逻辑电路或系统软件进行编译、运算和逻辑处理后，输出各种信息和指令，控制机床的各部分进行有序的动作。这些控制信息中最基本的信息是：经过插补运算后确定的各坐标轴的进给速度、进给方向和进给位移指令；还有主运动部件的变速、换向和启停指令；刀具的选择和交换指令；冷却、润滑装置的启停指令；工件和机床部件的松开、夹紧，分度工作台的转位等辅助指令。

#### 4. 伺服系统及检测装置

伺服系统接受来自数控装置的指令信息，经功率放大后，严格按照指令信息的要求驱动机床的移动部件，以加工出符合图样要求的零件。因此，它的伺服精度和动态响应是影响数控机床的加工精度、表面质量和生产率的主要因素之一。

检测装置将数控机床各坐标轴的实际位移量检测出来，经反馈系统输入到机床的数控系统中，数控系统将反馈回来的实际位移量与设定位移量进行比较，控制伺服系统按指令设定值运动。

#### 5. 辅助控制装置

辅助控制装置的主要作用是接收数控装置输出的主运动换向、变速、启停、刀具的选择与交换，以及其他辅助动作的开关量指令信息，经必要的编译、逻辑判断和运算，再经过功率放大后驱动相应的电器，带动机床的机械、液压、气动等装置完成指令规定的动作。

由于可编程控制器（PLC）响应快、性能可靠、易于使用，可编程和修改程序，并能直接驱动机床电器，现已广泛用作数控机床的辅助控制装置。

#### 6. 机床

数控机床的机床本体仍然由主运动装置、进给运动装置、床身、工作台以及辅助运动装置、液压气动系统、润滑、冷却装置等组成。但数控机床的整体布局、外观造型、传动系统、刀具系统的结构以及操作机构等方面都已发生了很大变化。这种变化的目的是为了满足数控技术的要求和充分发挥机床的特点。

### 11.1.3 数控机床的分类

数控机床种类繁多，据不完全统计，已有 400 多个品种规格，归纳起来可以用下面几种方法进行分类。

### 1. 按工艺用途分类

（1）金属切削类数控机床

这类数控机床有与普通通用机床种类相同的数控车床、铣床、镗床、钻床、磨床、齿轮加工机床等。此外，还有带有刀库和自动换刀装置的加工中心机床（例如，镗铣加工中心、车削中心等）。

（2）金属成形类机床

包括数控组合冲床、弯管机、折弯机、板材成形加工机床等。

（3）特种加工机床

包括数控线切割机床、电火花加工机床、激光切割机床、超声波加工机床和高压水切割机床等。

（4）其他数控设备

如数控火焰切割机、数控自动装配机、数控多坐标测量机、自动绘图机及工业机器人等。

### 2. 按控制运动轨迹分类

（1）点位控制

点位控制数控机床的特点是机床运动部件只能实现从一个位置到另一个位置的精确定位，在移动和定位过程中不进行任何加工。数控系统只需要控制行程起点和终点的坐标值，而不控制运动部件的运动轨迹，数控钻床、数控镗床、数控点焊机均属于点位控制。图 11-3 所示为点位控制加工示意图。

（2）点位直线控制

其特点是除了控制点与点之间的准确位置外，还需保证移动轨迹是一条直线，一般是沿着与坐标轴平行方向作切削运动，或是沿着与坐标轴成 45°的方向作斜线运动。可用于加工阶梯轴或盘类零件的数控车床或用于数控镗床等。图 11-4 所示为点位直线控制加工示意图。

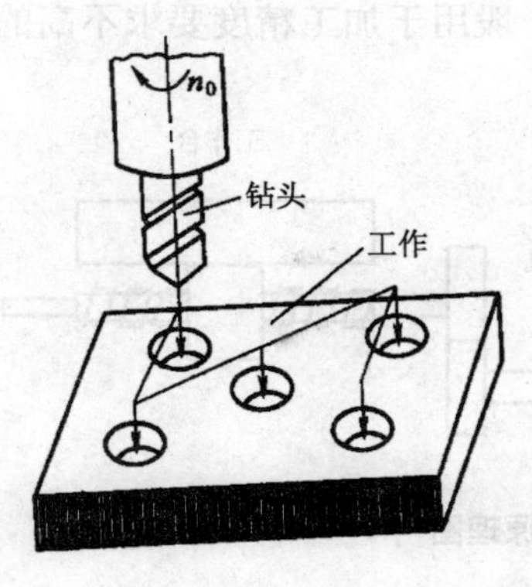


图 11-3 点位控制加工示意图

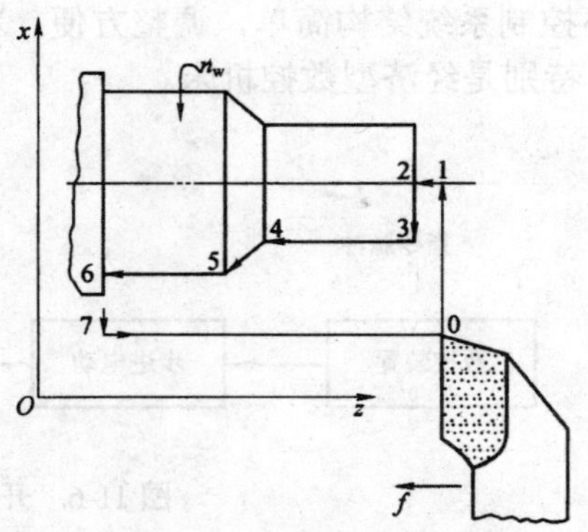


图 11-4 点位直线控制加工示意图

（3）轮廓控制

又称连续控制。其特点是能够对两个或两个以上的坐标轴同时进行联动控制。它不仅要控制运动部件的起点与终点坐标位置，而且要控制整个加工过程每一点的速度与位移量，即要控制运动轨迹。用于加工平面内的直线、曲线表面或空间曲面。轮廓控制多用数控车床、铣床、磨床和齿轮加工机床等。图 11-5 为轮廓控制加工示意图。

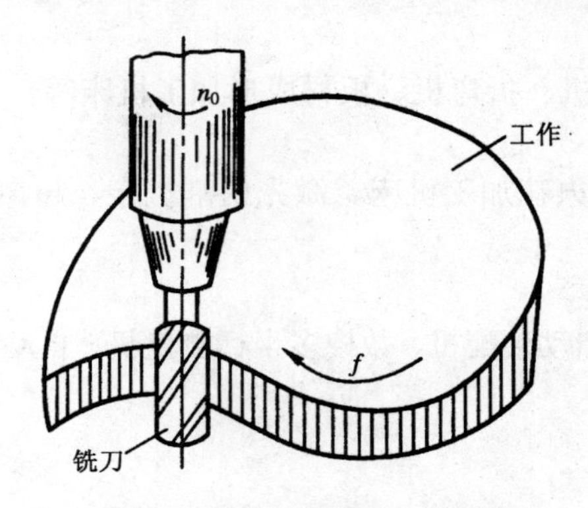


图 11-5　轮廓控制加工示意图

3. 按伺服系统的类型分类

（1）开环控制系统

图 11-6 为开环控制系统原理图。这类数控机床的伺服系统不带位置检测元件，伺服驱动元件一般为功率步进电动机。数控装置输出的控制脉冲通过步进驱动电路，不断改变步进电动机的供电状态，使步进电动机转过相应步距角，再经过机械传动链驱动，实现运动部件的直线位移。移动部件的移动速度和位移量是由输入脉冲的频率和脉冲数所决定的。

开环控制系统结构简单，调整方便，精度低，一般用于加工精度要求不高的中小型数控机床，特别是经济型数控机床。

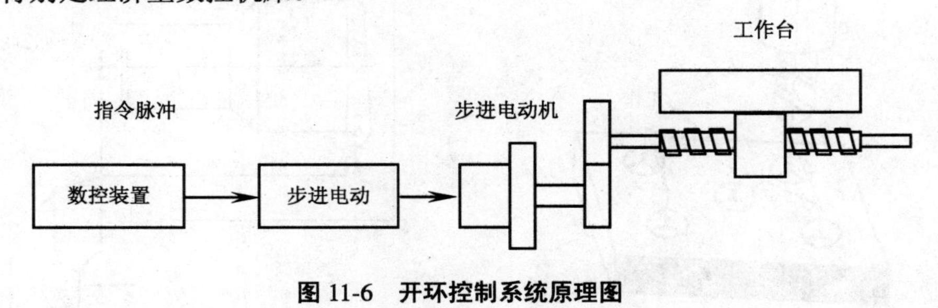


图 11-6　开环控制系统原理图

（2）闭环控制系统

闭环控制是在机床移动部件上直接安装直线位移检测装置，将测量的实际位移值反馈到数控装置中，与输入的指令位移值进行比较，用差值对机床进行控制，使移动部件按照实际需要的位移量运动，最终实现移动部件的精确运动和定位。图 11-7 所示为闭环控制系统原理图，通过测速机和位置检测器进行测量，将其与命令值相比，构成速度与位置环控制。

闭环控制的数控机床，加工精度高、速度快，但现场调试、维修困难，成本高，系统稳定性控制也较困难，主要用于高精度数控机床。

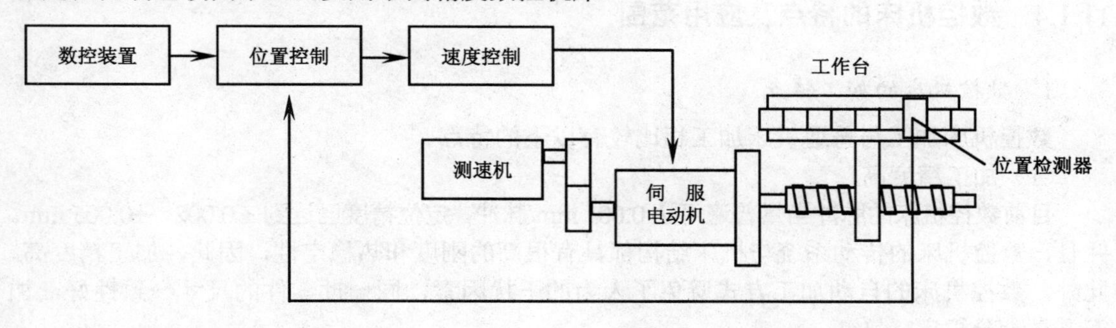


图 11-7　闭环控制系统原理图

（3）半闭环控制系统

半闭环控制是在伺服电动机的轴上或滚珠丝杠的端部装有角位移检测装置，通过检测伺服电动机或丝杠的转角间接地检测移动部件的实际位移，然后反馈到数控装置中去，并对误差进行修正。图 11-8 所示为半闭环控制系统原理图，通过测速机和转角检测器进行测量，将其与命令值比较，构成速度与位置环控制。

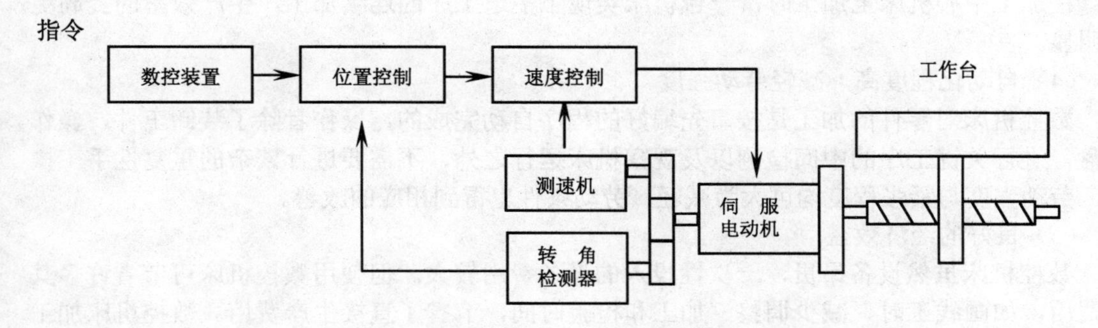


图 11-8　半闭环控制系统原理图

半闭环控制调试比较方便，并且具有很好的稳定性，广泛应用于各类中等精度以上连续控制的数控机床中。

除了上述三种分类方法以外，目前出现了按所使用的数控装置结构进行分类，即硬件数控（NC）和计算机数控（CNC，亦称软件数控）；也有按控制坐标轴数与联动轴数的方法分类，如三轴二联动、四轴四联动等；还有按功能水平的高低分类，如高档数控、中档数控和低档数控（又称经济型数控）等。

### 11.1.4 数控机床的特点及应用范围

#### 1. 数控机床的加工特点

数控机床加工与普通机床加工相比较有以下的特点。

（1）加工精度高

目前数控机床的脉冲当量普遍可达 0.001 mm/脉冲，定位精度已达到 ± 0.002～±0.005 mm。并且，数控机床的传动系统与机床结构都具有很高的刚度和热稳定性，因此，加工精度高。此外，数控机床的自动加工方式避免了人为的干扰因素，同一批零件的尺寸一致性好，加工质量十分稳定。

（2）适应性强

在数控机床上改变零件加工时，只需重新编制或更换加工程序，就能实现对新零件的加工。这就为复杂结构的单件、小批量生产以及试制新产品提供了极大的方便。

（3）生产效率高

数控机床主轴的转速和进给量的变化范围大，并且数控机床的结构刚性好，因此可进行大切削用量的强力切削，这就提高了数控机床的切削效率，节省了机动时间。数控机床的移动部件空行程运动速度快，工件装夹时间短，刀具可自动更换，辅助时间比一般机床少。在加工中心机床上加工时，一台机床实现了多道工序的连续加工，生产效率的提高更为明显。

（4）自动化程度高，减轻劳动强度

数控机床对零件的加工是按事先编好的程序自动完成的，操作者除了装卸工件，操作键盘，进行关键工序的中间检测以及观察机床运行之外，不需要进行繁杂的重复性手工操作，劳动强度与紧张程度均可大为减轻，劳动条件也得到相应的改善。

（5）良好的经济效益

数控机床虽然设备昂贵，一次性投入的设备费用较大。但使用数控机床可节省许多其他费用，如画线工时、减少调整、加工和检验时间，节省了直接生产费用。数控机床加工一般不需制作专用工夹具，节省了工艺装备费用。数控机床加工精度稳定，废品率低，使生产成本进一步下降。此外，数控机床可实现一机多用，节省了厂房面积和建厂投资，因此使用数控机床可获得良好的经济效益。

（6）产品质量稳定

数控机床的加工完全是自动进行的，消除了操作者人为产生的误差，使同一批工件的尺寸一致性好，加工质量稳定。

（7）有利于现代化管理

采用数控机床加工，能准确地计算零件加工工时和费用，有效地简化检验工夹具、半成品的管理工作。这些特点都有利于使生产管理现代化。

数控机床使用数字信息与标准代码输入，适于数字计算机联网，成为计算机辅助设计、制造及管理一体化的基础。

#### 2. 数控机床的应用范围

数控机床具有一般机床不具备的许多优点，其应用范围正在不断扩大，但它不能完全代替普通机床、组合机床和专用机床，也不能以最经济的方式解决机械加工中的所有问题。数控机床最适合加工具有以下特点的零件：

（1）多品种小批量生产的零件；

（2）形状结构比较复杂的零件；

（3）精度要求比较高的零件；

（4）需要频繁改型的零件；

（5）价格昂贵，不允许报废的关键零件；

（6）需要生产周期短的急需零件。

## 11.2　快速成形技术

### 11.2.1　快速成形技术的概念

快速成形（RP，Rapid Prototyping）技术是运用堆积成形法，由 CAD 模型直接驱动的快速制造任意复杂形状三维实体零件的技术总称。

RP 技术的成形原理不同于常规制造的去除法（切削加工、电火花加工等）和变形法（铸造、锻造等），而是利用光、电、热等手段，通过固化、烧结、粘结、熔结、聚合作用或化学作用等方式，有选择地固化（或粘结）液体（或固体）材料，实现材料的迁移和堆积，形成所需要的原型零件。因此，RP 制造技术好像燕子衔泥垒窝一样，是一种分层制造的材料累加方法。RP 制造技术可直接从 CAD 模型中产生三维物体，它综合了机械工程、自动控制、激光、计算机和材料等学科的技术。

### 11.2.2 快速成形技术的工作原理

RP 技术是一种基于离散堆积成形思想的数字化成型技术。根据生产需要，先由三维实体 CAD 软件设计出所需要零件的计算机三维曲面或实体模型（亦称电子模型），然后根据工艺要求，将其按一定厚度进行分层，把原来的三维实体模型变成二维平面（截面）信息；再将分层后的数据进行一定的处理，加入工艺参数，产生数控代码；最后在计算机控制下，数控系统以平面加工方式，把原来很复杂的三维制造转化为一系列有序的低维（二维）薄片层的制造，并使它们自动粘结叠加成形。

### 11.2.3 快速成形技术的工艺方法

RP 技术的具体工艺有很多种，根据采用的材料和对材料的处理方式不同，选择其中 3 种方法的工艺原理进行介绍。

1. 选择性液体固化

选择性液体固化又称光固化法。

该方法的典型实现工艺有立体光刻（Stereo Lithography，SL），其工艺原理如图 11-9 所示。成形过程中，计算机控制的紫外激光束按零件的各分层截面信息在树脂表面进行逐点扫描，使被扫描区域的树脂薄层产生光聚合反应而固化，形成零件的一个薄层。头一层固化完后，升降台下移一个层厚的距离，再在原先固化好的树脂表面上覆盖一层液态树脂，再进行扫描加工，新生成的固化层牢固地粘结在前一层上。重复上述步骤，直到形成一个三维实体零件。

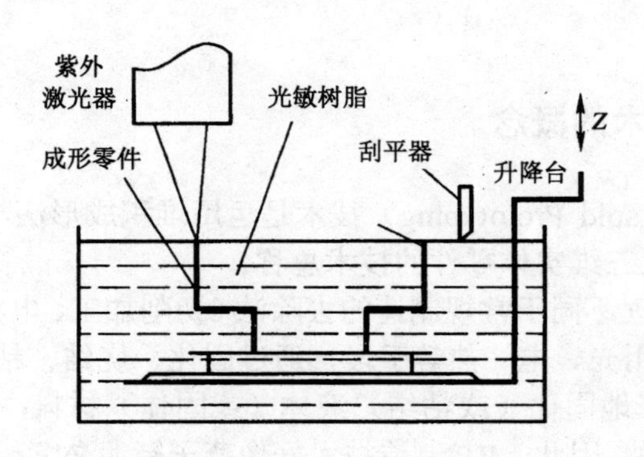


图 11-9 光固化法工艺原理图

光固化法是目前应用最广泛的快速成形制造方法。光固化的主要特点是：制造精度高（±0.1mm）、表面质量好，原材料利用率接近 100 %；能制造形状复杂（如腔体等）及特别精细的零件；能使用成形材料较脆、材料固化伴随一定收缩的材料制造所需零件。

2. 选择性层片粘结

选择性层片粘结又称分层实体制造、叠层制造法（Laminated Object Manufacturing，LOM）。其工艺原理如图 11-10 所示。叠层法在成形过程中首先在基板上铺上一层箔材（如纸箔、陶瓷箔、金属箔或其他材质基的箔材），再用一定功率的 $CO_2$ 激光器在计算机控制下按分层信息切出轮廓，同时将非零件的多余部分按一定网络形状切成碎片去除掉。

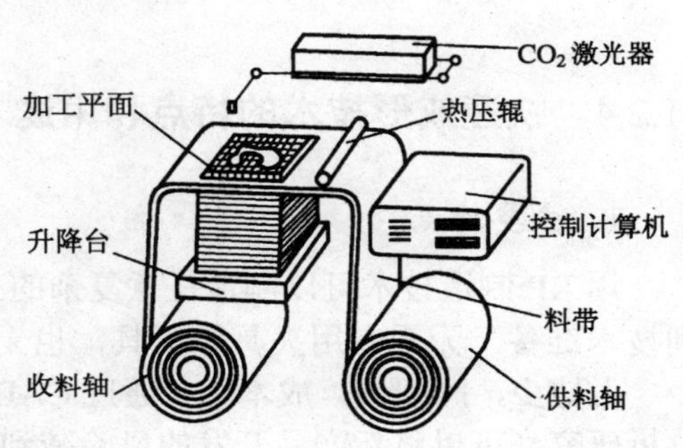


图 11-10　叠层法工艺原理图

加工完上一层后，重新铺上一层箔材，用热辊碾压，使新铺上的一层箔材在粘结剂作用下粘结在已成形体上，再用激光器切割该层形状。重复上述过程，直至加工完毕。最后去除掉切碎的多余部分即可得到完整的原形零件。

叠层法的主要特点：不需要制作支撑；激光只作轮廓扫描，而不需填充扫描，成形率高；运行成本低；成形过程中无相变且残余应力小，适合于加工较大尺寸零件；但材料利用率较低，表面质量差。

3. 选择性粉末熔结 / 粘结

选择性粉末熔结 / 粘结又称激光选区烧结法（Selective Laser Sintering，SLS），其工艺原理如图 11-11 所示。激光选区烧结法采用 $CO_2$ 激光器作为能源，成形材料常选用粉末材料（如铁、钴、铬等金属粉，也可以是蜡粉、塑料粉、陶瓷粉等）。成形过程中，先将粉末材料预热到稍低于其熔点的温度，再在平整滚筒的作用下将粉末铺平压实（约 100～200 μm 厚），$CO_2$ 激光器在计算机控制下，按照零件分层轮廓有选择地进行烧结，烧结成一个层面。再铺粉用平整滚筒压实，让激光器继续烧结，逐步形成一个三维实体，再去掉多余粉末，经打磨、烘干等处理后便获得所需零件。它是直接可以制造工程材料的真实零件，

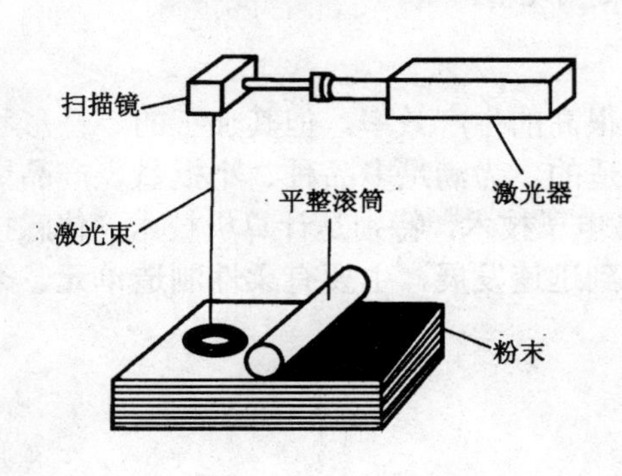


图 11-11　激光选区烧结法工艺原理图

应用前景看好。

激光选区烧结法的主要特点：不需制作支撑；成形零件的机械性能好，强度高；粉末较松散，烧结后精度不高，Z 轴精度难以控制。

### 11.2.4 快速成形技术的特点和用途

1. 主要特点

用 RP 制造技术可以制造任意复杂的三维几何实体零件。并且在制造过程中省掉了一系列技术准备，无需专用夹具和工具，也无需人工干预或较少干预，因此，零件制造的设备少，占地少，时间快，成本低。通过 CAD 模型的直接驱动对原型的快速制造、检验、实样分析研究，可以将新产品开发的风险减到最小程度。

2. 用途

（1）能用于制造业中快速产品开发（不受形状复杂限制）、快速工具制造、模具制造、微型机械制造、小批零件生产。

（2）用于与美学有关的工程设计，如建筑设计、桥梁设计、古建筑恢复等，以及首饰、灯饰等的制作设计。

（3）在医学上可用于颅外科、体外科、牙科等制造颅骨、假肢、关节、整形。

（4）可用于考古等恢复考古工程。

（5）可制作三维地图、光弹模型制作等。

## 11.3 柔性制造技术

传统的专用机床和“刚性”自动生产线虽然有很高的生产效率，但其加工的零件形状和尺寸单一，难以改变，这对于大批大量生产是合适的。为满足多品种、小批量、产品更新换代周期短的要求，20 世纪 70 年代以来，随着微电子技术，特别是计算机技术、传感技术的发展，一种以机械加工为主的柔性制造技术得到迅速发展，主要有柔性制造单元、柔性制造系统、计算机集成制造系统。

### 11.3.1 柔性制造单元

FMC（Flexible Manufacturing Cell）是在加工中心的基础上，增加了存贮工件的自动料库、输送系统所构成的自动加工系统。FMC 有较齐全的监控功能，包括刀具损坏检测、寿命检测和加工工时监测等。工件的全部加工一般是在一台机床上完成，常用于箱体类复杂零件的加工。

图 11-12 所示为配有托盘交换系统构成的 FMC。托盘上装夹有工件，在加工过程中，它与工件一起流动，类似通常的随行夹具。环形工作台用于工件的输送与中间存储，托盘座在环形导轨上由内侧的环链拖动而回转，每个托盘座上有地址识别码。当一个工件加工完毕，数控机床发出信号，由托盘交换装置将加工完的工件（包括托盘）拖至回转台的空位处，然后转至装卸工位，同时将待加工工件推至机床工作台并定位加工。

FMC 适于多品种、小批量工件的生产。FMC 具有规模小、成本低，便于扩展等优点。但 FMC 的信息系统自动化程度较低，加工柔度不高，只能完成品种有限的零件加工。

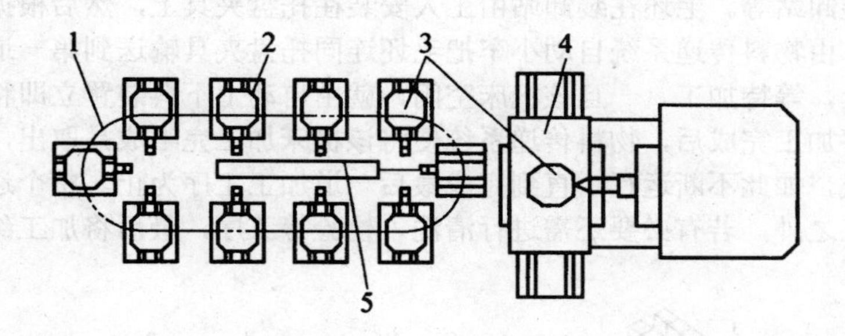


图 11-12　带有托盘交换系统的 FMC

## 11.3.2　柔性制造系统

### 1. FMS 的定义和组成

FMS（Flexible Manufacturing System）是在 FMC 的基础上扩展而形成的一种高效率、高精度、高柔性的加工系统。对 FMS 进行直观的定义：“柔性制造系统至少是由两台数控加工设备、一套物料储运系统（装卸高度自动化）和一套计算机控制系统所组成的制造系统。它通过简单地改变软件的方法便能制造出多种零件中任何一种。”

从上述定义可以看出，FMS 主要由以下三部组成。

（1）加工系统

该系统由自动化加工设备、检验站、清洗站、装配站等组成，是 FMS 的基础部分。加工系统中的自动化加工设备通常由两台以上数控机床、加工中心以及其他加工设备所组成，例如测量机、清洗机、动平衡机和各种特种加工设备等。

（2）物料储运系统

物料储运系统在计算机控制下，主要完成工件和刀具的输送及入库存放，它由自动化仓库、自动运送小车、搬运机器人、上下料托盘、交换工作台等组成。

（3）信息系统

信息系统由一套计算机控制系统构成，能够实现对FMS的运行控制、刀具管理、质量控制，以及FMS的数据管理和网络通信。

除上述的三个主要组成部分外，FMS还包含冷却系统、排屑系统、刀具监控和管理等附属系统。

图11-13所示是一个典型的柔性制造系统示意图。该系统由4台卧式加工中心、3台立式加工中心、2台平面磨床、2台自动导向小车、2台检验机器人组成。此外还包括自动仓库、托盘站和装卸站等。毛坯在装卸站由工人安装在托盘夹具上，然后根据计算机控制室的计算机指令，由物料传递系统自动小车把毛坯连同托盘夹具输送到第一道工序的加工机床的托盘交换台，等待加工。一旦该机床空闲，就由自动上下料装置立即将工件送上机床加工。每道工序加工完成后，物料传递系统便将该机床加工完半成品取出，并送至下一道工序的机床等候，如此不断运行，直到完成最后一道加工工序为止。整个运作过程中，除了进行切削加工之外，若有必要还需进行清洗、检验等工序，最后将加工结束的零件入库储存。

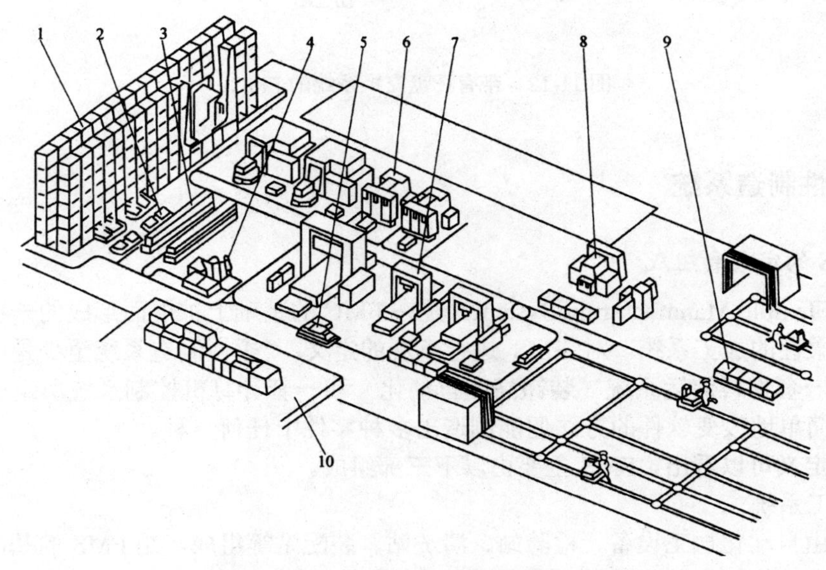


**图11-13 典型的柔性制造系统**

1-自动仓库 2-装卸站 3-托盘站 4-检验机器人 5-自动小车 6-卧式加工中心

7-立式加工中心 8-磨床 9-组装交付站 10-计算机控制室

2. FMS 的优点和效益

由于 FMS 备有较多刀具、夹具以及数控加工程序，因此能接受各种不同零件加工，解决了多品种、中小批量生产的生产率与柔性之间的矛盾，对扩大变形产品的生产和新产品开发特别有利。因集中控制、灵活性好，加工过程中工件输送和刀具更换等实现了自动化，人的介入减少到最低程度，提高了生产连续性和数控设备利用率，所以生产周期短、成本低。通过计算机的数据处理，在加工过程中采用自动检测设备，可随时发现机床精度、刀具磨损及加工质量等方面出现的问题，能及时采取措施，使加工质量得到保证。另外，由于 FMS 具有高柔性、高生产率以及准备时间短的特点，能够对市场的变化做出迅速反应，没有必要保持较大的在制品和成品库存量，这对企业的竞争力和资金周转也是十分有利的。

### 11.3.3　计算机集成制造系统

1. CIMS 的基本概念

CIMS（Computer Integrated Manufacturing System）是在自动化技术、信息技术及制造技术的基础上，通过计算机及其软件，将制造工厂全部生产活动有关的各种分散的自动化系统有机地集成起来，并适合于多品种、中小批量生产的总体高效率、高柔性的制造系统。

CIMS 必须包含下述两个特征。

（1）在功能上，CIMS 包含了一个工厂的全部生产经营活动，即从市场预测、产品设计、加工制造、质量管理到售后服务的全部活动。CIMS 比传统的工厂自动化范围大得多，是一个复杂的大系统。

（2）CIMS 涉及的自动化不是工厂各个环节的自动化或计算机及其网络的简单相加，而是有机的集成。这里的集成，不仅是物料、设备的集成，更主要是体现以信息集成为本质的技术集成，当然也包括人的集成。

2. CIMS 的构成

从系统的功能角度考虑，一般认为 CIMS 可由经营管理信息系统、工程设计自动化系统、制造自动化系统和质量保证信息系统四个功能分系统，以及计算机网络和数据库两个支撑分系统组成。

（1）经营管理信息系统

包括预测、经营决策、各级生产计划、生产技术准备、销售、供应、财务、成本、设备、工具、人力资源等各项管理信息功能。

（2）工程设计自动化系统

包含产品的概念设计、工程与结构分析、详细设计、工艺设计以及数控编程等设计和制造准备阶段的一系列工作，即通常所说的 CAD、CAPP、CAM 三大部分。

（3）制造自动化系统

通常由 CNC 机床、加工中心、FMC 和 FMS 等组成。

（4）质量保证系统

包括质量计划（质量标准和技术标准）、质量检测、质量评价、质量信息综合管理与反馈子系统。

（5）数据库系统

上述四个功能系统的信息数据都要在一个结构合理的数据库系统里进行存储和调用，以满足各系统信息的交换和共享。

（6）计算机网络系统

通过计算机通信网络将物理上分布的 CIMS 各功能分系统的信息联系起来，以达到共享的目的。

### 11.3.4 成组技术

随着经济的发展和消费水平的提高，人们对商品的需求不断增长，更注重商品的更新和多样化。中小批量、多品种生产已成为当今机械制造业的一个重要的特征。但是传统的小批量生产方式，生产效率低，生产周期长，工装费用高，精度质量难以保证，市场竞争能力差。成组技术（Group Technology，GT）正是为解决这一矛盾而产生的。

成组技术是一种将工程技术与管理技术集于一体的生产组织管理方法体系，它利用产品零件间的相似性，将零件分类成组，然后根据每组零件的相似特征为其同组零件找出相对统一的最佳处理方法，从而在不变动原有的工艺和设备的条件下，取得提高效率、节省资源、降低成本的效果。

成组技术已广泛应用于设计、制造和管理等各个方面。成组技术与数控加工技术相结合，大大推动了中小批量生产的自动化进程。成组技术也成了进一步发展计算机辅助设计（CAD）、计算机辅助工艺规程编制（CAPP）、计算机辅助制造（CAM）和柔性制造系统（FMS）等方面的重要基础。

在实施成组工艺时，首先要把产品零件按零件分类编码系统进行分类成组，然后制定零件的成组加工工艺，设计工艺装备，建造成组加工生产线以及有关辅助装置。

#### 1. 零件的分类编码系统

零件的分类编码是实施成组技术的重要手段。零件的分类码反映零件固有的名称、功能、结构、形状和工艺特征等信息。分类码对于每种零件而言不是惟一的，即不同的零件可以拥有相同的或近似的分类码，因此就能据此划分出结构相似或工艺相似的零件组来。

零件的分类编码系统是用数字和字母对零件特征进行标识和描述的一套特定的规则和

依据。目前，国内外已有 100 多种分类编码系统。每个工业部门都可以根据本企业的产品特点选择其中一种，或在某种编码系统基础上加以改进，以适应本单位的要求。下面介绍一个较为著名的奥匹兹（Opitz）分类编码系统。

奥匹兹分类编码系统是 1964 年由德国阿亨工业大学 Opitz 教授领导编制的，是世界上最早的一种适用于设计和工艺的多功能系统。它一共有 9 位代码组成，前五位为主码，主要用来描述零件的基本形状元素。后四位为辅码，表示零件的主要尺寸、材料及热处理性质、毛坯形状和精度要求。每一个码位内有 10 个特征码（0～9）分别表示 10 种零件特征。其基本结构如图 11-14 所示。

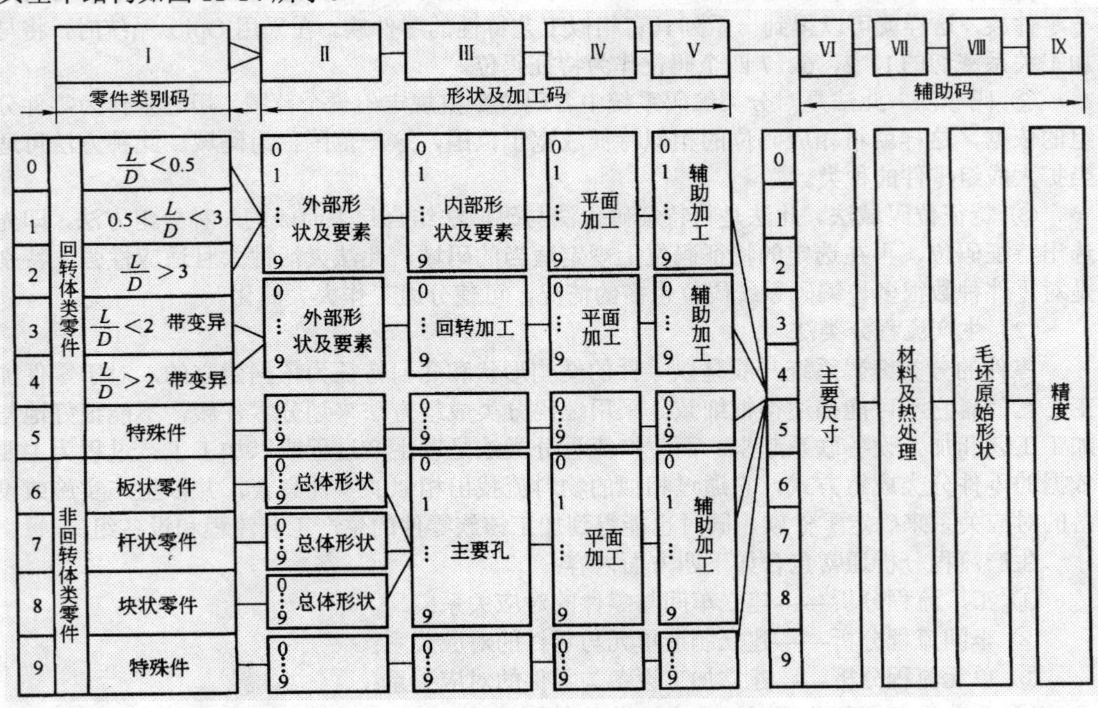


图 11-14　奥匹兹分类编码系统的结构形式

奥匹兹系统的特点是功能多、码位少、构造简单、使用方便，因此得到广泛应用。其不足之处是对非回转体零件的描述比较粗糙，在零件尺寸和工艺特征方面给出的信息较少。

2. 零件分类成组的方法

所谓零件的分类成组，就是按照一定的相似准则，将产品中品种繁多的零件归并成几个具有相似特征的零件族，这是成组技术的核心。零件分类成组的方法很多，但大致可分为编码分类法和生产流程分类法两大类。

（1）编码分类法

根据编码系统编制的零件代码代表了零件的一定特征。因此，利用零件代码就能方便地找到相同或相似特征的零件，形成零件族。原则上讲，代码完全相同的零件便可组成一个零件族。但这样做会造成零件族数很多，而每个族内零件种数都不多，达不到扩大批量、提高效率的目的。为此，应适当放宽相似性程度，作到合理分类。目前，常用的编码分类方法如下。

① 特征码位法。此法是从零件代码中选择其中反映零件工艺特征的部分代码作为零件分组的依据，这几个码位称为特征码位。特征码位相同，不论其他码位如何，都认为属同一零件族，这样就可以得到一系列具有相似工艺特性的零件族。在采用 Opitz 系统时，将与加工关系密切的 1、2、6、7 四个码位作为特征码位。

② 码域法。此法是对分类编码系统中各码位数值规定出一个范围，用它来作为零件分组的依据，这样就将相应码位的相似特征放宽了范围，这一范围称为码域。此种方法可适当扩大成组零件的种类。

③ 特征位码域法。此法是将特征码位法与码域法结合起来而成的一种分组方法，即先选出特征码位，再在选定的特征码位上规定适当的码域。此法灵活性大且适应性强，特别是对零件种数很多、编码系统码位也多的情况，可使分组工作大大简化。

（2）生产流程分类法

零件的分类编码系统一般是以零件的结构形状和几何特征为依据建立的，对于零件加工工艺信息它不可能描述得很细致。采用编码分类成组方法来划分零件族，不能很好地与加工工艺和加工设备联系起来。而生产流程分类法是以生产过程或以加工工艺过程为主要依据的零件分类成组方式，它通过相似的物料流找出相似的零件集合，并以生产实施或设备的对应关系来确定零件族，同时也能得到加工该族零件的生产工艺流程和设备组。

生产流程分析通常包含如下四方面内容：

① 工厂流程分析——建立车间与零件的对应关系；

② 车间流程分析——建立制造单元与零件的对应关系；

③ 单元流程分析——建立加工设备与零件的对应关系；

④ 单台设备流程分析——建立工艺装备与零件的对应关系。

根据这些对应关系，编制出各类关系中的最佳作业顺序，找出各个设备组与对应的零件族。

## 11.4 小 结

本章简要介绍了数控机床的组成及特点；数控机床的分类及程序编制的步骤；柔性制

造系统的组成及计算机集成制造系统的构成；快速成形技术的工作原理及工艺方法；快速成形技术的特点和用途。

## 11.5　练习与思考题

1. 何谓数控机床?
2. 简述数控机床由哪些部分组成?各起什么作用?
3. 从不同角度分类，数控机床有哪些类型?
4. 简述数控机床的特点及应用范围?
5. 简述快速成形技术的概念和常用工艺方法，每种方法的特点和应用范围。
6. 何谓柔性制造单元、柔性制造系统?
7. 简述柔性制造系统的主要特点和效益。
8. 生产流程分析通常包含哪些内容？

# 参 考 文 献

1. 李森林．机械制造基础．北京：化学工业出版社，2004
2. 王英杰．金属工艺学．北京：高等教育出版社，2001
3. 龚雯，陈则钧．机械制造技术．北京：高等教育出版社，2004
4. 张建华．精密和特种加工技术．北京：机械工业出版社，2003
5. 袁哲俊，王先逵．精密和超精密加工技术．北京：机械工业出版社，1999
6. 刘晋春，赵家齐．特种加工（第三版）．北京：机械工业出版社，2000
7. 胡传炘．特种加工手册．北京：北京工业大学出版社，2001
8. 李华．机械制造技术．北京：高等教育出版社，2000
9. 刘跃南．机械基础．北京：高等教育出版社，2000
10. 赵万生．电火花加工技术．哈尔滨：哈尔滨工业大学出版社，2000
11. 王建业，徐家文．电解加工原理及应用．北京：国防工业出版社，2004
12. 蔡光起，马正元，孙凤臣．机械制造工艺学．沈阳：东北大学出版社，1994
13. 孙学强．机械制造基础．北京：机械工业出版社，2001
14. 赵福生．机械制造工程学．哈尔滨：哈尔滨工业大学出版社，1996
15. 邓文英．金属工艺学．上册．北京：高等教育出版社，2004
16. 肖智清．机械制造基础．北京：机械工业出版社，2001
17. 丁德全．金属工艺学．北京：机械工业出版社，2000
18. 颜景平．机械制造基础．北京：中央广播电视大学出版社，1991
19. 王隆太．现代制造技术．北京：机械工业出版社，1998
20. 魏康民．机械制造技术．北京：高等教育出版社，1997
21. 张宝林．数控技术．北京：机械工业出版社，1998
22. 乔世民．机械制造基础．北京：高等教育出版社，2003.8
23. 张万昌．热加工工艺基础．北京：高等教育出版社，1997
24. 刘建亭．机械制造基础．北京：机械工业出版社，2002
25. 李伟光．现代制造技术．北京：机械工业出版社，2001
26. 陆剑中，孙家宁．金属切削原理与刀具．北京：机械工业出版社，2001
27. 姚泽坤．锻造工艺学与模具设计．西安：西北工业大学出版社，2001
28. 曾光廷．材料成形加工工艺及设备．北京：化学工业出版社，2000
29. 苏建修．机械制造基础．北京：机械工业出版社，2002
30. 唐宗军．机械制造基础．北京：机械工业出版社，2000